信頼性の高い機械学習
SRE 原則を活用した MLOps

Cathy Chen, Niall Richard Murphy, Kranti Parisa,
D. Sculley, Todd Underwood 著

井伊 篤彦、張 凡、樋口 千洋 訳

本書で使用するシステム名、製品名は、いずれも各社の商標、または登録商標です。
なお、本文中では ™、®、© マークは省略している場合もあります。

Reliable Machine Learning
Applying SRE Principles to ML in Production

*Cathy Chen, Niall Richard Murphy, Kranti Parisa,
D. Sculley, and Todd Underwood*

Beijing · Boston · Farnham · Sebastopol · Tokyo

©2024 O'Reilly Japan, Inc. Authorized Japanese translation of the English edition of Reliable Machine Learning.
Copyright ©2022 Capriole Consulting Inc., Niall Richard Murphy, Kranti Parisa, D. Sculley, and Todd Underwood.
All rights reserved. This translation is published and sold by permission of O'Reilly Media, Inc., the owner of all
rights to publish and sell the same.

本書は、株式会社オライリー・ジャパンが O'Reilly Media, Inc. の許諾に基づき翻訳したものです。日本語版について
の権利は、株式会社オライリー・ジャパンが保有します。

日本語版の内容について、株式会社オライリー・ジャパンは最大限の努力をもって正確を期していますが、本書の内
容に基づく運用結果について責任を負いかねますので、ご了承ください。

訳者まえがき

　今日、機械学習（ML）は、私たちの日常生活に多岐にわたって影響を与えています。

　本書を手に取った方は、スマートフォンや PC でオンラインショッピングをした経験があるでしょう。オンラインショップを利用する中で、自分の好みに合った商品や、以前に探していた商品が表示されることに気づいた方もいるかもしれません。このようなサービスは、ML の活用によって初めて実現されています。

　インターネットだけでなく、私たちが手にする商品やサービスも、その開発や生産過程で、しばしば ML の恩恵を受けています。その結果、私たちは高品質で手頃な価格の商品を手に入れることができるのです。

　しかし、ML は一度作成すれば永遠に使えるものではなく、常に変化する世界に合わせて「訓練」し続ける必要があります。

　本書は、こうした社会において、ML をシステムに組み込み、継続的に活用している全ての人に読んでいただきたい一冊です。ML というテーマですが、ML エンジニアやプログラマーだけでなく、企業や組織で ML を利用している、または導入を検討している経営者、マネージャー、一般職員の方々にも、ぜひ手に取っていただきたいと考えています。

　本書の著者陣は、長年にわたり企業活動において ML を活用してきたスペシャリストです。彼らの豊富な経験とベストプラクティスを基に、ML を活用するための多様な分野での実例を交えて、系統的に解説しています。それぞれの分野に特化した専門書は多く存在しますが、本書は、それらを横断し、実践的な知識を総合的に提供します。ML を活用したいと考える全ての読者にとって、貴重なガイドとなるでしょう。

　本書は有志がネット上で集まった勉強会「異業種データサイエンス研究会®」のメンバーにより翻訳されました。翻訳に際して寛大な理解と協力をしていただいた各メンバーとそのご家族の方々に感謝いたします。また、お忙しい中、査読に快諾していただき、詳細なコメントやアドバイスをいただいた花王株式会社の浦本直彦氏と株式会社エーアイアカデミー代表の谷一徳氏に心から感謝の意を表します。最後になりましたが、翻訳に際して非常にお世話になりましたオライリー・ジャパンの浅見有里氏に深く感謝いたします。

異業種データサイエンス研究会®代表

井伊 篤彦

推薦の言葉

あなたが過去にどれだけデータサイエンスの仕事をしてきたか、あるいはあなたが機械学習の統計的基礎についてどれだけ知識があるかは関係ありません。TensorFlow ソースコードの全てを読んだことがあるか、独自の分散 ML の訓練を最初から実装したかどうかも関係ありません。機械学習に基づく実際のシステムを導入する前に、本書を読んでおくと有益です。これは、その有用性が諸刃の剣である今後の何千もの ML 導入に必要なものです。有用であればあるほど、安全性、セキュリティ、あなたを頼りにしている顧客への支払い、公平性、またはシステムに基づいて行われるポリシー決定に関するリスクが高くなります。本書は、このレベルの責任を負っている場合に実行する必要がある業務を徹底的に調査しており、数十年にわたり苦労して得た経験を組み合わせたものであることを保証します。

—— Andrew Moore（Google Cloud AI 副社長兼ゼネラルマネージャー）

私たち機械学習を扱う人々がソフトウェアエンジニアリングのベストプラクティスを適用していれば、MLOps はそれほど苦痛ではなくなるでしょう。これは、世界トップクラスの専門家によるエンジニアリングのベストプラクティスについて、よく書かれた包括的な本です。

—— Chip Huyen（『機械学習システムデザイン』〔オライリー・ジャパン、2023 年〕著者）

本書は、現実世界の機械学習システムを構築する人々にとって必読の書です。これは、機械学習対応製品の開発における複雑で微妙な問題について考えるための地図になります。

—— Brian Spiering（データサイエンスインストラクター）

本書の上梓に寄せて

　機械学習（ML）は、まだ始まったばかりの驚異的な技術革新の波の中心です。MLは、2000年代の「データ駆動型」の波が去った後を引き継ぎ、利用可能な最新の情報に基づいて、ほぼ瞬時に忠実度の高い意思決定を機械が行うことを可能にします。それらのことが相互作用を起こし、組織のパフォーマンスを改善し、顧客体験を向上させることを約束する**モデル駆動型**意思決定の新時代をもたらします。

　MLモデルの生産的利用を支援するため、MLの実践を本来の学術的な追求から完全なエンジニアリング分野へと急速に進化させる必要がありました。かつては研究者、サイエンティスト、データサイエンティストの独壇場であったものが、今ではMLエンジニア、MLOpsエンジニア、ソフトウェアエンジニア、データエンジニアなどが、少なくとも同等に責任を負うようになりました。

　機械学習の役割は、単にモデルを機能させることから、組織のニーズを満たす方法で確実に機能させることへと健全なシフトと進化が見られます。これは、組織が効率的にモデルを作成し、提供できるシステムを構築すること、失敗しないようにシステムを強化すること、失敗した場合の回復を可能にすること、そして何より重要なのは、1つのプロジェクトから次のプロジェクトへ、組織を改善するのに役立つ学習ループの過程でこれら全てを行うことを意味します。

　幸いなことに、機械学習コミュニティは、この全てを達成するために必要な知識をゼロから構築する必要はありません。MLOpsと呼ばれるようになった分野の実践者たちは、従来のソフトウェアプロジェクトにおけるDevOpsの実践を通じて培われた膨大な知識の恩恵を受けてきました。

　MLOpsの第一波は、モデルの開発と展開に技術とプロセスの規律を適用することに焦点が当てられ、組織がモデルを**開発**から**運用**へと移動する能力を高めるとともに、MLライフサイクルの各段階を支援するツールやプラットフォームの発展をもたらしました。

　しかし、MLOpsのオペレーションについてはどうでしょうか。ここでもまた、従来のソフトウェアシステム運用の進歩から恩恵を受けることになります。DevOpsの運用面を成熟させるのに大きく貢献したのは、Googleや他の多くの組織で開発された、大規模でミッションクリティカルなソフトウェアシステムの運用の課題にエンジニアリングの規律を適用しようとする一連の原則と実践である、サイトリライアビリティエンジニアリング（SRE）に対するコミュニティの幅広い認識とその適用でした。

　しかし、ソフトウェアエンジニアリング学から機械学習への方法論の適用は、単純なリフト＆シ

フトではありません。互いに学ぶべきことが多い一方で、懸念事項、課題、解決策は、実際にはかなり大きく異なります。そこで本書の出番です。著者は、機械学習のワークフローに SRE の原則をどのように適用するかを各個人やチームに任せるのではなく、Google、Apple、Microsoft、その他の組織で何が有効であったかを共有することで、読者が有利なスタートを切れるようになることを目指しています。

著者の方々は、その仕事に対して十分な資質を備えていると言っても過言ではありません。私自身の仕事は、長年にわたって著者の何人かによって深く教えられ影響を受けてきました。

2019 年の秋、私は初めて「TWIMLcon: AI Platforms カンファレンス」を開催しました。このカンファレンスは、機械学習のワークフローのエンドツーエンドをサポートするためのプロセス、ツール、プラットフォームを構築する実践を進めるため、当時はまだ発展途上であった MLOps コミュニティに経験を共有する場を提供するためのものでした。私たちの中では、このイベントでのプレゼンテーションの多くに、D. Sculley の画期的な論文「機械学習システムにおける隠れた技術的負債」[1]から「現実世界の ML システム」という図が含まれていたことが、ちょっとした話題になりました。

2021 年に開催された 2 回目のカンファレンスでは、Todd Underwood が「良いモデルが悪者になるとき：道を踏み外したモデルが引き起こすダメージとそれを防ぐ方法」[2]というタイトルのプレゼンテーションを行いました。このプレゼンテーションでは、10 年以上にわたって追跡された、悪い ML モデルが運用環境で使用された、あるいは使用されそうになった約 100 の障害を手作業で分析した結果を共有しました。

それ以来、私は「The TWIML AI Podcast」で「機械学習におけるデータ負債」と題したエピソードで D. Sculley にインタビューさせていただきました[3]。D. Sculley と Todd Underwood がこのような交流の中で共有した経験の深さは、本書でもはっきりと伝わってきます。

もし読者が SRE の視点を持っているなら、Niall Richard Murphy について説明する必要はありません。彼の著書『SRE サイトリライアビリティエンジニアリング』（オライリー・ジャパン、2017 年）と『サイトリライアビリティワークブック』（オライリー・ジャパン、2020 年）は、2016 年以降に DevOps 実践者の間で SRE の普及に貢献しました。

（私は Cathy Chen や Kranti Parisa らとともに仕事をしたことはありませんが、SRE 組織を構築し、大規模な消費者向けの ML アプリケーションを推進した経験が、本書の多くの側面に影響を与えていることは明らかです。特に、ML 組織の実装や ML の製品への統合に関する章がそうです。）

本書は、著者たちが世界最大級の機械学習システムを構築し、運用し拡大してきた経験および貴重な視点を提供してくれます。

---

[1] D. Sculley ほか「Hidden Technical Debt in Machine Learning Systems」, Advances in Neural Information Processing Systems (January 2015): 2494-2502. https://oreil.ly/lK0WR

[2] Todd Underwood「When Good Models Go Bad: The Damage Caused by Wayward Models and How to Prevent It」, TWIMLcon, 2021, https://oreil.ly/7pspJ

[3] Sam Charrington のインタビューによる D. Sculley の「Data Debt in Machine Learning」、The TWIML AI Podcast, May 19, 2022, https://oreil.ly/887p4

著者たちは本書で、静的なアーキテクチャやツール、推薦事項の塊を文書化しようとする罠に陥ることを避け、より多くの知見を提供することに成功しています。その知見とは、機械学習システムを構築し、運用し、そして運用可能にするためにチームが扱うべき膨大な複雑さと無数の考慮事項の調査であり、さらに著者たちが自分たちの広範囲な経験を通して集めた原則とベストプラクティスです。

著者たちの目標は、本書2章のはじめの方で述べられています。「最初に複雑さを十分に列挙し、読者が単に『これは簡単だ』と思うのを思いとどまらせること」です。

私たちがコミュニティとして過去数年で学んだことがあるとすれば、それは、MLモデルを効率的に再利用し、拡張可能な方法で作成し、配信し、運用するスキルは決して容易ではないということです。一方で、経験をオープンに共有し、他の人たちの学びを土台にしようという意欲のおかげで、機械学習コミュニティは急速に進歩することができ、今日は難しいことでも明日は簡単にできるということも学びました。私は、Cathy Chen、Niall Richard Murphy、Kranti Parisa、D. Schulley、Todd Underwood が苦労して得た教訓の恩恵を私たち全員が受けられるようにしてくれたこと、そしてその過程で運用環境における機械学習の現状を前進させる手助けをしてくれたことに感謝しています。

—— Sam Charrington（TWIML 創設者、The TWIML AI Podcast ホスト）

まえがき

　本書は、機械学習がどのように機能するかについての本ではありません。機械学習を機能させる方法について書かれた本です。

　機械学習（ML）の仕組みは興味深いものです。ML を取り囲みサポートする数学、アルゴリズム、統計的洞察は、それ自体が興味深いものであり、適切なデータに適用されたときに達成できるものは、まさに魔法としか言いようがありません。しかし、本書では少し違うことをしています。私たちは**アルゴリズム**指向ではなく**システム全体**指向です。つまり、**アルゴリズム以外**の全てについて話します。他の多くの著作では ML のアルゴリズムが詳細にカバーされていますが、本書では意図的に ML のライフサイクル全体に焦点が当てられており、類書では見られないほどのページが割かれています。

　つまり、データを正しく責任を持って扱うこと、信頼できるモデルを構築すること、運用環境へのスムーズな（そして可逆的な）道筋を確保すること、更新の安全性、コスト、パフォーマンス、ビジネス目標、組織構造に関する懸念など、厄介で複雑、そして時にはフラストレーションのたまる作業についてお話しします。私たちは、ML を読者の組織で確実に実現するために必要な全てをカバーしようと試みています。

本書を書いた理由

　私たちは、「ML と AI の技術が現在、加速度的にコンピューティングと社会を再構築している」という誇大広告の少なくとも一部を強く信じています。その点において、世間の誇大宣伝は、いくつかの点で民間の現実に追いついていません[1]。しかし、私たちはまた、現実世界の ML システムの多くが、実際にどれほど滑稽なほどに信頼性が低く、問題を抱えているかを理解するのに十分なほど地に足のついた経験も積んでいます。テクノロジー関連の報道機関は宇宙飛行について記事

---

[1]　驚くかもしれない例については、Bernard Marr の「実践における AI と機械学習の素晴らしい 27 例」（https://oreil.ly/ITkPX）を参照してください。このフォーブスの記事は 2018 年のもので、ML の観点から見ると古代の歴史となり、この業界は多くの業界やアプリケーションにわたって拡大し続けています。ひどく不当な ML/AI の誇大宣伝と、ほとんどの人が認識しているよりもはるかに多くの業界で実際に機能するアプリケーションの両方が同時に存在します。

を書いていますが、ほとんどの企業は依然として自転車で直立姿勢を保つのに苦労しています。今はまだ初期の頃です。今こそ、MLで何ができるか、そして組織がそこからどのような利益を得られるのかに積極的に注目する絶好の機会です。

とはいえ、多くの組織がMLや、MLが組織のために（そして組織に）できること全てを、「逃してしまう」ことを心配していることは認識しています。良いニュースは、パニックになる必要はないということです。今すぐ始めることが可能であり、義務と報酬の両方においてうまくバランスをとる方法で、MLをどのように扱うかについて賢明かつ規律正しくすることができます。悪いニュース、そして多くの組織が心配している理由は、複雑さのカーブがかなり急だということです。一度単純な局面を乗り越えると、多くのテクニックやテクノロジーは発明されたばかりであり、しっかりと舗装された道を見つけるのは困難です。

本書は、このような複雑さをナビゲートするのに役立つはずです。私たちは、この業界が未成熟であるにもかかわらず、シンプルさと標準化に焦点を当てることで得られるものは多いと信じています。最終的に、MLをビジネスに深く統合する組織は、大きな利益を得るでしょう[2]。よりシンプルで標準化された基盤は、その場限りの実験や、さらに悪いことに、動作はするがその方法や理由を誰も知らないシステムよりも、その能力の開発を促進するでしょう。

ML のレンズとしての SRE

既に多数のML書籍が存在しており、その多くはMLの取り組みを何らかの形でより良くすることを約束しており、多くの場合、MLの取り組みをより簡単に、より速く、より生産的にすることに焦点を当てています。しかし、MLの**信頼性**を高くする方法について語る人はほとんどいません。この特性はしばしば見落とされたり、過小評価されたりします[3]。MLを適切に実行する方法をそのレンズを通して検討することには、他の方法では得られない特定のメリットがあるため、私たちはそこに焦点を当てています。現実には、現在の開発のベストプラクティスは、MLをエンドツーエンドで適切に実行するという課題に直接対応していません。代わりに、サイトリライアビリティエンジニアリング（SRE）のレンズを通して、全体的、持続可能かつ顧客体験を念頭に置いて、これらの質問を検討することは、これらの課題に対処する方法を理解するためのはるかに優れたフレームワークです。

Heather Adkins らによる『セキュアで信頼性のあるシステム構築』（オライリー・ジャパン、2023年）で同様の議論を見つけることができます。信頼性の低いシステムは、多くの場合、攻撃者によるシステムアクセスに悪用される可能性があります。セキュリティと信頼性は密接に関係しています。一方をうまく行うことと、もう一方をうまく行うことを簡単に切り離すことはできま

---

[2] Google Cloud のレポート「Business Impacts of Machine Learning」（https://oreil.ly/eWgDg）を参照してください。以下の抜粋がおそらく最大の理由でしょう。「標準的な ML プロジェクトは、導入初年度の ROI が投資の2倍から5倍になる傾向がある」。

[3] 別の言い方をすると、ML モデルの構築方法に関する資料はたくさんありますが、ML **システム**の構築方法に関する資料はあまりありません。モデルは、システムとは異なる点で信頼性が低い場合もあります。

せん。同様に、ML システムは、その驚くべき動作と間接的でありながら深い相互接続を備えており、開発、デプロイメント、実稼働運用、および長期ケアを統合する方法を決定するためのより包括的なアプローチを動機付けます。

つまり、ML システムが**信頼性がある**ということは、顧客、事業主、スタッフが本当に望んでいることの本質を捉えていると私たちは信じています。

対象とする読者

私たちは、ML を現実世界に取り入れて組織に変化をもたらしたいと考えている全ての人に向けて書いています。したがって、本書はデータサイエンティスト、ML エンジニア、ソフトウェアエンジニア、サイトリライアビリティエンジニア、そして組織の意思決定者（非技術者も含む）を対象としています。ただし、本書の一部はかなり技術的です。

データサイエンティストおよび ML エンジニア

使用するデータ、特徴量、モデルアーキテクチャがモデルの動作方法にどのように変化するか、そして長期的にはモデルの管理がどの程度容易になるかを、全てモデルの状況ごとに焦点を当てて調査します。

ML インフラを構築する、または ML を既存の製品に統合するソフトウェアエンジニアリング

ML をシステムに統合する方法と ML インフラを作成する方法の両方に取り組みます。ML ライフサイクルがどのように機能するかについての理解が深まると、機能の開発、アプリケーションプログラミングインターフェイス（API）の設計、および顧客のサポートに役立ちます。

サイトリライアビリティエンジニア

ML システムが一般的にどのように壊れるか、そしてそれらの障害モードを回避するために最適な構築（および管理）方法を示します。また、信頼性エンジニアが完全に無視できるものではない ML モデルの品質の影響についても調査します。

既存の製品またはサービスに ML を追加したい組織のリーダー

ML を既存の製品やサービスに統合する最適な方法と、必要な構造と組織パターンを理解するお手伝いをします。ML 関連の意思決定を行う際には、リスクとメリットを賢明に評価する方法を持つことが重要です。

ML の開発とデプロイメントにおける倫理的、法的、プライバシーへの影響を正当に懸念している全ての人

問題を明確に説明し、ユーザーや組織に損害を与える前にこれらの懸念に対処するために実行できる実際的な手順を示します。

おそらく直観に反するかもしれませんが、注意すべき点が 1 つあります。章の多くは、その章

の主題テーマに**従事していない**人にとっても、潜在的に非常に価値のあるものになるということです。例えば、2章はデータサイエンティストや ML エンジニアは確実に読むべきです。しかし、インフラ／生産エンジニアや組織のリーダーにとっても、役立つ可能性があります。もちろん前者のグループにとっては、既に取り組んでいることを改善することに役立ちますが、後者のグループにとっては、全く新しいトピック領域への新鮮で完全な入門となります。

本書の構成

本書の構成について詳しく説明する前に、読者が期待していたものではないかもしれませんが、トピックとその構成をどのように選択したかについて、より広範な背景を説明しましょう。

私たちのアプローチ

エンジニアは、ML システムを適切に機能させるために、特定のアプローチとテクニックを採用する必要があります。しかし、これらの各アプローチは、特定の組織で特定の目的のために導入されると、膨大な数の決定の対象となります。本書では、読者が一般的に直面するであろう実装上の選択肢の全て、あるいはほとんどを網羅することは不可能です。同様に、特定のソフトウェアに対する具体的な推奨事項については強調しません。この日常からの分離により、アイデアをより明確に表現できるようになることを願っていますが、この類の本では、プラットフォームに依存しないこと自体が有益です。

編み物をしてみましょう

他の例も時々使用しますが、本の内容を説明する主な方法は、「yarnit.ai」というウェブサイトを介した繊維供給業者である仮想のオンラインストアです。この概念は、ある段階（データ取得や正規化など）に関する選択が記憶容量の残りやビジネスなどにどのような影響を与えるかを示すために、本書全体である程度詳しく説明されています。

このストアは、単一の比較的単純なビジネス（編み物やかぎ針編みの製品を購入し、ウェブサイトに掲載し、マーケティングして顧客に販売する）です。これは、製造、自動運転車、不動産マーケティング、医療技術など、現実世界で ML を使用しているセクターの複雑さを完全に捉えているわけではありません。ただし、この例は十分な洞察（およびスコープの管理）のおかげで、ここで扱う実装の複雑さは他のドメインにも適用できる教訓が得られると思います（言い換えれば、この例の制限にはそれだけの価値があると私たちは信じています）。

この例をさらに詳しく調べるために、小売業者が多種多様なサプライヤーから製品を調達し、ウェブサイトで世界中に一般販売するケースを考えてみましょう。ビジネスは、サイトの運営コストをカバーし、利益を生み出すために、適切なマージンで商品を購入する顧客ベースを獲得および維持することです。ある意味、これは非常に単純なビジネスですが、ML を追加しようとするとすぐに複雑さが現れます。大まかに言えば、私たちは売上の向上、顧客体験の向上、コストの削減、利益率の向上、そして事業全体の運営の効率化に関心を持っています。

ML テクノロジーを最初に業務運営に追加することは、通常は効率などの狭くて具体的な目標により推進されますが、それが最終目標ではありません。ML は、ビジネスを**根本的に**変革し、製品の作成と選択、顧客の特定とサービスの提供、商業的な機会の発見方法を変える可能性を秘めています。これらのテクノロジーの導入に成功した ML 導入企業は、長期的には競合他社よりも優れた性能を発揮します。マッキンゼーが 2,000 人以上の経営幹部を対象に実施した最近の調査（https://oreil.ly/FETOy）によると、経営幹部の 63 ％が収益を向上させる ML/AI プロジェクトを行っていることが示されていますが、正確にどの程度改善するかについては組織は慎重なところが多いです。しかし、短期的には、「コンバージョンの増加」、つまり売上の増加など、具体的でわかりやすい目標から導入を開始する必要があります。

私たちのウェブサイト yarnit.ai には、これらの初期の具体的な改善と ML の潜在的なアプリケーションを実装するためのデータソースが多数あります。まず、推薦（顧客が好む可能性のある他の製品）や予測（例えば、特定の顧客にどの製品が売れる可能性が高いか）など、顧客向けの単純な例を検討します。次に、ML を使用してビジネスプロセス全体を最適化できる舞台裏のアプリケーションに移ります。具体的には、ML で業務を改善できる領域の例をいくつか取り上げますが、もちろんこれらの要件に限定されません。

ウェブサイトの検索結果

顧客は検索クエリに対して最も良いランキングを取得し、それらの用語に最も一致し、購入に最も関心のある製品を表示する必要があります。

発見と提案

顧客には、自分が見ている、または購入している製品の関連製品を検討する機会が提供される必要があります。そうすることで、役立つ可能性が高く、その結果実際に購入される製品を見つけることができます。

ダイナミックプライシング

売れていない製品を迅速に特定し、価格を下げて倉庫のスペースを空ける必要があります。同様に、非常に人気のある商品が不足している場合、販売を遅らせてより多くの利益を得るために一時的に価格を上げ、同時に在庫を追加注文することも考えられます。

カート放棄

顧客がカートに商品を追加しても購入が完了しない原因は何でしょうか。これを予測できるでしょうか。リマインダー、適切なタイミングでの割引、またはチェックアウトの完了を向上させるその他の機能の使い方を学ぶ方法はあるでしょうか。

在庫と発注の自動化

ML を使用して、将来の売上予測と予測される納期遅延に基づいて、サプライヤーに交換製品を注文する方法を予測したい場合があります。

信頼と安心

これは、不正行為の可能性が高い行為（この場合は購入の試み）を検出し、必要に応じて検証手順を増やすことを意味する業界全体の用語です。人手によるレビューと経験則は拡張できないため、ML に助けを求めるのが合理的です。

マージン改善

顧客の買い物中に利益率の高い追加の製品を提案したり、利益率の最も高い製品に対する需要を増やすためのマーケティングキャンペーンを実施したりするなど、様々な手法を使用して販売ごとに得られる利益を向上させることができます。

これらは、追加された複雑さとコストに見合った価値を付加するかどうかを判断するために ML が試行される可能性がある明らかな場所のほんの一部です。明確にしておきますが、ML は常に成功するとは限りません。また、たとえ**成功した**としても、苦労する価値があるとは限りません。厳密なデータ形式、重要なエンジニアリング、専門的な運用要件を備えた複雑なパイプラインの構築は、顧客とビジネスに顕著で明確な価値を生み出す必要がある、費用のかかる仕事です。維持費も相当なものです。読者の組織にとって、このような努力は全て価値がないかもしれません。本書は、ML 導入の判断を支援します。

私たちの毛糸ストアのような組織は、寛容な心で ML に取り組む必要がありますが、実験や測定を行い、うまくいかなかった場合はアプリケーションをキャンセルすることも厭わない姿勢を持ってください。このため、ストアのウェブサイトインフラに変更不可能な変更を加える前に、成功の可能性を評価する計画を立てることが重要です。

万全を期すために、これは明らかに、ML の用途が見出されそうな組織やアプリケーションの種類の 1 つの例に過ぎないことを述べておく必要があります。

本書の構成

概要と一般原則から説明します。ここでは、ML（または運用環境の ML）に比較的慣れていない人でも、問題全体に触れることができます。また、ここでは、データ管理、ML モデルとは何か、その品質を評価する方法、特徴量とは（その重要性）、公平性やプライバシーなど、残りの章の全てに影響を与える重要なトピックを取り上げます。

次に、ML モデルとそのライフサイクルに焦点を当てます。モデルの作成方法（**訓練**と呼ばれる）と、モデルを運用環境で使用する方法（**運用**と呼ばれる）について説明します。モデルが何を行っているかを知ることがいかに重要であるか、またモデル開発時および運用環境でのモデルの実行中にそれを行う方法について概説します。このセクションの最後では、継続的 ML、つまり絶えず変化する現実を参照して **継続的に**更新されるモデルの問題について説明します。

最後に、ML がどのように組織に導入されるのか、また導入すると組織に何が起こるのかという複雑な問題について触れます。まず、障害対応における ML の複雑さの具体的な説明から始めます。これは、基本的に運用責任を持つ全てのエンジニアが共感できるものであると考えられます。

ここでは、組織が ML を既存の（および新興の）製品にどのように統合できるかについての重要な質問のいくつかを行います。多くの場合、このプロセスは事前に考慮して行うのが最適です。次に、ML を組織的に実装する方法（集中型、分散型、およびその中間のあらゆる点）を検討し、その後、次の章で具体的なガイドラインと推奨事項を説明します。最後に、世界中の組織で実装されている ML の実際の事例を見ていきます。

　これら全てを終えた後は、まずは休憩してください。次に、初めて ML を実行する際に、また既に経験がある場合は組織内での機能を洗練させる際に、遭遇する可能性のある全てのことを理解するための十分な準備をしましょう。

章のクレジットに関して

　一般に、各章には、概念段階、レビュー段階、初稿段階、編集段階、完成段階にかかわらず、全ての著者から重要な意見が寄せられているため、デフォルトでは個々の章の著者を区別しません。ただし、コアチーム以外で多大な貢献をした場合は、その章自体に記載するだけでなくここにもその旨を記載します。

- 4 章：Robbie Sedgewick、Todd Underwood
- 6 章：Aileen Nielsen
- 9 章：Niall Murphy、Aparna Dhinakaran

　15 章の個々のストーリーは、各著者（Cheng Chen、Daniel Papasian、Todd Philips、Harsh Saini、Riqiang Wang、および Ivan Zhou）のクレジットが記載されており、明確さと一貫性を保つために編集されています。

著者について

　本書の著者は、運用環境で様々な種類の ML システムを構築および実行してきた数十年の経験を持っています。私たちは、大規模な広告ターゲティングシステムの運用化の支援や、大規模な検索および発見システムの構築、運用環境における ML に関する画期的な研究を発表してきました。そして、これら全てを包む重要なデータの取り込み、処理、ストレージシステムを構築し、運用してきました。私たちは（不幸にも）、これらのシステムが壊れるほど壮大で魅力的な方法のほとんどを直接目撃する機会に恵まれてきました。しかし良いニュースは、ML システムが直面する最も一般的な障害モードに対して、技術的にも組織的にも耐性のあるシステムを構築する方法を私たちが学べたことです。

表記上のルール

本書では、字体を次のように使い分けています。

太字（Bold）
  強調したい用語を示します。

等幅（`Constant Width`）
  変数名や関数名、データベース、データ型、環境変数、ステートメント、キーワードなどのプログラム要素を参照するために、プログラムリストや段落内で使用されます。その他ファイル（フォルダ）名、ファイル名拡張子を示します。

参考情報や提案を示します。

一般的な補足事項を示します。

注意事項を示します。

オライリー学習プラットフォーム

　オライリーはフォーチュン100のうち60社以上から信頼されており、オライリー学習プラットフォームには6万冊以上の書籍と3万時間以上の動画が用意されています。さらに、業界エキスパートによるライブイベント、インタラクティブなシナリオとサンドボックスを使った実践的な学習、公式認定試験対策資料など、多様なコンテンツを提供しています。

　　https://www.oreilly.co.jp/online-learning/

　また以下のページでは、オライリー学習プラットフォームに関するよくある質問とその回答を紹介しています。

　　https://www.oreilly.co.jp/online-learning/learning-platform-faq.html

意見と質問

　本書（日本語翻訳版）の内容については、最大限の努力をもって検証、確認していますが、誤りや不正確な点、誤解や混乱を招くような表現、単純な誤植などに気がつかれることもあるかもしれません。そうした場合には、今後の版で改善できるようお知らせいただければ幸いです。将来の改訂に関する提案なども歓迎します。連絡先は次の通りです。

　　　株式会社オライリー・ジャパン
　　　電子メール　japan@oreilly.co.jp

　本書のウェブページには、正誤表などの追加情報が掲載されています。次のアドレスでアクセスできます。

　　　https://www.oreilly.co.jp/books/9784814400768
　　　https://oreil.ly/reliable-machine-learning-1e（英語原書）

　オライリーに関するその他の情報については、次のオライリーのウェブサイトを参照してください。

　　　https://www.oreilly.co.jp
　　　http://oreilly.com（英語）

謝辞

　この機会を利用して、以下の方々に感謝の意を表します。

　本書の寄稿者である次の方々に、まとめて感謝の意を表します。Ely M. Spears、この作品の多くの章について、非常に貴重で詳細な技術的および構造的なフィードバックしていただきました。本書の改善にご協力いただき、ありがとうございます。Robbie Sedgewick も同様にフィードバックしていただきました。また、私たちが読者の心に響かないものを書いていると感じたときに励ましもくれました。James Blessing は、多くの章を迅速にレビューし、有益なフィードバックをしていただき、本書の改善に役立ちました。さらに、Andrew Ferlitsch、Ben Hutchinson、Benjamin Sloss、Brian Spiering、Chenyu Zhao、Christina Greer、Christopher Heiser、Daniel H. Papasian、David J. Groom、Diego M. Oppenheimer、Goku Mohandas、Herve Quiroz、Jeremy Kubica、Julian Grady、Konstantinos (Gus) Katsiapis、Lynn He、Michael O' Reilly、Parker Barnes、Robert Crowe、Salem Haykal、Shreya Shankar、Tina H. Wong、Todd Phillips、および Vinsensius B. Vega S. Naryant による思慮深く丁寧なレビューからも大いに恩恵を受けました。最後に、オライリーのチーム、John Devins、Mike Loukides、Angela Rufino、 Ashley Stussy、 Kristen Brown、Sharon Wilkey に感謝します。

Cathy Chen

　週末や夜に本を書く必要があるときに愛情を持ってサポートしてくれたパートナーの Morgan に感謝します。私をこのプロジェクトに引き込んだのは Todd ですが、このプロジェクトの素晴らしいリーダーであっただけでなく、私に素晴らしい職場を与えてくれたことにも感謝しています。本書のレビュー、編集、コメント、そして全般的に私たちの改善に協力してくれた共著者全員と素晴らしいボランティアのグループに感謝します。

Niall Richard Murphy

　私は本書を、執筆中に亡くなった人々に捧げます。本書が書かれている間、そして書いている今でも信じられないのですが、私たちは皆、世界規模の疫病、ヨーロッパでの選択戦争、そして数多くの政治的、個人的、職業上の出来事を経験しました。そうでなければいいのにと何度も願ってきましたが、この吹雪は衰えていないようです。したがって、私はここで、2020 年に新型コロナウイルス感染症の犠牲者となった父方の継祖母 Winifred と、2021 年にベルファストで亡くなり、とても惜しまれていた叔母の Esther Gray の両方を思い出したいと思います。まだ私たちとともにいる人々の中で、私の母、Kay Murphy に感謝したいと思います。彼女は私が持つことができた最高の母であり、暗い時代に輝く道徳的な光でした。また、私の妻 Léan、そして私の子供たち、Oisín と Fiachra にも感謝します。前回の謝辞以来、Oisín は国内の U19 チェスチャンピオンになり、Fiachra は彼のアートが別の本で紹介されました。父親として子供たちを誇りに思います。最後に、同じように困難な時期に常に良いユーモアを持ったリーダーシップを示した Todd Underwood に感謝します。このプロジェクトは彼が最も多くのものを負っています。私は多くを学び、思っていたよりも多くを知っていましたが、学んだことの多くは彼から学んだものです。

Kranti Parisa

　私は本書を、新型コロナウイルス感染症危機の最前線で働く全ての人々、そして私たちのヒーローであるエッセンシャルワーカーに捧げます。彼ら、彼女らの仕事と人間性に対する計り知れない献身は、本当に感動的です。共著者および寄稿者全員の並外れた献身と忍耐に感謝したいと思います。まず、Todd Underwood に特別な感謝を捧げます。あなたは素晴らしいインスピレーションであり、本書の背後にある原動力です。また、この素晴らしい機会に私を招待し、大規模な ML システムを構築する私の知識と経験を世界と共有する動機を与えてくれた友人の Dave Rensin に感謝します。最後に、いつも愛とサポートをくれた両親、特に母の Nagarani、妻の Pallavi、小さな王女 Sree、そして友人たちに感謝します。

D. Sculley

　私に多くのことを教えてくれた素晴らしい共著者と多くの同僚に感謝したいと思います。執筆過程でのあらゆるトラブルや、厄介な問題を共に乗り越えてくれました。妻の Jessica と娘の Sofia は、今でも私のあらゆる行動のインスピレーションとなっています。

Todd Underwood

　私は本書を、執筆中の長時間の不在から恩恵を受け、あるいは代償を払ってくれた家族に捧げます。Beth、Ágatha、Beatrix、あなたがこれを読むとは思っていませんが、ようやく完成したことを喜んでいただければ幸いです。また、パンデミックの最中に亡くなり、思ったほど頻繁に会うことができなかった弟の Adam にも本書を捧げます。そして最後に、このプロジェクトが決して完了しそうにないときに粘り強く取り組んでくれた共著者たちに感謝します。私たちがここで何か価値のあること、役に立つこと、誇りに思えることをできたならば幸いです。

目　次

訳者まえがき	v
推薦の言葉	vii
本書の上梓に寄せて	ix
まえがき	xiii

1章　はじめに　　　　　　　　　　　　　　　　　　　　　　　　　1

1.1	ML ライフサイクル	1
	1.1.1　データ収集と分析	3
	1.1.2　ML 訓練パイプライン	3
	1.1.3　アプリケーションの構築と検証	5
	1.1.4　品質と性能の評価	6
	1.1.5　SLO の定義と測定	7
	1.1.6　ローンチ	8
	1.1.7　監視とフィードバックのループ	10
1.2	ML ループからの教訓	12

2章　データマネジメント　　　　　　　　　　　　　　　　　　　15

2.1	責任としてのデータ	16
2.2	ML パイプラインのデータ感度	20
2.3	データの段階	21
	2.3.1　作成	22
	2.3.2　取り込み	25
	2.3.3　前処理	26
	2.3.4　保管	29
	2.3.5　管理	31
	2.3.6　データ分析と可視化	31

2.4	データの信頼性	32
	2.4.1 耐久性	32
	2.4.2 一貫性	33
	2.4.3 バージョン管理	34
	2.4.4 性能	34
	2.4.5 可用性	35
2.5	データの保守性	35
	2.5.1 セキュリティ	35
	2.5.2 プライバシー	36
	2.5.3 ポリシーとコンプライアンス	38
2.6	まとめ	39

3章 ML モデルの基礎   41

3.1	ML モデルとは何か	41
3.2	基本的な ML モデル作成のワークフロー	42
3.3	モデルアーキテクチャ vs モデル定義 vs 訓練済みモデル	44
3.4	脆弱性はどこにあるのか	45
	3.4.1 訓練データ	45
	3.4.2 ラベル	47
	3.4.3 訓練方法	49
3.5	インフラとパイプライン	51
	3.5.1 プラットフォーム	52
	3.5.2 特徴量生成	52
	3.5.3 アップグレードと改修	53
3.6	どんなモデルにも役立つ質問集	53
3.7	ML システムの例	56
	3.7.1 毛糸のクリック予測モデル	56
	3.7.2 特徴量	56
	3.7.3 特徴量に対するラベル	57
	3.7.4 モデルの更新	58
	3.7.5 モデルの提供	58
	3.7.6 一般的な失敗	59
3.8	まとめ	60

4章 特徴量と訓練データ   63

4.1	特徴量	63
	4.1.1 特徴量選択と特徴量エンジニアリング	66

	4.1.2	特徴量のライフサイクル	67
	4.1.3	特徴量システム	68
4.2	ラベル		74
4.3	人間が生成したラベル		74
	4.3.1	アノテーション作業	75
	4.3.2	人間によるアノテーションの品質計測	76
	4.3.3	アノテーションプラットフォーム	77
	4.3.4	能動学習と AI アシストラベリング	78
	4.3.5	文書化とラベル作成者のための訓練	78
4.4	メタデータ		79
	4.4.1	メタデータシステムの概要	79
	4.4.2	データセットのメタデータ	80
	4.4.3	特徴量のメタデータ	81
	4.4.4	ラベルのメタデータ	82
	4.4.5	パイプラインのメタデータ	83
4.5	データのプライバシーと公平性		83
	4.5.1	プライバシー	83
	4.5.2	公平性	84
4.6	まとめ		85

5 章 モデルの確実性と品質の評価　　87

5.1	モデルの確実性の評価		88
5.2	モデル品質の評価		91
	5.2.1	オフライン評価	91
	5.2.2	評価分布	92
	5.2.3	有用な評価指標	95
5.3	検証と評価の運用化		101
5.4	まとめ		102

6 章 公正さ、プライバシー、倫理的な ML システム　　103

6.1	公正性（偏見との戦い）		104
	6.1.1	公平性の定義	108
	6.1.2	公平性の達成	112
	6.1.3	終着点ではなくプロセスとしての公平性	115
	6.1.4	法律上の注意	116
6.2	プライバシー		116
	6.2.1	プライバシーを守る方法	118

	6.2.2	法律上の注意	121
6.3		責任ある AI	122
	6.3.1	説明性	122
	6.3.2	有効性	124
	6.3.3	社会的、文化的妥当性	125
6.4		ML パイプラインに沿った責任ある AI	126
	6.4.1	ユースケースについてのブレインストーミング	126
	6.4.2	データの収集とクレンジング	126
	6.4.3	モデルの作成と訓練	127
	6.4.4	モデルの検証と品質評価	127
	6.4.5	モデルのデプロイメント	128
	6.4.6	市場に向けた運用	128
6.5		まとめ	128

7章　ML モデル訓練システム　131

7.1		必要条件	132
7.2		基本的な訓練システムの導入	134
	7.2.1	特徴量	135
	7.2.2	特徴量ストア	135
	7.2.3	モデル管理システム	136
	7.2.4	オーケストレーション	137
	7.2.5	品質評価	138
	7.2.6	監視	138
7.3		一般的な信頼性の原則	138
	7.3.1	ほとんどの障害は ML の障害ではない	139
	7.3.2	モデルは再訓練される	139
	7.3.3	モデルは複数のバージョンを持つ（しかも同時に）	140
	7.3.4	良いモデルもいずれ悪くなる	140
	7.3.5	データが利用できなくなる	141
	7.3.6	モデルは改善可能であるべき	142
	7.3.7	特徴量は追加、変更される	142
	7.3.8	モデルの訓練が速すぎる	143
	7.3.9	リソースの活用は重要	144
	7.3.10	リソース利用率は効率ではない	145
	7.3.11	機能停止には復旧も含まれる	147
7.4		訓練の信頼性に関するよくある問題	147
	7.4.1	データ感度	147

| | 目次 | xxix |

7.4.2	YarnIt でのデータ問題の例	148
7.4.3	再現性	148
7.4.4	YarnIt における再現性問題の例	150
7.4.5	計算リソース容量	151
7.4.6	YarnIt における容量問題の例	152
7.5	構造上の信頼性	152
7.5.1	組織の課題	152
7.5.2	倫理と公平性に関する考慮	153
7.6	まとめ	154

8章　サービス運用　　155

8.1	モデルのサービス運用のための主要な質問	156
8.1.1	モデルにはどんな負荷がかかるだろうか	156
8.1.2	モデルの予測レイテンシに関する必要要件は何か	157
8.1.3	モデルはどこで稼働する必要があるのか	157
8.1.4	モデルにはどんなハードウェアが必要か	159
8.1.5	運用モデルではどのように保存され、ロードされ、バージョン管理され、更新されるのか	160
8.1.6	運用のための特徴量パイプラインはどのようなものになるか	161
8.2	モデル運用アーキテクチャ	162
8.2.1	オフライン運用（バッチ推論）	162
8.2.2	オンライン運用（オンライン推論）	165
8.2.3	サービスとしてのモデル	167
8.2.4	エッジでの運用	170
8.2.5	アーキテクチャの選択	173
8.3	モデル API デザイン	173
8.3.1	テスト	174
8.4	精度重視か回復性重視か	175
8.5	スケーリング	176
8.5.1	オートスケーリング	177
8.5.2	キャッシング	177
8.6	障害からの復旧	177
8.7	倫理と公平性への配慮	178
8.8	まとめ	179

9章　モデルの監視と可観測性　　181

| 9.1 | 運用監視とは何か、なぜ行うのか | 181 |

9.1.1	監視とはどのようなものか	182
9.1.2	ML が監視にもたらす懸念点	184
9.1.3	運用環境で ML を観測し続ける理由	184
9.2	ML 運用監視の問題	185
9.2.1	運用に対する開発の難しさ	185
9.2.2	意識改革の必要性	187
9.3	ML モデル監視のベストプラクティス	187
9.3.1	一般的な運用前モデルへの推薦事項	188
9.3.2	訓練と再訓練	189
9.3.3	モデルの検証（運用開始前）	192
9.3.4	運用	196
9.3.5	その他考慮すべき事項	206
9.3.6	監視戦略に関する高レベルの推薦事項	211
9.4	まとめ	213

10 章　継続的な ML　215

10.1	継続的な ML システムの解剖学	216
10.1.1	訓練事例	216
10.1.2	訓練用ラベル	216
10.1.3	悪いデータを取り除く	217
10.1.4	特徴量ストアとデータ管理	217
10.1.5	モデルのアップデート	218
10.1.6	運用環境への更新モデルのプッシュ	218
10.2	継続的な ML システムについての観察	219
10.2.1	外界の出来事が私たちのシステムに影響を与える可能性	219
10.2.2	モデルによる訓練データへの影響	221
10.2.3	異なる時間スケールでの時間的な影響	223
10.2.4	緊急対応はリアルタイムで行う必要がある	224
10.2.5	新たなローンチには段階的な強化と安定したベースラインが必要	227
10.2.6	モデルはただリリースするだけでなく管理しなければならない	230
10.3	継続的な組織	231
10.4	非継続的な ML システムを再考する	233
10.5	まとめ	234

11 章　障害対応　235

11.1	障害管理の基本	236
11.1.1	障害の段階	236

11.1.2	障害対応の役割	237
11.2	ML を中心とした機能停止の分析	239
11.3	用語に関する注意：モデル	240
11.4	時間の事例	240
11.4.1	事例 1：探しても何も見つからないケース	240
11.4.2	事例 2：突然パートナーシステムが機能しなくなる	245
11.4.3	事例 3：新しいサプライヤーを探すべきである	252
11.5	ML 障害管理の原則	260
11.5.1	指針	260
11.5.2	モデル開発者またはデータサイエンティスト	261
11.5.3	ソフトウェアエンジニア	263
11.5.4	ML の SRE もしくは運用エンジニア	264
11.5.5	運用マネージャーまたはビジネスリーダー	267
11.6	特別なトピック	268
11.6.1	運用エンジニアおよび ML エンジニアリングと、モデリングとの比較	268
11.6.2	倫理的なオンコールエンジニア規約	270
11.7	まとめ	272

12章　製品と ML の関わり方　273

12.1	様々なタイプの応用	273
12.2	アジャイル ML とは何か	274
12.3	ML 製品開発フェーズ	274
12.3.1	発見と定義	275
12.3.2	ビジネス目標設定	276
12.3.3	MVP の構築と検証	279
12.3.4	モデルおよび製品開発	280
12.3.5	開発	280
12.3.6	サポートおよびメンテナンス	281
12.4	構築と購入の比較	281
12.4.1	モデル	282
12.4.2	データ処理インフラ	283
12.4.3	エンドツーエンドのプラットフォーム	283
12.4.4	意思決定のためのスコア付け方法	284
12.4.5	意思決定	285
12.5	ML を活用した YarnIt ストア機能の事例	286
12.5.1	人気の毛糸を総売上高別に紹介	286
12.5.2	閲覧履歴に基づく推薦	286

xxxii | 目次

12.5.3	クロスセルとアップセル	286
12.5.4	コンテンツによるフィルタリング	287
12.5.5	協調フィルタリング	287
12.6	まとめ	288

13章　MLの組織への統合　　291

13.1	前提	291
	13.1.1 リーダー的視点	292
	13.1.2 詳細事項	292
	13.1.3 MLはビジネスについて知る必要がある	292
	13.1.4 最も重要な前提条件	294
	13.1.5 MLの価値	294
13.2	重大な組織リスク	295
	13.2.1 MLは魔法ではありません	295
	13.2.2 メンタル（考え方）モデルの慣性	296
	13.2.3 異なる組織文化でのリスクを正しく表面化する	296
	13.2.4 サイロ化したチームが全ての問題を解決できるわけではない	297
13.3	実装モデル	297
	13.3.1 ゴールを思い出す	298
	13.3.2 グリーンフィールドとブラウンフィールド	299
	13.3.3 MLの役割と責任	299
	13.3.4 ML人材の雇用	300
13.4	組織設計とインセンティブ	301
	13.4.1 戦略	302
	13.4.2 構造	303
	13.4.3 プロセス	304
	13.4.4 報酬	304
	13.4.5 人材	305
	13.4.6 次のステップのためのノート	305
13.5	まとめ	306

14章　実践的なML組織の事例　　307

14.1	シナリオ1：新規集中型MLチーム	307
	14.1.1 背景と組織の説明	307
	14.1.2 プロセス	308
	14.1.3 報奨	309
	14.1.4 人材	309

	14.1.5	標準の実施手順	310
14.2		シナリオ2：分散型 ML インフラと専門知識	311
	14.2.1	背景と組織の説明	311
	14.2.2	プロセス	312
	14.2.3	報奨	313
	14.2.4	人材	313
	14.2.5	標準の実施手順	313
14.3		シナリオ3：中央集権型インフラと分散型モデリングのハイブリッド	314
	14.3.1	背景と組織の概要	314
	14.3.2	プロセス	314
	14.3.3	報奨	315
	14.3.4	人材	315
	14.3.5	標準の実現手順	315
14.4		まとめ	316

15章　ケーススタディ：MLOps の実践　　　　　　　　　　319

15.1		ML パイプラインでのプライバシーとデータ保持ポリシーの対応	319
	15.1.1	背景	319
	15.1.2	問題と解決策	319
	15.1.3	教訓	322
15.2		トラフィックに影響を与える連続的な ML モデル	323
	15.2.1	背景	323
	15.2.2	問題と解決策	323
	15.2.3	教訓	324
15.3		鋼材検査	324
	15.3.1	背景	324
	15.3.2	問題と解決策	325
	15.3.3	教訓	329
15.4		NLP の MLOps：プロファイリングとステージング負荷テスト	329
	15.4.1	背景	329
	15.4.2	問題と解決策	330
	15.4.3	教訓	333
15.5		広告クリック予測：データベース対現実	334
	15.5.1	背景	334
	15.5.2	問題と解決策	335
	15.5.3	教訓	336
15.6		ML ワークフローにおける依存関係のテストと測定	337

15.6.1	背景	337
15.6.2	問題と解決策	337
15.6.3	教訓	341
索引		343

コラム目次

ステートフルシステムにおけるプログレッシブロールアウト	9
匿名化レベルの違いによるアプリケーション例	18
匿名化はとても困難です	19
YarnIt の推薦に関するプライバシーポリシー	36
ライフサイクルアクセスのパターン	72
特徴量の変換	73
ソリューショニズムについて	107
規範的価値観とは何か	111
公平性のためのアルゴリズムにフォールバックは必要か	114
データアクセスガイドライン	120
スキューに関する重要な注意事項	186
大きければ良いというわけではない	309

1章
はじめに

　まず、ウェブサイトに機械学習（ML）を追加するためのモデル、またはフレームワークについて説明します。これは、この例に限らず、多くのドメインに広く適用できます。このモデルを私たちは **ML ループ**と呼んでいます。

1.1　ML ライフサイクル

　ML アプリケーションが本当に完成することはありません。また、技術的にも組織的にも、どこかで始まったり終わったりすることもありません。ML モデルの開発者は、自分たちの仕事がシンプルで、データを集めてモデルを学習するのは一度だけでいいと**期待**しがちですが、そのようなことは滅多にありません。

　簡単な思考実験がその理由を理解するのに役立ちます。ある ML モデルがあって、そのモデルが（ある閾値に従って）十分に機能するかしないかを調査しているとします。もし十分に機能しない場合、データサイエンティスト、ビジネスアナリスト、ML エンジニアは、通常、失敗の原因を探り、それを改善する方法について共同作業を行います。この作業には、ご想像の通り、多くの作業が含まれます。おそらく、既存の訓練パイプラインを修正していくつかの特徴量を変更したり、いくつかのデータを追加または削除したり、既に行われたことを反復するためにモデルを再構築したりすることになるでしょう。

　逆に、モデルがうまく機能している場合、通常起こるのは、組織が期待を膨らませるということです。1 回の単純な試行でこれだけの結果が出たのだから、もっと熱心に取り組んで洗練させれば、どれだけ良くなるだろうかと、想像するのは自然なことです。そのためには、既存の訓練パイプラインを変更し、特徴量を変え、データを追加または削除し、場合によってはモデルを再構築する必要があります。いずれにせよ、多かれ少なかれ同じ作業が行われ、最初に作ったモデルは、次に行う作業の出発点に過ぎないのです。

　ML のライフサイクル、つまりループをもう少し詳しく見てみましょう（図1-1）。

2 | 1章　はじめに

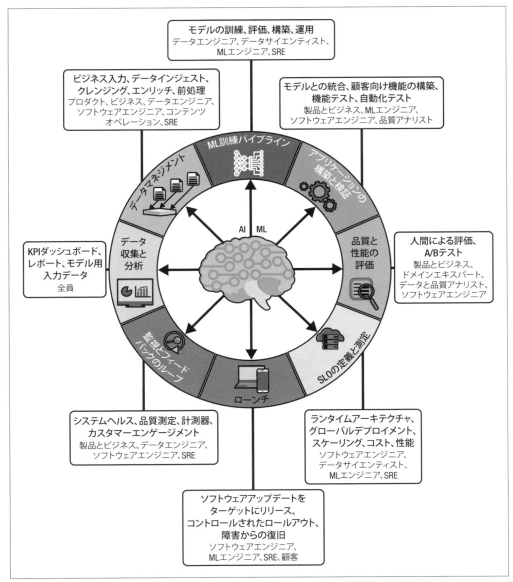

図1-1　MLライフサイクル

　MLシステムはデータから始まるので、図の左側からこのループをより詳しく見ていきましょう。具体的には、ステージごとに、ショッピングサイトを例に、組織の誰が各ステージに関与し、どのような活動を行うかを説明します。

1.1.1 データ収集と分析

まず、チームは手持ちのデータを整理し、確認を行います。必要なデータが全て揃っているかどうかを判断し、ビジネスや組織でどのようにデータを活用するかという優先順位を付けます。その後、データの収集と加工を行います。

データの収集と分析に関わる**仕事**は、社内のほぼ全ての人に関係しますが、どの程度詳細に関わるかは企業によって大きく異なります。例えば、ビジネスアナリストは、財務、会計、製品チームに所属し、プラットフォームから提供されるデータを毎日使用する人たちでしょう。また、データエンジニアやプラットフォームエンジニアは、データを取り込み、クレンジングし、加工するためのツールを作成するかもしれませんが、ビジネスの意思決定には関与しないかもしれません（小規模な企業では、従業員は皆、ソフトウェアや製品のエンジニアでもあるかもしれません）。正式なデータエンジニアリングの部署を持つ企業もあります。また、データサイエンティスト、運用アナリスト、ユーザー体験（UX）研究者が、この段階の仕事の結果を用いて仕事しているところもあります。

オンラインショップを運営する YarnIt では、組織のほとんどがこのステップに関与しています。この中にはビジネスチームや製品チームも含まれ、最適化すべきビジネス上の最も影響力の大きい分野をよく知ることができます。例えば、売上高を少しでも増やすことがビジネスにとって重要なのか、それとも注文頻度を少し増やした方が良いのかを判断できるのです。また、利益率の低い商品と高い商品の問題点や可能性を指摘したり、顧客を利益率の高い顧客と低い顧客に分けたりできます。プロダクトエンジニアや ML エンジニアも、これらのデータをどう活用するかを考え、サイトリライアビリティエンジニア（SRE）は、パイプライン全体をより監視、管理、信頼できるようにするための提案や決定を行います。

ML のためのデータ管理は、2 章でデータ管理の原則、4 章と 10 章で訓練データについて説明するほど、難しいトピックです。今のところ、データ収集と処理システムの適切な設計と管理は、優れた ML システムの核心であると思っておくと良いでしょう。適切な場所と形式のデータを手に入れたら、モデルの訓練を開始します。

1.1.2 ML 訓練パイプライン

ML 訓練パイプラインは、データエンジニア、データサイエンティスト、ML エンジニア、SRE によって指定、設計、構築、使用されます。このパイプラインは、未処理のデータを読み込み、ML アルゴリズムに適用するデータを、抽出、変換、読み込み（ETL）するパイプラインです[†1]。これは、訓練データを用いて、性能評価と使用のための完全な ML モデルを作成することです。これらのモデルは、一度で完全に作成される場合と、様々な方法で段階的に作成される場合があります。モデルの中には利用可能なデータの一部のみをカバーするという点で不完全なものがあり、また ML 学習全体の一部のみをカバーするように設計されているため、その適用範囲が不完全なも

---

†1 ETL は、このような一連のデータ処理を表す用語です。Wikipedia の「Extract/Transform/Load」のページ（https://ja.wikipedia.org/wiki/Extract/Transform/Load）に概要が書かれています。

のもあります。

訓練パイプラインは、ML システムの中で唯一 ML 固有のアルゴリズムを直接かつ明示的に使用する部分ですが、ここでも TensorFlow や PyTorch といった比較的成熟したプラットフォームやフレームワークでパッケージ化されていることが一般的です。

訓練パイプラインもまた、ML システムの数少ない部分の 1 つで、アルゴリズムの詳細と格闘することが当初は避けられないものです。ML エンジニアが比較的成熟したライブラリを使って訓練パイプラインを構築し、検証した後、そのパイプラインは他の人が再利用したり操作したりしても安全で、統計の専門知識を直接必要とすることはありません[2]。

訓練パイプラインには、他のデータ変換パイプラインと同様に信頼性に関する課題がありますが、ML 特有の課題もあります。最も一般的な ML の訓練パイプラインの失敗原因は以下の通りです。

- データの不足
- データのフォーマットが統一されていない
- データ分析や ML アルゴリズムを実装するソフトウェアのバグやエラー
- パイプラインまたはモデルの誤設定
- リソースの不足
- ハードウェアの故障（ML の計算量は非常に大きく、長時間かかるため、ある程度一般的です）
- 分散システムの故障（ハードウェアの故障を避けるために、学習用に分散システムを利用するようになったために頻繁に起こります）

これらの課題は、通常の（ML ではない）ETL データパイプラインの課題と同じです。しかし、ML モデルは、データの分布、欠損、アンダーサンプリング[3]、あるいは通常の ETL の世界では知られていない多くの問題に関連した理由で、ひっそりと失敗することがあります[4]。詳細は 2 章で説明しますが、具体的な例として ML の訓練パイプラインでは、データの欠落や誤処理、あるいはデータのサブセットを使用できないことが、失敗の一般的な原因であると言われています。訓練パイプラインを監視し、この種の問題（一般に**分布シフト**と呼ばれる）を検出する方法については、7 章と 9 章で説明します。とりあえず、ML パイプラインは他のデータパイプラインよりも信頼性の高い運用が難しいということだけは覚えておきましょう。

念のために言っておきますが、ML 訓練パイプラインは絶対的かつ完全な実稼働システムであ

---

[2] 成熟したライブラリやシステムのどれを使うかは、ほとんどアプリケーションに依存します。最近では、TensorFlow、JAX、PyTorch が深層学習に広く使われていますが、アプリケーションが異なるスタイルの学習から利益を得るのであれば、他にも多くのシステムがあります（例えば、XGBoost が一般的です）。モデルアーキテクチャの選択については、3 章と 7 章で少し触れますが、本書の範囲を超えているため、詳細な説明はしません。

[3] 「アンダーサンプリング」は、データ数が多いクラスに属するデータを一部削除し、クラス間のバランスをとる方法のことです。

[4] 詳しくは、Andrej Karpathy の 2019 年のブログ記事「A Recipe for Training Neural Networks」（http://karpathy.github.io/2019/04/25/recipe）を読んでみてください。

り、バイナリやデータ分析と同じように注意深く扱う価値があります（もし読者が、自分以外に誰もこのことを信じていない環境にたまたまいたとしても、いずれは誰もが説得できるような反対の事例が十分にあることを知っていれば、それは小さな慰めになるでしょう）。モデルの作成に十分な注意を払わないとどうなるかという例として、インターン生が作ったモデルを基に会社が作られ、そのインターン生が会社を去り、誰もそのモデルを再現する方法を知らないという話を聞いたことがあります。そんなことは絶対にないようにしましょう。自分が行ったことを書き留めて、それを自動化する習慣をつけることは、ここでほのめかした結果を回避する上で非常に重要です。良い点としては、手作業で、特に再現性も求めず、小さく始めることは十分に可能です。しかし、成功するには自動化と監査が必要であり、正確性とモデルの保存に関する簡単なチェックによってモデルの訓練の自動化に移行するのが早ければ早いほど良い、と考えています。

いずれにせよ、モデルの構築に成功したら、それを顧客と接する環境に統合する必要があります。

1.1.3 アプリケーションの構築と検証

ML モデルは基本的に、価値を提供するために、みんなに使用してもらう必要がある一連の機能ソフトウェアです。モデルをただ眺めているだけではだめで、**疑問を投げかける**必要があります。これを行う最も簡単な方法は、予測値を調べる（あるいはモデルの他の側面について報告する）ための直接的な仕組みを提供することです。しかし、ほとんどの場合、もっと複雑なものと統合する必要があります。モデルの目的を最大限に活用するためには、通常、モデルを他のシステムと統合することが最善です。アプリケーションへの統合は、製品部門とビジネス部門のスタッフによって指示され、ML エンジニアとソフトウェアエンジニアによって実行され、品質アナリストによって監督されます。詳細は 12 章を参照してください。

例えば、オンラインショッピングサイト yarnit.ai では、世界中の様々な人が、編み物やかぎ針編みに最適な毛糸を、AI による推薦で見つけることができます。例として、買い物客に追加の買い物を薦めるモデルを考えてみましょう。このモデルでは、ユーザーの買い物履歴やカート内の商品リストに加え、配送先の国や購入する価格帯などの要素を取り込み、それを基に、購入を検討している商品のランキングを作成できます。

企業やユーザーに価値を提供するためには、このモデルをサイト自体に統合する必要があります。このモデルをどこで照会し、その結果をどのように扱うかを決める必要があります。1 つの簡単な答えは、ユーザーがチェックアウトしようと考えているときに、ショッピングカートのすぐ下にある水平方向のリストにいくつかの結果を表示することかもしれません。これは第一歩であり、買い物客に何らかの有用性を提供し、YarnIt にいくらかの追加収入をもたらす可能性があります。

この統合がうまくいっているかどうかを確認するために、システムは何を表示するか決定し、ユーザーが何かアクションを起こしたかどうか（カートに商品を追加し、最終的に購入したかどうか）を記録する必要があります。このようなイベントをログに記録することで、この統合はモデル

に新しいフィードバックを提供し、モデル自身の推薦の質を訓練し、改善を始められます[†5]。この段階では、単にそれが動作するかを検証します。つまり、モデルが提供システムにロードされ、クエリがウェブサーバーアプリケーションによって発行され、結果がユーザーに表示され、予測がログに記録され、ログが将来のモデル訓練のために保存されることを意味します。次は、モデルの品質と性能を評価するプロセスです。

1.1.4　品質と性能の評価

　MLモデルは、当然ながら動作してこそ意味があります。この問いに答えるためには、意外と細かい作業が必要です。それは、何をもって**動く**とするのか、そしてその目標に対してモデルの性能をどのように評価するかを決定するという、ほとんどおかしいとも言えるが確かに重要な点から始まります。これには通常、創出しようとしている効果を特定し、代表的なクエリやユースケースの様々なサブセット（またはスライス）に対して、その効果を測定することが含まれます。これについては、5章でより詳しく説明します。

　何を評価するか決めたら、オフラインで評価することから始めなければなりません。最も簡単な方法は、代表的な一連のクエリを発行し、その結果を分析し、「正しい」または「真の」回答として信じられているセットと比較することです。これは、運用においてモデルが**どの程度機能するか**を判断するのに役立つはずです。モデルの基本的な性能にある程度の確信が持てたら、システムをライブまたはダークローンチして、初期統合を行うことができます。**ライブローンチ**では、モデルは運用時のトラフィックを受け、ウェブサイトや依存システムに影響を与えます。注意深く、あるいは運が良ければ、ユーザー体験を損なわないように主要な評価指標を監視している限り、これは妥当なステップです。

　ダークローンチでは、モデルを使用し、その結果を記録しますが、ユーザーが見るようなウェブサイトでは積極的に使用しないようにします。これは、ウェブアプリケーションへのモデルの技術的な統合には自信を持てますが、おそらくモデルの品質についてはあまり自信を持つことはできないでしょう。

　最後に、中間的な考え方があります。それは、アプリケーションの中で、ユーザーの**一部**に対してのみ**時々**モデルを使用する機能を構築することです。この割合の選択は、本書の範囲を超えた驚くほど高度なトピックですが[†6]、考え方は単純です。いくつかのクエリでモデルを試してみて、統

[†5]　もし読者が一般的にEコマースのA/Bテストの概念を知っているなら、これは統合テストの一部として、そのようなテストのためのパイプラインが正しく動作していることを確認する適切な場所でもあります。ここでの素晴らしいユースケースは、MLの提案がある場合とない場合のユーザーの行動を区別できるようにすることです。

[†6]　素直に考えれば、乱数を生成して、その中から1％を選んでモデルを取得すればいいのかもしれません。しかし、これでは同じユーザーが同じウェブセッションでも、モデルによる推薦が得られるときと得られないときがあることになります。これでは、モデルが機能するかどうかを把握することはできないし、本当に悪いユーザー体験を生むかもしれません。そこで、ウェブアプリケーションでは、モデルの出力の結果を得るために、ログインしている全ユーザーの1％、あるいは全Cookieの1％を選択するかもしれません。この場合、モデルが出力した結果がユーザーに与える影響を簡単に知ることはできませんし、現在のユーザーと新しいユーザーの選択には偏りがあるかもしれません。また、同じユーザーでも、モデルの出力の結果が出るときと出ないときがあり、常に出るユーザーもいれば、特定のセッションや日にしか出ないユーザーもいるかもしれません。要は、MLの結果へのアクセスを**どのように**ランダム化するかは、統計的に複雑な問題であるということです。

合だけでなくモデルの品質についても確信を得ることです。

　モデルが害を及ぼすことなく、ユーザーを助ける（できれば収益も上げる）という確信が得られれば、ローンチの準備はほぼ整ったことになります。しかし、その前に、監視、測定、継続的な改善に焦点を当てる必要があります。

1.1.5　SLO の定義と測定

　サービスレベル目標（SLO） とは、特定の測定値に対してあらかじめ定義された閾値のことで、しばしば**サービスレベル指標（SLI）** と呼ばれ、システムが要件に従って機能しているかどうかを定義するものです。具体的な例としては、「HTTP リクエストの 99.99 ％を 150 ミリ秒以内に（20xコードで）正常に完了させる」といったものがあります。HTTP ステータスコードの 200 番台、つまり成功を示すレスポンスが返されることを意味します。SLO は SRE の当然の領域ですが、製品が何をする必要があるのか、どのようにユーザーを想定するかを規定するプロダクトマネージャーや、データサイエンティスト、ML エンジニア、ソフトウェアエンジニアにとっても重要な項目です。一般に SLO の指定は困難ですが、ML システムの指定は、データや私たちを取り巻く世界の微妙な変化がシステムの性能を大きく低下させる可能性があるため、二重の意味で大変です。

　とはいえ、ML システムの SLO を考える際には、関心を明確に分離することから始められます。まず第一に、運用、訓練、そしてアプリケーション自体の間の区分を使うことができます。第二に、伝統的な 4 つのゴールデンシグナル（https://oreil.ly/hl4Vd）（レイテンシ、トラフィック、エラー、飽和）と ML オペレーションの内部との間の区分があります。ML 運用の内部の区分はゴールデンシグナルほど一般的ではないものの、完全に特定のドメインに限定されるわけではありません。第三に、ML で強化されたアプリケーション自体の動作に関連する SLO があります。

　SLO についてのこれらの考え方が yarnit.ai に直接適用されるかもしれない方法について、より具体的にいくつかの非常に簡単な提案を見てみましょう。私たちは、サービス、訓練、そしてアプリケーションという各システムに対して個別の SLO を持つべきです。モデルの提供については、他のシステムと同じように、単純にエラーレートを見ることができます。学習については、おそらくスループット（1 秒あたりの学習例数、あるいはモデルが同程度の複雑さであれば学習データのバイト数）を見るべきでしょう。また、モデルの訓練完了に関する全体的な SLO を設定することもできます（例えば、訓練実行の 95 ％が特定の秒数以内に完了する）。そして、アプリケーションでは、表示された推薦の数、モデルサーバーの呼び出しの成功率（アプリケーションの観点から、モデルサーバーシステムが報告するエラー率と一致するかどうかは別として）などの評価指標を監視する必要があると思われます。

　しかし、これらの例のどれも、ML の性能に関するものではないことに注意してください。ML の性能については、アプリケーション自体のビジネス目的に関連した SLO を設定する必要があり、測定はかなり長い期間にわたって行われるかもしれません。私たちのウェブサイトの出発点としては、モデルが生成した提案やモデルでランク付けした検索結果のクリックスルー率が最適でしょう。また、モデルに起因する収益のエンドツーエンド SLO を確立し、総計だけでなく、顧客の妥当な部分（地域別または顧客タイプ別）でも測定する必要があるでしょう。

この点については9章で詳しく説明しますが、現時点ではMLの文脈でSLOを導き出す合理的な方法があり、ML以外の分野でのSLOの設定で使われるのと同じテクニックが多く含まれていることを知っておいてください（ただし、MLの動作の詳細についてはその説明が長くなる可能性があります）。しかし、複雑なことが基本を邪魔しないようにしましょう。最終的には、製品とビジネスのリードが、どのSLOを許容し、どのSLOを許容できないかを指定し、組織の生産エンジニアリングリソースが全て正しい目標の達成に集中できるようにすることが重要です。

データを収集し、モデルを構築し、アプリケーションに統合し、品質を測定し、SLOを指定したら、いよいよローンチです。この段階はとてもエキサイティングです。

1.1.6　ローンチ

これから初めて、顧客から直接意見をもらうことになります。ここでは、運用ソフトウェアエンジニア、MLエンジニア、SREの全員が協力して、アプリケーションのアップデート版をエンドユーザーに送ります。コンピュータやモバイルのアプリケーションであれば、ソフトウェアのリリースと、そのリリースに必要な全ての品質テストが必要です。しかし、私たちの場合は、MLモデルによって駆動される推薦と結果を含むウェブサイトの新バージョンをリリースすることになります。

MLパイプラインのローンチは、他のオンラインシステムのローンチと共通する要素がありますが、MLシステム特有の懸念事項があります。一般的なオンラインシステムのローンチに関する推薦事項は、Betsy Beyerほか編『SRE サイトリライアビリティエンジニアリング』（オライリージャパン、2017年）の32章をご覧ください。監視および可観測性、リリースのコントロール、ロールバックといった基本的なことは必ずカバーしておきたいです。ロールバックプランが定義されていないローンチを進めるのは危険です。もしインフラがロールバックを簡単に、あるいは全くできないのであれば、ローンチする前にまずそれを解決することを強くお勧めします。MLに特有の懸念事項について、次にその概要を説明します。

1.1.6.1　コードとしてのモデル

モデルは、訓練システムのバイナリ、運用パス、データ処理コードと同様に、コードであることを忘れないでください。新しいモデルを導入すると、間違いなくサービスシステムがクラッシュし、オンライン推薦システムが台無しになる可能性があります。新しいモデルを導入すると、システムによっては訓練に影響を与えることもあります（例えば、転移学習を使って別のモデルで訓練を始める場合など）。そのため、コードとモデルのローンチを同じように扱うことが重要です。例えば、長期休暇に新しいモデルをローンチする組織もありますが、モデルに問題が発生する可能性は十分にあり、その後すぐにコードの修正が必要になるような事態も発生します。このような場合にも同等のリスクがあり、同等の軽減策を講じるべきだと考えています。

1.1.6.2　ゆっくりとローンチする

オンラインシステムの新バージョンをデプロイするとき、私たちは多くの場合、全サーバーや

ユーザーのごく一部から始めて、システムが正しく動作し、ML の品質が向上しているという確信が得られるまで時間をかけてスケールアップしていくことが可能です。ここでは、ユーザーとサーバーという 2 つの次元で被害を抑え、信頼を得ることを目的としています。私たちは、もしひどいシステムやモデルを作ってしまったとしても、全てのユーザーにそれを見せたくはありません。その代わりに、まずは小さなエンドユーザーの集まりにそれを見せ、その後徐々に増やしていきます。同様に、サーバー群についても、万が一、動かないシステムやうまく動かないシステムを作ってしまった場合、全コンピューティングのフットプリントを一度に危険にさらすのは望ましくありません。

　ここで最も注意すべきことは、新システムのロールアウト中に旧システムに干渉しないようにすることです。ML システムの場合、これが起こる最も一般的な方法は、中間ストレージのアーティファクトを介することです。具体的には、**フォーマット**の変更や**セマンティクス**の変更によって、データの解釈にエラーが生じるのです。これらについては 2 章で取り上げます。

1.1.6.3　リファクタリングではなくリリース

　できる限り一度に行う変更は少なくするという一般的な教訓は、多くのシステムに当てはまりますが、ML システムでは特に顕著です。システム全体の挙動は（基礎となるデータの変更などによって）非常に変わりやすいので、他の文脈では些細なリファクタリングでも、何が問題になっているのかを推し量れなくなる可能性があるのです。

1.1.6.4　データ層でロールアウトを分離する

　プログレッシブロールアウトを行う場合、コード、リクエスト、サービス層を分離するだけでなく、**データ層でも**分離しなければならないことを忘れないでください。具体的には、新しいモデルや運用システムが出力するログが古いバージョンのコードやモデルで消費される場合、問題を診断するのに時間がかかり、厄介なことになりかねません。

　これは ML だけの問題ではなく、新しいコードパスのデータを古いコードパスから分離することに失敗すると、長年にわたっていくつもの厄介な障害が発生してきました。このようなことは、システムの別の要素によって生成されたデータを処理するどのようなシステムにも起こり得ますが、ML システムにおける失敗はより微妙で検出が難しい傾向があります。

ステートフルシステムにおけるプログレッシブロールアウト

　著者の 1 人がある決済システムに携わっていましたが、新機能のロールアウト中にエラーが発生しました。予期せぬことではありましたが、システムの世界では前例がないわけではないので、アップデートをロールバックすることで簡単に解決できました。特に、エラーの発生がロールアウトに比例して増加していたことを考えると、これは真実でした。

　チームはそのように考えていました。しかし、ロールバックが完了すると、エラーは 100 %

になり、チームはパニックに陥りました。デバッグを重ねた結果、実はアップデートが新機能を見越してデータフォーマットを変更しており、それが旧システムが期待していたフォーマットと互換性がないことが判明しました。このエラーは、新しいコンポーネントが書いたログが、古いバイナリに拾われたときに発生しました。ロールバックによって、既に書き込まれた新しい形式のログを正しく処理する機能が失われたのです。実際、もしチームがロールアウトを完了させていたら（あるいは一度に全部やっていたら）、エラーは消えていたでしょう。ここでの主な教訓は、ロールバックに参加する必要のある全てのシステムコンポーネント、特にデータ層について、全体的に考える必要があるということです[7]。

1.1.6.5　ローンチ中に SLO を測定する

最も新しく、最も感度の高い評価指標を表示するダッシュボードを少なくとも 1 つ用意し、ローンチ中はそれらの評価指標を追跡するようにします。どの評価指標が最も重要で、どれがローンチの失敗を示す可能性が高いかを把握すれば、将来的に状況が悪化したときにローンチを自動的に停止できるようなサービスに組み込むことができます。

1.1.6.6　ロールアウトのレビュー

手動または自動で、あらゆる種類のローンチ中に誰かまたは何かが監視していることを確認してください。小規模な組織や大規模な（または珍しい）ローンチは、おそらく人間が監視する必要があります。自信がついてきたら、前述したように、この作業を自動化されたシステムに任せることで、ローンチの速度を大幅に向上させることができます。

1.1.7　監視とフィードバックのループ

他の分散システムと同じように、ML システム機能の正誤情報は、効果的かつ信頼性の高い運用を行うための鍵となります。「正しく」機能するための主な目標を特定することは、製品担当者やビジネス担当者の役割であることは明らかです。データエンジニアがシグナルを特定し、ソフトウェアエンジニアや SRE がデータ収集、監視（モニタリング）、警告（アラート）の実装を支援します。

このことは、先ほどの SLO の議論と密接に関連しており、監視のシグナルは、しばしば SLO の選択または構築に直接的に役立つからです。ここでは、このカテゴリをもう少し掘り下げて説明します。

システムの健全性、またはゴールデンシグナル

これらは、ML 以外のシグナルと変わりはありません。エンドツーエンドのシステムをデー

---

[7]　念のために言っておくと、新しいデータフォーマットを展開するのに安全な方法はあります。具体的には、システムがフォーマットの書き込みを開始する前に、そのフォーマットを読み込むサポートを追加して、プログレッシブロールアウトを完了させるというものです。今回のケースでは、明らかにそのようなことは行われていません。

タ取り込み、処理し、提供するシステムとして扱い、それに従って監視します。プロセスは稼働しているか、進捗しているか、新しいデータは到着しているか、などなど（詳細は 9 章）です。ML の複雑さに気を取られがちですが、ML のシステムはあくまでシステムであることを忘れてはいけません。ML には、他の分散システムと同じような故障モードがあり、さらに新しい故障モードもあります。基本的なことを忘れてはいけません。これは、監視への**ゴールデンシグナル**アプローチの背後にある考え方であり、システム全体の動作を代表するような、一般的でハイレベルな評価指標を見つけることです。

基本的なモデルの健全性、または一般的な ML シグナル

基本的なモデルの健全性の指標をチェックすることは、ML のシステムの健全性をチェックすることに相当します。特に洗練されているわけでもなく、ドメインと緊密に結合しているわけでもありませんが、モデリングシステムに関する基本的で代表的な事実が含まれています。新しいモデルは想定された大きさでしょうか。エラーなくシステムに読み込めるでしょうか。この場合の重要な基準は、監視を行うためにモデルの内容を理解する必要があるかどうかです。理解する必要がない場合、行っている監視は基本的なモデルの健全性の問題です。このように、文脈にとらわれないアプローチには大きな価値があります。

モデルの品質、またはドメイン固有の信号

監視と計測が最も困難なのはモデル品質です。運用に関連するモデル品質の問題と、モデル品質を改善する機会との間に、明確な線引きはありません。例えば、私たちのモデルで、針は買うが毛糸は買わないという人への推薦度が低い場合、（このレベルの品質でローンチすることを選択したのであれば）モデルを改善するチャンスかもしれませんし、（これが最近の不具合であれば）早急な対応が必要な緊急の出来事かもしれません[8]。違いは文脈です。これはまた、多くの SRE にとって ML システムの最も難しい側面です。モデルの品質について「十分良い」というような主観的な尺度はなく、さらに悪いことに、それは多変量であり、全てを測定するのが難しいのです。最終的には、プロダクトリーダーやビジネスリーダーは、モデルが要求通りに動作しているかどうかを示す現実的な指標を確立する必要があり、ML エンジニアと SRE は、どの品質指標がそれらの結果に最も直接的に相関しているかを判断するために協力する必要があります。

ループの最終段階として、エンドユーザーがモデルと対話する方法が、次のデータ収集のラウンドに戻され、再びループする準備が整っていることを確認する必要があります。ML 運用システムは、将来改善できるように、有用と思われるものは何でもログに残すべきです。一般的には、少なくとも受け取ったクエリ、提供した答え、そして、なぜその答えを提供したのかについての記録です。「理由」は、一次元の関連性スコアのような単純なものもあれば、意思決定に至るより複雑な

---

[8] 2019 年のモデルと 2020 年のモデルでは、世界のほとんどの地域におけるマスクの重要性や意味について、全く異なる意味を持っているはずです。

要因の集合である場合もあります。

　ループの最初の旅が終わり、最初からやり直す準備ができました。この時点で、yarnit.aiには少なくとも最低限のML機能が追加されているはずです。そして、最初のモデルをより良くしたり、MLで改善できるサイトの他の側面を特定したりして、継続的に改善を開始できる状態になっているはずです。

1.2　MLループからの教訓

　MLはデータに始まり、データに終わるということは、もう明らかでしょう。どんなビジネスやアプリケーションにもMLをうまく、確実に組み入れるには、今あるデータとそこから抽出できる情報を理解することなしには不可能です。そのためには、データをうまく扱う必要があります。

　また、どのような環境でもMLを導入するための唯一の順序があるわけではないことも明らかでしょう。通常、データから始めるのが合理的ですが、そこから各機能の段階を訪れ、再訪する可能性さえあるのです。私たちが解決したい問題は、私たちが必要とするデータを教えてくれます。サービスインフラは、構築可能なモデルについて教えてくれます。訓練環境は、使用するデータの種類と処理可能なデータの量を制限します。プライバシーと倫理の原則は、これらの要件それぞれを形成するものでもあります。モデル構築のプロセスでは、ループ全体だけでなく、組織自体も含めた全体的な視点が必要です。MLの分野では、利害関係の厳密な分離は実現不可能であり、有用ではありません。

　これら全ての根底にあるのは、組織の洗練度とMLに対するリスク許容度の問題です。全ての組織がこのような技術に大規模な投資を行い、重要なビジネス機能を実証されていないアルゴリズムに賭ける準備ができているわけではありませんし、そうすべきではないでしょう。MLの経験が豊富でモデルの品質と価値を評価できる組織であっても、新しいMLのアイデアのほとんどはうまくいかないので、最初に試行すべきです。多くの点で、MLエンジニアリングは継続的な実験として取り組むのが最善です。漸進的な変更と最適化を行い、製品管理の助けを借りて成功基準を評価することによって何が定着するかを見ます。今日のソフトウェアエンジニアリングの多くが試みているように、MLを決定論的な開発プロセスとして扱うことは不可能です。しかし、今日の世界の基本的なカオスを考慮しても、最初の実験を合理的に正しく行うことで、ML実験が最終的にうまくいく可能性を大幅に向上させることができます[9]。

　実装は循環的であるため、本書をどのような順番で読んでもかまいません。まずは最も差し迫った疑問点を把握し、その章に進んでください。全ての章には、他の章との相互参照が豊富にあります。

　順番に読んでいくタイプの人は、データから読んでも問題ないでしょう。公正さや倫理的な配慮をインフラのあらゆる部分に組み込まれなければならないことに興味がある人は、6章まで読み飛

---

[9]　Martin CasadoとMatt Bornsteinによる「Taming the Tail: Adventures in Improving AI Economics」（https://oreil.ly/474mq）は、この内容について学ぶのに有用です。

ばしてください。

　本書を読み終える頃には、組織のサービスに ML を取り入れる旅がどこから始まるのか、具体的に理解できるようになっているはずです。また、そのプロセスを成功させるために必要な変化のロードマップを手に入れることができます。

2章
データマネジメント

　本書では、モデルがどのように構築され、どのように構造化されるかといったアルゴリズムの詳細についてはほとんど触れていません。昨年最もエキサイティングだったアルゴリズムの開発は、来年にはありふれた実行ファイルになるのです。その代わり、私たちが圧倒的に関心を持つのは、モデルを構築するために使われるデータと、データを受け取ってモデルに変換するための処理パイプラインの2つです。

　最終的に、ML システムはデータ処理パイプラインであり、その目的はデータから使用可能で再現性のある洞察を抽出することです。しかし、ML パイプラインと従来のログ処理および解析パイプラインには、いくつかの重要な違いがあります。ML パイプラインには、非常に異なる特定の制約があり、様々な方法で失敗します。その成功は測定しにくく、多くの失敗を検出することも困難です。基本的には、データを消費し、そのデータを処理したものを出力します（ただし、両者の形態は大きく異なります）。そのため、ML システムはデータシステムの構造、性能、精度、信頼性に完全に依存します。このことは、ML システムを信頼性の観点から考える上で最も有用な方法です。

　本章では、まずデータそのものについて深く掘り下げます。

- データの出所
- データの解釈方法
- データの品質
- データの更新（どれを使うか、どう使うか）
- データを適切な形に整形し利用する

　ここでは、データの運用要件を説明し、モデルと同様に、**運用中のデータにもライフサイクルがある**ことを紹介します。

- 取り込み
- 前処理と一貫性
- 改良と拡張

- 保管と複製
- モデル学習での使用
- 削除

また、データアクセスの制約、プライバシー、監査可能性に関する懸念についても説明し[1]、**データの来歴**（データがどこから来たのか）と**データの系統**（データを入手してから誰が責任を負うのか）を確保するためのアプローチも紹介します。本章の終わりには、データ処理チェーンの信頼性と管理性を高めるための主要な問題について、表面的ではありますが、完全に理解していただけると思います。

2.1　責任としてのデータ

ML について書かれるとき、データは ML システムにおいて重要な**資産**であることがほとんどです。この考え方は正しいですし、データなしで ML を構築することは不可能です。**図2-1** に示すように、より多くの（そしてより質の高い）訓練データを持つ単純な（あるいは単純化された）ML システムが、より少ない、あるいはより代表的なデータを持つより洗練されたシステムを凌駕することがしばしばあります[2]。

組織は、できるだけ多くのデータを収集し、そのデータを価値に変える方法を見つけようと奮闘し続けています。実際、多くの組織が、この方法をビジネスモデルとして大きな成功を収めています。例えば、Netflix 社は、高品質の番組や映画を顧客にお勧めできることが、初期の差別化要因でした。また、Netflix 社は、コンテンツを制作する段階に入ると、人々が何を見たいかを詳細に理解した上で、どの視聴者にどのような番組を作るべきかを考えるために、このデータを利用したと言われています。

もちろん、どんなものでも資産になり得るように、ある（間違った）状況下では負債にもなり得ます。データの場合、最も重要なことは、データの取得、収集、キュレーションによって、データの中に予期せぬニュアンスや複雑さを持つ領域が露呈する可能性があるということです。これらを考慮しないことは、私たちやユーザーにとって潜在的な損害につながる可能性があります。例えば、医療記録と職務経歴書は異なる扱いが必要でしょう。もちろん、データを整理する最善の方法にはコストがかさみます。

ここでの目的は、データの収集、保存、報告、削除の方法について権威ある著作物となることではありません。それはここでの範囲を超えていますし、本書の範囲でもありません。ここで意図するのは、読者が単に「データが多い＝良い」と考えたり、「こんなことは簡単だ」と思ったりしないように、複雑な部分を十分に列挙することです。では、データのライフサイクルを通して、どの

---

[1]　データが変更可能で更新される場合、データ自体に対するバージョン管理も必要かもしれません。

[2]　データが有用であるためには、データが高品質である必要があります（高品質なデータとは、正確で、十分に詳細で、モデルが関心を持つ世界の物事を代表するものです）。つまり、毛糸の写真と針の写真があった場合、どれがどれなのかを知っておくことで、その事実を利用して、これらの種類の写真を認識するモデルを学習させることができるのです。質の高いデータがなければ、質の高い結果は望めません。

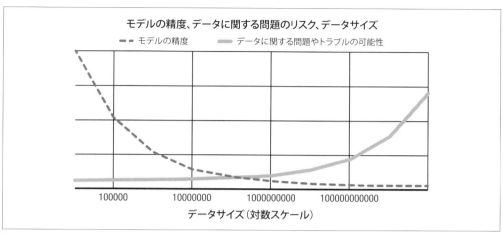

図2-1　データサイズ、モデルの精度、データに関連する問題やリスクのトレードオフ

ような課題があるのか見ていきましょう。

　まず、データは適用される法律に従って収集されなければなりません。この法律は、組織の所在地、データの出所、組織の方針などに基づいている可能性があります。この点は、十分に検討する必要があります（そして、私たちが活動する可能性のある全ての地域の弁護士と相談する必要があります）。何が人に関するデータなのか、データを保存する許可を得る方法、与えられた許可を保存・取得する方法、データを提供した人にデータへのアクセスを提供する必要があるかどうか、どのような状況下で提供するか、などには大きな制約があります。これらの制約は、法律、業界の慣行、保険規制、コーポレートガバナンスポリシーなど、様々な理由に起因します。一般的な制約の例としては、個人情報（PII）の収集の禁止、データ対象者の書面による明示的な同意なしでの収集の禁止、データ対象者のリクエストに応じてそのデータを削除するという要件があります。データを収集するかどうか、どのように収集するかは、技術的な問題ではなく、政策とガバナンスの問題です（この問題の一部は、6章でより詳細に説明します）。

　データの収集と保存が許可されている場合には、外部からのアクセスからデータを保護しなければなりません。ユーザーの個人データを公開した結果、組織に良いことが起こることはほとんどありません。さらに、従業員に対しても、アクセスを制限しなければなりません。従業員は、ユーザーの個人データを制限なく、またその詳細なログを取ることなく、閲覧したり変更したりできないようにしなければなりません。

　データへのアクセスを減らし、監査面を減らすためのもう1つのアプローチは、データを匿名化することです。比較的簡単で価値のあるオプションの1つは、**仮名化**を使用することです。この場合、プライベートな識別子は可逆的な方法で他の識別子に置き換えられ、仮名化の取り消しには追加のデータまたはシステムへのアクセスが必要となります。これにより、パイプラインに取り組むエンジニアによるデータの安易な閲覧を防ぎつつ、匿名化を解除する必要がある場合には、匿名化前の情報にアクセスすることが可能です。また、疑似仮名化によって、私たちのモデルに関連する

データの特性が維持されることを期待します。つまり、あるデータフィールドが特定の状況下で類似していることが重要である場合（例えば、郵便番号のように、同じ町や同じ都市の同じ場所にある場合は接頭辞が同一である）、仮名化によってそれを維持する必要があるかもしれません。このようなレベルの保護は、何気なく見ただけでは意味がありませんが、仮名化されたデータは、完全に仮名化されていないデータと同じように危険である可能性があるものとして扱うことが重要です。このようなデータが利用され、ユーザーのプライベートな情報が暴露された事例は、歴史上数多く存在します（次の補足を参照）。

匿名化レベルの違いによるアプリケーション例

データは、アクセスされるデータの機密性によって、異なる管理が必要です。

生データ
> データに個人情報が含まれていない、**または**極めて厳格なアクセス制御を行っており、個人情報そのものが重要です（例：医療データ）。

仮名化されたデータ
> ある程度厳格なアクセス制御が行われています。時折、手作業による検査が必要ですが、個人情報データ自体は検査に関係ありません（例：接頭辞が空白または変換され、XXXX-XX-1234 のように最後の 4 桁だけが残ったクレジットカードデータ）。

匿名化されたデータ
> その他、個人情報を収集するものの、トラブルシューティングやモデル性能のために個人情報を必要としない全ての場合。

　より良いアプローチは、個人情報と、私たちが訓練に使用するデータとの間の直接的なつながりを永久的に取り除くことです。個人データとその人の間のあらゆるつながりを永久に取り除くことができれば、データのリスクを大幅に減らし、それを扱うための柔軟性を高められます。もちろん、これは見た目以上に難しいことです[†3]。簡単には元に戻せず、かつ価値のある方法でこれを行うのは難しいです。多くの優れた技術が存在しますが、共通の基本的な考え方は、報告されたデータのどの部分も、一定数以下の実在する人物の固有識別子に結びつかないように、データセットを組み合わせることです。これは、特に米国国勢調査局を含む、多くの人口調査機関が採用しているアプローチです。しかし、これを正しく行うには、多くの問題があります。正しい匿名化について

[†3] AOL の検索ログの件は最も有名なものです。Michael Barbaro と Tom Zeller Jr による「A Face Is Exposed for AOL Searcher No. 4417749」（https://oreil.ly/WALx5）を参照してください。この事件は、Wikipedia の「AOL search log release」のページ（https://en.wikipedia.org/wiki/AOL_search_log_release）でも説明されています。

は、そのほとんどが本書の範囲外のトピックであるため、これ以上の深入りはしません。

匿名化はとても困難です

　ここ数年、非常に有名な失敗例がいくつかあり、匿名化の難しさが明らかになりました。特に、ハーバード大学政府部門 Dr. Latanya Sweeney（http://latanyasweeney.org）の研究は一読に値します。Dr. Sweeney は、マサチューセッツ州知事だった William Weld の健康記録を、性別、年齢、郵便番号（有権者の記録から自由に入手可能）を知るだけで、「匿名化」されているとはいえ、簡単に特定できることを実証しています。さらに Dr. Sweeney は、性別、年齢、郵便番号の 3 つの情報だけで、全米の 87 ％の人を一意に特定できることを示しました。詳しくは、Nate Anderson による「Anonymized Data Really Isn't — and Here's Why Not」（https://oreil.ly/V39HT）を参照してください。

　同様の研究により、ブラウザのユーザーエージェント文字列と郵便番号やその他の情報を組み合わせることで、個人を一意に特定できることが示されています。この話の教訓は、匿名化は難しいということであり、ほぼ確実にその専門知識を自分で身につけるか、専門知識を持つ人やプラットフォームに委託する必要があるということです。正しい匿名化というトピックは、暗号のような数学的なトピックと密接に連携しており、本来は別の専門分野です。

　最後に、最終的にはデータを削除できるようにする必要があります。これは、個々のユーザーのリクエスト、地域の法律、EU 一般データ保護規則（GDPR）（https://gdpr-info.eu）のような規制、またはデータを保存する許可がなくなった場合に行うことがあります。データを削除しても、それを**実際に**アクセスできないように完全に削除された状態にすることは、意外と難しいことがわかりました。

　これは、少なくとも初期の MS-DOS 時代から言えることで、ファイルを削除すると、そのファイルへの参照が削除されるだけで、実際のデータそのものは削除されていません。つまり、十分なやる気と運があれば、ファイルを再構築できるのです。今日のコンピュータ環境では、データの複数のコピーを追跡することからメタデータの管理まで、あらゆることが当時よりも削除を難しくしています。ほとんどの分散ストレージシステムでは、データは多くの断片に分割され、物理的なマシンの集合体にまたがって保存されています。実装によっては、データが書き込まれている可能性のある耐久性のあるストレージデバイス（ハードディスクドライブやソリッドステートドライブ）を全て特定することは現実的に不可能な場合があります。

　恣意的な障壁を設けることなく、人々が自分たちのデータの削除を望んでいるのを確信することが重要です。このバランスをとるための 1 つの方法は、データを本当に削除する前に短い遅延を課すことです。データの削除をリクエストしてから数時間、あるいは数日後に、リクエストを取り消すことができます。しかし、ある時点でそのリクエストが意図的で正当なものであることを確認したら、データの全てのコピーを追跡し、それを消去する必要があります。データの保存方法によっ

ては、データ構造、インデックス、バックアップを再構築し、近くのデータへのアクセスを以前と同じように効率的かつ信頼性の高いものにする必要があります。

多くの事柄に当てはまることですが、データを削除する作業は、明確な考えを持つことによって、より良いものになります。もし、自分のシステムがそこまで考えられていないのであれば、いくつかの回避策を使用できます。ここでは、一般的な最適化策を2つ紹介します。

定期的にデータを書き換える

データを再生成するプロセスがある場合、先に述べた「データをすぐに削除しない」という推薦事項を利用して、次にデータを書き換えるときに「削除した」データが含まれないように単純にスケジュールすることができます。これは、データ再生の期間が、削除の予想される許容可能な遅延と一致することを前提としています。また、データの書き換えが実際にデータの削除に有効であることが前提ですが、全くそうでない場合も十分にありえます。

全データを暗号化し、一部の鍵を捨てる

このように設計されたシステムには、いくつかの重要な利点があります。特に、「静止状態の」(永続的ストレージに書き込まれた)プライベートデータを保護します。データの削除も簡単です。ユーザーのデータの鍵を紛失すると、そのデータを読み取ることができなくなります。この欠点はほとんど回避可能ですが、真剣に検討する価値があります。鍵が失われると、データ**全て**が失われるため、この戦略を採用する人は誰でも、非常に信頼性の高い鍵処理システムを必要とします。これにより、鍵システムの全てのバックアップから1つの鍵を確実に削除することが困難になる可能性もあります。

2.2 ML パイプラインのデータ感度

ML パイプラインと多くのデータ処理パイプラインの主な違いは、ML パイプラインは多くのデータ処理パイプラインと比較して、入力データに対して非常に敏感であることです。全てのデータ処理パイプラインは、ある意味、入力データの正しさと量に依存しますが、ML パイプラインはさらに、データの**分布**の微妙な変化に敏感です。パイプラインは、ごく一部のデータを取り除くだけで、正しい状態から大きく間違った状態になることがあります。それは、ごく一部のデータがランダムでない場合、あるいは、私たちのモデルが敏感な特性の範囲内で均等にサンプリングされていない場合です。

ここで簡単な思考実験として、yarnit.ai のような現実世界のシステムで、ある特定の国、地域、言語からのデータを全て何らかの方法で失った場合を考えてみましょう。例えば、ある年の12月31日のデータを全て削除すると、12月や1月の大体の日と大幅に異なる可能性のある大晦日の買い物傾向を検出する能力が失われます。このように、わずかなデータを失うことで系統的な偏りが生じ、モデルの理解や予測に大きな混乱が生じるケースが多いです。

このように、ML のデータパイプラインをうまく管理するためには、ライブシステムだけでなく、**データ**を集約し、処理し、監視する能力が重要です。データの監視については9章で詳しく述

べますが、ここではプレビューします。データを監視するための重要な洞察は、様々な軸に沿ったデータのスライス、または分割です（**どの**軸でデータをスライスするのが最適かを決めることは、探索的データ分析〔EDA〕における重要な活動であり、本書の範囲外です）。リアルタイムの活動を追跡しようとするシステムでは、データを最近のもの、1〜2時間前のもの、3〜6時間前のものなど、データの取得時間でバケットに分けられます。現在どのバケットからデータを処理しているかを追跡することで、どの程度遅れているかを把握できるかもしれません。しかし、アプリケーションに関連する他の様々なヒストグラムを追跡できますし、そうする必要があります。データのサブセットの**全て**、または**ほとんど全て**がなくなったことを検出する能力は、非常に重要です。

　例えば、ショッピングサイト yarnit.ai では、任意の検索に対して最適な結果を予測するために検索を学習させることがあります（ここで「最適」とは「最も購入されやすい」という意味です）。私たちは、複数の市場と言語でサイトを運営しています。例えば、決済に関する大規模な障害がスペイン語サイトのみに発生し、スペイン語で検索した人々の注文完了数が大幅に減少したとします。顧客に商品を薦めることを仕事とするモデルは、スペイン語での検索結果が他の言語での検索結果よりも購入につながる可能性が著しく低いことを学習します。このモデルは、スペイン語の結果をより少なく表示し、スペイン語を話すユーザーには他の言語の結果を表示し始めるかもしれません。もちろん、このような行動の変化の理由をモデルが「知る」ことはできません。

　その結果、当社のサイトが主に北米やヨーロッパのサイトであれば、購入総件数の減少はわずかで、スペイン語での検索と購入の総件数が大幅に減少する可能性があります。このデータを学習した場合、モデルはおそらくスペイン語での検索に対してひどい結果を出すでしょう。スペイン語のクエリでは何も購入されないと学習してしまうかもしれません（これは基本的に真実です）。もしスペイン語の検索結果が全て同じようにひどいものであれば、どのような結果でも**良いので**、モデルはスペイン語の検索者が実際に購入する可能性のあるものを探そうとするでしょう。この結果、スペイン語サイトの決済停止が終わると、検索結果はひどいものになり、売上も減少します。これは最悪の結果です（同様の問題の対象方法については11章を参照してください）。

　スペイン語のクエリの総量は、他の言語のクエリ総量に比べて少ないかもしれないので、クエリ量の変化も総クエリ量のレベルでは簡単に検出できないかもしれません。9章では、訓練パイプラインを監視し、このような分布の変化を検出する方法について説明します。この例は、MLパイプラインはこのような微妙な不具合のために信頼性の高い運用が難しいということを理解してもらうためのものです。

　このような制約を念頭に置きながら、私たちのシステムにおけるデータのライフサイクルを見直してみましょう。データは、作成された瞬間から削除されるまで、私たちの管理下にあると考えなければなりません。

2.3　データの段階

　ほとんどのチームは、データストレージやプロセスプラットフォームなど、自分たちが使っているプラットフォームに依存しています。YarnIt はそれほど大きな組織ではありませんが、ビジネ

スマネジメント、データエンジニアリング、オペレーションを担当するスタッフを巻き込んで、ここでの要件を理解し、それに応えられるようにするつもりです。幸いなことに、データの保存と処理に関連する信頼性に明るい SRE（サイトリライアビリティエンジニア）たちがいます。

データ管理の段階では、基本的に今あるデータを、後の工程で使用するのに適した内容と保存形式に変換することが求められます。このプロセスでは、訓練用のデータを準備するために、モデル固有（または少なくともモデルドメイン固有）のデータ変換を行うこともあります。次に行う作業は、ML モデルの学習、特定のセンシティブなデータの匿名化、そして不要になったデータや依頼されたデータの削除です。これらの作業に向けて、データの主な使用例や将来的に検討すべき領域についての質問に答えるために、私たちはビジネスリーダーから、引き続き情報を収集します。

本書のほとんどの部分と同様に、信頼できる ML システムを設計し実行するために、ML に関する深い知識はある方が望ましいですが、必須ではありません。しかし、モデル訓練についての基本的な理解は、データを準備する際に何をするかに直接役立ちます。現代の ML 環境におけるデータ管理は、**図 2-2** に示すように、モデル訓練パイプラインにデータを投入するまでの複数の段階で構成されています。

- 作成
- 取り込み
- 前処理（検証、クレンジング、拡張を含む）
- 後処理（データ管理、保存、分析など）

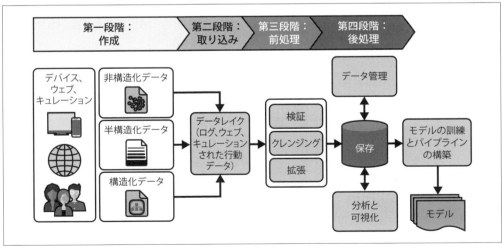

図2-2　ML のデータ管理方法

2.3.1　作成

奇妙に思えるかもしれないし、当たり前のことのように思えるかもしれませんが、ML の訓練データは**どこからか**やってきます。おそらく、使っているデータセットは、他の部署の同僚や学術

的なプロジェクトのものなど、他のところから来ていて、そこで作成されたものでしょう。しかし、データセットは全て、ある時点で何らかのプロセスを経て作成されます。ここでは、データの作成とは、**私たちの**データ保存システムではなく、**ある**データ保存システムにデータを生成したり、取り込んだりするプロセスのことを指します。例としては、運用システムのログ、あるイベントで撮影された大量の画像、医療処置からの診断データなどがあります。このプロセスの暗黙の了解として、私たちは新しいシステムを設計したり、既存のシステムを適応させたりしてデータを生成し、ML システムがうまく機能するようになることを望んでいます。

データセットの中には、静的である（または少なくともすぐに変更されない）場合に適切に機能するものもありますが、頻繁に更新される場合にのみ有用なデータセットもあります。例えば、画像認識データセットは、私たちのモデルで認識したい画像の種類が適切に含まれている限り、何ヶ月も使えるかもしれません。一方、景色の画像が温帯気候の冬の環境だけを表している場合、画像データセットの分布は、私たちが認識する必要のある画像データセットの分布とは大きく異なります。そのため、そのような場所では春になると暖かくなるため、役に立たなくなります。同様に、yarnit.ai での取引の不正を自動的に認識しようとする場合、最近の取引とその取引が不正であったかどうかの情報をモデルに継続的に学習させる必要があります。そうしないと、誰かが検出が難しい編み物用品を全部盗む方法を思いつくかもしれないし、それを検出する方法をモデルに教えられないかもしれません。

収集するデータの種類と作成するデータ成果物には、非構造化、半構造化、構造化されたものがあります（**図2-3**）。

構造化されたデータは、事前に定義されたデータモデルとスキーマで定量化され、高度に組織化され、スプレッドシートやリレーショナルデータベースのような表形式で保存されます。名前、住所、地理的位置、日付、決済情報などは全て、構造化データの一般的な例です。構造化データは適切にフォーマットされているため、比較的単純なコードで容易に処理できます。

一方、**非構造化データ**は、標準的なデータモデル／スキーマを持たない定性的なデータであるため、従来のデータと同様の手法やツールを使って処理、分析することができません。非構造化データの例としては、電子メールの本文、商品説明、テキスト、動画やオーディオファイルなどがあります。半構造化データは、特定のデータモデルやスキーマを持たないが、タグや識別マーカーを含むため、構造化データと非構造化データの中間に位置する構造化データです。半構造化データの例としては、送信者、受信者、受信箱、送信済み、下書きなどで検索できる電子メールや、公開、非公開、友達、ハッシュタグなどユーザーが管理するラベルで分類できるソーシャルメディアコンテンツなどがあります。データの内部構造の特徴は、それらを処理し、保存し、利用する方法に大きな影響を与えます。

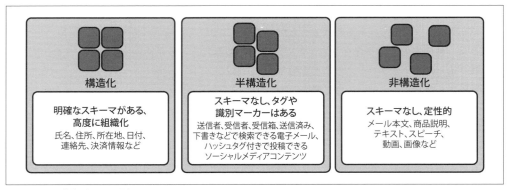

図2-3　ML 訓練データの分類

　モデルの偏りはモデルの構造だけでなく、データにも起因しますが、データ作成の状況は、正しさ、公平さ、倫理に深い意味を持ちます。この点については 5 章と 6 章でかなり詳しく説明しますが、ここでお勧めするのは、モデルに偏りがあるかどうかを確立するための何らかのプロセスを用意することです。これを行う方法は数多くあり、最も簡単なのはモデルカード (https://oreil.ly/h7E8h) のアプローチでしょう。しかし、このようなプロセスを持ち、それが組織的に受け入れられることは、そのようなプロセスを持たないよりもずっと良いことです[†4]。これは間違いなく、ML システムにおいて倫理と公正の問題に取り組み始めたときに最初にすべきことです。偏りを検出する努力を、例えばデータの出所やデータライフサイクルの会議や追跡プロセスに組み込むことは比較的容易にできるでしょう。しかし、ML を行う全ての組織は、何らかのプロセスを確立し、継続的な改善の一環としてそれを見直す必要があります。

　しかし、バイアスは多くのソースから発生し、プロセスの多くの段階で現れることを思い出してください。データの公正さを保証する方法はありません。成功への近道は、様々なバックグランドを持ち、異なる創造的な視点を持つ人々が集まる包括的な社風を持つことです。全く異なる経歴や視点を持つ人々が、信頼と尊敬に満ちた環境の中で働くことで、全てが似通ったチームよりもはるかに優れた、有益なアイデアが生まれるということが知られています。これは、先に述べたチェックをすり抜けるような偏見に対する強固な防御の一部になり得ます。しかし、プロセスやツールなしに全ての悪い結果を防ぐことはできません。それは、人間の努力がシステムの助けなしに全ての悪い結果を防げないのと同じです。

　最後に、データセットの作成、とりわけデータセットの拡張について説明します。もし、訓練データが少量で、高品質のモデルを訓練するのに十分でない場合、データを増強する必要があるかもしれません。そのためのツールも用意されています。例えば、Snorkel (https://www.snorkel.org/features) は、少数のデータポイントを取り出し、より多くの多様なデータポイントに順列化し、基本的に架空の、しかし統計的に有効な訓練データを構成するプロ

[†4] データセットに対するモデルカードの補完的なアプローチとして、データカードというものがあります。Data Cards Playbook サイト (https://oreil.ly/aaSMr) をご覧ください。

グラミングインターフェイスを提供します。これは、小さなデータセットを簡単に大きなデータセットに拡張できるため、手始めとして良い方法の 1 つです。このようにプログラムで作成されたデータセットは、何らかの理由で価値が低く、有用性が低いように見えるかもしれませんが、この方法を用いると、注意は必要ですが、低コストで非常に良い結果を得られることが知られています[†5]。

2.3.2　取り込み

　データはシステムに取り込まれ、さらに処理するためにストレージに書き込まれる必要があります。この段階では、フィルタリングと選択のステップが必然的に発生します。作成されたデータの全てが取り込まれたり、収集されたりするわけではありません。

　この段階では、データの種類（モデルにとって有用でないと思われるデータフィールドや要素）ごとにデータをフィルタリングすることもあります。また、ML の学習やその他のデータ処理には非常に計算コストがかかるため、データが多すぎて全てを処理する余裕がないと思われる場合は、この段階で単にサンプリングすることもあります。サンプリングは中間処理と訓練のコストを削減する有効な方法ですが、サンプリングの品質コストを測定し、その削減効果と比較することが重要です。また、データのサンプリングは、時間帯ごと、あるいは気になるデータの他のスライスごとに、量や速度に比例して行う必要があります。そうすることで、ある時間帯の詳細が集中的に欠落することを避けられます。しかし、サンプリングによって、いくつかの事象の詳細が失われることがあります。これは避けられません。

　一般的に、ML の学習システムは、データ量が多いほど性能が向上します。専門家はすぐに多くの例外を思いつくでしょうが、この考え方は出発点としては有用です。したがって、データを減らすことは、コスト削減と同時に品質に影響を与える可能性があります。

　データ量やサービスの複雑さにもよりますが、取り込みの段階は「あそこのディレクトリにあるファイルをダンプする」といった単純なものから、特別にフォーマットされたファイルを受け取り、受け取ったデータへの参照を確認し、システム内での進行状況を追跡できるようにするリモートプロシージャコール（RPC）エンドポイントのような高度なものになる可能性があります。ほとんどの場合、少なくとも単純な API 経由でデータ取り込みを提供したいと思うでしょう。なぜなら、データの受信と保存を確認し、取り込みを記録し、データに関するあらゆるガバナンスポリシーを適用するための明白な場所を提供するからです。

　データ取り込みの段階で懸念される信頼性は、通常、正確性とスループット性です。**正確性**とは、データが不必要にスキップされたり、誤った場所に置かれたりすることなく、正しい場所に適切に読み書きされるという一般的な特性です。データを置き忘れるというのはおかしな話ですが、絶対に起こりますし、どのように置き忘れるかは容易に想像がつきます。ストレージに日付や時間指定のバケットシステムがあり、取り込みプロセスで 1 つだけエラーが発生すると、毎日のデータ

---

†5　詳しくは、Alexander J. Ratner らの「Learning to Compose Domain-Specific Transformations for Data Augmentation」（https://oreil.ly/uxLdr）を参照してください。

26 | 2章　データマネジメント

が前日のディレクトリに保存されることになりかねません。取り込み前と取り込み中のデータの存在と状態を監視することは、データパイプラインの中で最も難しい部分です。

2.3.3　前処理

　データを適切なストレージに取り込んだ後、多くのデータサイエンティストやモデル作成者は、そのデータを訓練に使えるようにするために一連の共通操作を行います。検証、クレンジングとデータの一貫性、拡張は次で詳細に述べます。

2.3.3.1　検証

　どんなに効率的で強力な ML モデルであっても、悪いデータでは決して思い通りになりません。運用現場では、データのエラーの一般的な原因は、最初にデータを収集するコードのバグです。外部ソースから取り込まれたデータは、ソースごとにきちんと定義されたスキーマが存在するにもかかわらず、多くのエラーを持っているかもしれません（例えば、整数型のフィールドに float 値を持っているなど）。そのため、入力されたデータを検証することは非常に重要です。特に、明確に定義されたスキーマがある場合や、最後に有効だった追加データと比較する機能がある場合は、そのような検証を行う必要があります。

　検証は、フィールドの共通定義に対して行われます。つまり、それは私たちが期待するものなのかを検証することです。この検証を行うには、標準的な定義を保存し、それを参照できるようにする必要があります。包括的なメタデータシステムを使用してフィールドの一貫性を管理し、定義を追跡することは、データの正確な表現を維持するために重要です。これについては 4 章で詳しく説明します。

2.3.3.2　データのクレンジングと一貫性確保

　適切な検証フレームワークを導入していても、ほとんどのデータは厄介なものです。フィールドの欠落、重複、分類ミス、あるいはエンコーディングエラーがあるかもしれません。データが増えれば増えるほど、クレンジングとデータの一貫性を保つことは、それ自体が処理の段階の 1 つとなる可能性が高くなります。

　データをチェックするためだけにシステム全体を構築するということは、初めて構築する多くの人にとっては少し大げさに聞こえるかもしれません。実際には、ML パイプラインにはデータをクリーンアップすることを目的としたコードが必ず含まれます。このコードを 1 箇所に配置してそこでレビューして改善することも、コードの一部を訓練パイプライン全体に配置することもできます。後者の戦略では、データの正確性に関する前提条件が増大しても、それを確実に満たせないため、パイプラインが非常に脆弱になります。さらに、データの検証と修正のためにコードの一部を改善すると、その作業を実行する多くの場所全てでそれらの改善の実装が無視される可能性があります。さらに悪いことに、逆効果になる可能性もあります。例えば、データ内の元の情報を削除する方法で、同じデータを複数回「修正」できます。また、プロセスの様々な部分が同じデータを異なる方法でクリーニングしたり一貫性を持たせたりするという潜在的な競合状態が発生する可能性

もあります。

このプロセスで行われるもう 1 つのデータ保守タスクは、データの標準化です。**標準化**とは、一般に、入力データを類似のスケールに変換するために使用される一連の技術を指します。これは、深層学習のように、学習に勾配降下や類似の数値最適化手法に依存する手法に有用です。ここで、**図 2-4** に描かれている標準的な技術には、次のようなものがあります。

一定範囲へのスケーリング

データの全ての X 値を一定の範囲に変換する操作です。多くの場合 0 から 1 ですが、（身長や年齢のように）一般的な最小値と最大値を表す他の値に変換することもあります。

クリッピング

データの最大値を切り取る操作です。データセットに少数の極端な異常値がある場合に有効です。

対数スケーリング

$x'=\log(x)$ と変換する操作です。データがべき乗則の分布で、非常に大きな値が少数、非常に小さな値が多数ある場合に有効です。

Z スコア標準化

変数を平均値からの標準偏差の数に変換します。

これらの手法は、範囲、分布、平均のいずれかが、後に適用されるデータセットとは異なる特性を持つデータセットで計算されている場合、危険である可能性があります。

最後に、データを**バケット**に入れる手法について説明します。これは、データの範囲を、同じ範囲を表す、より小さなグループの集合に変換するものです。例えば、年齢を年単位で測定できますが、学習時には 10 年単位でバケット化し、30 歳から 39 歳の人は全て「30 代」というバケットに入れられるようにします。バケット分けは、多くの発見困難なエラーの原因となり得ます。例えば、あるシステムでは年齢を 10 年単位でバケット化し、別のシステムでは 5 年単位でバケット化しているとします。データをバケット化する際には、既存のデータを保存し、各レコードに新しい、正しい書式のフィールドを書き出すことを真剣に考えなければなりません。バケット化戦略の変更を決断したら（また変更したとき）、戦略を変更して良かったと思うでしょう。そうでなければ、変更することは不可能でしょう。

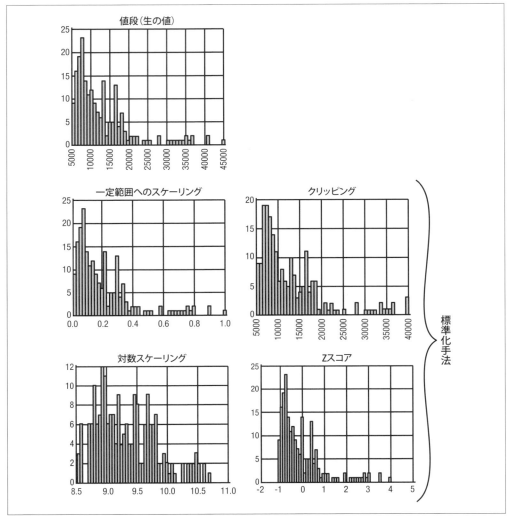

図2-4 Google Developers Data Prep コースで紹介されている標準化手法（https://oreil.ly/0cgBm）

2.3.3.3 データの拡張

この段階では、私たちのデータを他のソースからのデータと組み合わせます。データを拡張する最も一般的かつ基本的な方法は、データに**ラベリング**することです。このプロセスでは、外部のデータソース（人間の場合もあります）から確認を得ることで、指定されたイベントや記録を特定します。ラベリングされたデータは、全ての教師ありMLのキードライバーであり、しばしばMLプロセス全体の中で最も困難で高価な部分の1つです。十分な量の高品質なラベル付きデータがなければ、教師あり学習はうまくいきません（ラベリングとラベリングシステムについては4章で詳しく説明します）。

しかし、ラベリングはデータを拡張するための 1 つの方法に過ぎません。私たちは、学習データを拡張するために、多くの外部データソースを利用できます。例えば、ある人がいる場所の気温が、その人が何を買うかを予測すると考えたとしましょう[6]。yarnit.ai のサイトでの検索ログを取り、ユーザーがウェブページを訪れたときのおおよその場所の気温を追加できます。これは、気温の履歴サービスやデータセットを見つけるか作成することで実現できます。これによって、「気温」を特徴量としてモデルを訓練し、それを使ってどのような予測ができるかを見ることができます。これはおそらく良いアイデアではありませんが、全く現実的でないわけではありません。

2.3.4　保管

最後に、データをどこかに保管する必要があります。データをどのように、どこに保管するかは、どのようにデータが使われるかによって決まります。この点は 4 章で詳しく説明しますが、ここではストレージ効率とメタデータという 2 つの主要な懸念事項があります。

ストレージシステムの効率は、モデル構造、チーム構造、訓練プロセスの影響を受けたアクセスパターンに左右されます。ストレージシステムに関して賢明な選択をするために、以下のような基本的な質問に答える必要があります。

- モデルの訓練は、このデータに対して一度だけ行うのか、それとも何度も行うのでしょうか。
- 各モデルはデータの**全て**を読み取るのか、それとも一部だけを読み取るのでしょうか。データの一部だけが読み取られる場合、読み取られるサブセットはデータの種類（あるフィールドは読み取られ、他のフィールドは読み取られない）によって選択されるのか、それともデータの無作為抽出（全レコードの 30 ％）に選択されるのでしょうか。
- 特に、関連するチームは、データ中のフィールドの異なる一部分を読み取るのでしょうか。
- データを特定の順序で読む必要があるのでしょうか。

データの再利用に関しては、たとえモデル所有者が、そのデータに対して一度だけしかモデルを訓練させないと主張したとしても、ほとんど全てのデータは何度も読み込まれるため、ストレージシステムはそのために構築されるべきです。それはなぜでしょうか。モデル開発は反復的なプロセスです。ML エンジニアはモデルを作り（そのために必要なデータを読み）、そのモデルが設計されたタスクでどの程度うまく機能するかを測定し、そしてそれをデプロイします。その後、モデル所有者は別のアイデア、つまり、何らかの方法でモデルを改善する方法を思いつくのです。そして、新しいアイデアを試すために、また同じデータを読み込むのです。データから訓練、そしてサービスに至るまで、私たちが構築する全てのシステムは、モデル開発者が半永久的に同じモデルを再訓練し、改良していくことを前提に作られるべきなのです。実際、再訓練を行う際には、毎回異なるデータのサブセットを読み込む可能性があります。

このことから、1 つの特徴につき 1 つの列を持つ列指向のストレージスキームは、特に構造化

---

[6]　これが本当だと信じる根拠はほとんどないですが、漠然とした信憑性があり、中々に面白いです。もし、「気温」を特徴量として実装し、その価値を見出した方がいらっしゃいましたら、著者のサイン入り書籍を差し上げますのでご連絡ください。

データで学習するモデルで一般的な設計アーキテクチャです[7]。ほとんどの読者は、データベースからデータを取得するたびに、一致する行の全てのフィールドを取得する、行指向ストレージに慣れているでしょう。これは、データのほとんどまたは全てを使用するアプリケーションのコレクション、つまり、非常に類似したアプリケーションのコレクションに適したアーキテクチャです。列指向のデータは、フィールドのサブセットのみを検索することを容易にします。これは、それぞれがデータの特定のサブセットを使用するアプリケーションのコレクション（この場合、ML 訓練パイプライン）にとって、より便利です。言い換えれば、列指向のデータストレージでは、特徴の異なるサブセットを効率的に読み取る異なるモデルが、毎回データの行全体を読み込むことなく、それを実行できます。1 箇所に集めるデータが多ければ多いほど、そのデータの非常に異なるサブセットを使用する異なるモデルが存在する可能性が高くなります。

　しかし、この方法は一部の学習システムにとってはあまりにも複雑です。例えば、前処理されていない多くの画像を使って訓練する場合、列指向のストレージシステムは必要ありません。しかし、より構造化されたもの、例えばタイムスタンプ、送信元、参照者、金額、商品、配送方法、決済方法などのフィールドを持つ取引データログを読み込むとします。そうすると、あるモデルはそれらの機能の一部を使い、他のモデルは他の機能を使うと仮定すると、列指向構造を使う動機付けになります。

　メタデータは、人間がストレージと対話するのに役立ちます。複数の人が同じデータでモデル構築に取り組む場合（あるいは同じ人が時間をかけて取り組む場合）、保存されている特徴量に関するメタデータは大きな価値になります。それは、前回のモデルがどのように構築されたのか、また、どのようにモデルを構築したいかを理解するためのロードマップとなります。ストレージシステムのメタデータは、ML システムで過小評価されがちな部分の 1 つです。

　ここでは、私たちのデータ管理システムが主に 2 つの要因によって動機付られていることを明確にします。

データをどのような目的で使用するか

　私たちはどのような問題を解決しようとしているのでしょうか。私たちの組織や顧客にとってその問題はどのような価値があるのでしょうか。

モデルの構造と戦略

　どのようなモデルを構築しようとしているのでしょうか。それを、どのように組み立てるのでしょうか。それは、どの程度の頻度で更新されるのでしょうか。何個のモデルがあるのでしょうか。モデル同士はどの程度似ているのでしょうか。

　私たちがデータ管理システムについて行う全ての選択は、この 2 つの要素によって制約され、制

---

[7]　一般的な大手クラウドプロバイダの大規模データ保存および分析サービスの多くは、列指向です。Google Cloud BigQuery、Amazon RedShift、Microsoft Azure SQL Data Warehouse は全て列指向で、データサービスプロバイダの Snowflake のメインデータストアもそうです。PostgreSQL と MariaDB Server にも列指向の設定オプションがあります。

約することになります。そしてデータ管理が、データをどのように、そしてなぜ書き込むかということであるならば、ML 訓練パイプラインは、データをどのように、そしてなぜ読み込むかということです。

2.3.5　管理

　一般的に、データストレージシステムは、権限のないユーザーがデータにアクセスするのを制限するために、認証情報に基づくアクセス制御を実装しています。このような単純な方法だと、基本的な ML の実装にしか役立てられません。より高度なシナリオでは、特にデータに機密情報が含まれている場合、よりきめ細かいデータアクセス管理手法を導入する必要があります。例えば、モデル開発者だけが特徴量に直接アクセスできるようにしたり、データのサブセットへのアクセスを何らかの方法で制限したりする（直近のデータのみ、など）ことが考えられます。また、データの保存時やアクセス時に匿名化または仮名化することもできます。ただし、障害発生時で、そのアクセスを別チームが慎重に記録、監視した場合に限ります。これについては 11 章で説明します。

　SRE は、データサイエンティストが仮想プライベートネットワーク（VPN）などの許可されたネットワーク経由で安全にデータを読み込めるように、運用環境のストレージシステムにデータアクセス制限を設定し、どのユーザーや訓練ジョブがどのデータにアクセスしているかを追跡する監査ログを実装してレポートを作成し、使用パターンを監視できます。ビジネスオーナーやプロダクトマネージャーは、ユースケースに基づいてユーザー権限を定義できます。異なる種類のメタデータを生成し使用することで、後続の段階でデータにアクセスし修正する能力を最大化する必要があるかもしれません。

2.3.6　データ分析と可視化

　データ分析および可視化とは、統計的グラフィカルな手法やツールを用いて、大量のデータを見やすい表現に変換するプロセスのことです[8]。データをよりわかりやすく、よりアクセスしやすくすることは、ML アーキテクチャの設計や知見の獲得にとって欠かせない作業です。円グラフや棒グラフを表示するだけでは十分ではありません。データセットの各レコードが何を意味するのか、他のデータセットのレコードとどのようにリンクしているのか、外れ値などはなく、モデルを訓練に安全に使用できるか、といった説明を他の人にする必要があります。データサイエンティストが大規模なデータセットを見るには、十分に定義された高性能なデータ可視化ツールやプロセスなしでは実質的に不可能です。

---

[8]　データサイエンティスト、データアナリスト、研究サイエンティスト、応用サイエンティストは、インフォグラフィックス、ヒートマップ、フィーバーチャート、エリアチャート、ヒストグラムなど、様々なデータ可視化ツールやテクニックを使用します。より詳しいことは、Wikipedia の「データ可視化」のページ（https://ja.wikipedia.org/wiki/データ可視化）を参照してください。

2.4 データの信頼性

データ処理システムが機能する必要があるため、データはシステムを通過する際にいくつかの性質を持つ必要があります。これらの性質を明確にすることで、議論を呼ぶことがあります。ある人にとっては当たり前のことであり、ある人にとっては本当に保証するのは不可能だという状況があるかもしれません。しかし、この2つの視点はどちらも的外れです。

データについて常に真であるべき性質を明示する意図は、それが真でないとき、あるいはシステムが真であることを適切に保証できないときに、全員がそれに気づけるようにすることです。これによって、将来、より良くするための行動をとれるようになります。なお、データ管理システムであっても信頼性の話題は非常に幅広く、ここで完全にカバーすることはできません。詳細は、Betsy Beyer ほか編『SRE サイトリライアビリティエンジニアリング』をご覧ください。

ここでは、データが失われないこと（耐久性）、全てのコピーで同じであること（一貫性）、時間の経過とともに変化することを注意深く追跡すること（バージョン管理）において基本的なことだけを扱います。また、データをどれだけ速く読み込めるか（性能）、読み込める状態にないことがどれだけあるか（可用性）を考える方法についても取り上げます。これらの概念をざっと概観することで、正しい分野に集中するための準備が整うはずです。

2.4.1 耐久性

ストレージシステムに求められる要件として、最も見落とされがちなのが耐久性です。**耐久性**とは、ストレージシステムがデータを保有し、それを紛失、削除、上書き、破損させないという性質です。私たちは、その性質を非常に高い確率で絶対に欲しいものだと思っています。

耐久性は通常、回復不能に失われないバイトまたはブロックの年間割合で表されます。優れたストレージシステムの一般的な値は 11 または 12 ナインで、これは「保存されたバイトの99.9999999 ％以上が失われない」と表現されることもあります。基本的なストレージシステムの提供値かもしれませんが、私たちはストレージシステムと相互作用するソフトウェアを書いているので、この場合の保証はもう少し控えめかもしれません。

重要な注意点として、データの消失がないという意味で非常に保守性の高いシステムもありますが、一部のデータが非常に長い期間アクセス不能になる故障モードもあります。このような場合、データを他の低速のストレージシステム（テープドライブなど）から復旧したり、低速のネットワーク接続を介してオフサイトからコピーしたりする必要がある場合があります。これが生データで、モデルにとって重要なものであれば、復旧しなければならないかもしれません。しかし、既存の生データから何らかの形で派生したデータの場合、信頼性エンジニアは、データを復元するよりも、単にデータを再作成する方が簡単かどうかを検討することになるでしょう。

多くのデータ変換を行う ML ストレージシステムでは、それらの変換の書き方や監視の仕方に注意する必要があります。データ変換のログを取り、余裕があれば変換前と変換後のデータのコピーを保存しておく必要があります。データを追跡するのが最も難しいのは、データが非管理状態から管理状態になる取り込み時です。取り込みには API を使用することを勧めています。これによっ

て、データが保存されていることを確認し、トランザクションを記録し、データの受信を確認するための明確な場所が提供されます。もし、データがきれいで保守性のある状態で受信されなかった場合、送信システムはもちろん、データがまだ利用可能な状態で送信操作を再試行できます。

　データ変換の各段階で、余裕があれば、変換前と変換後のデータのコピーを保存しておく必要があります。変換のスループットや、予想されるデータサイズの変化も監視する必要があります。例えば、データを30％サンプリングした場合、エラーが発生しない限り、変換後のデータは当然、変換前のデータの30％のサイズになるはずです。一方、バケット処理によってfloat型を整数型に変換する場合、データの表現によっては、変換後のデータサイズは変化しないと予想されます。もし、あまりに大きくなったり小さくなったりした場合は、ほぼ間違いなく問題が発生します。

2.4.2　一貫性

　複数のコンピュータからデータにアクセスする際、読み込むたびにそのデータが同じであることを保証したい場合があります。これは、**一貫性**という性質です。私たちが行っている処理のほとんどは基本的に並列化可能であり、最初からマシンのクラスタの使用を想定しておくことは、一般的に意味があることです。これは、ストレージシステムが他のコンピュータからネットワークプロトコルを介して利用できることを意味し、信頼性に関して課題が生じます。特に重要なのは、同じデータを異なるバージョンで同時に利用できる可能性があることです。データがどこでも複製され、利用可能で、一貫性があることを保証するのは困難です。

　モデル訓練システムが一貫性を気にするかどうかは、実はモデルとデータの性質次第です。全ての訓練システムがデータの不整合性に敏感なわけではありません。また、全ての**データ**が不整合性に敏感なわけでもありません。このことを考える1つの方法は、データの疎密を考えることです。データは、各ピースが表す情報が希少である場合、**疎**です。各データが表す情報が一般的である場合、データは**密**です。データセットにゼロ値が多い場合、データは疎になります。例えば、yarnit.aiが販売する毛糸のほとんどを占める人気の毛糸を10本持っている場合、そのうちの1本を購入したときのデータは密度が高く、あまり新しいことを教えてくれそうにありません。もし、ある人気毛糸の購入データの1つが、当社のストレージシステムのあるコピーでは読み取れるが、別のコピーでは読み取れない場合、モデルは本質的に影響を受けません。一方、購入した商品の90％が異なる毛糸であった場合、購入した商品の1つ1つが重要になります。学習システムのある部分では特定の毛糸の購入を認識し、別の部分では認識されない場合、その特定の毛糸や、その毛糸に似ているとモデルが表現する毛糸に関して、首尾一貫しないモデルが作成される可能性があります。状況によっては、一貫性を保証するのは難しいですが、データの到着と同期を多少長く待つことができれば、この特性を簡単に保証できる場合があります。

　データレイヤーにおける一貫性の懸念は、2つの簡単な方法で取り除くことができます。第一は、不整合なデータに強いモデルを構築することです。他のデータ処理システムと同様に、MLシステムにもトレードオフがあります。もし、一貫性のないデータ、特に最近書き込まれたデータを許容できれば、モデルの学習を大幅に高速化し、ストレージシステムをより安価に運用できるかもしれません。この場合にかかるコストは、柔軟性と一貫性の保証です。この方法をとると、これら

の保証を持ったまま無期限にストレージシステムを運用することになり、この特性を満たすモデルだけを訓練することになります。それも 1 つの選択です。

第二の選択は、一貫性保証を提供する訓練システムを運用することです。複製ストレージシステムでそれを行う最も一般的な方法は、システム自体が、どのデータが完全に一貫して複製されているかという情報を提供することです。データを読むシステムはこのフィールドを消費し、完全に複製されたデータのみで訓練することを選択できます。この場合、複製の状態に関する API を提供する必要があるため、ストレージシステムにとってはより複雑になることが多いです。また、コストが高くなったり、速度が遅くなったりする可能性もあります。データの取り込みと変換後に素早くデータを使用したい場合、ネットワーク（データのコピー）とストレージの I/O 容量（コピーの書き込み）のために多くのリソースを割り当てる必要があるかもしれません。

整合性要件を考えることは、戦略を決めることになります。コストと性能のバランスをとるための長期的な意味を持ち、ML エンジニアと組織の意思決定者の両方が話し合って決めるべきです。

2.4.3　バージョン管理

ML データセットのバージョン管理は、多くの点で従来のデータやソースコードのバージョン管理と似ており、データの状態をブックマークして、将来の実験にデータセットの特定のバージョンを適用できるようにするために使用します。**バージョン管理**は、再訓練のために新しいデータが利用可能になったときや、異なるデータ準備や特徴量エンジニアリング技術を実装することを計画しているときに重要になります。運用環境では、ML エキスパートは日々の業務を遂行するために、大量のデータセット、ファイル、評価指標を扱います。これらの成果物の様々なバージョンは、何度も繰り返して実験を行う中で追跡、管理される必要があります。バージョン管理は、多数のデータセット、ML モデル、ファイルを管理し、複数の操作の記録、すなわち、いつ、なぜ、何を変更したかを保持するための優れた実践方法です[9]。

2.4.4　性能

ストレージシステムには、データを迅速に取り込み、変換に時間がかからないようにするための十分な書き込み速度が必要です。システムは、私たちのモデリング動作に適合するアクセスパターンを使用してモデルを迅速に訓練できるように、十分な速度の読み取り帯域幅を必要とします。ML の訓練時には、比較的高価な計算リソース（GPU やハイエンド CPU）を使用することが多いという理由から、遅い読み取り性能によってコストがかなり大きくなる可能性があります。これらのプロセッサが訓練用のデータを待つために停止している場合、有用な作業が行われずにサイクルと時間を消費しているに過ぎません。多くの企業は、ストレージシステムに投資する余裕がない

---

[9]　「バージョン管理」に関して「Git」を思い浮かべる読者がいるかもしれません。Git のようなコンテンツインデックスを持つソフトウェアのバージョン管理システムは、ML データのバージョンを追跡するにはあまり適切ではなく、必要でもありません。何千もの小さな構造的な変更を行っているわけではなく、むしろファイル全体やセクションを追加したり削除したりするのが一般的です。必要となるバージョン管理は、データが何を参照し、誰が作成、更新し、いつ作成されたかを追跡するものです。多くの ML モデリングや訓練システムは、バージョン管理機能を備えています。MLflow はその一例です。

と考えていますが、実際には投資すべきです。

2.4.5　可用性

　私たちが書いたデータは、必要なときにそこにある必要があります。**可用性**は、ある意味で、耐久性、一貫性、および性能の上に成り立っています。データがストレージシステムにあり、一貫して複製されており、妥当な性能で読み取ることができれば、そのデータは可用とみなされます。

2.5　データの保守性

　価値のあるデータは、常に可用であるように管理されるべきです。これは、来歴、セキュリティ、完全性を重要視することを意味します[10]。私たちのデータ管理システムは、提供できるアクセス制御やその他のデータの完全性について適切な保証ができるように、最初からこれらの特性を考慮して設計する必要があります。

　データの保守性には、セキュリティと完全性の他に、プライバシー、コンプライアンス、公平性という3つの大きなテーマがあります。これらのテーマについて、一般的な観点から少し考えてみる価値はあるでしょう。私たちが構築するストレージシステムや API が、必要な種類の保証を確実に提供できるように、これらの領域が求める要件を確実に理解する必要があります。

2.5.1　セキュリティ

　貴重な ML データは、しばしば個人に関するデータとして生成されます。一部の組織では、データストアから全ての個人情報を単純に除外するプロセスを構築することを選択します。これは以下に述べるいくつかの理由から良い考えです。まず、アクセス制御の問題を単純化できます。次にデータ削除リクエストによる運用上の負担が軽減されます[11]。最後に、個人情報を保存するリスクがなくなります。これまで述べてきたように、データは資産であると同時に負債であると考えるのが適切であるためです。

　ML データストアから個人情報を除外することはうまくいくかもしれません。しかし、2つの理由から、それを当てにするべきではありません。一方では、思っているほど効果的に個人情報を排除できていない可能性があります。前述のように、熟慮した分析なしに個人情報を特定するのは難しいので、特徴量ストアに追加される**全ての**データについて、慎重に、時間をかけて、人間がレビューしない限り、他のデータと組み合わせたデータの一部が個人情報を含む可能性は極めて高いのです。一方、多くの組織にとって、データストアから全ての個人情報を合理的に除外することは、実行不可能である可能性があります。そのような組織は、結果的にデータストアを強力に保護

---

[10]　データの耐久性は、「2.4.1　耐久性」で説明しましたが、しばしばデータの完全性のキーコンセプトに含まれます。本章全体がデータ管理に関するものであるため、耐久性は信頼性の一部とされており、ここで言う**完全性**とは、データが単なるアクセス可能なものであることを超えて、データ全体の特性を指しています。

[11]　有用なまとめとして、Databricks の記事「Delta Lake による GDPR および CCPA のコンプライアンス」（https://oreil.ly/I5hPt）があります。特に仮名化に関する箇所を読んでみてください。

する義務があります。

個人情報に関する懸念以外にも、チームは特定の種類のデータを特定の用途の開発に使用する可能性が高いです。データストアを合理的に使用することで、特定のデータへのアクセスを、そのデータを必要とし使用する可能性が最も高いチームに制限できます。モデル開発者が、モデル構築に使用する可能性の高いデータに簡単にアクセスできる（そして、そのデータにしかアクセスできない）ようにすれば、アクセスを慎重に制限することで、生産性が向上します。

どのような場合でも、システムエンジニアは、どの開発チームがどのモデルを構築し、どのモデルが特徴量ストアのどの特徴量に依存しているかというメタデータを追跡する必要があります。このメタデータは、運用やセキュリティに関連する目的のために、必須ではないにしても有用です。

2.5.2　プライバシー

ML データが個人に関するものである場合、ストレージシステムはプライバシーを保護する特性を持つ必要があります。データを資産から負債に変えてしまう最も早い方法の 1 つは、顧客やパートナーに関する個人情報を漏洩してしまうことです。

個人情報の扱いについて、アーキテクチャによって異なる 2 つの選択ができます。排除するか、ロックダウンするかです。優れた結果を得られるのであれば、個人情報を排除することは極めて健全な戦略です。個人情報データがデータストレージシステムに保存されないようにすれば、個人情報を保有するリスクのほとんどを排除できます。しかし、これは難しいことかもしれません。個人情報を認識するのが必ずしも容易でないだけではなく、個人情報なしで素晴らしい結果を得られるとは限らないからです。

YarnIt の推薦に関するプライバシーポリシー

YarnIt の推薦システムやディスカバリーシステムについて考えてみましょう。一般的なアイデアとしては、顧客が yarnit.ai のウェブサイトを訪れる様々な段階で、購入に興味がありそうな商品を表示したいと思います。例えば、ページにたどり着いたとき、毛糸の種類や編み針のブランドを検索したとき、カートに何かを入れたとき、チェックアウトしたときなどです。理想は、顧客が魅力的だと感じる提案をすることです。では、どのような情報を入力すれば、顧客が検討する商品を特定できるのでしょうか。

古くからあるアプローチの 1 つに、「X を買った人は Y も買っています」というものがあります。これは理にかなっており、顧客の間に共通性や同質性がある幅広い製品群に対して、合理的な提案ができます。ある特定の種類のモヘア糸を買う人が、特定の種類の針も買うのであれば、個々のユーザーに関する個人情報を全く持たずに、今すぐそれらを推薦できるはずです。しかし、顧客への推薦が何かしらの面で多様であると、もっと興味深いことになります。

例えば、ある顧客が他の顧客に比べて、価格にかなり敏感だったり、そうでなかったりしたらどうでしょう。一般的なモヘア糸の購入者よりもずっと予算が少なければ、追加の針を購入

しない、あるいはある価格以下のものしか購入しないという選択をするかもしれません。また、その顧客が以前の取引で既にその針を購入していたことをシステムが知っていたらどうでしょう。その場合、さらにその針を薦めることは、画面スペースと貴重な注意力の無駄遣いでしょう。私たちは、顧客が実際に購入したいと思うようなものを薦めるべきなのです。

しかし、そのような推薦をするためには、個人のデータが必要です。具体的には、ユーザー1人1人の購買履歴が必要です。そのデータがあれば、予算や購入した商品の種類、購入した商品の具体的な内容などを簡単に把握できます。もし、個人のデータにアクセスすることで初めてモデルが目的を達成できると判断した場合、その個人のデータを保存し、使用し、最終的に削除するためのアーキテクチャについて真剣に議論する必要があります。最も徹底した構造的アプローチでは、一般に、保存時に暗号化され、顧客のみが管理する鍵でロック解除されるユーザーごとのデータストアを作成する必要があります。これは、他の組織のデータを扱う場合に最も一般的で、個人で訓練システムを運営する場合にはあまり一般的ではありません。さらに、このようなデータを複数のユーザーからのデータを含む一般的なデータストアと組み合わせて使用するには、本書の範囲外である高度なトピックである連合学習が必要になります[12]（データの種類とアクセス制御の意味の一覧は、**図2-5** を参照してください）。

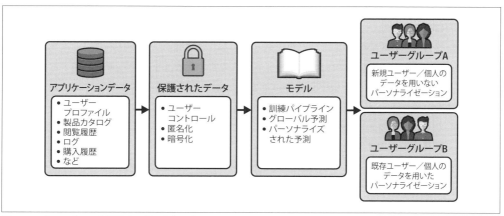

図2-5　データが ML を通過する際の選択と処理

このような複雑さを考えると、データを取り込む際に匿名化する方が、実質的に優れていて簡単です。前述したように、匿名化の話題は技術的に複雑ですが、ML システムを構築する誰もが2つの重要な事実を知っておく必要があります。

---

[12] 「Federated Learning: Collaborative Machine Learning Without Centralized Training Data」（https://oreil.ly/ptj9h）には、2017年当時のトピックの全体像と妥当なリンクが紹介されています。連合学習について解説されていますし、その後の更新も行われています。

匿名化は難しい

勉強して専門性を高めて取り組むテーマです。お茶を濁すようなことはしないでください。真剣に取り組み、正しく実行してください。

匿名化は文脈に依存する

他のデータがどのように存在し、2つのデータがどのように関連しているかがわからずに、データを匿名化する確実な方法はありません。

匿名化は難しいですが、不可能ではありませんし、適切に行えば、他の多くの問題を回避できます。また、新しいデータソースが追加されるたびに、データソース間の接続が匿名化を損なうことがないように見直す必要があります。このトピックについては、6章で詳しく説明します。

2.5.3 ポリシーとコンプライアンス

ポリシーとコンプライアンスは、通常、組織外から発生した要件に起因します。「組織外」とは、実際には YarnIt で働く上司や弁護士が、何らかの外部法的要件を実施することを意味する場合もあれば、国家政府が直接介入することを意味する場合もあります。これらの要件の背景には、しばしば強い理由がありますが、要件そのものを見ただけではわからないのが一般です。

ここでは、面倒ですが強力な例を紹介しましょう。ブラウザの Cookie 同意に関するヨーロッパの規制は、ヨーロッパ人、非ヨーロッパ人を問わず、ウェブユーザーにとって威圧的で押しつけがましいものに見えると思います。ウェブサイトがユーザーのマシンに識別子を保存することに明示的な同意を得るべきだという考えは、不要に見えるかもしれません。しかし、サードパーティの広告 Cookie のプライバシー侵害の力を理解している人なら、少なくとも Cookie に関するいくつかの制限の背景には、本当に強い根拠があることを示せます。「全てのウェブサイトについて全てのユーザーに尋ねる」というアプローチは、おそらく最もエレガントでスケーラブルなものではありません。しかし、Cookie がどのように使用され、その悪用から保護することがどれほど難しいかを知れば、容易に納得できると思います。

データ保存に関するポリシーやコンプライアンス要件は、真摯に受け止める必要があります。しかし、要件や規格の背後にある意図を理解せずに、その字面だけを読むのは間違いです。単純なアプローチでもコンプライアンスに適合する可能性があるにもかかわらず、コンサルタント業界全体が、難しいコンプライアンスのアプローチを構築していることはよくあります。

匿名化は、前述したように、コンプライアンスの近道となる可能性があります。個人に関するデータが特別な扱いを必要とする場合、個人に関するデータを保存していないと判断する（そして**文書化する**）だけで、その要件を回避する方法があるかもしれません。

ポリシーとガバナンスの要件について、他に注意すべき点が2つあります。それは、管轄区域と報告です。

2.5.3.1　管轄のルール

　世界を見渡すと自国領土に保存されている、あるいは自国領土から発信されたデータの取り扱いの管理を主張する政府がますます増えています。これは原理的には合理的だと思われますが、世界が過去数十年にわたりネットワーク化されたコンピュータシステムを構築してきた方法と完全に対応するものではありません。クラウドプロバイダによっては、ある国で発生したデータがその国で処理されることを保証することさえできないかもしれません。YarnItはグローバルに販売することを計画していますが、最初はいくつかの対応国だけでスタートするかもしれません。そのため、どのようなデータの保存や処理の要件に準拠する必要があるのか、慎重に考える必要があります。

　大規模な組織では、本社の所在国を選択することが、他の何よりも重要です。なぜなら、その国の政府は、他のどの国に存在するデータに対しても権限を行使できるからです。設立国を選択することは、データ管理システムに大きな影響を与える可能性があるため、真剣に考えるべきですが、ほとんどの人が全く考えていません。

2.5.3.2　報告義務

　コンプライアンス業務には、報告が伴うことを忘れないでください。多くの場合、報告はサービスを監視する方法の一部と考えることができます。コンプライアンス要件はSLO（サービスレベル目標）であり、報告には、コンプライアンスSLOに対する実装の状態を示すSLI（サービスレベル指標）が含まれます。このように考えることで、この作業を、私たちが行うべき他の実装や管理業務と一緒に行うことができます。

2.6　まとめ

　本章は、MLのためのデータシステムについて考えるための、迅速かつ表面的な導入でした（そのようには感じないかもしれませんが）。この時点で、データの取り込みと処理のための完全なシステムを構築することに不安を感じるかもしれませんが、そのようなシステムの基本的な要素は明確になっているはずです。さらに重要なのは、最大のリスクや落とし穴がどこにあるのかを特定できるようになることです。これを具体的に進めるために、多くの読者は次のような分野に分けて取り組みたいと考えているはずです。

ポリシーとガバナンス

　　多くの組織では、製品グループやエンジニアリンググループからMLへの取り組みを始めます。しかし、強調してきたように、一貫した方針決定とガバナンスへの一貫したアプローチを持つことは、長い目で見れば非常に重要です。まだこの取り組みに着手していない組織は、すぐにでも着手すべきです。その手始めとして6章を読むと良いでしょう。

　　この分野で最も大きな影響を与えるには、最も大きな問題やギャップがありそうなものを特定し、まずそれに対処する必要があります。MLを不正に使用するリスクについての理解や利用可能なツールの現状を考えると、完璧はありえませんが、重大な違反の事例を減らすこ

とは絶対に可能であり、目標にするには十分です。

データサイエンスとソフトウェアインフラ基盤

もし私たちが ML を使い始めたのであれば、データサイエンスチームは既に組織の様々な場所で特注のデータ変換パイプラインを構築していることでしょう。データクレンジング、標準化、変換は、ML を行うために必要な通常作業です。将来の技術的な ML 負債を避けるために、これらの変換パイプラインを一元化するためのソフトウェアインフラ基盤の構築を現実的な範囲ですぐに始めるべきです[13]。

既に自分たちで問題を解決してきたチームは、1 つに集約することに抵抗があるかもしれません。しかし、データ変換をサービスとして運用することで、新規ユーザーに加え、既存ユーザーをも集約型システムに誘導できます。私たちは時間をかけて、データ変換を単一の、管理された場所に集約することを試みるべきです。

インフラ構造

ML データをうまく管理するためには、当然ながらかなりのデータストレージと処理インフラが必要です。ここで最も大きな要素は、特徴量保存システム（しばしば単に**特徴量ストア**と呼ばれる）です。特徴量ストアの有用な点については、4 章で詳しく説明します。

---

[13] ML システムの技術的負債は、他のソフトウェアシステムで見られるものとはかなり異なることが多いです。これを詳しく説明した論文に、D. Sculley（本書の共著者）らによる「Hidden Technical Debt in Machine Learning Systems」（https://oreil.ly/3SV7Q）があります。

3章
MLモデルの基礎

　本書の大半は、MLシステムや運用レベルのMLパイプラインの管理についてです。これは、多くのデータサイエンティストやML研究者がしばしば行う、新しい予測モデルや精度をもう何%上げることができるかの手法の開発とは全く異なるものです。その代わりに、本書では、MLモデルを含むシステムが、一貫性があり、堅牢で、信頼できる**システムレベル**の振る舞いを示すのを保証することに焦点を当てます。ある意味では、このシステムレベルの振る舞いは、実際のモデルのタイプや、モデルの良し悪し、あるいはモデルに関連した他の考慮事項とは無関係です。しかし、ある重要な状況においては、これらの考慮事項から**独立したものではありません**。本章の目標は、運用システムで警告が鳴り始めたときに、どのような状況にあるのかを理解するのに十分な背景を理解していただくことです。

　最初に断っておきますが、ここでの私たちのゴールは、MLモデルの構築方法、どのモデルがどのような問題に適しているか、データサイエンティストになるための方法など、MLモデルに関する全てを**教えることではありません**。それだけで1冊の本（あるいはそれ以上）になるでしょうし、多くの優れたテキストやオンライン講座がこれらの側面をカバーしています。

　本章では、MLモデルがどのようなもので、どのように機能するかを簡単に説明します。また、機械学習運用（MLOps）担当者が、適切な計画を立てるためにどのような種類の問題なのかを理解できるよう、システム内のモデルについて考えるべき重要な質問をいくつか紹介します。

3.1　MLモデルとは何か

　数学や科学では、**モデル**という言葉は、しばしば数学やコードで表現される定理や法則を指します。例えば、以下のような有名なモデルが知られています。

$$E = mc^2$$

　これは、与えられた質量（m）を超高温で爆発的なものに変換した場合、どれだけのエネルギー（E）が得られそうか教えてくれる素敵なモデルで、定数 c^2 は、わずかな m でも実に多くの E が得られることを教えてくれます。このモデルは、長い間深く考えた偉人によって作られたもので、

42 | 3章　ML モデルの基礎

様々な場面でうまく機能します。メンテナンスの手間もかからず、最初に作られたときには想定されていなかったような、膨大な範囲の状況にも適用できます。

　ML モデルで一般的に扱われるモデルは、ある意味ではこれに似ています。それらは入力を受け取り、数学的記法やコードで表現可能なルールを使って、しばしば**予測**とみなされる出力を与えます。これらの予測は、「シアトルで明日雨が降る確率はどれくらいか」のように物理的な世界を表現することもできますし、「ウェブサイト yarnit.ai で来月何本の毛糸が売れるか」のように、量を表すこともできます。あるいは、「この写真は平均してユーザーにとって美的に好ましいか」といったように抽象的な人間の概念を表すこともできます。

　1つの重要な違いは、私たちが通常 ML に使うモデルは、私たちがどんなに賢くても、$E = mc^2$ のようなきちんとした小さなルールに書き表すことができないということです。ML モデルは、**特徴量**と呼ばれる多くの情報のうち、人間が事前に重要なものを指定するのが難しい場合に用いられます。特徴量として処理できるデータの例としては、何千もの場所の大気の測定値、画像中の何千ものピクセルの色値、あるいは最近オンラインストアを訪れた全てのユーザーの購買履歴などがあります。このような複雑な情報源（質量やスケーリング定数など1つ以上の値）を扱う場合、人間の専門家が利用可能な情報をフルに活用した信頼性の高いモデルを作成し検証することは、通常困難か不可能です。このような場合、過去に観測された膨大なデータの利用を考えます。過去の膨大なデータを使って**モデルを訓練する**ことで、得られたモデルが過去のデータにうまく適合し、将来的には新しい未知のデータに対してもうまく予測できるように汎化することを期待します。

3.2　基本的な ML モデル作成のワークフロー

　現在、ML モデルの作成に最も広く使われている基本的なプロセスは、正式には**教師あり機械学習**と呼ばれ、次のようなものです。

　最初に、問題に関する過去のデータを大量に収集します。過去 10 年間の太平洋岸北西部の大気センサーの測定値全てかもしれないし、50 万枚の画像コレクションかもしれないし、オンライン yarnit.ai サイトへのユーザーの閲覧履歴のログかもしれません。私たちはそのデータから一連の**特徴量**、つまりデータの特定の測定可能な特性を抽出します。特徴量は、ML モデルが計算できる形で、データの主要な性質を表します。数値データの場合、これは特定の範囲にうまく収まるように値を縮小することを意味するかもしれません。あまり構造化されていないデータの場合は、生データから特定の量を識別して取り出すように設計するかもしれません。例えば、1,000 箇所のセンサーのそれぞれの位置の気圧や、ある毛糸玉の特定の色とサイズの値、あるいは、あるユーザーがその商品を見たことがあれば 1、見ていなければ 0 の値を持つ、それぞれ可能性のある商品に対応する一連の特徴量などがあります。

　教師あり ML では、**ラベル**と呼ばれるものも必要となります。これは私たちがモデルに予測させたい過去の結果を示すもので、将来同様の状況が起こった場合に予測できるようにするためのものです。これは例えば、その日の天気結果、つまり 1 は雨が降ったこと、0 は降らなかったことを意味することもあります。または、特定のユーザーが画像を美的に魅力的だと感じたかどうかを表

すスコアで、1 は「いいね」を付けたことを、0 は付けなかったことを示すこともあります。または、その特定の毛糸製品の単位数がその月に売られた数を示す値、あるいは毛糸の色やサイズなどもその対象となります。それぞれのエントリーに与えられたラベルを記録し、それぞれを**ラベル付きデータ**と呼びます。

　私たちは、選ばれた ML モデルと選ばれた ML プラットフォームまたはサービスを使用して、この履歴データを基にモデルを**訓練**します。現在、多くの人々が、非常に大量のデータ（何百万、何十億というラベル付きの例）を与えたときに特に効果的な**深層学習（ディープラーニング）**、または**ニューラルネットワーク**を基にしたモデルタイプを使用することを選択しています[†1]。ニューラルネットワークは、訓練に使用されるデータに基づいて、ノード間の重みを学習します。

　データが少ないときにランダムフォレストや勾配ブースティング決定木などの方法が有効に機能します[†2]。また、予測性能や保守性、解釈性のために、より複雑で大きなモデルが常に好まれるわけではありません。最適なモデルタイプが何かわからない人々は、しばしば自動機械学習（AutoML）のような方法を使用します。これは多くの種類の ML モデルを訓練し、最適なものを自動的に選択しようとします。AutoML を使わなくても、全てのモデルには調整や設定が必要で、これらは**ハイパーパラメータ**と呼ばれ、各タスクに合わせて特に設定しなければならないものです。これは**チューニング**というプロセスを通じて行われます。ともあれ、最後には、私たちの訓練プロセスは ML モデルを生み出します。このモデルは新たな例の特徴入力を受け取り、予測を出力します。モデルの内部は、最終的な出力予測を作り出すために入力特徴を組み合わせる（そして可能性としては、さらに多くの中間段階でそれらを再度組み合わせる）方法を示す何千、何百万、あるいは何十億という学習された**パラメータ**で構成されている可能性が高く、直接の検査に耐えられない不透明なものとして扱われるでしょう。

　システムエンジニアリングの視点から見ると、何か異常なことに気づくかもしれません。通常、「正しい」モデルが何であるかは人間にはわかりません。訓練されたモデルを見て、私たちの知識だけで良し悪しを判断することはできません。私たちにできる最善のことは、様々なストレステストや検証を行い、その結果を確認することです[†3]。そして、私たちが考え出したストレステストや検証が、モデルが求められる様々な状況を捉えるのに十分であることを願います。

　検証の最も基本的な形は、用意した訓練データの一部をランダムに取り分けておくことです。このデータを**ホールドアウト検証データ**と呼びます。これは見たことのないデータとして十分に機能するものとして、モデルのストレステストに使用します。この検証データセットをモデルに入力し、その予測を真の結果ラベルと比較して、予測がどの程度正確であるかを確認できます。この検

---

†1　**ニューラルネットワーク**という用語は、その定式化と脳のニューロンの働き方とのアナロジーに根ざしています。**深層学習**という言葉が広まったのは、脳のニューロンへのアナロジーが特に正確でないことを多くの人が指摘したからでもあります。

†2　多くの ML プロダクトエンジニアや SRE（サイトリライアビリティエンジニア）は、ニューラルネットワーク、ランダムフォレスト、勾配ブースティング決定木がどのように機能するかについて、その詳細を完全に学ぶ必要はありません（ただし、そうすることは最初に見えるほど怖くも難しくもありません）。しかし、これらのシステムを扱う信頼性エンジニアは、これらのシステムのシステム要件と一般的な性能を学ぶ必要があります。このため、ここではハイレベルな構造を取り上げます。

†3　モデルの品質や性能の評価は、それ自体が複雑なトピックであり、5 章で扱います。

証データが実際に訓練時に除外されていることが重要です。なぜなら、モデルが**過学習**するのが非常に簡単であるからです。これは、モデルが訓練データを完全に記憶しているにもかかわらず、新しい未確認のデータを適切に予測できない場合に発生します。

モデルの検証で十分な精度であることを確認したら、今度はそれを全体的な運用システムに導入する番です。これは、必要なときにモデルの予測値を**提供**する方法を見つけることを意味します。これを行う1つの方法として、全ての可能な入力に対して全ての可能な予測を事前に計算し、それをシステムが照会できるキャッシュに書き込むことです。もう1つの方法は、運用システムからの入力のフローを作成し、それらを特徴量に変換して、オンデマンドでモデルのコピーに入力できるようにすることです。これらの両方のオプションは、8章の文脈で理解できます。

ここから全てが完璧に機能すれば、私たちの仕事は終わりです。しかし、世の中は不完全なものだらけであり、私たちの世界のモデルはなおさらです。MLOps の世界では、たとえ小さな欠陥でも深刻な問題を引き起こす可能性があります。私たちはその時に備えておく必要があります。それでは、問題になりうる可能性のある部分を簡単に見ていきましょう。

3.3　モデルアーキテクチャ vs モデル定義 vs 訓練済みモデル

モデルという用語は、別々である3つの、しかし関連する概念を指すために、不正確に使われることが多いです。

モデルアーキテクチャ
このアプリケーションで学習するために使用する一般的な戦略。これには、深層学習（DNN）やランダムフォレストなどの、どのモデルを選択するか、DNN のレイヤー数やランダムフォレストのツリー数などの構造的な選択の両方が含まれます。

モデルの定義（または構成されたモデル）
モデルの構成と学習環境、学習するデータの種類と定義。これには、使用する特徴量のフルセット、全てのハイパーパラメータ設定、モデルの初期化に使用するランダムシード、その他モデルの定義や再現に必要なあらゆるものが含まれます。これを訓練環境全体のクローズアップと考えるのは合理的ですが[†4]、多くの人はこれらの信頼性やシステム的な意味合い（特に、妥当な量の再現性を得るためには、非常に大きなソフトウェアと一連のデータを注意深く相互にバージョン管理しなければなりません）を考えていないことが多いです。

訓練済みモデル
ある時点の特定のデータに対して訓練されたモデルを指します。重みや閾値などの訓練されたモデルのパラメータ値の集合が含まれます。ML で使用するソフトウェアの中には、特に分散デプロイメントでは、かなりの非決定性を持つものがあることに注意してください。そ

---

†4　別の言い方をすれば、「訓練環境の再現に必要な全てのメタデータとデータ」ということになります。

の結果、全く同じデータに対して全く同じ構成モデルを2回訓練しても、同じ訓練モデルが得られるかもしれないし、得られないかもしれません。

本書では、これらの概念を混同しないように努めますが、業界全体では注意深く区別されておらず、私たちも時折不明瞭な点があるかもしれないことに注意してください。ほとんどの人は、これら3つの概念の全てを**モデル**と呼んでいます。**モデル**の様々な使い方を指す業界標準の用語は存在しないため、これらの用語でさえも私たちが定義したものに過ぎません。

3.4　脆弱性はどこにあるのか

システムの信頼性の観点から、MLに依存するシステムには、物事がうまくいかなくなる可能性のある脆弱な領域がいくつかあります。本章では、そのうちのいくつかに簡単に触れますが、これらのトピックの多くについては、後の章でより深く掘り下げます。ここで言う脆弱性とは、セキュリティ上の脆弱性のことではなく、構造的あるいはシステム的な弱点のことであり、それが失敗やモデルの品質問題の原因となる可能性があることに注意してください。この節では、モデルが失敗する最も一般的な方法を列挙します。

3.4.1　訓練データ

訓練データは、システムの動作の多くを定義する基礎的な要素です。訓練データの品質は、私たちのモデルとシステムの品質と動作を確立し、訓練データの不完全性は、思わぬ方法で増幅される可能性があります。このレンズを通して見ると、MLシステムにおけるデータの役割は、従来のシステムにおけるコードに類似していると見ることができます。しかし、前提条件、事後条件、不変量で記述でき、体系的にテスト可能な従来のコードとは異なり、実世界のデータには通常、人による欠陥や不規則性があります。これらは様々な種類の問題を引き起こす可能性があります。

3.4.1.1　不完全な適用範囲

考慮すべき最初の問題は、訓練データが様々な点で不完全である可能性があることです。例えば、気温が氷点下になると動作が停止する気圧センサーがあり、これを用いてデータを取得しているため、寒い日のデータがないとします。これはモデルにとって盲点となります。ここでの難しさの1つは、この種の問題はホールドアウトされた検証用データを使っても検出できないということです。この問題を検出するには、検証時にこのような欠陥を明らかにしたり、訓練時に修正するのに役立つ追加データを収集したりと、注意深い思考と努力が必要です。

3.4.1.2　偽相関

不完全な適用範囲は、データ内の相関関係が現実世界でも常に成り立つとは限らない、という偽相関を引き起こす可能性があります。例えば、「美的である」とマークされた画像は全て背景に白いギャラリーの壁が含まれているが、「美的でない」とマークされた画像には含まれていないとし

ます。このデータでモデルを訓練すると、保持された検証データでは非常に高い精度を示すが、本質的には単なる白壁検出器に過ぎないモデルができる可能性が高いです。このモデルを実データにデプロイすると、保持された検証データでは優れた性能を示しながらも、ひどい結果になる可能性があります。

　繰り返しますが、このような問題を発見するには、訓練データを注意深く検討し、適切に選ばれたデータでモデルの的を絞った検証を行い、様々な状況での挙動をストレステストする必要があります。このような問題の重要な分類は、社会的な要因によって、ある特定のグループの人々が含まれなかったり、代表されなかったりする場合に発生する可能性があります。これについては6章で説明します。

3.4.1.3　コールドスタート

　多くの運用モデリングシステムは、導入後時間をかけて追加データを収集し、そのデータを組み入れるために再訓練や更新を行います。このようなシステムは、初期データが少ない場合、**コールドスタート**という問題に悩まされることがあります。これは、気象サービスが、これまで一度も配備されたことのないセンサーの新しく作られたネットワークを使いたい場合のように、最初にデータを収集するように設定されていないシステムで起こる可能性があります。また、様々な毛糸製品をユーザーに推薦し、その後、訓練のためにユーザーとのインタラクションデータを観察するような推薦システムでも起こります。このようなシステムは、ライフサイクルの初期にはほとんど、あるいは全く学習データがなく、また時間の経過とともに新製品が発売されると、個々のアイテムについてコールドスタート問題に遭遇する可能性があります。

3.4.1.4　自己実現的予言とML のエコーチェンバー

　多くのモデルはフィードバックを与えられながら使用され（フィードバックループ）、データをフィルタリングしたり、アイテムを推薦したり、将来モデルの訓練データを作成したり影響を与えるアクションを選択したりします。ユーザーに毛糸製品を推薦するのを補助するモデルは、ユーザーに実際に表示された、上位いくつかのランキングについてのみ、将来のフィードバックを得る可能性が高いです。また、会話エージェントは、自分が選択した文章についてのみフィードバックを得る可能性が高いです。このため、選択されなかったデータが肯定的なフィードバックを得ることはなく、モデルの推定で注目されることはないという状況が起こり得ます。これを解決するには、可能性の全領域にわたって訓練データの合理的なフローを確保するために、時折、モデルが現在あまり良くないと思っているデータやアクションを見せたり試したりすることを選択し、ランクの低いデータをある程度意図的に**探索**することが必要になることがよくあります。

3.4.1.5　世界の変化

　データは現実を反映したものだと考えたくなりますが、残念ながらそれは、ある時点における世界の一部の歴史的スナップショットに過ぎません。この区別は少し哲学的に見えるかもしれませんが、現実世界の出来事が大きな変化を引き起こすときのことを考えればわかりやすいはずです。実

際、MLOps の重要性を組織の経営幹部に納得してもらうには、「明日また COVID のときのような
ロックダウンが起きたら、私たちのモデルはどうなるのか」という質問は非常にわかりやすいで
しょう。

　例えば、私たちのモデルが、以前のユーザー予約からのフィードバックに基づいた学習をベース
にユーザーにホテルを推薦するのに役立つとします。COVID のようなロックダウンによって、ホ
テルの予約が突然激減し、ロックダウン前のデータで学習したモデルが極端に楽観的になりすぎる
というシナリオは容易に想像できます。予約件数の少ない新しいデータで学習したため、ロックダ
ウンが後に緩和され、ユーザーが再び多くのホテルの部屋を予約したいと望んだが、システムは何
も勧められないというような世界では、非常に悪い結果になることも容易に想像できます。

　このような現実世界の出来事に基づく相互作用やフィードバックループの形態は、世界的な大災
害に限ったものではありません。ここでは、様々な場面で起こりうる他の出来事をいくつか紹介し
ましょう。

- ある国の選挙の夜、突然動画の視聴行動が変わる。
- 新製品が登場すると、ある種のウールに対するユーザーの関心が急上昇するが、モデルには
  それに関する事前情報がない。
- 株価を予測するモデルが、ある銘柄について過大な予測をしてしまう。このモデルを使った
  自動ヘッジファンドは、その銘柄を誤って購入し、実際の市場で株価を上昇させ、他の自動
  ヘッジファンドモデルもそれに追随する。

3.4.2　ラベル

　教師あり ML では、**訓練ラベル**は「正解」を提供し、与えられた例に対してモデルが何を予測す
べきかを示すものです。ラベルはモデルにその目的を示す重要なガイダンスであり、しばしば数値
スコアとして定義されます。以下はその例です。

- スパムメールフィルターモデルの「スパム」を 1、「スパムでない」を 0 とするスコア。
- シアトルのある日の降雨量（ミリメートル単位）。
- 与えられた文章を完成させる可能性のある各単語のラベルのセットで、与えられた文章を完
  成させる実際の単語であれば 1、それ以外の単語であれば 0 とする。
- 与えられた画像内の各カテゴリのオブジェクトのラベルのセットで、そのカテゴリのオブ
  ジェクトが画像内で目立つように表示されている場合は 1、表示されていない場合は 0 と
  なる。
- ウェットラボ実験において、ある抗体タンパク質があるウイルスにどの程度強く結合するか
  を示す数値スコア。

　ラベルはモデルの訓練にとって非常に重要であるため、ラベルの問題が多くの下流モデルの問題
の根本原因になり得ることは容易に理解できるでしょう。いくつか例を見てみましょう。

3.4.2.1 ラベルノイズ

統計用語では、**ノイズ**は**エラー**と同義語です。私たちが提供したラベルが何らかの理由で正しくない場合、これらのエラーはモデルの動作に伝播する可能性があります。測定と評価が重要であることに変わりはありませんが、ランダムノイズは時間の経過とともに誤差がバランスしていくのであれば、許容できる場合もあります。より有害なのは、データの特定の部分で発生するエラーです。例えば、水辺の画像モデルで人間のラベリング担当者が常にカエルをヒキガエルと誤認する場合、あるユーザーセットが常にある種の電子メールスパムメッセージに騙される場合、ある抗体セットがあるクラスのウイルスに結合しないように実験で汚染が発生する場合などです。

したがって、ラベルの品質を定期的に検査、監視し、問題があれば対処することが重要です。人間の専門家が訓練ラベルを提供するシステムでは、仕様の文書化に細心の注意を払う必要があり、ラベル付けする人間自身にも訓練が必要であることを意味しています。

3.4.2.2 誤って付けられたラベル

ML の訓練方法は、私たちが提供したラベルを予測する学習において非常に効果的である傾向があり、時にはラベルが意味すると期待していたことと、ラベルが実際に表していることの違いを発見してしまうほどです。例えば、私たちの目的が yarnit.ai サイトの顧客を長期にわたって満足させることである場合、「購入」ラベルが満足したユーザーセッションと相関することを望むのは簡単です。これは、購入に過度に固執するモデルにつながる可能性があります。おそらく、お買い得に見えても、実際には期待はずれの品質の商品を宣伝することを時間をかけて学習することになるかもしれません。別の例として、ニュース記事に対するユーザーの満足度のシグナルとしてユーザーのクリックを使う問題を考えてみましょう。これは、扇情的な見出しを強調するモデルや、ユーザーが自分の先入観に反するニュース記事を見せないフィルターバブル効果につながる可能性があります。

3.4.2.3 不正または悪意のあるフィードバック

多くのシステムは、学習ラベルを提供するために、ユーザーからの信号や人間の行動の観察に依存しています。例えば、電子メールスパムシステムの中には、ユーザーがメッセージに「スパム」か「スパムでない」かのラベルを付けられるものがあります。やる気のあるスパマーが、自分の管理下にあるアカウントに多くのスパムメールを送り、それらを「スパムではない」とラベル付けすることで、このようなシステムを欺き、モデル全体を汚染しようとすることは容易に想像できます。また、ある製品がユーザーレビューで獲得する星の数を予測しようとするモデルが、自社の製品を過大評価しようとする、あるいは競合他社の製品を過小評価しようとする悪質な行為者に対して潜在的に脆弱である可能性があることも容易に想像できます。このような環境では、慎重なセキュリティ対策と不審な傾向の監視が、長期的なシステムの健全性の重要な部分となります。

完全で代表的なデータセットを開発する問題や、例を正しくラベリングする問題に加えて、モデルの訓練過程でモデルに対する脅威に遭遇することもあります。ラベルとラベリングシステムにつ

いては4章で詳しく説明します。

3.4.3 訓練方法

　モデルの中には、一度学習させれば、その後はほとんど更新されないものもあります。しかし、ほとんどのモデルはライフサイクルのある時点で更新されます。これは、抗体検査から別のウェットラボデータのバッチが入ってくるために数ヶ月ごとに起こるかもしれませんし、新しい画像データと関連するオブジェクトラベルのセットを組み込むために毎週起こるかもしれませんし、ユーザーが様々な毛糸製品を閲覧したり購入したりするのに基づいて新しいデータを更新するためにストリーミング設定で数分ごとに起こるかもしれません。平均的には、それぞれの新しいアップデートにはモデルの全体的な改善が期待されますが、特定のケースでは、モデルが悪化したり、完全に壊れたりすることもあります。そのような悩みの種になる可能性のある原因をいくつか挙げてみましょう。

3.4.3.1　過学習

　典型的なモデルのライフサイクルの概要で説明したように、優れたモデルは、新しい未知のデータに対してもうまく汎化します。モデルを再訓練または更新するたびに、ホールドアウト検証データを使って過学習をチェックする必要があります。しかし、常に同じ検証データを再利用していると、この再利用された検証データに対して暗黙のうちに過学習してしまう危険性があります。

　このため、定期的に検証データを更新し、自分自身を欺いていないことを確認することが重要です。例えば、yarnit.ai での購入に関する検証データセットが一度も更新されないまま、顧客の行動が時間とともに変化して明るいウールを好むようになった場合、この行動を学習したモデルはそうでないモデルよりも「質が悪い」と評価されるため、私たちのモデルはこの購入嗜好の変化を追跡できません。モデルの品質評価には、モデルの性能を実世界で確認することが重要です。

3.4.3.2　安定性の欠如

　モデルが再訓練されるたびに、あるモデルのバージョンから別のモデルのバージョンまで、その予測が**安定**しているという保証はありません。あるモデルのあるバージョンは猫を認識するのが得意で犬を苦手とするかもしれませんし、別のバージョンは犬にはかなり有利で猫には不利かもしれません。設定によっては、これは重大な問題になります。

　例えば、クレジットカードの不正使用を検出し、不正使用された可能性のあるカードをシャットダウンするために使用されるモデルを想像してみてください。99％の精度を持つモデルは、一般的には非常に優れているかもしれません。しかし、モデルが毎日再訓練され、毎日異なる1％のユーザーに対してミスを犯した場合、3ヶ月後には、潜在的に全ユーザーベースが誤ったモデル予測によって迷惑を被っている可能性があります。私たちが気にする予測の関連する部分について、モデルの品質を評価することが重要です。

3.4.3.3　深層学習の特徴

深層学習は、多くの分野で極めて強力な予測性能を達成できるため、近年非常に重要視されています。しかし、深層学習には、特有の脆弱性や潜在的な脆弱性も伴います。深層学習は非常に広く使用されており、MLOps の観点からは特有の特性や懸念事項があるため、ここでは特に深層学習について詳しく説明します。

深層学習は、事前情報なしでゼロから訓練される場合、ランダムな初期状態から開始され、多くの場合、少量ずつ、ランダムな順序で膨大な訓練データが供給されます。モデルは現在の最善の予測を行い（初期段階では、モデルはまだあまり学習していないため、ひどい予測になる）、その後、正しいラベルが表示されます。一旦計算が終わると、つまり**損失勾配**を計算すると、モデルの内部が更新されます。この損失勾配を使用する場合、モデルが少しでも良くなるように内部が微調整されます。ランダムに並べられたミニバッチに小さな修正を加えるこのプロセスは、**確率的勾配降下法（SGD）**と呼ばれ、何百万回、何十億回と繰り返されます。モデルがホールドアウト検証データに対して良好な性能を示したと判断した後、学習を終了します。

このプロセスに関する重要な洞察は以下の通りです。

深層学習モデルはランダム性に依存する

初期のランダムな状態では、データはランダムな順序で表示されます。大規模な並列化された設定では、ネットワークや並列計算の影響により、更新の処理方法にまでランダム性が内在します。そのため、同じデータに対して同じ設定で同じモデルを学習するプロセスを繰り返すと、最終的なモデルが大幅に異なる可能性があります。

訓練がいつ「完了」したかを知るのが困難

ホールドアウト検証データに対するモデルの性能は、一般的に訓練ステップを追加するにつれて向上しますが、訓練の初期にはモデルの性能が上下することもあり、モデルが訓練データに忠実に記憶しすぎて過学習し始めると、後に著しく悪化することもよくあります。私たちは訓練を中止し、性能が良いレベルに収束したときにできる限り良いモデルを選択します。多くの場合、中間点で良い挙動を示す**チェックポイント**バージョンを選択します。残念ながら、今見えている性能が、訓練をさらに継続させた場合に得られる最高のものなのかどうかを知る正式な方法はありません。実際、幅広いモデルで比較的最近発見された**2 重降下**現象は、いつ停止するかについての私たちの以前の概念が最適ではなかったかもしれないことを示しています[5]。

深層学習は訓練中に発散することがある

大きなステップではなく、小さなステップを用いる理由は、大きいステップだと発散しやすく、一度発散してしまうと、モデルをそこから最適な状態に訓練し直すのが難しい状態に

---

[5]　OpenAI では、Preetum Nakkiran による「Deep Double Descent」（https://openai.com/blog/deep-double-descent）の中に、この現象についてのわかりやすい説明と、参考となる論文への参照があります。

なってしまうからです。実際、**勾配爆発**という専門用語がありますが、これはそのような危険性を意味しています。このような状態に陥ったモデルは、予測や中間計算でしばしば NaN（数値ではない）値を与えます。この挙動は、モデルの検証性能が突然悪化することでも表面化します。

深層学習はハイパーパラメータに非常に敏感である

これまで述べてきたように、ハイパーパラメータとは、ML モデルが任意のタスクやデータセットで最高の性能を達成するために調整されなければならない様々な数値設定のことです。この中で最も重要なのは**学習率**で、各更新ステップをどれだけ小さくするかを制御します。ステップが小さければ小さいほど、モデルが爆発したり、おかしな予測になったりする可能性は低くなります。しかし、学習に時間がかかればかかるほど、より多くの計算が行われることになります。モデルの大きさや複雑さ、ミニバッチの大きさ、過学習に対処するための様々な手法の適用度合いなど、その他の設定も大きな影響を与えます。深層学習は、このような設定に敏感であることがよく知られており、かなりの実験と検証が必要であることを意味しています。

深層学習はリソースを大量に消費する

SGD の学習手法はモデルを訓練するのに優れた手法ですが、膨大な数の小さな更新を行っています。実際、モデルの訓練に使われる計算量は、何千もの CPU コアが数週間にわたって連続稼働するくらい大きいものもあります。

深層学習の手法が間違っている場合、予測を大きく間違える可能性がある

深層学習は、訓練データから外挿します。つまり、以前に見たことのない新しいデータポイントが馴染みのないものであればあるほど、完全に的外れであったり、典型的な動作の範囲外であったりする極端な予測をする可能性が高くなります。この種の確信度の高いエラーは、システムレベルの誤動作の重大な原因となり得ます。

モデルの作成で問題が発生する可能性がある構造を理解できたので、最初にモデルを訓練するために必要なインフラについて、より広い視野で見ると役立つかもしれません。

3.5　インフラとパイプライン

モデルは、より大規模な ML システムにおける 1 つの構成要素に過ぎず、通常、1 つ以上のパイプラインにおけるモデルの訓練、検証、提供、監視をサポートするための重要なインフラによってサポートされています。したがって、これらのシステムは、ML モデルの複雑さと脆弱性に加えて、従来（非 ML）のパイプラインとシステムの複雑さと脆弱性を全て受け継いでいます。ここでは、そのような伝統的な問題の全てには触れませんが、ML ベースのシステムにおいて、伝統的なパイプラインの問題が前面に出てくるいくつかの分野に焦点を当てます。

3.5.1　プラットフォーム

　近年の ML システムは、多くの場合、TensorFlow、PyTorch、などの ML フレームワーク、あるいは Azure Machine Learning、Amazon SageMaker、Google Cloud Vertex AI などの統合プラットフォームの上に構築されています。モデリングの観点からは、これらのプラットフォームにより、開発者は非常に高いスピードと柔軟性でモデルを作成でき、多くの場合、余分な作業をすることなく GPU や TPU などのハードウェアアクセラレータやクラウドベースの計算機を使用できるようになります。

　システムの観点からは、このようなプラットフォームの使用は、一般的に私たちのコントロールの及ばない一連の依存関係が生じます。パッケージのアップグレード、後方互換性のない修正、あるいは上位互換性のない構成要素に見舞われるかもしれません。発見されたバグを修正するのは難しいかもしれないし、プラットフォームのオーナーが私たちの提案する修正を優先的に受け入れてくれるのを待つ必要があるかもしれません。全体として、このようなフレームワークやプラットフォームを使用するメリットは、ほぼ常にこれらの欠点を上回りますが、それでもコストは考慮し、長期的なメンテナンス計画や MLOps 戦略に織り込まなければなりません。

　さらに考慮すべき点として、これらのプラットフォームは一般的に汎用ツールとして作成されているため、通常は、生データや特徴量をプラットフォームで使用される正しいフォーマットに変換し、提供時にモデルとインターフェイスするために、かなりの数のアダプターコンポーネント、つまり**グルーコード**を作成する必要があります。このグルーコードは、すぐにサイズ、範囲、複雑さが大きくなる可能性があり、システムの他のコンポーネントと同じレベルの厳密さでテストと監視をサポートすることが重要です。

3.5.2　特徴量生成

　生の入力データから有益な特徴量を生成することは、多くの ML システムの典型的な前処理であり、以下のようなことが含まれます。

- テキスト記述中の単語のトークン化。
- 商品リストからの価格情報の抽出。
- 大気圧の測定値を 5 つの粗いビンに分ける（**量子化**と呼ばれる）。
- ユーザーアカウントの最終ログインからの時間を調べる。
- システムのタイムスタンプをローカライズされた時刻に変換する。

　これらのタスクのほとんどは、あるデータ型から別のデータ型への単純な変換です。ある数値を別の数値で割るような単純なものから、複雑なロジックや他のサブシステムへのリクエストを含むものまであります。いずれにせよ、特徴量生成のバグは、ML システムにおいて間違いなく**最も一般的なエラーの原因**であることを覚えておくことが重要です。

　特徴量生成が脆弱性のホットスポットである理由はいくつかあります。第一に、特徴量生成におけるエラーは、ホールドアウトされた検証データにおける精度のような、総合的なモデル性能指標

では見えないことが多くあります。例えば、温度センサーの測定値をビン化する方法にバグがあった場合、精度が少し低下するかもしれません。何ヶ月も何年も検出されずに運用されてきた特徴量生成のコードにバグが見つかることは、度々起こることです。

特徴量生成エラーの 2 つ目の原因は、同じ特徴量が訓練時と実用時で異なる方法で計算される場合に発生します。例えば、デバイス上で稼働するモデルで局所的な時刻に依存するモデルの場合、訓練データの計算時にはグローバルなバッチ処理ジョブで計算されますが、提供時にはデバイスから直接クエリされることがあります。計算に関する経路のバグは、真の検証ラベルがないため、検出が困難な予測エラーを引き起こす可能性があります。このような場合の監視のベストプラクティスについては、9 章で説明します。

特徴生成エラーの 3 つ目の主な原因は、特徴量生成機でバグが発生したり、機能停止に見舞われたりする上流の依存関係に依存している場合に発生します。例えば、毛糸の購入予測モデルが、ユーザーのレビューや満足度を報告する別のサービスへの検索クエリに依存している場合、そのサービスが突然オフラインになったり、適切な応答を返さなくなったりすると、そのモデルは深刻な問題を抱えることになります。実世界のシステムでは、私たちの上流依存関係にはそれ自身の上流依存関係があることが多く、私たちはそれら全てのフルスタックに対して実に脆弱です。

3.5.3　アップグレードと改修

モデルにおいて、上流の依存関係が問題を引き起こす可能性があります、特に微妙な領域は、上流のシステムがアップグレードやバグ修正を行ったときに発生することがあります。バグの修正が問題を引き起こすというのは奇妙に思えるかもしれません。覚えておくべき原則は、**より良いことはより良いことではなく、より良いことは異なることであり、異なることは悪いことかもしれない**ということです。

これは、モデルがあるデータに関連していると期待する特徴量の分布に何らかの変化が生じると、誤った挙動を引き起こす可能性があるからです。例えば、天気予測モデルで使用している温度センサーにバグがあり、摂氏で報告するはずが華氏で報告されてしまったとします。モデルは、32度は氷点下で、90 度はシアトル近郊の夏の暑い日だと学習されます。賢いエンジニアがこのバグに気づき、代わりに摂氏値を送信するように温度センサーのコードを修正した場合、モデルは 32度の値を見て、暑くて晴れているのに世界は氷のように寒いと思い込んでしまいます。

この種の脆弱性には 2 つの有用な対応策があります。1 つは、このような変更をする前に、上流の依存関係にあるチームと、警告を受けることについて、強いレベルで合意しておくことです。もう 1 つは、特徴量の分布を監視し、変化に対して警告を発することです。これについても、9 章で詳しく説明します。

3.6　どんなモデルにも役立つ質問集

研究者は、ML モデルの数学的な性質に注目しがちですが、MLOps では、モデルやシステムのどこで問題が発生するのか、問題が発生したときにどのように修正するのか、長期的にシステム

の健全性を保つためにはどのようにすれば良いのか、という課題を解決につながる質問に注目します。

訓練データはどこから来るのか

この質問は概念的なもので、訓練データの出所とそれが何を表しているのかを完全に理解する必要があります。もし私たちがスパムメールを探しているのであれば、ルーティング情報にアクセスできるでしょうか。また、その情報は悪意のある者によって操作される可能性があるでしょうか。毛糸製品とのユーザーインタラクションをモデル化する場合、製品はどのような順序で表示され、ユーザーはページ内をどのように移動するのでしょうか。私たちが**アクセスできない**重要な情報は何でしょうか。その理由は何でしょうか。データのアクセスや保存に関して、特にプライバシー、倫理的配慮、法律や規制上の制約など、考慮すべきポリシーはありますか。

データはどこに保存され、どのように検証されるのか

これは、前の質問よりもさらに文字通りの意味です。データは1つの大きなフラットファイルに保存されていますか。それともデータセンター全体で共有されていますか。どのようなアクセスパターンが最も一般的または最も効率的でしょうか。コストは削減できるが情報が失われるような集計やサンプリング戦略は適用されていますか。プライバシーへの配慮はどのように行われていますか。特定のデータはどれくらいの期間保存されますか。また、ユーザーが自分のデータをシステムから削除したい場合はどうなりますか。また、保存されたデータが何らかの形で破損していないこと、フィードが不完全でないこと、そしてどのようなサニティチェックや検証を適用できるかを、どのようにして知ることができますか。

特徴量とは何か、そしてどのように計算されるのか

特徴量は、ML モデルが学習しやすいように生データから抽出される情報ですが、モデル開発者によって「多ければ多いほど良い」というアプローチで追加されることが多いです。運用の観点からは、それぞれの特徴量、その計算方法、結果の検証方法を完全に理解する必要があります。特徴量生成のバグは、間違いなくシステムレベルの問題の最も一般的な原因であるため、これは重要です。同時に、これらのバグは従来の ML 検証戦略では検出が最も困難な場合が多く、ホールドアウト検証データが同じ特徴量計算のバグによって影響を受ける可能性があります。先に示唆したように、最も潜在的な問題は、訓練時にあるコードパス（例えば、メモリ効率を最適化するため）により特徴量が計算され、実際の提供時に別のコードパス（例えば、レイテンシを最適化するため）により特徴量が計算される場合に発生する問題です。このような場合、モデルの予測は外れる可能性はありますが、これを検出するために使用する真の検証データがない可能性があります。

モデルはどのような例で悪い性能になるか

ほとんど全ての ML モデルは不完全であり、少なくともいくつかの例では予測に誤りが生

じます。これらの誤りが下流のユースケースに重要な影響を与えるかどうかを特定できるように、モデルがエラーを起こしたデータを調べ、共通点や傾向を理解することに時間を費やすことが重要です。これには、より高いレベルの概要だけでなく、実際のデータを完全に理解するために、実際の人間が実際のデータを見て、ある程度の手作業を伴うことがよくあります。

モデルは時間の経過とともにどのように更新されるのか

モデルによっては、ほとんど更新されないものもあります。例えば、膨大な量のデータで大量に訓練され、数ヶ月に一度デバイス上のアプリケーションにプッシュされる自動翻訳用のモデルなどです。また、スパマーが進化し、検知を避けようと新たな手口を開発するにつれて、常に最新の状態に保たなければならない電子メールスパムフィルターモデルのように、非常に頻繁に更新されるものもあります。しかし、全てのモデルは最終的に更新が必要になると考えるのが妥当であり、モデルの新バージョンの公開される前に、一連の検証チェックを確実に行う体制を整える必要があります。また、十分なモデル性能について誰が判断を下すのか、予測精度に問題があった場合にどのように対処するのかについて、組織内のモデル開発者と明確な取り決めをしておく必要もあります。

私たちのシステムは、より大きな環境の中でどのように適応していくのか

ML システムは重要ですが、多くの複雑なデータ処理システムと同様に、通常、より大きな全体システム、サービス、アプリケーションの一部でしかありません。問題を未然に防ぎ、問題が発生した場合に診断するためには、私たちの ML システムが全体像の中でどのような位置づけにあるのかをしっかりと理解する必要があります。訓練時と提供時の両方で、モデルにデータを提供する上流の依存関係を全て把握しておく必要があります。同様に、モデルの予測のダウンストリームの消費者を全て把握し、モデルに問題が発生した場合に適切に警告できるようにする必要があります。また、モデルの予測が最終的なユースケースにどのような影響を与えるか、モデルが（直接的または間接的な）フィードバックループの一部になっているかどうか、時間帯、曜日、年による影響など、周期的な依存関係があるかどうかを知る必要があります。最後に、これらのシステムレベルの要件が十分に確立され、要件が満たされ続けるようにするために、精度、モデルの更新頻度、予測遅延のようなモデルの品質が、より大きなシステムの中でどの程度重要であるかを知る必要があります。

起こりうる最悪の事態とは

おそらく最も重要なことは、ML モデルが何らかの形で失敗した場合、あるいは与えられた入力に対して最悪の予測をした場合、より大きなシステムに何が起こるかを知る必要があるということです。この知識は、ガードレール、フォールバック（縮退運用）戦略、その他の安全メカニズムを定義するのに役立ちます。例えば、特定の種類の購入行動や金額を制限する特定のガードレールが設置されていない限り、株価予測モデルは、ヘッジファンドを数ミ

56 | 3章　ML モデルの基礎

リ秒[6]以内に破綻させる可能性があります。

3.7　ML システムの例

　基本的なモデルの導入の基礎とするために、実稼働システムの例の構造の一部を見ていきます。本章では、先に挙げた重要な質問に対する答えが見えてくるように、十分に詳しく説明しますが、後の章ではこの例の特定の領域についても詳しく説明します。

3.7.1　毛糸のクリック予測モデル

　私たちの想像上のサイト yarnit.ai では、ML モデルは多くの分野に適用されています。その1つは、ユーザーが毛糸製品のリストを選択する可能性を予測することです。この設定において、よく較正された推定確率は、毛糸の束、様々な編み針の種類、パターン、その他の毛糸や編み物アクセサリーを含む可能性のある商品を順序付けて表示するのに役立ちます。

3.7.2　特徴量

　この設定で使用されるモデルは深層学習モデルであり、以下の特徴量を入力とします。

商品説明のテキストから生成された特徴量

　　これらの特徴量には、トークン化されたテキストの単語だけでなく、毛糸の量、針のサイズ、製品の素材などの具体的に識別された特徴量も含まれます。これらの特性は、異なるメーカーの商品説明において多種多様な方法で表現されるため、各特性は、商品説明のテキストからその特性を識別するために特別に訓練された別のモデルによって予測されます。これらのモデルは別のチームによって所有され、ネットワークサービスを介して私たちのシステムに提供されます。

生の商品画像データ

　　未加工の商品画像は、まず正方形に収まるように画像をつぶして 32 × 32 ピクセルの正方形に正規化し、ピクセル値を平均化して低解像度の近似値を作成します。**図3-1** に示すように、以前はほとんどのメーカーが正方形に近い画像を提供し、製品は画像の中央に配置されていましたが、最近では、正方形にするために大幅に縮小しなければならない横長のフォーマットで画像を提供するメーカーも出てきており、製品自体も無地の背景ではなく、別の背景が用いられていることが多くなっています。

---

[6]　これが最近の株式取引の時間感覚です。詳しくは Michael Lewis 著『Flash Boys』（W. W. Norton & Co.、2014年、未訳）をご参照ください。

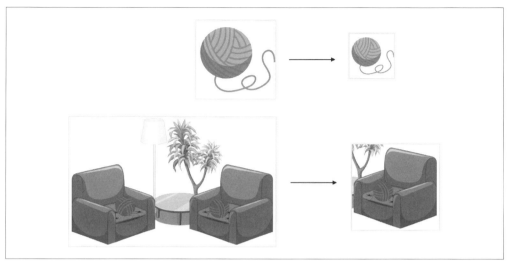

図3-1 様々なサイズと形式の生の製品画像（画像提供：Vecteezy）

以前のユーザーの検索とクリック履歴

適切なプライバシーコントロールが施された、ユーザーが受け入れたCookieに基づくユーザーのログ履歴は、ユーザーが過去にどの商品を閲覧、クリック、購入したかを示す機能に変換されます。Cookieの使用を受け入れないユーザーもいるため、訓練や予測時に全てのユーザーの情報を利用できるわけではありません。

ユーザーの検索クエリまたはナビゲーションに関連する特徴量

ユーザーは、「太い黄色のアクリル毛糸」や「木製のサイズ8の針」などの検索クエリを入力したり、様々なトピックの見出し、ナビゲーションバー、または前のページにリストされたサジェストをクリックしたりすることで、指定されたページに到達することがあります。

ページ上の商品の配置に関する特徴量

リストされた結果の上位に表示される製品は、下位に表示される製品よりも閲覧されクリックされる可能性が高いため、データが収集された時点で製品がどこに表示されていたかを示す特徴量を訓練時に作成することが重要です。なぜなら、ページ上の結果のランキングと順序はモデルの出力に依存するからです。ただし、これには依存関係が生じることに注意してください。ページ上の結果のランキングと順序はモデルの出力に依存するため、提供時にこれらの特徴量の効果を知ることはできません。

3.7.3 特徴量に対するラベル

このモデルの訓練ラベルは、ユーザーが商品をクリックした場合は1、クリックしなかった場合

は 0 という単純な方法で記載しています。しかし、タイミングという点では微妙な点を考慮する必要があります。ユーザーがタスクの途中でたまたま気が散ってしまい、後でそのタスクに戻った場合、最初に結果が返された数分後、あるいは数時間後に商品をクリックする可能性があります。このシステムでは、クリックまでにかかった 1 時間を無視しています。

さらに、一部の不誠実なメーカーが、製品を繰り返しクリックすることで、製品リストを増やそうとすることもあります。他の悪意のあるメーカーは、競合他社のリストをクリックすることなく上位に配置する多くのクエリを発行することで、**競合他社**のリストを下げようとすることもあります[†7]。これらはどちらも詐欺やスパムの類であり、このデータでモデルを学習する前にフィルタリングする必要があります。このフィルタリングは、トレンドや異常を探すために最近のデータに対して数時間ごとに実行される大規模なバッチ処理ジョブによって行われ、複雑さを避けるために、新しいデータを訓練パイプラインに組み込む前に、これらのジョブが完了するまで待つだけです。しかし、これらのフィルタリングジョブが失敗することもあり、この場合、システムに大きな遅延が発生することもあります。

3.7.4　モデルの更新

私たちのモデルは、新しいトレンドや新製品に適応するため、経営幹部にはしばしば「継続的に更新されている」と説明されます。しかし、システムにはいくつかの遅延が内在しています。まず、ユーザーがある結果を本当にクリックしなかったかどうかを確認するために 1 時間待つ必要があります。次に、上流プロセスが可能な限りスパムや不正をフィルタリングする間、待つ必要があります。最後に、訓練データを作成する特徴量生成ジョブは、バッチ処理リソースを必要とし、さらに数時間の遅延が発生します。実際には、私たちのモデルは、あるユーザーがある商品を閲覧またはクリックしてから約 12 時間後に更新されます。これは、最新のチェックポイントからモデルを更新するデータのバッチを組み込むことによって行われます。

時間の経過とともに受信する新しいデータへの予測を模倣することを目的として、モデルを再訓練するには、過去のデータに戻り、そのデータを順番に再検討する必要があります。これは、新しいモデルタイプや特徴量がシステムに追加されるときに、モデル開発者によって随時行われます。詳細は 10 章を参照してください。

3.7.5　モデルの提供

幸運なことに、私たちのオンラインストアは非常に人気があり、1 秒間に数百のクエリが寄せられます。これは世界のニット市場から見て見劣りする数字ではありません。システムは、全てのクエリに対して、ユーザーが待ち時間を感じ始める 0.2〜0.3 秒の間に商品リストを返せるように、候

[†7]　これは、商品が表示されたがクリックされないたびに、モデルがその商品がその顧客にとってその文脈では良い結果ではなかったことを学習するか、少なくともその商品が最良の結果ではなかったことを学習するためです。もちろん、これは全ての商品で頻繁に起こることですが、もし競合他社が、ある商品が表示されたにもかかわらずクリックされなかったという数百万件（あるいはそれ以上）の事例でシステムを埋め尽くすことができれば、モデルは、一般的に顧客はその商品を好まないということを学習することになります。

補商品を素早くスコアリングする必要があります。そのため、ML システムのレイテンシを少なく する必要があります。最適化するために、クラウドベースの計算プラットフォームで多数のレプリ カを作成し、リクエストが不必要に行列待ちにならないようにしています。各レプリカは、数時間 ごとにモデルの最新バージョンを取得するためにリロードします（モデルの提供の内部と外部につ いては 8 章で詳しく説明します）。

モデルは運用中にリロードされ、リアルタイムで運用されるので、私たちのシステムには、リア ルタイムの性能が良好であり続けることを保証するために、監視する必要があるいくつかの箇所が あります。それらには次のようなものがあります。

モデルの更新頻度

モデルは実際に定期的に更新されているか。新しいチェックポイントはレプリカによって正 常にピックアップされているか。

予測の安定性

時間の経過とともに、集約した統計量は最近のデータの統計量とほぼ一致しているか、1 分 あたりの予測回数や平均予測値など、基本的な検証可能データを見ることができます。ま た、時間の経過とともに予測されたクリック数が、その後確認されたクリック数と一致する かどうかを監視することもできます。

特徴量分布

入力特徴量は、私たちのシステムの生命線です。私たちは、各入力特徴の基本的な集約した 統計量を監視し、それらが時間の経過とともに安定していることを確認します。ある特徴量 の値が突然変化した場合、上流で障害が発生している可能性があります。

もちろん、これはあくまでもスターターセットであり、9 章では監視オプションについてさらに 詳しく説明します。

3.7.6　一般的な失敗

最悪のシナリオを考えることは、いざという時に役立ちます。最終的に本当に重要なのは製品エ コシステム全体への影響であるため、これらのシナリオは製品全体のニーズや要件に関連する傾向 があります。最悪のシナリオとして以下のものがあります。

無限レイテンシ

起こりうる悪いことの 1 つは、私たちのモデルが値を返さないことです。レプリカモデルが 過負荷になっているか、何らかの理由で全てダウンしているのかもしれません。システムが 無期限にハングアップすると、ユーザーは結果を得ることができません。基本的なタイムア ウトと合理的なフォールバック戦略が、ここで大いに役立ちます。フォールバック戦略の 1 つは、タイムアウトの場合にもっと安価で単純なモデルを使用することです。もう 1 つは、

最も人気のあるアイテムの予測をあらかじめ計算し、それをフォールバック予測として使うことです。

全てをゼロと予測する

もし私たちのモデルが全ての商品に対して 0 のスコアを付けたとしたら、ユーザーには何も表示されないでしょう。これはもちろんモデルに問題があることを示しますが、平均予測を監視し、うまくいかない場合は別のシステムにフォールバックする必要があります。

全ての予測が悪い

モデルが破損したり、特徴量生成が不安定になったとします。この場合、恣意的な予測やランダムな予測が行われる可能性があり、ユーザーにランダムな商品を表示することになり、ユーザー体験が低下します。これに対抗するために、1 つのアプローチとして、予測の平均値とともに予測の分散をも監視することが考えられます。これはサブセットでも起こりうるので、予測に関連するサブセットの予測を監視する必要があるかもしれません。

モデルは特定の製品に有利

いくつかの製品がたまたま非常に高い予測値を得て、他の全てが低い予測値を得たとします。直感的に言えば、このような場合、他の製品や新製品がユーザーに表示される機会がなく、ランキング上昇に役立つクリック情報が得られないという状況が生まれるかもしれません。このような状況では、モデルにある程度の探索データを取得させるために、少しのランダム化が有効です。そうすることで、これまで表示されていなかった製品についてモデルが学習できるようになります。このような探索データは、モデルの予測を現実的にチェックし、ある商品がクリックされそうにないとモデルが言ったとき、それが現実にも当てはまることを確認できるため、監視にも役立ちます。

幸いなことに、MLOps のスタッフは、この点に関して強く活発な想像力を持っている傾向があります。このように最悪のシナリオを考えることで、システムを堅牢に準備し、どのような障害も致命的なものにならず、迅速に対処できるようになります。

3.8　まとめ

本章では、ML モデルの基礎と、それらが ML モデルに依存するシステム全体にどのように適合するのかを説明しました。もちろん、まだ表面しか見ていません。後の章では、ここで触れたいくつかのトピックについて、より深く掘り下げます。

本章で覚えてほしいことは以下のことです。

- モデルの動作は、形式的な（プログラムの）仕様ではなく、データによって決定されます。
- データが変われば、モデルの動作も変わります。
- 特徴量と訓練データのラベルはモデルにとって重要な入力です。全ての入力を理解し、検証

するために時間をかけるべきです。

- MLモデルはその理解しやすさの度合いに差があるかもしれませんが、それでも私たちはその挙動を監視し、評価できます。
- 災害は起きますが、その影響は入念な予測と計画によって最小限に抑えることができます。
- MLOps担当者は、組織内のモデル開発者と強い協力関係と合意を持つ必要があります。

4章
特徴量と訓練データ

執筆：Robbie Sedgewick、Todd Underwood

　この段階では、もうモデルがデータから生まれることはおわかりいただけているでしょう。本章では、データの作成、前処理、ラベル付け、保存、そして最終的にモデルの作成に使用する方法について説明します。データを管理し扱うことで、再現性、管理性、信頼性に関して特有の課題が生じることを理解し、それらの課題にどのようにアプローチするかについて具体的な提案を行います。背景については、（まだお読みでない方は）2章と3章をご覧ください。

　本章では、データをソースから受け取り、訓練システムで使用できるようにするためのインフラについて説明します。このタスクに関係する3つの基本的な特徴量サブシステム、特徴量システム、人間によるラベル付けシステム、メタデータシステムについて説明します。特徴量については前章で少し説明しましたが、別の捉え方としては、特徴量とは入力データの特性であり、特に私たちが注目する何かを予測できると判断した特性です。ラベルは、最終的に学習させるモデルに求める出力の具体例です。ラベルはモデルを訓練するための例として使われます。ラベルは、モデルが学習する特定のデータインスタンスの目標値または「正しい」値であるというようにも捉えることができます。ラベルは、データを別の独立したイベントと関連付けることによってログから抽出することもできるし、人間が生成することもできます。ここでは、しばしば**アノテーション**と呼ばれる、人間がラベルを大規模に生成するために必要な操作について説明します。そして最後に、メタデータシステムについて簡単に説明します。メタデータシステムは、他のシステムがどのように機能するかについての詳細を追跡し、再現性と信頼性を高めるためのもので、非常に重要です。

　これらのシステムのいくつかの側面は、通常、特徴量とデータシステムの間で共有されます。**メタデータ**（収集され、アノテーションを付けられるデータに関するデータ）は、そのデータで何をするのかがわかってから理解するのが最も良いので、特徴量とラベリングシステムの要件と特徴を調べた後で、これらのシステムについて説明します。

4.1　特徴量

　データは単なるデータでしかありません。特徴量として取り扱われるデータこそが、ML に役立

つものです[†1]。**特徴量**とは、モデルの目標を達成するために有用であると私たちが判断した、データのあらゆる側面のことです。ここでの「私たち」とは、モデルを構築する人間を含み、多くの場合、自動特徴量生成システムを含みます。言い換えれば、特徴量とはデータの具体的で測定可能な側面、またはその機能のことです。

特徴量はモデルを構築するために使用されます。特徴量は、モデルを組み立てるために使われるデータとモデルを結びつけるものです。以前、モデルとはデータを受け取り、それを使って世界についての予測を生成するルールの集合である、と述べてきました。これはモデルアーキテクチャや構成されたモデルにも当てはまります。しかし、学習済みモデルは、特徴量を組み合わせた式です（基本的には、実際のデータから特徴量を抽出するために使用される特徴量の定義です。この定義については、本章の後で詳しく説明します）。特徴量は単に生データの一部ではなく、特徴量には何らかの前処理が含まれることが多くあります。

これらの特徴量の具体例を見ることによって、特徴量とは何であるかについての感覚を得られるはずです。

- ウェブログから得られる、顧客に関する情報（例えば、ブラウザの種類）。
- 人間がアプリケーションに入力するテキストの個々の単語または単語の組み合わせ。
- 画像全てのピクセルの集合、またはその構造化されたサブセット。
- 顧客がページをロードしたときの、顧客がいる場所の現在の天気。
- どのような特徴量の組み合わせや変換も、それ自体が特徴量となり得ます。

通常、特徴量には、基礎となる訓練データから抽出された構造化データの小さな部分が含まれます。モデリング技術が発展し続けるにつれて、より多くの特徴量が、このような人の知見を基に抽出された要素ではなく、生データに類似し始めると思われます。例えば、現在はテキストを用いて訓練するモデルは、単語や単語の組み合わせを特徴量に用いて訓練するかもしれませんが、将来的には段落や文書全体でも学習するようになると考えられます。このことはもちろんモデリングに大きな影響を与えますが、運用用の ML システムを構築する人々も、訓練データが大きくなり構造化されなくなることによるシステムへの影響を意識しておく必要があります。

YarnIt にはいくつかのモデルがあり、その 1 つは、顧客がサイトで買い物をしている間に、別の製品や追加の製品を推薦することです。この推薦モデルは、ショッピングセッション中に、顧客が個々の商品を表示しているメイン商品ページと、顧客が商品を追加したばかりのショッピングカート確認ページの両方から、ウェブアプリケーションによって呼び出されます。ウェブサーバーはモデルを呼び出して、このような状況でこの顧客にどの追加製品を表示する必要があるかを尋ね

[†1] 深層学習の特性の 1 つとして、特徴量を特に設計することなくモデルを訓練するために生データをそのまま使用できる場合がある、ということを私たちは認識しています。この特性は、いくつかのユースケースで部分的に当てはまりますが、今のところ、主に画像、動画、音声のような知覚データに当てはまります。このようなケースでは生データから特定の特徴量を抽出する必要はないかもしれませんが、それでもメタデータでのデータの説明から良い値を得られるかもしれません。その他のケースでは、特徴量化が必要です。つまり、深層学習モデルを構築する人でさえ、特徴量の理解することで恩恵を受けることができます。

ます。これは、顧客に必要な、または顧客が望んでいる可能性のある他の製品を表示して、その顧客への売上を増やすことを期待しています。

この文脈では、追加商品のクエリがあったときにモデルが利用できるようにするため、次のようないくつかの重要な特徴量を考えることができます。

- 商品ページまたはショッピングカート確認ページ。ユーザーが閲覧しているのか、それとも購入しているのか。
- ユーザーが現在見ている商品（現在の商品名、おそらく現在の商品写真からの情報、商品カテゴリ、メーカー、価格を含む）。
- 顧客の平均購入額や年間総購入額。これは、顧客がどの程度浪費家であるかを示すものかもしれません。
- 編み物か、かぎ針編みか。かぎ針編みをしない顧客もいれば、かぎ針編みしかしない顧客もいます。それを知ることで、適切な毛糸、針、パターンを薦められるかもしれません。この特徴を顧客に自己申告してもらうことも、過去の購入や閲覧行動から推測することもできます。
- 顧客がいる国。商品によっては、一部の地域でしか人気がないものもあります。また、他の国よりも寒い国もあり、それがシグナルになるかもしれません。

これらは、どのような特徴量を作るべきかを知るための、いくつかのアイデアに過ぎません。注意しなければならないのは、実際のデータがない限り、これらの特徴量のどれが役に立つかどうかはわからないということです。役に立ちそうな特徴量の多くは、実際には役に立たないことが多いです。ほとんどの場合、そのような特徴量は予測へのわずかな貢献にしかならず、その特徴量が予測できる事柄は、既にある別の特徴量で十分に予測できるかもしれません。そのような場合、新しく作った特徴量を追加することはコストとモデルの複雑さを増やすだけで、価値は全くありません。特徴量によってシステムの大部分のメンテナンスコストが増え、そのコストが特徴量を削除するまで存在することを忘れてはなりません。新しい特徴量、特にそれ自体を監視および保守する必要がある新しいデータソースまたはフィードに依存する特徴量を追加する場合は注意が必要です。

これ以上先に進む前に、**特徴量**という用語の全く異なる2つの用法と、それをどのように区別するかを明確にする必要があります。

特徴量の定義

これは、基礎となるデータから抽出する情報を記述するコード（またはアルゴリズムやその他の記述）です。しかし、抽出されるデータの特定のインスタンスではありません。例えば、「顧客の送信元 IP アドレスを取得し、ジオロケーションデータサービスで調べることによって得られる現在の顧客の送信元国」は、特徴量の定義です。特定の国、例えば「ドミニカ共和国」や「ロシア」は特徴量の定義ではありません。

特徴量の値

受信データに適用される特徴量の具体的な出力を指します。前述の例では、「ドミニカ共和国」は、現在の顧客の送信元 IP アドレスがその国で最も一般的に使用されていると考えられると判断することによって得られる特徴量の値です。

これは（まだ）標準的な業界用語ではありませんが、データからどのように情報を抽出しようとしているかを把握することと、これまでに何を抽出したかを把握することを区別するために、ここで採用しています。

4.1.1　特徴量選択と特徴量エンジニアリング

特徴量選択とは、モデルで使用するデータの特徴量を特定するプロセスです。**特徴量エンジニアリング**は、それらの特徴量を抽出し、使える状態に変換するプロセスです。言い換えれば、これらの活動を通じて、（達成しようとしている ML タスクにとって）何が重要で何が重要でないかを把握する作業です。特徴量の構築と管理は、完全な手作業から、ほぼ自動化されたもの、場合によっては完全に自動化されたものへと移行するにつれて年々変化しており、今後も進化し続けるでしょう。本章では、特徴量の選択と変換のプロセスを合わせて**特徴量エンジニアリング**と呼びます。

人間主導の特徴量エンジニアリングでは、通常、そのプロセスは、問題のドメインの理解や、少なくとも専門家との詳細な相談に基づく人間の直感から始まります。毛糸や針、編み物が何なのか知らないまま、さらに悪いことに、オンラインショップがどのように機能するのかを全く知らないまま、顧客が yarnit.ai で何を買うかの予測モデルを構築しようとするのを想像してみてください。根本的な問題領域を理解することが鍵であり、より具体的であればあるほど良いです。その後、ML エンジニアはデータセットと問題に時間を費やし、一連の統計ツールを使って、特定の特徴量、あるいはいくつかの特徴量を互いに組み合わせてタスクに役立つ可能性を評価します。次に、ML エンジニアは一般的にブレインストーミングを行い、可能性のある特徴量のリストを作成します。その範囲はかなり広いです。時間帯は、顧客がどの糸を買うかを予測する特徴になるかもしれません。地域の湿度も特徴量になる可能性があります。価格も特徴量になる可能性があります。これら 3 つの特徴のうち、1 つは他の特徴よりも役に立つ可能性が高いです。ML プラットフォームと評価指標を使って、これらのアイデアを生み出し評価するのは、全て人間の仕事です。

アルゴリズムによる特徴量エンジニアリングの場合、AutoML の一部として組み込まれることもありますが、プロセスは自動化されており、データに依存しています。3 章で概要を説明した AutoML は、特定された特徴から選択できるだけでなく、既存の特徴に共通の変換（対数スケーリングや閾値処理など）をプログラムで適用することもできます。明示的に指定せずに、データに関する何かをアルゴリズム的に学習できる方法は他にもあります。それでも、アルゴリズムは通常、データ内に存在する特徴量のみを識別できるのに対し、人間は収集できる関連性のある新しいデータを想像できます。些細なことですが、おそらくさらに重要なことは、システム的なバイアスの可能性も含めて、人間がデータ取り込みのプロセスを理解していることです。これはデータの価値に重大な影響を与える可能性があります。それにもかかわらず、特定の種類の問題に限定されている

場合、特にアルゴリズムによる特徴量エンジニアリングと評価は、人間による特徴エンジニアリングと同等またはそれ以上の効果を発揮する可能性があります。これは進化する一連のテクノロジーであり、人間とコンピュータの間のバランスが今後も発展していくことが予想されます。

4.1.2　特徴量のライフサイクル

　特徴量の定義と特徴量の値の区別は、特徴量のライフサイクルを考えるときに特に重要になります。特徴量の定義はニーズを満たすために作成され、そのニーズと照らし合わせて評価され、最終的にはモデルが破棄されるか、同じ目標を達成するためのより良い特徴量が見つかるかによって破棄されます。以下は、特徴量のライフサイクル（定義と値の両方）を単純化したものです。

1. **データの収集／作成**

   データがなければ特徴量も何もありません。特徴量を作成するためには、まずはデータを収集または作成する必要があります。

2. **データクレンジング／正規化／前処理**

   特徴量を作成するプロセスでさえ、ある種のデータ正規化と考えられますが、ここではより粗い前処理を指します。明らかに不正な例を排除し、入力サンプルを共通の値の範囲にスケーリングし、場合によってはポリシー上の理由から訓練に使用すべきでない特定のデータを削除することさえあります。これは特徴量エンジニアリングのプロセスから外れているように見えるかもしれませんが、データが存在し、使用可能な形になっていない限り、特徴量は存在し得ないのです。データの正規化と前処理のトピックは膨大であり、本書の範囲を超えていますが、一貫して前処理を実行し、それを監視する環境を構築することは、重要な責任領域です。

3. **特徴量定義候補の作成**

   専門知識と人間の想像力、またはツールを使って、データのどの要素またはどの組み合わせがモデルの目標を達成する可能性が高いかについて仮説を立てます。

4. **特徴量の抽出**

   入力データを読み取り、そのデータから必要な特徴量を抽出するコードを書く必要があります。単純な状況であれば、訓練プロセスの一部としてインラインで行うことも可能でしょう。しかし、同じデータで数回以上訓練するのであれば、生データから特徴量を抽出し、後で効率的で、一貫性のある読み取りができるような形で保存しておくのが賢明です。もしアプリケーションにオンラインサービスが含まれる場合、モデルで推論を実行するために利用可能な値から同じ特徴量を抽出するためには、このコードのバージョンが必要であることを覚えておくことが重要です。理想的な状況では、同じコードで訓練時と運用時の特徴量を抽出できますが、運用時には訓練時にはない制約が追加される可能性があります。

5. **特徴量ストアへの特徴量の値の保存**

   ここで特徴量を保存します。特徴量ストアとは、抽出した特徴量の値を保存しておく場所であり、モデルを訓練する際に素早い読み出しができるようにするためのものです。これについては「4.1.3.2　特徴量ストア」で詳しく説明しています。

6. 特徴量定義と評価

特徴量をいくつか抽出したら、それを使ってモデルを構築するか、既存のモデルに新しい特徴量を追加して、それがどの程度うまく機能するかを評価することになるでしょう。特に、その特徴量が期待通りの価値を提供しているかどうかの証拠を探します。この特徴量定義の評価には、2つの異なる段階があり、それがつながっていることに注意してください。まず、その特徴量が有用かどうかを判断する必要があります。これは荒い粒度の評価であり、その特徴量をモデルに統合する作業を続けるかどうかを決めるだけです。次の段階は、その特徴量を維持すると決めた場合に起こります。その時点で、（コストと比較した）その特徴量の品質と価値を継続的に評価するプロセスが必要になります。これは、数年後もその特徴量が期待通りの価値を提供しているかどうかを判断するために必要なことです。

7. 特徴量を使ったモデルの訓練と提供

当たり前のことかもしれませんが、特徴量を作成することの意味は、それを使ってモデルを訓練し、その結果得られたモデルを特定の目的に使うことにあります。

8. （通常行う）特徴量定義の更新

バグを修正したり、何らかの方法で改善したりするために、特徴量定義を更新しなければならないことがよくあります。特徴量定義にバージョンを追加し、追跡できるようにすれば、この作業はずっと簡単になります。バージョンを更新し、オプションで古いデータを再処理して、新しいバージョンに対応した新しい特徴量の値を作成できます。

9. （必要に応じて行う）特徴量の削除

時には、特徴量ストアから特徴量の値を削除する必要があります。これは、ポリシーやガバナンス上の理由によるものです。例えば、ある個人や政府がその許可を取り消したため、その特徴量の値を保存できなくなった場合などです。また、品質や効率的な理由による場合もあります。これらの値が何らかの意味で悪い（破損している、偏った方法でサンプリングされているなど）、あるいは古すぎて使い物にならないと判断する場合もあります。

10. （最終的に行う）特徴量定義の廃止

有用な特徴量を含め、全てのものには終わりがあります。モデルのライフサイクルのある時点で、この特徴量定義が提供する価値を提供するためのより良い方法を見つけるか、この特徴量がもはや価値を提供しないほど世界が変化していることに気づくでしょう。そして最終的には、特徴量定義（および値）を完全に削除することになるでしょう。特徴量を参照するコードを削除し、特徴量ストアの値を削除し、データから特徴量を抽出するコードを削除する必要があります。

4.1.3　特徴量システム

　システムで扱うデータの流れをうまく管理し、データを訓練システムで使用可能でモデル作成者が管理可能な特徴量に変換するためには、作業をいくつかのサブシステムに分解する必要があります。

本章の冒頭で述べたように、これらのシステムの1つは、データ、データセット、特徴量の生成、ラベルに関する情報を追跡するメタデータシステムとなります。ほとんどの場合、このシステムはどのラベリングシステムとも共有されるので、本章の最後に説明します。とりあえず、生データから始まり、特徴量システムで読み取れる形式で保存された特徴量まで、特徴量システムを通して見ていきましょう。

4.1.3.1 データ取り込みシステム

生データを読み込み、そのデータに特徴量抽出コードを適用し、得られた特徴量の値を特徴量ストアに格納するソフトウェアを作成する必要があります。1回限りの抽出の場合、たとえ非常に大量のデータであっても、これは1回実行されるように設計されたコードによる比較的アドホックなプロセスになる可能性があります。しかし、多くの場合、データ抽出のプロセスは、それ自体が独立した生産システムになります。

データ取り込みシステムを多くのユーザーが利用したり、繰り返し利用したりする場合は、オンデマンドで構造化されており、繰り返し利用でき、監視可能なデータ処理パイプラインとして構成する必要があります。多くのパイプラインがそうであるように、最大の変数はユーザーコードです。特徴量作成者が特徴量を特定し、特徴量ストアに保存するためのコードを書く必要があります。特徴量作成者自身にコードを実行させることもできますが、それは運用面で大きな負担となります。もしくは、特徴量作成者に開発エンジニアリング環境を提供することもできます。これにより、特徴量作成者は信頼性の高い特徴量抽出コードを書くことができ、そのコードを私たちのデータ取り込みシステムで確実に実行できます。

特徴量作成者が信頼できる正しい特徴量を作成しやすくするために、いくつかのシステムを構築する必要があります。まず始めに、特徴量にはバージョン管理が必要であることに注意しなければなりません。おそらく、マージするデータの変更や、収集するデータに関連するその他の要因によって、時間の経過とともに特徴量を大幅に変更したくなることがあるでしょう。このような場合、特徴量のバージョンを設定することで、移行を明確にし、変更による意図しない結果を避けられます。

次に、特徴量抽出コードの基本的な正しさをチェックするテストシステムが必要です。そして、提案された特徴量抽出を一定数の例で実行するためのステージング環境が必要であり、基本的な分析ツールとともに特徴量作成者に提供することで、その特徴量が抽出すべきものを抽出していることを確認します。この時点で、私たちは特徴量抽出の実行許可を出したくなるかもしれませんが、信頼性の懸念（例えば、外部データへの依存）のために追加の人的レビューが必要かもしれません。ここでの作業が多ければ多いほど、特徴量作成者の生産性は向上します。

最後に、いくつかのラベルは、データ取り込み時に持っているデータそのものから効果的に計算または生成できることに注意することが重要です。YarnItにおけるこの良い例が、提案商品と売上です。私たちは、より多くの商品を販売するために商品を提案します。特徴量とは商品の特徴や顧客に関する特徴であり、ラベルとは顧客がそれを買ったかどうかです。提案ログと注文を結びつけることができる限り、特徴量を構築する際にこのラベルを得られます。このような場合、データ

取り込みシステムは、特徴量そのものだけでなく、特徴量に対するラベルも生成し、両方を共通の
データストアに保存できます。ラベリングシステムについては、「3.4.2　ラベル」で詳しく説明し
ています。

4.1.3.2　特徴量ストア

特徴量ストアとは、抽出された特徴量（とラベル）の値を保存し、モデルの学習時や推論時に迅
速かつ一貫した読み出しができるように設計されたストレージシステムのことです。しかし、特徴
量ストアは、特に特徴量（定義と値の両方）が複数のモデル間で共有されるような、大規模で集中
管理されたサービスにおいて最も有用です[†2]。特徴量とラベルのデータを単一の、管理された場
所に置くことの重要性を認識することで、業界における ML の運用準備は大幅に向上しました。し
かし、特徴量ストアは全ての問題を解決するわけではなく、多くの人が特徴量ストアで提供できる
以上のものを期待するようになります。ここでは、特徴量ストアが解決する問題と、特徴量ストア
が訓練システムにもたらすメリットについて説明します。

特徴量ストアの最も重要な特徴量は、その API です。商用やオープンソースの特徴量ストアは
それぞれ異なる API を持っていますが、それらは次のような基本的な機能を提供しているはず
です。

特徴量定義の保存
通常は、生データ形式で特徴量を抽出し、目的の形式で特徴量データを出力するコードとし
て格納されます。

特徴量の値そのものを保存する
最終的には、書きやすく、読みやすく、使いやすい形式で特徴量を記述する必要があります。
これは私たちが提案するユースケースによってほぼ決定され、最も一般的には順序付きデー
タと順序なしデータに分けられますが、ニュアンスについては本章のコラム「ライフサイク
ルアクセスのパターン」で説明します。

特徴量データの提供
タスクに適した性能レベルで、素早く効率的に特徴量データにアクセスできるようにしま
す。高価な CPU やアクセラレータが、特徴量ストアからの読み込みの I/O 待ちで停止す
ることは絶対に避けたいことです。これは高価なリソースを無駄にします。

メタデータの書き込みをメタデータシステムと連携させる
特徴量ストアを最大限に活用するためには、特徴量ストアに格納するデータに関する情報を
メタデータシステムに保持しておく必要があります。これはモデル作成者にとっても役立ち
ます。**特徴量**に関するメタデータは、**パイプラインの実行**に関するメタデータとは多少異な

[†2]　例えば、モバイルデバイス上で行われる ML の訓練でも、いくつかのデータで訓練する必要がありますが、他のデバイス上
のユーザーのためにデータを仲介する必要がないため、構造化され管理された特徴量ストアを持つことはありません。

ることに注意してください。ただし、どちらもトラブルシューティングと問題の再現には役立ちます。特徴量のメタデータはモデル開発者にとって最も有用で、パイプラインのメタデータは ML の信頼性エンジニアや運用エンジニアにとって最も有用です。

多くの特徴量ストアは、取り込み時のデータの基本的な正規化だけでなく、ストア内のデータに対するより高度な変換も提供しています。最も一般的な変換は、ストア内の標準化されたバケッティングと組み込みの変換特徴量です[†3]。

特徴量ストアの API は、ユースケースに合わせて慎重に調整する必要があります。特徴量ストアに何が必要かを考えるとき、次のような質問をすることを考えます。

- データを特定の順序（例えば、タイムスタンプが押されたログ行順）で読み込むのか、それとも（クラウドストレージシステム内の大量の画像コレクション中の）順序に関係なく読み込むのか。
- 特徴量を頻繁に読み込むのか、それとも新しいモデルを訓練するときだけなのか。特に、読み込むバイト／レコードと書き込むバイト／レコードの比率はどうするか。
- 特徴量データは一度だけ取り込まれ、追加されることはなく、ほとんど更新されないのか。それとも、古いデータは削除され続けるが、データは頻繁に追加されるのか。
- 特徴量の値は更新可能か、それとも追加のみか。
- 保存するデータに特別なプライバシーやセキュリティ要件はあるか。ほとんどの場合、プライバシーや使用制限があるデータセットの抽出された特徴量にも、プライバシーや使用制限があります。

これらの質問について考えた後、私たちは特徴量ストレージシステムのニーズを判断できるはずです。運が良ければ、既存の商用またはオープンソースの特徴量ストアが利用できるでしょう。そうでない場合は、調整されていない方法で実行するか、より一貫したシステムの一部として実行するかにかかわらず、この機能を自分たちで実装する必要があります。

API の要件が明確になり、データアクセスのニーズをより明確に理解できるようになれば、一般的に、特徴量ストアは次の 2 つのバケットのいずれかに分類されることがわかるでしょう[†4]。

列

データは構造化され、列に分解可能ですが、その全てが全てのモデルで使用されるわけでは

[†3] バケッティングとは、連続的なデータを離散的なカテゴリに分類することです。**変換特徴量**とは、1 つまたは複数の他の特徴量を組み合わせて計算した結果の特徴量です。簡単な例としては、日付の特徴量から曜日を返したり、地球上のある地点の緯度と経度を格納した特徴量から国名を返したりできます。より複雑な例としては、写真のカラーバランスを修正したり、3D データの特定の投影法を選択したりすることがあります。最も一般的な例としては、32 ビット数値（整数、あるいは浮動小数点数）を 8 ビット数値に変換することで、処理に必要なスペースや計算リソースを大幅に削減することが挙げられます。

[†4] いくつかの例には、両方のバケットの特徴を含んでいます。例えば、画像は BLOBs であり、構造化されていないデータとしてアクセスするのが最適ですが、画像に関するメタデータ（撮影したカメラ、日付、露出情報、位置情報）は構造化されており、「日付」のようなフィールドが含まれていれば、順序付けることもできます。

ありません。通常、データは何らかの方法で順序付けられ、多くの場合、時間によって順序付けされます。この場合、列指向のストレージが最も柔軟で効率的です。

BLOBs

これは **binary large objects** を略したものです。この場合、データは基本的に順序付けされておらず、ほとんどが構造化されておらず、バイトの束を保存するのに効率的な方法で保存するのが最適です。

ライフサイクルアクセスのパターン

特徴量ストアを選択する際には、保存するデータをどのように、どのくらいの頻度で使用するかを念頭に置くことが重要です。常に再学習を行う少量のデータと、数回使用して削除する大量のデータという2つのデータを考えます。

前者の場合、データの取り込みが遅くなっても、列データの抽出、列の前処理、アクセスの効率化にできるだけ時間をかけたいものです。たとえデータ取り込みが遅くなったとしても、可能な限り効率的なアクセスができるようにしたいです。そのようにするメリットは、後で高速で安価な読み込みを得られることです。後者の場合、大幅な前処理は時間と処理の無駄です。できるだけ安く、自動的にデータを取り込み、データの前処理について考えるべきです。

どのような場合でも、いつデータを削除するかを考えることは重要です。2章で説明したように、信頼性が高く効果的な削除は、そのように設計されている場合にのみ実現できます。例えば、期間別（例えば、先月の全データ）に削除するのか、エンドユーザー別（例えば、顧客番号8723423の全データ）に削除するのかを決定する必要があります。それがわかれば、効果的に削除するためのストレージレイアウトを設計できます。このための最良のテクニックの1つは、削除に使う予定の範囲（1日ごと、データソースごと、顧客ごと、その他）に基づいてデータを暗号化することです。そして、アクセス保護が保証され、データを安全に削除できるストレージシステム（通常、全ての永続ストレージメディアに複数回の上書きを行う）にキーだけを保存します。検証されたスコープによるデータ削除リクエストがあれば、該当するキーを削除するだけです。データはまだ十分に利用可能であり、複数のターゲットに複製されたり、バックアップされたりすることもありますが、このように、アクセス不能になり、労力もレイテンシもほとんどかからずに効果的に削除されます。

多くの特徴量ストアは、訓練スタックとサービススタックの近くにデータを保存するために、部分的または完全に複製する必要があります。一般的にMLの訓練に必要な計算量は相当なものなので、多くの場合、訓練費用に見合う最高の価値が得られる場所にデータを複製します。特徴量ストアをサービスとして実装することで、この複製物の管理が容易になります。

特徴量の変換

　前回、特徴量ストアの望ましい機能の１つとして、特徴量の変換について説明しました。リレーショナルデータベースシステムを用いたことのある人にとっては、**変換特徴量**は特徴量ストアへの保管手続きです。変換特徴量はデータの決められた変換であり、コードで記述され、ストレージシステムに保存されます。

　例えば、年齢を 0〜4 歳、5〜17 歳、18〜35 歳、36〜50 歳、51〜65 歳、66 歳以上にバケット化するなど、ユースケースに適したバケットを設定します。しかし、変換特徴量は、複数の特徴量列を組み合わせ、複数の特徴量列の関数である値を一貫して返すこともできます。特徴量がデータの分布に依存する場合は、複数行にまたがって計算することもできますが、これは複雑で計算コストが高くなります。重要なことは、変換特徴量は、どのような場合でも、特徴量ストアのデータに私たちが書いたコードが適用されたプログラム上の結果であり、一貫性のある決定論的な値を返してくれることです。

　歴史的に、変換特徴量は、ML の訓練パイプラインの他の場所、一般的には訓練フェーズで実装されることが多くありました。しかし、ほとんどの ML アプリケーションでは、処理中に特徴量を検索する必要があることを思い出してください。そのため、変換特徴量は訓練中と処理中に実装されていました。そして、必然的に起こることとして、コードのドリフト（差異）が発生します。いくつかの変換特徴量は、他のモデルと比較して、あるいは訓練とサービスで若干異なる実装になっているかもしれません。変換特徴量を特徴量ストアに移動させることで、このような不具合をなくすことができます。

　変換特徴量を特徴量ストアに格納することで、性能向上というもう１つの利点が得られます。変換特徴量が計算負荷が高く、その列を頻繁に読み込むのであれば、特徴量ストアはその特徴量を実体化し、新しいデータが届くたびにそのデータを処理し、変換特徴量の結果を新しい列に書き出すことを選択するべきかもしれません。これには 2 つのリスクがあります。第一に、特徴量の定義を変更する可能性があります。その場合、全てのデータに対して列を再計算する必要があります。第二に、新しいデータを処理するシステムにバグがあった場合、実体化された列がデータと同期しなくなる可能性があります。とはいえ、特徴量を実体化することで計算や I/O の時間を大幅に節約できるのであれば、その価値はあるかもしれません。

4.1.3.3　特徴量の評価システム

　新しい特徴量を開発する際には、その特徴量が既存の特徴量との組み合わせで、モデル全体の性能にどのような影響を与えるのかを評価する必要があります。このトピックについては、5 章で詳しく説明します。この時点で知っておくべき一般的な考えは、開発中の各新特徴量の効果を効率的に評価するために、異なるモデル、A/B テスト、モデル性能評価システムのアプローチを組み合わせて行うことができるということです。これは、比較的低コストでかつ迅速に行うことができ

ます。

　一般的なアプローチの1つは、既存のモデルを使い、1つの特徴量を追加して再訓練することです。YarnIt のようなウェブアプリケーションの場合、ユーザーリクエストの一部を新しいモデルに向け、タスクに対する性能を評価できます。例えば、ユーザーが試すべき新しい商品を提案するモデルに、「ユーザーのいる国」の特徴量を追加した場合、ユーザーリクエストの1%（リクエスト別またはユーザー別）を新しいモデルに向けることができます。新しいモデルが、ユーザーが実際に購入する商品を推薦する可能性が高いかどうかを評価でき、そうすることで、新しい特徴量を維持するか、削除して他のアイデアを試すかの選択に役立てられます。

　価値のある特徴量であっても、それを収集し、処理し、保存し、維持するためのコストに見合わない可能性があることに留意してください。自明な特徴量を除き、システムに新しい特徴量が追加されるたびに、大まかな投資利益率（ROI）を計算するのは良い習慣です。そうすることで、付加価値よりも高価な特徴量の作成を避けられます。

4.2　ラベル

　特徴量はデータの最も重要な側面のように見えますが、もっと重要なものがあります。それはラベルです。この時点までに、特徴量は何のためにあるのか、大量の特徴量を管理する際にどのようなシステム上の配慮が必要なのか、しっかり理解しているはずです。教師あり学習モデルはラベルを必要とします。

　ラベルは、ML モデルの訓練に使われるデータのもう1つの主要なデータです。特徴量はモデルへの入力として機能しますが、ラベルは正しいモデルの出力です。ラベルはモデルの（数多くの）内部パラメータを設定し、推論時に得られる特徴量から望ましい出力が得られるようにモデルをチューニングするために学習プロセスで使われます。ホールドアウト検証データと検証ラベル（訓練で使用されなかったラベル）は、モデルの性能を理解するためのモデル評価に使用されます。

　先に説明したように、推薦システムのような問題によっては、システムのログデータからアルゴリズムを用いてラベルを生成できます。これらのラベルは、ほとんどの場合、人間が手で付けたラベルよりも一貫性があり、より正確です。ラベルはシステムのログデータから特徴量データとともに生成されることが多く、モデルの訓練と評価のために特徴システムに保存されるのが最も一般的です。しかし、人間が生成したラベルは、モデルの訓練や評価のために保存する前に、これらのラベルを生成、検証、修正するための追加システムが必要です。これらのシステムについては次節で説明します。

4.3　人間が生成したラベル

　そこで、モデルの訓練データを提供するために人間のアノテーションを必要とする大規模な問題に目を向けてみましょう。例えば、人間の音声を分析、解釈するシステムを構築するには、書き起こしが正確であることを保証し、話し手が何を言いたかったのかを理解するために、人間によるア

ノテーションが必要です。画像解析では、画像の分類や検出の問題に対応するため、画像にアノテーションを付ける必要があります。ML モデルの学習に必要な規模で、このような人間のアノテーションを得ることは、実装とコストの両方の観点から困難です。このようなアノテーションを生成する効率的なシステムの設計に労力を割かなければなりません。ここでは、このようなヒューマンアノテーションシステムの主要な構成要素に焦点を当てます。

　架空の毛糸店 YarnIt の具体的な例として、かぎ針編みの布の画像があれば、その布を作るのに使われた、かぎ針編みの縫い目を予測できる高度な新機能のケースを考えてみましょう。このようなモデルは、モデルが予測するかぎ針編みのステッチ（糸目が見えている状態）のセットを誰かが設計し、モデルが出力できるクラスのセットを提供する必要があります。次に、これらの縫い目を全て網羅した大量のかぎ針編み生地の画像に、かぎ針編みの専門家が、この生地がどの縫い目で作られたかをラベル付けする必要があります。これらの専門家のラベルを使用して、かぎ針編みの生地の新しい画像を分類し、使用されたステッチを決定するためにモデルを訓練できます。

　このことは簡単ではありません。人間はこのタスクに関して訓練を受ける必要があり、信頼できる結果が得られることを確認するために、各画像に複数回ラベルを付ける必要がある場合があります。人間が作成したラベルの取得には多大なコストがかかるため、訓練システムはラベルからできるだけ多くのメリットを得るように設計する必要があります。一般的に使用される手法の 1 つはデータ拡張です。つまり、特徴量は変更するが、ラベルの正確性は変更しない方法で、特徴量データを「ファジー化」します[†5]。例えば、ステッチの分類問題を考えてみましょう。スケーリング、トリミング、画像ノイズの追加、カラーバランスの変更などの一般的な画像操作は、画像内のステッチの分類を変更しませんが、モデルの訓練に使用できる画像の数を大幅に増やせます。同様の手法は、他のクラスの問題でも使用できます。ただし、同じソース画像からファジー化された 2 つの画像で訓練と検証を行わないように注意する必要があります。このため、この種のデータ拡張は、ラベル付けシステムではなく訓練システムで実行する必要があります（または、そうでない場合もあります）。非常に高価なファジングアルゴリズムなど、そうしない正当な理由がある場合は注意してください。

　重要な注意点がもう 1 つあります。ある種の非常に複雑なデータは人間がラベル付けするのがベストですが、間違いなく人間がラベル付けすることができないデータも存在します。一般的に、これは高次元の抽象的なデータであり、人間が素早く正解を判断するのは困難です。このような作業を支援するために、人間が拡張ソフトウェアを提供できる場合もありますが、ラベリングを行うには不適切な選択肢である場合もあります。

4.3.1　アノテーション作業

　人によるアノテーションの問題でよく出る最初の疑問は、誰がラベル付けを行うのかということです。これは規模と公平性に関する問題です[†6]。モデルを訓練するのに少量のデータで十分な単

[†5]　これもアルゴリズムを用いて訓練データセットを拡張するテクニックです。
[†6]　組織は、ラベルアノテーションを行う人が公正に扱われ、仕事に対して相応の報酬が支払われるようにする必要があります。

純なモデルの場合、通常、モデルを構築するエンジニアは、多くの場合、洗練されていない自作ツールを使用して独自のラベル付けを行います（偏ったラベルが付けられる可能性がかなりあります）。より複雑なモデルの場合は、専門のアノテーションチームを使用して、他では不可能な規模で人間によるアノテーションを行います。

このようなアノテーション専門チームは、モデルビルダーに併設されることもあれば、サードパーティのアノテーションプロバイダが遠隔から提供することもあります。その規模は、1人から数百人まで様々で、全員が1つのモデルに対してアノテーションデータを生成します。Amazon Mechanical Turk サービスは、このために使用される最初のプラットフォームですが、それ以来多くのクラウドソーシングプラットフォームやサービスが開発されています。これらのサービスの中には、有償のボランティアを使用するものもあれば、従業員チームを使用してデータにラベル付けを行うものもあります。

ラベリング方法の選択には、コスト、品質、一貫性のトレードオフが生じます。クラウドソーシングによるラベリングは、品質と一貫性を検証するための追加的な労力を必要とすることが多くありますが、有償のラベリングスタッフは高価です。このようなアノテーションチームにかかるコストは、モデルの訓練にかかる計算コストを簡単に超えてしまいます。大規模なアノテーションチームを管理するための組織的な課題については、13章で述べます。

4.3.2　人間によるアノテーションの品質計測

どのようなモデルも、そのモデルの訓練に使用されるデータと同程度の品質しか保てないため、品質は最初からシステムに組み込まれていなければなりません。アノテーションチームの規模が大きくなればなるほど、この傾向はますます強くなります。品質はタスクに応じて複数の方法で向上させることができますが、最も頻繁に使用されるテクニックは以下の通りです。

複数ラベリング（コンセンサスラベリングとも呼ばれる）
　　同じデータを複数のラベル作成者に与え、ラベル作成者間の一致性をチェックします。

ゴールデンセットテスト問題
　　信頼できるラベル作成者（またはモデル構築者）が、生成されたラベルの品質を評価するために、ラベルのないデータを含むテスト問題を作成します。

別の QA ステップ
　　ラベル作成者データの一部を、より信頼できる QA チームがレビューします（誰が QA チームの QA を行うのでしょうか。おそらくモデル構築者でしょうが、文脈によっては、これは別の QA チーム、政策専門家、またはドメイン専門知識を持つ他の誰かであるかもしれません）。

一旦計測されれば、品質指標を改善できます。品質の問題に最も効果的に対処するには、謙虚な姿勢でアノテーションチームを管理し、以下の条件が揃えば、より高品質の結果が得られることを

理解する必要があります。

- より多くの訓練と文書化
- スループット性だけでなく、品質に対しての評価
- 作業時間内に様々なタスクをこなす
- 使いやすいツール
- バランスのとれた答えのタスク（針の穴を通すような仕事はしない）
- ツールや指示に対するフィードバックを提供する機会

　このように管理されたアノテーションチームは、質の高い結果を提供できます。しかし、どんなに優秀で良心的なレベル作成者でも、時折見落とすことはあるので、このような時折のエラーを検出したり、受け入れたりするプロセスを設計すべきです。

4.3.3　アノテーションプラットフォーム

　ラベリングプラットフォームは、アノテーションされるデータの流れとアノテーションの結果を整理し、プロセス全体の品質とスループットの指標を整理します。これらのシステムの本質は、主にアノテーション作業をアノテーション担当者間で分担するためのワークキューシステムです。ラベル作成者がデータを閲覧し、アノテーションを提供するための実際のラベリングツールは、任意のアノテーション作業をサポートする柔軟性を持つべきです。

　複数のモデルに同時に取り組んでいるチームや組織では、同じアノテーションチームを複数のアノテーションプロジェクトで共有することがあります。さらに、各アノテーション担当者は異なるスキルセット（例えば、言語スキルやかぎ針編みの知識）を持っている可能性があり、キューイングシステムは比較的複雑になる可能性があり、拡張性の問題やキューの枯渇などの問題を回避するために慎重な設計が必要となります。あるアノテーションタスクの出力を別のアノテーションタスクの入力として使用できるようにするパイプラインは、複雑なワークフローに有用です。プロジェクトオーナーが全てのアノテーションタスクのラベリングスループットと品質を理解できるように、前述したテクニックを用いた品質測定は、最初からシステムに組み込まれるように設計されるべきです。

　歴史的に多くの企業が、これらの機能を備えた独自のラベリングプラットフォームを導入してきましたが、あらかじめ構築されたラベリングプラットフォームにも多くのオプションが存在します。大手クラウドプロバイダや多くのベンチャー企業は、任意のアノテーションワークフォースで使用できるラベリングプラットフォームサービスを提供しており、多くのアノテーションワークフォースプロバイダは、使用できる独自のプラットフォームオプションを持っています。この分野は急速に変化しており、既存のプラットフォームには常に新しい機能が追加されています。一般に利用可能なツールは、単純なキューイングシステムを超えて、AI支援ラベリングのような高度な機能を含む、一般的なタスク専用のツールを提供し始めています（次節を参照）。新しいテクノロジープラットフォームを決定する際には、プラットフォームの機能とともに、データセキュリティ

と統合コストを考慮する必要があります。

「4.1.3.2 特徴量ストア」で述べたように、多くの場合、完成したラベルを保存する最も良い場所は特徴量ストアです。人間のアノテーションを独自の列として扱うことで、特徴量ストアが提供する他の全ての機能を利用できます。

4.3.4 能動学習とAIアシストラベリング

能動学習は、モデルとアノテーターの意見が一致しない場合や、モデルが最も不確実な場合にアノテーション作業を集中させることができ、それによって全体的なラベル品質を向上させられます[7]。例えば、ラベル作成者が画像内の特定のオブジェクトの出現を全てアノテーションしなければならない画像検出問題を考えてみましょう。能動学習ラベリングツールは、既存のモデルを使用して、問題のオブジェクトの検出案を基に画像に事前にラベル付けできます。その後、ラベル作成者は正しい検出候補を承認し、悪い検出候補を拒否し、不足している検出候補を追加します。これはラベル作成者のスループット性を大幅に向上させますが、モデルにバイアスがかからないように注意しなければなりません。このような能動学習の技術は、モデルや人間は異なる種類の入力データに対して最高の性能を発揮することが多いため、ラベルの品質全体を実際に向上させることができます。

半教師ありシステムは、モデル作成者が、いくつかのデータのラベルを不完全に予測する**弱いヒューリスティック関数**をブートストラップし、人間を利用してこれらの不完全なヒューリスティック（発見的知見）を高品質の訓練データに適用するモデルを訓練できます。このようなシステムは、モデルを迅速かつ頻繁に再学習させる必要がある複雑で頻繁に変化するカテゴリ定義を持つ問題には特に役立ちます。

特に複雑なラベリングタスクに対する効率的なアノテーション技術は、現在進行中の研究分野です。特に、一般的なアノテーションを行う場合、クラウドやアノテーションプロバイダが提供する利用可能なツールを確認してみる価値があります。AI支援アノテーションの新機能が追加されていることがよくあります。

4.3.5 文書化とラベル作成者のための訓練

文章化とラベル作成者の訓練システムは、アノテーションプラットフォームで最も見落とされがちな部分です。ラベリング指示は単純に始まることが多いですが、データがラベリングされ、様々な例外的なケースが発見されるにつれ、必然的に複雑になっていきます。先ほどのYarnItの例で言えば、おそらくラベリング指示の中にいくつかのかぎ針編みのステッチが記載されていなかったり、生地が複数の異なるステッチで作られていたりします。「ある画像に写っている人物を全てマークする」というような概念的に単純なアノテーション作業でさえ、様々なコーナーケース（反射、人物の写真、車の窓の向こうにいる人物など）の適切な取り扱いに関する膨大な指示に行き着

---

[7] ［訳注］能動学習とは、モデル性能を効率的に向上させるために、性能向上に有用なデータを選択し、優先的にラベル付けを行う手法です。

く可能性があります。

　ラベリングの定義と指示は、新しいコーナーケースが発見された場合に更新されるべきであり、アノテーションチームとモデリングチームに変更について通知されるべきです。変更が重要であれば、古い指示でラベル付けされたデータを修正するために、以前にラベル付けされたデータを再アノテーションする必要があるかもしれません。アノテーションチームは入れ替わりが激しいことが多いので、アノテーションツールの使用やラベル付けの手順を理解するための訓練に投資すれば、ほとんどの場合、ラベルの品質とスループットに大きな成果が得られます。

4.4　メタデータ

　特徴量システムもラベリングシステムも、メタデータの効率的な追跡から恩恵を受けます。特徴量システムやラベリングシステムから提供されるデータの種類を比較的理解したところで、これらの操作中にどのようなメタデータが生成されるかを考えることができます。

4.4.1　メタデータシステムの概要

　メタデータシステムは、行ったことを追跡するために設計されています。特徴量とラベルの場合、特徴量の定義と、各モデルの定義と訓練済みモデルで使用されているバージョンを最低限追跡する必要があります。しかし、少し立ち止まって、未来を見通してみる価値はあります。最終的にメタデータシステムに何を期待しているのでしょうか、それを予測する方法はあるのでしょうか。

　ほとんどの組織は、しっかりとしたメタデータシステムを持たずにデータサイエンスと ML インフラの構築を始めますが、後になって後悔することになります。次によくあるアプローチは、それぞれが特定の問題を解決することに特化した、いくつかのメタデータシステムを構築することです。特徴量定義を追跡し、特徴量ストアへのマッピングを追跡するためのものを作ることをここでやろうとしています。本章の中でも、ラベルの仕様や、特定のラベルが特定の特徴値に適用された時期など、ラベルに関するメタデータを保存する必要があることがわかると思います。その後、モデル定義を訓練済みモデルにマッピングするシステムと、そのモデルを担当するエンジニアやチームに関するデータが必要になります。モデル運用システムはまた、運用環境に導入された訓練済みモデルのバージョンを追跡する必要があります。モデルの品質や公平性を評価するシステムは、モデルの品質の変化や私たちが提案する公平性評価指標の違反の原因と思われるものを特定し、追跡するために、これら全てのシステムから読み取る必要があります。

　メタデータシステムの選び方は単純です。

単一のシステム

　　これら全てのソースからのメタデータを追跡するために、単一のシステムを構築します。これにより、複数のサブシステム間の関連付けが簡単になり、分析やレポートが簡素化できます。このような大規模なシステムは、データスキーマの観点から正しく構築するのが難しいです。追跡したいデータを発見した際には、常に列を追加することになります（そして既存

のデータにはその列を埋め戻す）。また、このようなシステムを安定させ、信頼できるものにするのも難しいでしょう。システム設計の観点からは、メタデータシステムがモデルの訓練やモデル提供のライブパスに決して入らないようにする必要があります。しかし、メタデータシステムが機能していなければ、特徴量エンジニアリングやラベル付けがどのように行われるかを想像するのは難しいため、これらのタスクに取り組む人間にとって、運用上の問題が依然として発生する可能性があります。

複数のシステムを連携する

タスクごとに別々のメタデータシステムを構築することもできます。例えば、特徴量とラベル用に1つずつ、訓練用に1つ、運用用に1つ、品質監視用に1つ、といった具合です。システムを分離することで、いくつかの利点とコストが得られます。利点としては、他のシステムを気にすることなく、各システムを別々に開発できます。さらに、1つのメタデータシステムが停止しても、他のシステムへの生産への影響は限定的です。しかし、その代償として、これらのシステムにまたがる分析やレポーティングが難しくなります。つまり、特徴量、ラベリング、訓練、および運用システムを横断してデータを結合する必要があるプロセスを持つことになります。これは、一意の識別子を作成して共有するか、メタデータシステム全体のデータフィールドの関係を追跡するメタデータのメタデータシステムを確立することを意味します。

ニーズがシンプルでよく理解されている場合は、単一のシステムをお勧めします[†8]。領域が急速に発展しており、チームが追跡対象や作業方法を拡張し続けることが予想される場合は、複数のシステムを使用した方が、時間の経過とともに開発が簡素化されます。

4.4.2　データセットのメタデータ

特徴量とラベルに関するメタデータについて、確実に含めるべき具体的な要素をいくつか挙げてみましょう。

データセットの出所

データはどこから来たのでしょうか。データの出所によっては、様々なシステムからのログのルックアップテーブルや、いつデータをダウンロードしたかのデータを持つ外部データプロバイダのキー、あるいはデータを生成したコードへの参照があるかもしれません。

データセットの場所

データセットの中には、未処理の生のデータを保存するものもあります。この場合、そのデータセットを保存している場所への参照と、おそらくそのデータセットをどこから入手し

[†8]　この業界には、複数のメタデータシステムを持ちながら、それぞれが自分自身を唯一のシステムだと信じている組織が散見されます。もしニーズがシンプルなのであれば、単一のシステムの方が良いですが、そのシステムのニーズがなくならない限り、それが唯一のシステムになるように措置を講じてください。

たのかという情報を保存する必要があります。システムからのログなど、継続的に自分たちのために作成するデータもあるので、そのような場合は、そのデータが保存されているログやデータストアの参照、あるいはそのデータからの読み込みが許可されている場所を保存する必要があります。

データセットの責任者またはチーム

データセットの責任者またはチームを追跡する必要があります。一般的には、データセットをダウンロードまたは作成することを選んだチーム、あるいはデータを生成するシステムを所有するチームになります。

データセットの作成日またはバージョン

特定のデータセットが最初に使われた日付を知ることは、しばしば役に立ちます。

データセットの使用制限

多くのデータセットには、ライセンスやガバナンスの制約のために、その使用に制限があります。後で簡単に分析し、遵守できるように、メタデータシステムにそれを文書化する必要があります。

4.4.3　特徴量のメタデータ

特徴量定義に関するメタデータを追跡することは、それらの特徴量を確実に使用し、維持することを可能にするための作業の一環です。このメタデータには以下が含まれます。

特徴量バージョン定義

特徴量定義は、その特徴量がどのようなデータを読み取り、どのようにデータを処理してその特徴量を作成するかについての、コードや他の耐久性のある記述を参照するものです。これは、特徴量定義のバージョンが更新されるたびに更新されなければなりません。先に説明したように、この定義をバージョン管理する（そして、使用するバージョンを制限する）ことで、コードベースがより予測しやすく、保守しやすくなります。

特徴量定義の責任者またはチーム

この情報を保存する良いユースケースは2つあります。その特徴量が何のためにあるのかを知ることができることと、その特徴量に問題があるかもしれないときに、障害を解決する手助けをしてくれる人を見つけられることです。どちらの場合も、その特徴量に関する作者や保守担当者の情報を保存しておくと便利です。

特徴量定義の作成日または現在のバージョンの日付

これはごく当たり前のことかもしれませんが、特徴量が最近更新された日付と、最初に作成された日付の変更履歴を取得するのに便利です。

特徴量の使用制限

これは重要の事柄ですが、厄介な問題です。特徴量は状況によっては使用が制限されることがあります。例えば、司法管轄区域によっては特定の特徴量を使用することが違法となる場合があります。年齢と性別は自動車保険のリスクモデルの妥当な予測因子かもしれませんが、保険は高度に規制されているため、これらを考慮に入れることは許可されないかもしれません。特定の用途に限って特定の特徴量を禁止することは、追跡や実行が困難ですが、制限はもっと曖昧かもしれません。例えば、年齢を考慮できるかもしれませんが、特定のバケッティング（25 歳未満、25 歳以上 64 歳未満、65 歳以上 79 歳未満、80 歳以上）でのみかもしれません。このような特定のケースでは、「年齢」列の上にこれらのバケッティング要件を満たす変換特徴量を定義し、一般的な特徴量としての「年齢」が保険目的に使用されることを禁止する一方で、「保険における年齢区分」が特徴量に使用されることを許可する方が簡単です。しかし、ガバナンスの要件に基づいて特徴量を保存し、制限を適用する一般的なケースは非常に難しく、本稿執筆時点では優れた設計や解決策は存在しません。

4.4.4　ラベルのメタデータ

ラベルに関するメタデータも追跡すべきです。これは、ラベリングシステム自体のメンテナンスや開発に役立てるためのものですが、訓練システムがラベルを使用する際にも利用されるかもしれません。

ラベル定義バージョン

ラベルに特化したメタデータに切り替えると、特徴量と同様に、ラベルがどのラベリング指示で作られたかを知るために、ラベル定義のバージョンを保存する必要があります。

ラベルセットバージョン

ラベル定義の変更に加えて、誤ったラベルが修正されたり、新しいラベルが追加されたりして、ラベルに変更が生じることがあります。もしデータセットが古いモデルとの比較に使われるなら、比較対象をより厳密にするために、古いバージョンのラベルを使うことが望ましいかもしれません。

ラベルの出所

通常、学習には必要なくても、データセットの各ラベルの出所を知る必要がある場合があります。これは、特定のラベルがライセンスされたソースであったり、ラベルを作成した人間（ラベルに適用された QA を含む）であったり、自動ラベリングアプローチが使用された場合は、アルゴリズムがラベルを作成しています。

ラベルの信頼度

ラベルがどのように作成されたかによって、ラベルの正しさの信頼度の推定値は異なるかもしれません。例えば、自動化されたアプローチによって作成されたラベルや、新しいラベル

作成者によって作成されたラベルの信頼度は低くなるかもしれません。これらのラベルの使用者は、モデルの訓練にどのラベルを使用するかを決定するために、異なる閾値を選択する場合があります。

4.4.5　パイプラインのメタデータ

ここでは、メタデータの最後のタイプ、つまりパイプラインプロセス自体に関するメタデータについて簡単に説明します。これは、中間成果物、どのパイプライン実行から来たか、どのバイナリがそれらを生成したかについてのデータです。このタイプのメタデータは、一部のを用いれば、ML 訓練システムによって自動的に生成されます。例えば、ML メタデータ（MLMD）[†9]はTensorFlow Extended（TFX）に含まれており、TFX はこれを使用して訓練実行に関する成果物を保存します。これらのシステムは、それらのシステムに統合されているか、後から実装するのがやや困難であるため、ここではあまり取り上げません。

もっと一般的に言えば、メタデータシステムはしばしば見過ごされたり、優先順位が下げられたりしていますが、そうであってはいけません。メタデータは、ML システム内のデータを生産的に利用するための最も効果的で直接的な貢献するものの１つです。メタデータは価値を十分に発揮するために必要であり、優先されるべきものです。

4.5　データのプライバシーと公平性

特徴量システムとラベリングシステムは、プライバシーと倫理に関する深い考察をもたらします。これらのトピックの多くは、6 章でより完全にカバーされていますが、ここでいくつかの特定のトピックを明示的に呼び出すことは意味があります。

4.5.1　プライバシー

私たちが受け取るデータも、そのデータに対する人間のアノテーションも、個人情報（PII）を含む可能性が大いにあります。個人情報に対処する最も簡単な方法は、個人情報や機密情報が特徴量ストレージシステムに入るのを禁止することですが、これは多くの場合で現実的ではありません。

4.5.1.1　個人情報データと特徴量

もし個人情報データを特徴量化する予定があるなら、少なくとも３つのことを事前に計画するのが好ましいです。

- 処理、および保存する個人情報データを最小限にする
- 個人情報を含む特徴量ストアへのアクセスを制限し、ログに記録する
- 個人情報を含む特徴量をできるだけ早く削除する

[†9]　［訳注］https://www.tensorflow.org/tfx/guide/mlmd

個人情報データの正しい取り扱いを事前に計画することが最も大事です。個人情報データの収集を検討する前に、ユーザーから同意を得るための明確なプロセスを設けるべきです。ユーザーは、どのようなデータを提供し、それがどのように使用されるのかを知る必要があります。多くの組織は、収集されるデータ、その処理方法、保存場所、アクセス可能な状況、および削除される状況を正確に文書化した計画を作成することが大事です。こうすることで、関連する法律や規制を遵守していることを確認するために、手順を内部（場合によっては外部）で見直すことが可能になります。ほとんどの組織は、個人情報データの計画に関する手順を文書化し、これらの手順について職員を定期的に教育することを望んでいるでしょう。

組織の観点からは、個人情報データは資産というよりも負債であることを忘れないでください。したがって、個人情報を含む特徴量が必要であること、つまり個人情報の処理と保存のリスクを凌駕する十分な価値を生み出すものであることを完全に確信する必要があります。何回も言っていますが、個人情報でないデータの異なる断片を組み合わせて個人情報の要素を作成できます。

4.5.1.2　個人情報とラベリング

個人情報データの人間によるアノテーションは、慎重かつ適切に扱われなければ、多くの法的なリスクや悪評をもたらします。人間によるアノテーションシステムで使用されるこの種のデータを適切に管理する方法についての詳細は、文脈に依存するため、本書の範囲を超えています。多くの場合、個人情報データを扱う最善の方法は、アノテーションを行う人間がデータの非個人情報部分のみにアクセスできるようにデータを分割することです。これは、現在直面している問題に特有のものです。個人情報データのラベリングは、細心の注意を払い、プロジェクトリーダーがリスクを認識した上で行う必要があります。

人によるアノテーションを行うと、アノテーション指示やチーム自体の文化的バイアスをモデルが意図せずに学習してしまうというリスクも生じます。この潜在的なバイアスへの対策としては、熟慮された文書化、潜在的な混乱領域への配慮、アノテーションチームとの強固なコミュニケーションライン、および多様なアノテーションチームの雇用などがあります。肯定的な面では、よく訓練されたアノテーションチームは、潜在的なバイアスを持つソースデータをフィルタリングし、バイアスを理解し除去する最も効果的な方法の1つとなる可能性があります。

4.5.2　公平性

公平性は重要なトピックであり、6章でより広く徹底的に取り上げます。ここでは、特徴量とそのラベルを考える際に公平性を考慮することが重要であることを述べておきます。結果として得られる ML システムが公正な方法でのみ使用できることを保証するような特徴量や特徴量のセットを選択することは容易ではありません。確かに、代表的でなく偏った特徴量やデータセットを選択することは避けなければなりませんが、それだけでは全体としての公平性を確保できません。公平性に特に関心のある人は、6章を読む（あるいは読み直す）のに良い機会でしょう。

4.6　まとめ

　運用 ML システムには、訓練データを効率的かつ一貫して管理するメカニズムが必要です。訓練データはほとんどの場合、特徴量から構成されるため、構造化された特徴量ストアを持つことで、特徴量の書き込み、保存、読み出し、最終的な削除が大幅に容易になります。また、多くの ML システムにおいて、人間がデータにアノテーションを行うことがあります。データをアノテーションする人間は、迅速、正確、かつ検証されたアノテーションを容易にする独自のシステムが必要であり、最終的には特徴量ストアに統合する必要があります。

　これらの要素と、それらを選択するか、最悪の場合は構築する際に考慮すべき事項について、より明確に理解できたことを願っています。

5章
モデルの確実性と品質の評価

　モデル開発者が運用に投入できるモデルを作成しました。あるいは、現在稼働しているモデルを置き換えるため、更新バージョンのモデルが準備できました。スイッチを入れて、この新しいモデルを重要な場面で使い始める前に、2つの大まかな質問に答える必要があります。1つ目は、モデルの**確実性**を確立することです。2つ目は、モデルの**品質**についてです。新しいモデルは役に立つでしょうか。

　このような質問は単純なものですが、答えを出すには深い調査が必要な場合があり、多くの場合、様々な専門分野の人々の協力が必要となります。組織の観点から見ると、このような調査が慎重かつ徹底的に行われるよう、しっかりとしたプロセスを開発し、それに従うことが重要です。私たちの内なるエジソンに倣えば、モデル開発は1％のひらめきと99％の検証であると言えるでしょう。

　本章では、確実性と品質に関する問題を掘り下げ、MLOps担当者がこの2つの問題に取り組むのに十分な背景を説明します。また、実用的なデプロイメントを行う上で必要とされる事柄、すなわち適切な注意、慎重さ、厳密にこれらの問題が扱われることを確実にするためのプロセス、自動化、そして強力な文化を構築する方法について時間をかけて説明します。

　図5-1に、モデル開発の基本的なステップと、その中で品質が果たす役割の概要を示します。本章では評価と検証の手法に焦点を当てますが、これらのプロセスは繰り返しながら時間をかけて行われる可能性が高いことに注意してください。これらのトピックについては10章を参照してください。

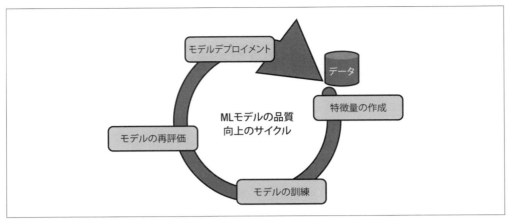

図5-1　モデル開発のサイクル

5.1　モデルの確実性の評価

　全ての人間は何らかの形で検証を切望していますが、私たちMLOps関係者も同じです。実際、**確実性**はMLOpsの核となる概念であり、この文脈では、あるモデルが運用環境に投入された場合、システムレベルの障害やクラッシュを引き起こすかどうかという概念を取り上げます。

　確実性チェックのために考慮しないといけない類のものは、モデルの品質の問題とは異なります。例えば、あるモデルがシステムレベルのクラッシュを引き起こすことなく、恐ろしく不正確で、表示された全ての画像に「チョコレートプリン」というラベルを付けるべきだと誤って推測してしまう可能性があるとします。同様に、あるモデルはオフラインテストでは素晴らしい予測性能を示すかもしれませんが、運用スタックでは現在利用できない特定の特徴量バージョンに依存していたり、あるMLパッケージの互換性のないバージョンを使用していたり、ダウンストリームの消費者がクラッシュするような「NaN」の値を与えたりするかもしれません。確実性のテストは、モデルがシステムに致命的な損害を与えないことを確認するための最初のステップです。

　あるモデルが私たちのシステムに損害を与えないかどうかを検証する際に、テストすべき点をいくつか挙げてみましょう。

それは正しいモデルか
　　意外と見落としがちですが、提供しようとしているモデルのバージョンが、実際に使用しているバージョンであることを確実にするための方法を持つことは重要です。モデルファイル内にタイムスタンプやその他のメタデータを含めることは、有効なバックアップとなります。この問題は、自動化の重要性を浮き彫りにし、その場限りの手作業プロセスで生じる可能性のある困難を示します。

運用環境でモデルがロードされるか

これを検証するために、運用環境のコピーを作成し、単純にモデルのロードを試みます。これはかなり基本的なことのように聞こえますが、この段階で簡単にエラーが発生するので、ここから始めるのが良いでしょう。7章で学ぶように、私たちはモデルの訓練済みバージョンを別の場所にコピーし、大規模なバッチ処理によるオフラインでのスコアリングや、オンデマンドでのライブトラフィックのオンライン利用に使用する可能性があります。いずれの場合も、モデルは特定のフォーマットのファイルとして保存され、その後、移動、コピー、または複製されて利用されます。これは、モデルが大きくなりがちであるため必要なことであり、また、バージョン管理されたチェックポイントは、利用のためだけでなく、将来の分析のため、あるいは予期せぬ危機やエラーが発生した場合の回復オプションとして、動くモデルとして使用できるようにしたいものです。問題は、新しいオプションが追加されるにつれて、ファイル形式が少しずつ変化する傾向があることです。そして、モデルが保存された形式が、現在の提供システムと互換性のない形式である可能性が常にあります。

読み込みエラーを引き起こす可能性のあるもう1つの問題は、モデルファイルが大きすぎて使用可能なメモリに読み込めないことです。これは、オンデバイス設定など、メモリに制約のある提供環境では特に起こりうることです。しかし、モデル開発者が、さらなる精度を追求するために、モデルサイズを大きくした場合にも起こる可能性があり、現代のMLで一般的なテーマとなっています。モデルファイルのサイズとメモリ上にインスタンス化されたモデルのサイズは相関関係がありますが、多くの場合、緩やかにしか相関しておらず、絶対に同一ではないことに注意してください。モデルファイルのサイズだけを見て、出来上がったモデルが運用環境にうまくロードできるかどうかを確認することはできません。

モデルは環境を破壊させることなく結果を提供できるか

繰り返しになりますが、これは簡単な要件のように思えます。モデルに最小限のリクエストを1つ与えると、何らかの結果が返ってくるでしょうか。意図的に多くのリクエストではなく、いわゆる「1つの最小限のリクエスト」です。というのも、この種のテストは多くの場合、1つの例と1つのリクエストで始めることが、リスクを最小限に抑えられ、失敗した場合のデバッグが容易になり最適です。

1つのリクエストに対して結果を出すと、いくつかの理由で失敗することがあります。

プラットフォームバージョンの非互換性

特にサードパーティやオープンソースのプラットフォームを使用している場合、運用スタックは訓練スタックとは異なるバージョンのプラットフォームを使用している可能性があります。

特徴量バージョンの非互換性

訓練スタックと運用スタックでは、特徴量を生成するコードが異なることがよくあります。このような場合、与えられた特徴量を生成するコードが異なるシステムで同期

が取れなくなり、**訓練と運用のずれ**と呼ばれる問題を引き起こしやすくなります。例えば、単語トークンを整数にマッピングするために辞書が使用されている場合、訓練スタック用に新しい辞書が作成された後でも、運用スタックでは古いバージョンの辞書が使用されている可能性があります。

破損したモデル

エラーは起き、ジョブはクラッシュします。書き込み時のエラーや、訓練時に十分なサニティチェックを行わなかった場合に「NaN」値がディスクに書き込まれることで、モデルファイルが何らかの形で破損する可能性があります。

パイプラインの欠如

モデル開発者が訓練で新しいバージョンの特徴量を作成しましたが、その特徴量を運用スタックで使用するためのパイプラインを実装または接続していなかったとします。このような場合、その特徴量に依存するバージョンのモデルをロードすると、クラッシュや望ましくない動作が発生します。

範囲外の結果

下流のインフラでは、モデルの予測値が所定の範囲内にあることを要求する場合があります。例えば、あるモデルが 0 と 1 の間の確率値を返すはずなのに、その代わりにちょうど 0.0、−0.2 のスコアを返した場合を考えてみましょう。あるいは、最も適切な画像ラベルを意味する 100 のクラスから 1 を返すはずのモデルが、代わりに 101 を返した場合を考えてみましょう。

モデルの計算性能は許容範囲内か

オンライン運用するシステムでは、モデルはその場で結果を返さなければなりません。これは厳しいレイテンシ制約を満たす必要があることを意味します。例えば、リアルタイムの言語翻訳を目的としたモデルでは、応答に必要な時間が数百ミリ秒しかないかもしれませんし、高頻度の株式取引で使用されるモデルはそれよりもっと短いかもしれません。

このような制約は互いに密接な関係にあるため、モデル開発者が精度を高めるために行った変更については、デプロイ前に実行時間を測定することが重要です。その際、運用環境には、開発環境とは異なるボトルネックとなるようなハードウェアやネットワーキングに関する特殊性がある可能性が高いことを念頭に置き、実行時間テストは可能な限り運用環境に近い状態で行う必要があります。同様に、オフラインでサービスを提供する状況であっても、全体的な計算コストは大きな制約になる可能性があり、巨大なバッチ処理ジョブを開始する前に、計算コストの変化を評価することが重要です。最後に、前述したように、RAM 内のモデルサイズなどのストレージコストも制約であり、デプロイメント前に評価する必要があります。このようなチェックは自動化できますが、トレードオフを考慮するために手動で検証することも有用でしょう。

オンライン運用において、モデルは運用環境で段階的にカナリアリリースされるか

検証を行い、新しいバージョンのモデルにある程度の確信が持てたとしても、いきなりスイッチを入れて新モデルに運用の全負荷を負わせたくはないでしょう。それよりも、まずはモデルにほんのわずかなデータを提供するようにし、モデルが期待通りにデータを提供できていることを確認した後に、徐々に量を増やしていけば、私たちの不安は軽減されるでしょう。このような形でのカナリアリリースの段階的拡大は、9章で議論するモデルの検証と監視で詳しく議論します。

5.2　モデル品質の評価

モデルが確実性のテストを通過することは重要ですが、それだけでは、モデルがその仕事をうまくこなすのに十分であるかを判断することはできません。この質問に答えることは、モデルの品質を評価することにつながります。この問題を理解することは、モデル開発者にとって重要であるのは言うまでもありませんが、組織の意思決定者やシステムを円滑に稼働させる MLOps 担当者にとっても重要です。

5.2.1　オフライン評価

2 章のモデル開発ライフサイクルで述べたように、モデル開発者は通常、モデルがどれだけ優れているかを判断する方法として、ホールドアウト検証データへの予測精度を見るなど、オフライン評価に頼っています。本章で後述するように、この種の評価には明らかに限界があります。結局のところ、ホールドアウト検証データの予測精度は幸福度や利益と同じものではありません。それにもかかわらず、このようなオフライン評価は開発ライフサイクルの基本となるものです。なぜなら、開発者が多くの変更を連続して評価できる低コストで合理的な代理指標であるからです。

さて、評価とは何でしょうか。**評価**は 2 つの重要な要素で構成されています。つまり、性能指標とデータ分布です。**性能指標**とは、正解率、精度、再現率、ROC 曲線下面積などのことです。**データ分布**とは、前述した「訓練データと同じデータ分布からランダムにサンプリングされた検証データ」のようなものですが、見るべき分布は検証データだけではありません。他にも「雪の降る道路からの画像」や、「ノルウェーのユーザーからの毛糸ストアクエリ」、「生物学者によってこれまで同定されたことのないタンパク質配列」などがあるかもしれません。

評価は、常に評価指標とデータ分布の両方から構成されます。これは知っておくべき大切なことです。というのも、ML の世界では時折省略記法が使われ、分布が何であるかを明確にせずに「このモデルは精度が高い」などと言われることがあるからです。このような省略記法は、どの分布が評価に使われているのか言及することを怠り、重要なケースが十分に評価されないことにつながるため、システムにとって危険です。実際、2010 年代後半に浮上した公平性とバイアスをめぐる問題の多くは、モデル評価時に検証用に使用されたデータ分布の詳細を十分に考慮しなかったことに起因している可能性が大きいです。したがって、「精度が高い方が良い」というような発言を耳にしたとき、私たちは常に**どのようなデータ分布に対してですか**と聞くべきです。

92 | 5 章　モデルの確実性と品質の評価

5.2.2　評価分布

　ML システムを理解する上で、評価データの作成方法を決めることほど重要な問題はないかもしれません。ここでは、最も一般的に使用される分布のいくつかと、それらの長所と短所として考慮すべきいくつかの要素を紹介します。

5.2.2.1　ホールドアウト検証データ

　最も一般的に評価に用いるデータ分布は、**ホールドアウト検証データ**で、3 章で典型的なモデルのライフサイクルをレビューしたときに取り上げました。表面的には、これは簡単なことのように見えます。データの一部をランダムに選択し、評価のためだけに使用します。データそれぞれが、等しく独立した確率で、評価データに入れられるとき、これを **IID 検証データセット**と呼びます。**IID** という用語は統計学用語で、**独立かつ同一に分布する**という意味です。IID 検証データセットのプロセスは、基本的にデータ全てに対して（偏ったかもしれない）コインをひっくり返すかサイコロを振り、その結果に基づいて IID 評価データセットのためにデータを分けたと考えることができます。

　IID 検証データは広く使用されていますが、それは必ずしも検証データを作成する最も有益な方法だからではなく、教師あり ML の理論的保証の一部を支える仮定を尊重する方法だからです。しかし実際には、純粋な IID 評価データセットは不適切かもしれません。

　例として、大規模な株価データセットがあり、これらの株価を予測するモデルを訓練させたいとします。純粋に IID 検証セットを作成した場合、ある日の 12:01 と 12:03 のデータが学習データに含まれ、12:02 のデータは検証データに含まれるかもしれません。このような場合、モデルは 12:03 がどのように見えるかという「未来」を見ているため、12:02 についてより良い推測ができるという状況が生まれます。実際には、12:02 を推測するモデルはこのような情報にアクセスできないので、モデルが「未来」のデータで訓練することがないように、慎重に評価を行う必要があります。この例は、天気予報や毛糸製品の購入予測にも当てはまります。

　ここで言いたいのは、IID 検証データの分布が常に悪いということではなく、データの特性に合わせて検証データの分布を考えることが重要だということです。特定の方法に頼るのではなく、検証データの作成に慎重な考察と感覚を適用する必要があります。

5.2.2.2　段階的検証

　先ほどの株価予測の例のように、データに時系列があるシステムでは、段階的検証戦略（**バックテスト**とも呼ばれます）を使うことが有効です。基本的な考え方は、現実の世界でどのように訓練と予測が行われるかをシミュレートして評価します。

　各シミュレーション時刻で、モデルは次の例を示され、最良の予測をするよう求められます。そして、その予測は記録され、評価指標に組み込まれます。このように、各例はまず評価に使用され、次に訓練に使用されます。これにより、時系列効果を見ることができ、「このモデルは昨年の選挙当日に何をしただろうか」といった質問に回答できるようになります。

欠点として、モデルを訓練するためにデータを何度も訓練に用いる必要がある場合、計算コストがかかります。第二の欠点は、全く同じ時間範囲からの評価データに基づいてモデル間の比較を行う必要があることです。最後に、全てのシステムが、データを時間のような正規の方法で意味のある順序付けができる環境で動作するとは限りません。

5.2.2.3　ゴールデンセット

継続的に再学習を行い、ある種の漸進的検証を用いて評価するモデルでは、モデルの性能が変化しているのか、あるいはデータが予測しやすくなっているのか、あるいは難しくなっているのかを知ることが難しい場合があります。これをコントロールする1つの方法は、モデルには決して学習させないが、特定の時点からのデータの**ゴールデンセット**を作成することです。例えば、昨年の10月1日からのデータをゴールデンセットデータとして確保し、いかなる状況下でも決して訓練に使用しないようにします。

ゴールデンセットを準備するとき、私たちはそのデータセットを用いてモデルを評価した結果や、場合によっては人間がゴールデンセットを評価した結果も一緒に置いておきます。私たちは、これらの結果を「正しい」ものとして扱うことがあります。たとえそれが、実際には特定のプロセスから、特定の時点で得られたデータに対する予測に過ぎないとしてもです。

このようなゴールデンセットでの性能評価は、モデル品質の突然の変化を明らかにすることができ、デバッグに大いに役立ちます。ゴールデンセットでの評価は、その期間が過去になるにつれて現在の性能との関連性が薄れていくため、絶対的なモデルの品質を判断するには有用ではないことに注意してください。また、ゴールデンセットのデータをあまり長期間保存できない場合（例えば、特定のデータプライバシー法を尊重するため、または削除やアクセス期限切れのリクエストに対応するため）、別の問題が発生する可能性があります。ゴールデンセットの主な利点は、変更やバグを特定できることです。なぜなら、通常、ゴールデンセットデータでのモデルの性能は、新しい訓練データがモデルに組み込まれるにつれて徐々にしか変化しないからです。

5.2.2.4　ストレステスト分布

モデルを実世界に導入する際に心配なのは、現実で遭遇する可能性のあるデータが、訓練に用いられたデータと大きく異なる可能性があるということです（このような問題は、**共変量シフト**、**非定常性**、または**訓練データと運用データ間のずれ**など、文献では異なる名前で説明されることがあります）。例えば、北米と西ヨーロッパの画像データを用いて訓練されたモデルを、後に世界中の国々で適用するような場合です。この場合、2つの問題が発生する可能性があります。第一に、新しい種類のデータではモデルがうまく機能しない可能性があります。第二に、さらに重要なことですが、IIDの評価データを提供した（と思われる）ソースにそのデータが含まれていなかったために、モデルが良い性能を発揮しないことがわからない可能性があります。

このような問題は、公平性と包括性の観点から特に重要です。提供されたポートレート画像から、ユーザーが好む毛糸の色を予測するモデルを構築するとします。訓練データに幅広い肌色を持つポートレート画像が含まれていない場合、IID評価データセットは、モデルが特に暗い肌色を持

つ人物の画像に対してうまく機能しない場合、問題を発見するのに十分な表現を持っていない可能性があります（このような例として、Buolamwini と Gebru による代表的な研究があります）[1]。このような場合、慎重に構築された評価データセットがそれぞれ異なる肌色でのモデル性能を調べる、特定のストレステスト分布を作成することが大事です。同様のロジックは、温暖な気候で開発されたナビゲーションシステム用の雪道から、英語を話す人が大多数を占める職場で開発された音声認識システム用の幅広いアクセントや言語まで、実際に重要である可能性のある他のあらゆる分野のモデル性能をテストする場合にも当てはまります。

5.2.2.5　細分化された分析

考慮すべき有用な方法の1つとして、あらゆる評価データセット（IID 評価データセットであっても）を細分化することで、より的を絞った様々な評価データ分布を効果的に作成できることがあります。**細分化**とは、特定の特徴の値に基づいてデータをフィルタリングすることを意味します。例えば、背景が雪景色だけの画像や、市場で取引され始めてから1週間しか経っていない会社の株価、あるいは赤の色合いだけの毛糸の性能を見るために、評価データに用いる画像を選びます。少なくともこれらの条件に合致するデータがある限り、細分化によってそれぞれのケースの性能を評価できます。もちろん、細分化しすぎないように注意する必要があります。細かくしすぎてしまうと、見ているデータ量が少なすぎて、統計的な意味で意味のあることが言えなくなってしまうためです。

5.2.2.6　反実仮想テスト

モデルの性能をより深いレベルで理解する1つの方法は、データが異なっていたらモデルが何を予測したかを調べることです。これは**反実仮想テスト**と呼ばれることもあります。これは、モデルに与えるデータは、何らかの形で実際のデータと反するためこう呼ばれています。例えば、ある画像に写っている犬の背景が草原ではなく雪や雲だとしたら、モデルは何を予測したのか調べることができます[2]。また、申請者が別の都市に住んでいたら、モデルはより高いクレジットスコアを推薦しただろうかと尋ねたり、映画の主役の代名詞が**彼**から**彼女**に変わっていたら、モデルは異なるレビュースコアを予測したか調べたりすることもできます。

この手法は、これらのシナリオのいずれかに一致する例がない可能性があります。その場合、入手可能な例を操作または変更することによって、合成的な反実仮想例を作成することになります。これは、与えられた変更がモデルの予測を実質的に**変えない**ことをテストしたいときに最も効果的です。このようなテストによって、モデルやそのモデルが依存している情報について興味深いことが明らかになるかもしれません。

---

[1]　Joy Buolamwini と Timnit Gebr 著の「Gender Shades: Intersectional Accuracy Disparities in Commercial Gender Classification」（https://oreil.ly/g37lG）を参照してください。

[2]　例えば、Kai Xiao による「Noise or Signal: The Role of Image Backgrounds in Object Recognition」（https://arxiv.org/abs/2006.09994）を参照してください。What-If ツール（https://oreil.ly/M07ff）もまた、反実仮想テストを可能にする優れたツールです。

5.2.3　有用な評価指標

　MLの世界の片隅では、与えられたタスクに対するモデルの性能を見る標準的な方法として、1つの指標を用いる傾向があります。例えば、何年もの間、ImageNetの評価データへの予測性能は正解率が用いられてきました。そして実際、この考え方はベンチマークやコンペティションで最もよく見られるもので、1つの指標を使用することで異なるアプローチ間の比較が簡単になります。しかし、実世界のMLでは、1つの指標だけを近視眼的に考慮することは問題があり、各指標を特定の視点や観点として捉え、多面的に考える方が良いです。日の出を見るのに最適な場所が1つではないのと同じように、あるモデルを評価するのに最適な指標は1つではありません。最も効果的なアプローチは、多くの場合、多様な指標と評価を検討することであり、それぞれの指標には長所、短所、盲点、特異性があります。

　ここでは、より一般的な評価指標のいくつかについて、直感的な理解を深めていきましょう。まずは評価指標を大きく3つのカテゴリに分けます。

カナリア評価指標
　　　モデルが何か間違っていることを示すには優れていますが、良いモデルとさらに良いモデルを見分けるにはあまり有用ではありません。

分類評価指標
　　　あるモデルが下流のタスクや意思決定に与える影響を理解するのに役立ちますが、モデル間の比較を難しくするような面倒なチューニングを必要とします。

回帰とランキング評価指標
　　　このチューニングを回避し比較を議論しやすいですが、あるエラーが他のエラーよりもコストが低い場合に利用できるかもしれない特定のトレードオフを見逃すかもしれません。

5.2.3.1　カナリア評価指標

　これまで述べてきたように、この一連の評価指標は、私たちのモデルに何か大きな問題があるときに、それを見分けるのに便利な方法です。炭鉱のカナリアのように、もしこれらの評価指標のどれかが期待通りでなければ、間違いなく対処すべき問題があります。裏を返せば、これらの評価指標が良好に見えたとしても、必ずしも全てがうまくいっている、あるいは私たちのモデルが完璧であることを意味するわけではありません。これらの指標が期待通りであることはモデルが期待通り機能することの必要条件でしかありません。

バイアス

　ここでは倫理的な意味ではなく、統計的な意味で**バイアス**という言葉を使っています。統計的バイアスとは、モデルの予測に基づいて予想されることを全て合計し、次にデータで実際に見られることを全て合計すると、同じ量になるのかという概念です。理想的な世界ではそうであり、一般的

に良いモデルは、バイアスが非常に小さい、つまり、あるクラスの予測値について、期待値と観測値の差が非常に小さいことを示します。

指標としてのバイアスの優れた点の1つは、他の指標とは異なり、ほとんどのモデルで「正しい」値0.00を達成する可能性があることです。ここでの数パーセントの差は、何かが間違っていることを示すサインであることが多いです。バイアスは、問題を発見するための評価指標として、細分化分析とうまく組み合わされることが多いです。デバッグを開始し、モデル全体の性能を向上させる方法として、細分化分析を使って、モデルが悪い性能をしているデータの特定の部分を特定できます。

指標としてのバイアスの欠点は、バイアスが完全にゼロのモデルを作るのは簡単ですが、それだけではそのモデルが使い物になるとは限りません。思考実験として、全ての例について観測された平均値を返すだけのモデルを作ることができます。このような悪いモデルは、より細かい細分化でバイアスを見ることで検出できますが、より大きなポイントは変わりません。指標としてのバイアスは素晴らしいカナリアですが、バイアスがゼロであるだけでは、それだけで質の高いモデルであるとは言えません。

キャリブレーション

ユーザーがある商品をクリックする確率や明日の気温の数値予測のように、確率や値を予測するモデルがある場合、**キャリブレーションプロット**を作成することで、モデルの全体的な品質について重要な洞察を得られます。これは基本的に2つのステップで行われ、まず評価データをバケットに分け、次にそれぞれのバケットにおけるモデルのバイアスを計算する、と大まかに考えることができます。多くの場合、バケット分けはモデルのスコアによって行われます。例えば、モデルの予測値の下位10分の1に入る例は1つのバケットに、次の下位10分の1に入る例は次のバケットに、といった具合です。このように、キャリブレーションは、バイアスと細分化分析を体系的に組み合わせたアプローチの拡張とみなすことができます。

キャリブレーションプロットは、様々な領域における予測過剰や予測不足といった系統的な効果を示すことができ、モデルがその出力範囲の限界付近でどのように機能するかを理解するのに役立つ有用な可視化方法です。一般的に、キャリブレーションプロットは、観測された発生率と予測された確率をプロットすることで、モデルが系統的に過大予測または過小予測する可能性のある領域を示すのに役立ちます。これは、モデルのスコアがより信頼できる、あるいはより信頼できない状況を検出するのに役立ちます。例えば、**図5-2**のプロットは中間の範囲では良い予測を行うが両端ではうまくいかないモデルであり、実際の低確率の例では過大予測し、実際の高確率の例では過小予測することを示しています。

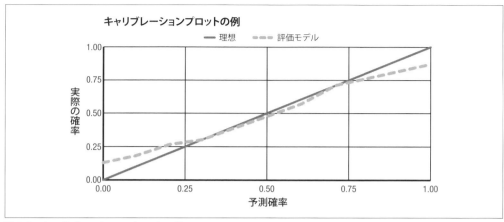

図5-2　キャリブレーションプロットの例

5.2.3.2　分類問題の評価指標

モデルの評価指標と言うと、正解率のような分類問題の評価指標が最初に思い浮かぶことが多いでしょう。大まかに言えば、**分類問題の評価指標**は、与えられた事例が特定のカテゴリ（または**クラス**）に属することを正しく識別できたかどうかを測定するのに役立ちます。クラスラベルは一般的に離散的で、「クリックした」や「クリックしていない」、「ラムウール」、「カシミヤ」、「アクリル」、「メリノウール」のようなもので、私たちは与えられたクラスラベルが正しいかどうかで予測の正誤を2値で判断する傾向があります。

モデルは通常、「ラムウール：0.6」、「カシミヤ：0.2」、「アクリル：0.1」、「メリノウール：0.1」のように、与えられたラベルをいつ予測するかを決定するために、ある種の決定規則を呼び出す必要があります。これは「与えられた画像でアクリルのスコアが0.41を超えたらアクリルを予測する」のような閾値を使用するかもしれないし、利用可能な全ての選択肢の中でどのクラスラベルのスコアが最も高いかで決めるかもしれません。このようなルールはモデル開発者側が決めるものであり、多くの場合、様々な種類の間違いの潜在的なコストを考慮して設定されます。例えば、メリノウール製品の識別をミスするよりも、停止標識を識別するのをミスする方が、はるかにコストがかかるかもしれません。

このような背景から、いくつかのよく用いられる評価指標を見てみましょう。

正解率

会話では、多くの人が**正解率**という言葉を一般的な良さの意味で使いますが、正解率にはモデルが正しかった予測の割合を示す正式な定義もあります。これは直感的な欲求を満たします。私たちはモデルがどれくらいの頻度で正しかったかを知りたいのです。しかし、この直感は適切な文脈がないと誤解を招くことがあります。

正解率を文脈の中に置くには、常に最も一般的なクラスを予測する素朴なモデルがどの程度優れ

ているかをある程度理解する必要があり、また異なるタイプのエラーの相対的なコストを理解する必要があります。例えば、99％の精度はかなり良さそうに聞こえますが、交通量の多い道路をいつ渡れば安全かを把握するのが目的であれば、ひどく悪いものかもしれません。同様に、0.1％の正解率は低く聞こえますが、宝くじの当選番号の組み合わせを予測するという目的であれば、驚くほど優れた性能と言えます。したがって、正解率の値が提示されたら、常に最初の質問は「各クラスの基本的な確率はどのくらいか」であるべきです。また、100％の正解率、つまりどのような指標においても完璧な性能を示すことは、過学習やリーク、あるいはその他の問題を示している可能性があるため、多くの場合、喜ぶというよりむしろ心配の種になるということも知っておく必要があります。

適合率と再現率

この2つの指標はしばしば対になり、重要な点で関連しています。どちらの指標にも**陽性（positive）**という概念があり、これは「私たちが一生懸命見つけようとしているもの」と考えることができます。これは、スパム分類器にとってはスパムを見つけることであり、毛糸店モデルにとってはユーザーの興味にマッチする毛糸製品を見つけることです。これらの評価指標は、以下の関連する質問に答えます。

適合率
　モデルがある例を陽性だと予測したとき、実際にそうであったのはどれくらいの確率であったか。

再現率
　実際に陽性な例のうち、モデルによって識別されたものはいくつあるか。

このような質問は、陽性（positive）と陰性（negative）がデータ内で均等に分かれていない場合に、特に有用です。正解率とは異なり、90％の適合率や95％の再現率が何を意味するかという直感は、たとえ陽性がデータ全体のほんの一部であったとしても、かなり適切に評価できる可能性があります。

とはいえ、適合率と再現率がトレードオフにあると気づくことは重要です。モデルの適合率が十分でない場合、判断に使う閾値を上げることで適合率を上げられるかもしれません。そうすることで、モデルはさらに確信が持てたときだけ「陽性」と言うようになり、妥当なモデルであればより高い適合率が得られることになります。しかし、これはモデルがより頻繁に「陽性」と言うことを控えることを意味し、つまり、「陽性」の可能な総数のうち、より少ない数を識別することになり、適合率が上がる一方で再現率が低くなります。また、適合率を低下させる代償として、閾値を下げて再現率を増加させるということも可能です。このことは、これらの指標を単独で考えるのではなく、一緒に考えることが重要であることを意味します。

AUC ROC

これは単に**曲線下面積（AUC）**と呼ばれることもあります。**ROC** は **receiver operating characteristics** の略語で、第二次世界大戦中にレーダー技術の測定と評価に役立てるために最初に開発された指標ですが、この略語は一般的に使われるようになりました。

紛らわしい名前にもかかわらず、これはモデルの品質の閾値に依存しない尺度であるという素敵な性質を持っています。正解率、適合率、再現率は全て分類の閾値に依存し、閾値は調整されなければならないことを覚えておいてください。閾値の選択は、指標の値に大きな影響を与え、モデル間の比較を厄介なものにします。AUC ROC は、この閾値の調整ステップを評価指標の計算から取り除きます。

概念的には、AUC ROC は、あるモデルの真陽性率と偽陽性率を、可能な分類閾値ごとにプロットし、そのプロットされた曲線の下の面積を求めることによって計算されます（例として**図5-3** を参照）（これは計算コストが高いように聞こえますが、この計算には効率的なアルゴリズムを使用することができ、実際に様々な閾値でたくさんの評価を実行する必要はありません）。この曲線の下の面積を0から1の範囲にスケーリングすると、この値も結局は次の質問に対する答えることになります。「データから1つの陽性なデータと1つの陰性な例をランダムに選んだ場合、モデルが陰性のデータよりも陽性のデータに高い予測スコアを与える確率はどれだけでしょうか」。

しかし完璧な指標は存在せず、AUC ROC にも弱点があります。例えば、既に低い順位の陰性のデータをさらに低い順位に押し下げるなど、合理的な判断閾値からかけ離れた例の相対的な順序を変更するようなモデルの改良に騙される可能性があります。

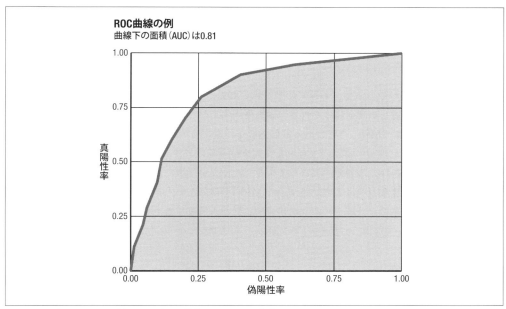

図5-3　一連の分類問題に対するモデルの性能を示す ROC 曲線

適合率／再現率曲線

　ROC 曲線が異なる判定閾値における真陽性率と偽陽性率のトレードオフの空間をマッピングするように、多くの人々は異なる判定閾値における適合率と再現率のトレードオフの空間をマッピングする適合率／再現率曲線をプロットします。これは、可能なトレードオフの範囲にわたる 2 つのモデル間の比較の全体的な感覚を得るのに有用です。

　AUC ROC とは異なり、計算された適合率／再現率曲線下面積は、理論的に根拠のある統計的意味を持ちませんが、それにもかかわらず、情報を素早く要約する方法として実務でよく使われます。クラスラベルの偏りが強い場合、適合率／再現率曲線下面積の方がより有益な指標であるというケースもあります[3]。

5.2.3.3　回帰問題の評価指標

　分類問題の評価指標とは異なり、回帰問題の評価指標は決定閾値の考え方に依存しません。その代わり、与えられた毛糸の予測価格、ユーザーが説明を読むのに費やす秒数、与えられた写真が子犬を含む確率のような、モデルの予測として出力された数値を見ます。目的変数が連続的である場合に最もよく使われますが、クリックスルー予測のような離散的に評価されるラベルの設定でも有用です。

平均 2 乗誤差と平均絶対誤差

　モデルによる予測と実際の値を比較する場合、最初に見る指標は予測値と実測値の差です。例えば、あるケースでは、私たちのモデルは、現実には 4 つ星だった例に対して 4.3 つ星と予測するかもしれませんし、別のケースでは、現実には 5 つ星だった例に対して 4.7 つ星と予測するかもしれません。何も考えずにこれらの値を集計し、多くの値の平均を見るとしたら、最初の例ではその差は 0.3 であり、2 番目の例では - 0.3 であるため、平均誤差は 0 に見えるという悩みにぶつかるでしょう。

　これを解決する 1 つの方法は、各差異の絶対値を取ることです。これは、**平均絶対誤差（MAE）**と呼ばれる指標を作成し、例全体のこれらの値を平均化することです。もう 1 つの修正は、誤差を 2 乗して**平均 2 乗誤差（MSE）**と呼ばれる評価指標を作成することです。どちらの測定基準も、0.0 という値が完全なモデルを示すという有用な性質を持っています。MSE は小さな誤差よりも大きな誤差にペナルティを与えるので、大きなミスをしたくない領域では有用です。データにノイズや無視した方が良い異常値が含まれている場合、MSE を使わない方が良いです。2 つのモデルの比較において、両方の指標を計算し、それらが質的に異なる結果をもたらすかどうかを確認することは、特に有用であり、それらの違いをより深いレベルで理解する手がかりとなります。

---

[3]　例えば、Tam D. Tran-The 著の「Precision-Recall Curve Is More Informative Than ROC in Imbalanced Data: Napkin Math & More」（https://oreil.ly/wZA17）などがあります。

log 損失

log 損失を**ロジスティック損失**の略語と考える人もいますが、両者は別の指標です。log 損失は **logit** 関数から派生したもので、2 つの可能な結果の間のオッズ比の対数と等価です。これを**モデルの出力を実際の確率として考えるときに使いたい損失**と考えることができます。確率は、0.0 から 1.0 の範囲に限定された単なる数値ではありません。確率はまた、ある事象が真になる可能性を意味しています。

log 損失は、0.99、0.999、0.9999 の予測の違いを強調し、より自信のある予測が不正確であることが判明した場合、より多くのペナルティを与えます。0.01、0.001、0.0001 のような予測に対しても同じことが起こります。モデルの出力を確率として使用する予定があるのであれば、これはかなり役に立ちます。例えば、事故が起こる可能性を予測するリスク予測モデルを作成する場合、99 %信頼できるものと 99.99 %信頼できるものには非常に大きな違いがあり、これらの差を強調しない指標を用いると不適切な価格決定をしてしまうでしょう。また、他の設定では、画像に子猫が写っている可能性がどの程度高いかを大まかに気にするだけで、0.01 と 0.001 の確率はどちらも「基本的にありえない」と解釈する場合には対数損失を評価指標に用いることは良い選択ではないかもしれません。最後に、もし私たちのモデルが正確に 1.0 や 0.0 の値を予測し、エラーになった場合、log 損失は無限の値（これは **NaN** 値として現れ、平均が計算できなくなる）を返すことに注意してください。

5.3　検証と評価の運用化

モデルの妥当性と品質を評価する方法を見てきました。この知識を実用的なものにするにはどうすればいいでしょうか。

モデルの妥当性を評価することは、モデルを組み込んだ製品に興味がある人なら誰でも知っておくべきことです。これは、たとえ毎日モデル評価を行わなくても、訓練、チェックリスト／プロセス、簡単なケースのために自動化されたコード（これにより、より要求の厳しいケースのための人間の専門知識と判断回数を減らすことができます）を組み合わせれば自動で評価可能です。

モデルの品質評価という言葉は、やや曖昧です。MLOps の担当者にとって、自分たちのシステムのモデル品質を評価するために最も重要な、分布と評価指標に関する実用的な知識を持っていることは非常に大事です。これを知っているだけで、いくつかの開発段階がスムーズに進行するかもしれません。これによって、いくつかの段階を飛ばせることもあります。

組織におけるモデル開発の初期段階においては、最大の疑問は、それをどのように評価するかということよりも、むしろ、何かを機能させる点にあることが多くあります。そのため、評価のための戦略が比較的粗くなってしまうことがあります。例えば、毛糸ストアの商品推薦モデルの最初のバージョンを開発する際の主な問題は、データパイプラインと運用スタックを作成することである可能性が高く、モデル開発者は、様々な分類やランキング評価指標の中から慎重に選択するための選択肢を持っていない可能性があります。そのため、最初の典型的な評価は、分割された評価デー

タ内のユーザーのクリックを予測するための AUC ROC になる可能性があります。

　組織が発展するにつれて、ある評価結果が持つ欠点や盲点をより深く理解するようになります。通常この結果、モデル性能の重要な領域を明らかにする追加の評価指標や分布が開発されます。例えば、新製品が分割した評価データに含まれていないというコールドスタートの問題に気づいたり、モデル性能についてより深く理解するために、国や製品リストのタイプ別に、スライスの範囲にわたってキャリブレーションやバイアスについて調べたりします。

　後で、組織は基本的な前提に立ち返り、例えば、選択された評価指標がビジネスゴールを十分な信憑性を持って反映しているかどうかなどを考え直すかもしれません。例えば、私たちの想像上の毛糸ストアでは、クリック数を最適化することが、実際には長期的なユーザー満足度を最適化することと同等ではないと気づくかもしれません。この場合、評価フローを全面的に作り直し、評価に関連する全てを慎重に再考する必要があるかもしれません。

　これらの質問への対応は、モデル開発者の仕事なのでしょうか、それとも MLOps の人々の仕事なのでしょうか。ここでの意見は分かれるかもしれませんが、健全な組織であれば、このような質問に対する多角的な視点と十分な議論が行われることを期待しています。

5.4　まとめ

　本章では、モデルの有効性とモデルの品質に関する初期の観点を確立することに焦点を当てました。これらはどちらも、モデルの新しいバージョンを運用環境に移行する前に評価することが重要です。

　モデルの確実性テストは、モデルの新しいバージョンがシステムを破壊しないことを確認するのに役立ちます。これには、コードと形式との互換性を確立すること、計算、メモリ、レイテンシのリソース要件が全て許容範囲内にあることの確認が含まれます。

　品質テストは、モデルの新しいバージョンが予測性能を向上させることを保証するのに役立ちます。ほとんどの場合、これには、アプリケーションタスクに適した評価指標を適切に選択して、何らかの形式の保持データまたは検証データに対するモデルの性能の評価が含まれます。

　これら 2 つの形式のテストを組み合わせることで、モデルに対する適切なレベルの信頼が確立され、訓練された多くの ML システムにとって合理的な開始点となります。ただし、ML を連続ループでデプロイするシステムには、10 章で詳しく説明されている追加の検証が必要になります。

6章
公正さ、プライバシー、倫理的なMLシステム

執筆：Aileen Nielsen

　本章では、MLシステムの構築や導入に際しての倫理的配慮や法的義務に関するトピックを取り上げます。これらのトピックについて網羅的なガイダンスを行うことはできませんが、正しい方向性を示すことはできます。本章の終わりには、MLのデプロイメントにおける基本的な倫理的考慮事項や、具体的な言葉や概念的な範囲について、よく理解できているはずです。

編集部注：MLOpsに携わる人が真に知っておくべきトピックをリストアップした際、AIやMLシステムにおける公平性、プライバシー、倫理的懸念の問題は、最上位にありました。しかし、このような複雑な問題について、業界に深く所属している執筆者らが真に公平な見解を提供することは難しいこともわかっていました。そこで、『Practical Fairness』（O'Reilly、2020年、未訳）の著者であるAileen Nielsenに、本章を独立して寄稿してもらうことにしました。私たちはわかりやすくなるよう草稿に加筆しましたが、ここでの見解は全て彼女のものであり、この章の編集権は完全に彼女に委ねられていました。本章は世界トップクラスのエキスパートの話に直接触れられるため、非常に有用です。

　また、AIにおける公正さと倫理は、依然として非常に議論の多いテーマであることも、はじめから指摘しておかなければなりません。実際、現在のところ、コンピューティングシステムにおける公正さを促進するために実行可能なアプローチは、**AIやMLを使わない**ことである、というのが1つの妥当な立場です。しかし、そうせざるを得ないと考える人々や、アルゴリズムによる解決策に対する懐疑的な見方を特定の使用ケースにおいて克服できると考える人々にとって、本章はそれを正しく行う方法についての課題を理解するための出発点となります。

　さらに、従来の解決策（例えば、人間の意思決定者を指名する、あるいは明確な意思決定者が存在しない）が、必ずしも優れているとは言えないケースもあることを認識しておく必要があります[†1]。例えば人種が、裁判官の量刑判断や店員による顧客の返品を認めるかどうかの判断にさえ影響を与えることを、多くの実証研究が示唆しています。したがって、AIやMLにおける公正さ

[†1] 人間の意思決定者が指定されている例としては、法的判断における正式な意思決定者としての裁判官や、成績決定における正式な意思決定者としての大学教授などの例があります。明確な意思決定者がいない例としては、「フラット」な組織などがあり、このような組織では、誰が最終的な意思決定権を握っているのかが不明確になることがあります。

や倫理について考えるとき、人間の意思決定者と比較して、場合によっては改善される可能性があることも認識しなければなりません。つまり、本章では暗い話や悲観的な話も出てきますが、たとえAIやMLを保証する、あるいはグローバルな意味で公正公平なものにするための明確な解決策がまだないとしても、全体的な公正さを高めるという点では、アルゴリズムの一部の利用がとてつもない成功を収めていることも、私たちは最初から認識しています。

　本章では、特定のホットなトピック、特に公平性、プライバシー、そして責任あるAIに焦点を当てた節があります。私たちは、これらのトピックが、社会的な認識や関心という点でも、産業界や学術団体から注目されているという点でも、重要であることを認識しています。これらの分野では多くの開発が行われており、本章から得られる最初の背景を踏まえて、読者にはこれらのトピックに飛び込む力をつけてもらいたいと思っています。また、本章では、AIとMLの仕事における公正さと倫理を高めるために、組織でどのように実践的な方法で仕事のリファクタリングを検討するかについても説明します。

6.1　公正性（偏見との戦い）

　アルゴリズムの公正性や、この用語の他のバリエーションは、何年も前からMLにおけるホットなトピックでした。このテーマについて読むと、多くの場合、公平性はバイアスと直接関係する概念として用いられます。つまり、公平性とはバイアスがないことであり、バイアスとは不公平な状態という意味で使われています[†2]。

　かなり以前から、ML研究者、法学者、活動家たちは、MLが既存の社会的バイアスを永続させ、あるいは新たなバイアスを生み出す可能性について懸念を強めてきました。このような議論の枠組みを作るにあたって、MLシステムの訓練に使われるデータが、偏ったシステムから取得されたり、偏った方法で収集されたりする可能性があるため、このようなことが起こりうるということを多くの人が強調してきました。要するに、ガベージイン、ガベージアウトの概念に似た議論がなされてきたのです。

　しかし、気をつけなければならないのは、**ガベージイン**というのは必ずしも悪いデータのことではないということです。ガベージとは、代表的でない訓練データやアルゴリズムのバイアスに起因する**結果**のことです。これは重要なポイントです。バイアスの**基本的な**原因は、悪いデータだけでなく、悪いモデリングの選択も含め、MLパイプラインの多くのステップから来る可能性があることを認識することが重要です。以下は、バイアスの原因としてよく挙げられるものの一部です。

サンプリングバイアス

　　サンプリングバイアスとは、データを収集する過程そのものにバイアスがかかっていることです。よくある例として、アメリカ白人と黒人のマリファナ使用率はほぼ等しいと考え

[†2]　一般的な問題として、私たちは公平性の概念がこのように不当に狭められていることを問題視しており、明確なコミュニケーションのために、「6.3　責任あるAI」において、私たちが公平性に関連すると思う問題の数々を取り上げています。本節では、**公平性**がもっぱらバイアスに関連するものとして、主に使用されていることに焦点を当てます。

られていますが、マリファナ所持による検挙率はアメリカ黒人の方がアメリカ白人よりもはるかに高いということがあります。これはサンプリングバイアスによるものであることはほぼ間違いないです。人種差別が個人の判断のレベルでも制度的なレベルでも現れているため、黒人系アメリカ人は白人系アメリカ人よりも、マリファナ所持で警察に捜索される可能性がはるかに高いのです（人種差別に関連した現れとして、Driving While Black〔https://oreil.ly/4w8oQ〕をご存じの方もいるかもしれません）。

《ML に関連する例》

警察のパトロール配分に影響を与えるために作られた犯罪予測アルゴリズムは、サンプリングバイアスの影響を受ける可能性が高いです[3]。多くの国や大陸で、取り締まりは社会経済的地位の低いコミュニティに向けられているという一貫した傾向が残っています。このようなプロセスから得られるデータは、特定の地域や特定の層における犯罪を過剰にサンプリングしているため、このサンプリングバイアスによって、様々なコミュニティにおける犯罪の基本的な割合を誤って示している可能性が大きいのです。しかし、偏った方法でサンプリングされたこのデータは、今後の警察のパトロールを割り当てるために、ML モデリングに新たな偏った入力を作り出します。他の地域は同じようにオーバーサンプリングされていないため、アルゴリズムは同じ地域に警察を頻繁に送り続けている可能性が高いです。

待遇の格差

偏見は、個人が明確に異なる扱いを受けることによって生じることがあります。待遇の格差は、正当な理由がない場合、政府によって禁止され、民間セクターの一部の規制分野でも禁止されています。人種に基づく格差待遇のほとんど全ての例（隔離された学校や白人のみを雇用する政策など）において、（公民権運動以降）裁判所はそのような差別の正当な理由を認めていません。性別による差別待遇の場合、裁判所は、性別によって異なる待遇を与える理由（体力テストの成績基準値が異なるなど）が、やむを得ない理由によって正当化されると判断することもあります。

《ML に関連する例》

ML アルゴリズムはしばしば、人間には見抜けないパターンを発見する能力で称賛されます。しかし、これらのパターンが単なる古くからの性差別であることもあります。有名な話ですが、Amazon は女子大に通うことに強いマイナスのパラメータを適用する採用アルゴ

---

[3] Julia Angwin らによる「Machine Bias」（https://oreil.ly/38he8）は、このバイアスを明らかにした ProPublica の代表的な研究です。米国の刑事司法制度におけるアルゴリズムによるリスクスコアの使用について論じたこの研究は、AI が生み出しうる危害の種類を理解する上で、また「責任ある AI」運動を立ち上げる上で、基礎となるものです。この論文は、米国の刑事司法制度におけるアルゴリズムによるリスクスコアの使用について論じています。このような偏ったリスクスコアの最も一般的な用途は、過度に負担のかかる刑事司法制度において、裁判を待つ被告人を釈放すべきかどうかを判断することです。この場合に予測される要素は、被告人が裁判に出廷するかどうか、その間に犯罪を犯すかどうかであり、一般的に将来のどの時点でも予測されるものではありません。保釈、量刑、仮釈放に関する決定において、「将来、犯罪で訴えられるだろう」という単一の予測が役に立つかどうかは明らかではありません。本章では、COMPAS アルゴリズムについて説明します。このアルゴリズムについては、本章の後半で詳しく説明します。

106 | 6章　公正さ、プライバシー、倫理的な ML システム

リズムを社内で開発したものの、導入しませんでした（https://oreil.ly/zyKHl）[†4]。このように、あるグループ（この場合、女子大学に通う女性）を直接差別するような方法で、アルゴリズムが無関係な要素を使って決定を下している事例が見られます[†5]。もし、このアルゴリズムが使われていたら、これは待遇の格差の事例のように見えたでしょう。

系統的バイアス（Systemic bias）

このバイアスの原因は、この前の例と比べると、特定するのも緩和するのも困難です。おおざっぱに言えば、系統的バイアスとは、個々のケースではバイアスを説明できる特徴量として特定できない可能性が高いが、全体レベルでは、構造的な制約（とりわけ、社会、教育、雇用システムに組み込まれた制約）のために、個人の結果の違いに明らかに影響を及ぼす要因の総体と考えることができます。AI システムは、それが構築される社会的文脈から切り離すことはできないため、文脈を理解せずに構築された AI は、系統的バイアスを悪化させる可能性が大きいのです。実際、AI が適用される特定の問題でさえ、それ自体が系統的バイアスの現れであると強調されることがよくあります。例えば、社会経済的に弱い立場の人々が犯罪を犯すかを予測するために、予測的取り締まりがこれほど長い間積極的に使われてきた一方で、**警察**の不適切な行動を特定し予測するアルゴリズムシステムはほとんどありません。

《ML に関連する例》

ML の訓練において、ある雇用主や教育機関が自分の常識で「良いこと」と概念化された特徴量が使用されることがあります。例えば、中流階級の高校生は、モチベーションの高いリーダーであることを示すために、課外活動に参加するようによく言われます。しかし、（アルゴリズムや人間の意思決定において）課外活動への参加に関するデータを追加の文脈なしに使用することは、そのような可能性にアクセスできる中流階級の生徒が報われるシステムを助長することになります。このようなシステムは、同様に、学校がそのような活動を提供していない可能性のある低所得層の生徒や、仕事や家庭の義務のためにそのような活動に参加できない生徒に不利な影響を及ぼす可能性があります。このように、様々な社会的文脈に疎く、制度的偏見の結果にも精通していない人々にとっては「常識」であっても、このような追加情報が分析に組み込まれると、かなり偏ったものに見えてしまうのです。

多数派の専制政治

このバイアスの原因は、使用される訓練プロセスの形式に関連しています。一般的に使用されている多くのモデリングシステムでは、多数派のカテゴリは一般的に、訓練する際の損失

[†4]　これは、ニューヨーク市をはじめとするいくつかの政府が、雇用に使用される AI の規制を提案するきっかけとなったいくつかの要因の 1 つです。Tom Simonite による「New York City Proposes Regulating Algorithms Used in Hiring」（https://oreil.ly/xjN4P）を参照してください。

[†5]　差別が「嗜好に基づくもの」か「統計的なもの」かについては、より大きな議論があります。女子大に通うかどうかの判断は、採用の判断に関係する性格のタイプを何らかの形で示しているのではないかという意見もあります。しかし、そのような仮説は当てはまりそうにありません。もっと詳しく知りたい人は、格差待遇を含む差別のメカニズムや動機について、法律学と経済学の両方の研究文献を読んでみてください。

関数が総数を用いるという意味で、最も影響を与えます。したがって、もしモデル化プロセスがこのことを考慮しなければ、多くの種類のモデルは事実上多数派を支持し、少数派グループよりも多数派グループの誤差をより直接的に最小化することになります。この同じ懸念が、多数決を信頼するのではなく、マイノリティの利益を特別に保護するように政治システムを設計する動機になることがあります。

《ML に関連する例》

ML システムを、比較的均等な特性の分布を持たないデータ（不均衡なデータセット）を使って訓練すると、全てのクラスで良い性能を達成するのは非常に困難であることはよく知られています。このような状況は、異なるクラスの人々を含むデータセットを扱うときに発生する可能性が大きくなります。ほとんどのデータには、性別の不均衡、人種の不均衡、地理や言語などの人間の多様性など、何らかの不均衡が含まれているからです。したがって、人間の行動をモデル化する場合は、実際には大多数のクラスの誰かに限定してかなり正確であるプロトタイプに従い全員をモデル化するのではなく、そのモデルが全員に公平な影響を与えるように特に注意を払う必要があります。

　残念なことに、アルゴリズムの公正さに関するメディアの注目が高まっている現在でも、ML アプリケーションの広い範囲において、このようなバイアス（およびその他多くのバイアス）が出現し続けていることには議論の余地がありません。これには多くの理由があります。社会的バイアスは広く存在し、個人レベルでは必ずしも明らかではありません。ある人は自分が公平な判断を下していると思うかもしれませんが、それは自分が判断を下しているシステムの詳細を全て把握しているわけではないからであり、また自分自身の無意識のバイアスのせいでもあります。これは本章だけで解決する問題ではありませんが、本章が読者に気づきを与え、何かしようという気にさせることはできると考えています。

　ML/AI 研究コミュニティは、こうしたバイアスのいくつかを体系的に特定し、是正するための手法やテクニックを開発してきました。責任ある公正な AI システムを開発しようとしている実務者は、こうした新たなツールを知っておく必要があります。さらに言えば、ML/AI は、ML 開発が慎重かつ適切な安全策を講じ、適切な問題を対象として行われる限り、論理的に説明できない人間の決定によるシステムよりも公正なシステムを実現する道を提供する可能性が大いにあります。

ソリューショニズムについて

　本章では、AI を公正かつ責任ある形で実装することがいかに複雑で難しいかを強く主張しています。まずこの問題を解決する方法として、ML/AI を使わないことが挙げられます。多くのシステムはある程度自動化された方がうまくいくことが多いですが、そうでない場合もあります。時には人間の手が必要なこともあります。機械が行うよりも人間が行う方がより効率的で、より公平であることもあります。

　そして、ある程度の自動化とアルゴリズムの使用が正当化されると結論づけた場合、その自

108 | 6章　公正さ、プライバシー、倫理的な ML システム

動化を使用することに**どのような**意味があるのかを自問するようにしましょう。たいていの状況では、アルゴリズムと人間をどのような役割で使い分けるかは何度でも変更可能なため、アルゴリズムに**何をさせるか**を決めた後でも、アルゴリズムに**何かさせるべきか**について慎重に考えてみてください。

　ML 使用の大きな問題の 1 つは、ML がしばしば複雑さ、リスク、コストを増大させ、ML を使用する価値はほとんどなくメリットもないことがある、ということです。私たちはこのような使い方を**ソリューショニズム**と呼んでいます。単に、すぐに利用できる（そして流行の）解決策（ML）があるから、それがどんな問題を解決してくれるのかを考えようとしているのです。

　ML システムは複雑です。適切な問題にうまく適用されれば、驚くべきことを成し遂げられますが、他のアプリケーションに多大なリスク（そして重大なバイアスや他の形の不公平さ）を加える可能性もあります。ML チームができる最も賢いことは、ML が必要なのか、有用なのかを一貫して懐疑的に検討することです。そうすることで、真に重要な価値を付加する ML アプリケーションに限定することができ、したがって、システムを実装する際にプライバシーと公平性を確保するために努力する価値が生まれます。

6.1.1　公平性の定義

　ML コミュニティでは、公平性の定義が 1 つにまとまっていませんが、共通認識は存在します。例えば、**公平性**の定義の中には、個人の公平性を主張するものがあります。このような公平性の概念は、まず、無関係な要素（人種、性別など）を除けば「同じ」2 人の個人に対して、これらの個人は同じように扱われるべきであると主張しています[†6]。また、他の公平性の定義は、ML は集団のレベルでの公平性に注目すべきであると主張しています。つまり、エラー率はグループ間で同じであり、同じ質であるべきであり、全体的な性能レベルも同様にグループ間で同じように高いものであるべきという考えです。さらに他の公平性の定義は、より複雑になり、アルゴリズム的に分類する前に、何が個人を成功や失敗に駆り立てるのかを理解するために、因果関係のメカニズムを確立することに目を向けるかもしれません。

　直感的で有用な公平性の 2 つの一般的なカテゴリは、グループパリティとキャリブレーションに基づく評価です。これらが公平性の唯一の概念であるとは言い難いですが、ここでは 2 つの理由からこの 2 つを選んで議論します。第一に、これらの定義はいずれも単純明快で、直感的に理解しやすいものだからです。第二に、それぞれが公平性の 2 つの異なる概念を主張しているからです。

　その名の通り、**グループパリティ**とは、ある属性のグループ間の比較に基づいて公平性が定義されるべきとして、公正性を主張するものです。個人に対する予測結果は、少なくとも部分的には、バイアスに影響を与えやすい性別や人種といったアイデンティティに関する法的に保護された属

[†6]　この文章で鍵かっこ（「」）を使っているのは、もちろん、何が、あるいは誰が「同じ」であるか、あるいは「同等の価値」であるかを定義すること自体が、判断することであり、客観的な真理ではないからです。

性、また法的には保護されていないが経済的地位のような属性も重要であることを主張しています。これには十分な理由があり、実際の世界では、そのような属性が実際の結果に大きな影響力を持つことがよく知られているからです。

一方、**キャリブレーション**は個人の公平性を強調するもので、これも直感的に重要だと感じる価値観です。これは、私たちは、個人がどこから来たかではなく、その人が誰であるか、そして個人として何をしたかに基づいて扱われるべきだ、ということを主張しています。

この2つの公平性の定義は、哲学的に対立する必要はないように思われます。集団や個人が公平に扱われる完璧な世界では、同じ結果が得られるでしょう。残念ながら、この不完全な世界では、基本的な数学的限界[7]を含む様々な理由から、そうではないことが知られています。このため、少なくとも今のところは、実務者は公平性の定義を選択しなければなりません。これから述べるように、異なるユースケースには異なる公平性の妥当な定義があります。

状況によって異なる公平性の概念を適用するのは奇妙に思えるかもしれませんが、成熟した読者であれば、現実の生活でも同様に同じ原則を適用していることに気づくでしょう。強力な市場主導型経済である米国のことを考えてみましょう。ほとんどの場合、そして現在のポピュリズムの時代でさえも、労働市場に関しては、公平性についての個人的な概念が浸透している傾向があります。アメリカ人は、賃金が下がりすぎないようにという懸念はあるにせよ（そのため、法定最低賃金がある）、公開市場で得られるものを得るべきだと考えています。一方、医療に関しては、アメリカ人の多くは、個人の健康状態や先天的な遺伝の違いにかかわらず、誰もが良い医療を受けるべきだと考えています。

これらのことから、少なくともアメリカ人はあるレベルでは、先天的な能力に基づく経済的利益の配分には納得しているが、医療的利益の配分に関しては納得していない、と捉えられます。このように、一般的な人々は、生活の様々な領域で異なる公平性の概念を適用していることが理解できると思います。

ML倫理のコミュニティは、**公正さ**の1つの定義に収束させようとしているように見えるかもしれません。特に、異なる公平性の定義が乖離していたり、実際には矛盾していたりすることがわかると、そう思えるかもしれません。現在のところ、この業界とこの分野の成熟度を考えると、公平性の定義を1つにまとめることは、ほぼ間違いなくゴールにはなりません。これには2つの理由があります。

まずその必要はない、ということが挙げられます。現実の世界でデプロイされているほとんどのモデルの現状は、どのような尺度から見ても（少なくとも未検証の公平性から見ても）根本的に不公平なままです。私たちには、選択可能な多くの有用な公平性の定義があり、その中から1つまたはいくつかを適切に選んで取り組むことで、さらなる理論的、法的発展を待つ必要なく、すぐにでも急速な進歩を遂げる機会を得ることができます。

次に、より構造的な問題として、AIやML理論の分野は現在、社会の支配層の人々によって

---

[7] キャリブレーションとグループパリティの矛盾をわかりやすく示す文献として、Alexandra Chouldechovaの以下の論文をお勧めします。「Fair Prediction with Disparate Impact: A Study of Bias in Recidivism Prediction Instruments」(https://arxiv.org/abs/1610.07524)

大きくコントロールされています。これらの人々は、AI や ML システムが、権力がない人々や社会的地位の低い人々に悪影響を与える可能性があることを見逃す可能性が大きいです。確かに、このような人々が、将来的に他の全ての人々を排除して、公正さの適切な定義として定められるものの裁定者であってはいけません。

グループパリティの定義は、アルゴリズムに関連する性能の割合が、様々なグループ間で同じであることを要求しています。グループパリティの要件とは、例えば全ての民族グループの雇用率が同じであることを要求できますが、肌の色に関係なく低酸素の診断精度が同じであることも要求される場合もあります（https://oreil.ly/wU0mJ）。この考え方は説得力があり、直感的です。なぜなら、私たちの多くが望む社会の姿、つまり不運や機会がコミュニティ間で平等に分配される社会の姿を描いているからです。

グループの公平性とは対照的に、**キャリブレーション**の公平性の定義は、ML モデルが全ての個人に対して等しくうまく機能することを要求します。これは直接測定することはできません。測定できるのは、グループのメンバーに関係なく、モデルスコアが個人にとって同じ意味を持つということです。つまり、キャリブレーションを重視した公平性の定義は、どのグループに対しても ML スコアが同じだと意味することを要求します。

専門的で難しそうに聞こえますが、具体的な例を挙げれば理解しやすいでしょう。キャリブレーションの例としてよく挙げられるのは、米国の多くの州の刑事裁判所で使用されている、代替的制裁のためのプロファイリングによる矯正的犯罪者管理（Correctional Offender Management Profiling for Alternative Sanctions）、あるいは COMPAS（https://oreil.ly/KEVqN）と呼ばれる再犯採点アルゴリズムです。このアルゴリズムは、人種カテゴリを越えて正しく調整されていることが示されているため、同じ COMPAS スコア（例えば、0.5）は、黒人と白人のデータ対象者の両方にとって同じことを意味します[8]。つまり、同じリスクスコアを持つ白人の犯罪者と黒人の犯罪者は、再犯の確率が同じということです。

公平性の定義がたくさんあることが問題なのか疑問に思うかもしれません。結局のところ、他の状況でも世界を記述するための正しく直感的な方法はたくさんあるのに、公平性の場合はなぜそうではないのでしょうか。この難しさは、少なくとも私たちが現在住んでいる世界では、これらの公平性の定義が矛盾しているという事実から来ています。COMPAS アルゴリズムはわかりやすい例です。このアルゴリズムは、とりあえずで導入されたわけではなく、実際、刑事司法制度における偏見を減らす運動の一環として採用されました。このアルゴリズムは、公正性と無差別を保証するためのゴールドスタンダードとされるキャリブレーションチェックに合格しました。

しかし、非営利の報道機関であるプロパブリカの記者たちは、このアルゴリズムがこのようなキャリブレーションを行っているにもかかわらず、黒人被告に高リスクのレッテルを貼る際には偽陽性の割合が高く、白人被告に低リスクのレッテルを貼る際には偽陰性の割合が高いことを後に実証しました。言い換えれば、黒人被告は白人よりも、暴力的な再犯を犯す可能性が高いというレッ

---

[8]　前脚注で参照した Chouldechova の論文（https://arxiv.org/abs/1610.07524）を参照してください。

テルを貼られた後、そのような再犯を犯さない可能性が高く、一方、白人は再犯を犯す可能性が低いというレッテルを貼られた後、実際に再犯を犯す可能性が高かったのです。

これが世論の反発を招き、多くの数学者やコンピュータサイエンティストがこの問題に取り組むようになりました。しかし、学者たちはすぐに、自分の目標であるキャリブレーションと統計的パリティの両方を示すリスクスコアを作ることは、現実世界のほとんどのデータでは不可能であることに気づきました。統計的パリティ（統計的に同等とみなせること）とキャリブレーションは、事象の発生確率が各グループで同じでない限り、同時に満たすことはできません。しかし、事象の発生確率が等しいという条件は現実の世界ではほとんど満たされない条件です[†9]。

数学的には、現実の世界では全ての公平性の定義が同時に満たされるわけではありません。私たちは、ML 開発の文脈の中でどの公平性の目標を追求すべきかを決めなければなりません。同様に、どの公平性の指標に焦点を当てることが、公平性や他の倫理的価値を高める上でより役立つかもしれない全体的な視点に向かうのを弱める傾向があるかどうかも判断しなければなりません。

現在のところ、特定の ML ツールについては、公平性の直感的で規範的に望ましい概念を全て同時に満たすことは不可能であることを認識しつつ、特定の公平性の指標を選択し、それに焦点を当てることが理にかなっているかもしれないと理解すると良いです。

私たちは、完璧が善の敵となることを許したくはありません。むしろ、公正性について多くの定義を持つことは、何も持たないことよりも良いことであり、公正性の指標を目指すことは、他の多くの公正さをも高める可能性があると実務家は見出しています。さらに、研究者の中には、アルゴリズムの特定のユースケースにおける損害や政策目標を考慮すると、異なる状況においては異なる公平性の測定基準が必要とされる可能性があることを認識している者もいます。これを考えることで、様々な種類のミスがもたらす結果に関する懸念事項を考慮した上で、特定のタスクに対する公平性の測定基準をどのように選択するかについて、有益な指針を見出すことができます。

規範的価値観とは何か

規範的価値観（略して**規範**）とは、道徳的または社会的に何が望ましいか、また何が受け入れられないかについて、個人または社会が意図的に選択することです。規範的価値観は経験的現実とは異なります。規範的な記述は、世界で何が**起こるべき**かについてのものであり、経験的な記述は、世界で何が**起こる**かについてのものです。

アルゴリズムバイアスに関連する経験的な記述は、例えば、ふさわしい求職者が淘汰され、雇用の機会が失われるため、アルゴリズムバイアスが経済的非効率を引き起こす可能性があり

[†9] アルゴリズムの公平性に関する問題を広く調査するのであれば、他の不可能性定理も公平性の問題に関連しているので同時に調査することをお勧めします。例えば、アローの不可能性定理は、特定の投票形式に関する 3 つの直観的な公平性の基準が、全て同時に満たされることはありえないことを示しています。この 3 つの基準とは、(1) 2 つの選択肢の間で普遍的に共有される個人の選好は必然的にその選好を反映した選挙結果になる、(2) 安定した個人の選好は安定した選挙結果になる、(3) 選挙結果を決定する力を 1 人の投票者が持たない、というものです。このように、公平性というケーキを常に手に入れ、それを食べることはできないというのは、学問分野や技術的、組織的メカニズムを超えた共通の問題なのです。この例を示してくれた Niall Murphy に感謝します。

ます。このような経験的な主張は、価値判断を下すのではなく、単に世界をありのままに観察しているに過ぎません。これとは対照的に、規範的な記述の例としては、基本的な公平性の問題として、等しく資格のある全ての人に平等に仕事のチャンスがあるべきだから、アルゴリズムによるバイアスは間違っている、というものがあります。この例の規範的記述は、社会現象の結果を記述することに目を向けているのではなく、むしろその社会現象を判断したり、その社会現象について何を変えるべきかについての規定を提供したりすることを意図しています。

　もちろん、規範的価値は、それを実際に実行に移すとなると、明文化するのも擁護するのも難しくなります。例えば、等しく資格のある人には等しく職を得るチャンスがあるべきだという文言は、「等しく資格のある人」とは何を意味するのか、また、職は常に最も等しく資格のある応募者に与えられるべきなのかという難しい問題を曖昧にしています。文脈によっては、よりふさわしい応募者という概念が存在するかもしれません。例えば、家族経営の企業では多くの人が、少し資格のある他人を雇うよりも、それなりに資格のある家族を雇う方が公平だと考えます。一方、縁故主義や不平等を根付かせるとして、この方針に反対する意見もあるでしょう。このように、類似しているが同一ではない異なる規範的価値観が、社会における公正さを高める最善の方法に関する現実の議論や決定において、絶えず表面化する対立を引き起こす可能性があることがわかります。

6.1.2　公平性の達成

　具体的には、古典的な ML には、より公平な（偏りの少ない）結果を得るための 3 つの方法があります。ここでは、文献の概要を理解し、様々なアプローチの利点とコストを理解するために、これらがどのように機能するかを説明します。

前処理

これらの手法はモデルではなくデータに介入します。前処理手法では、ML 訓練時の入力における不公平を減らすために、様々なアプローチをとります。単純な例として、データのラベルを変更できます。例えば、Kamiran と Calders の論文（2011）（https://oreil.ly/I2fDD）のようないくつかのアプローチは、データが偏った結果を示唆しているため、ラベルを付け直すべきデータを識別する方法を提示しています[10]。

もう 1 つの、単純なアプローチとして、個人が属するグループに関する情報を減らすようなデータの表現を行うことがあります。例えば、Zemel らによって開拓されたアプローチでは、個人のセンシティブな属性がもはや正確に推測できないようにデータを記述することを提案しています（https://oreil.ly/vW9fa）（2013）。これらの方法は、介入するのはデータであるため、モデルにとらわれない点があります。一般的な経験則として、**ML パイプラインに可能な限り早い段階で介入することが、最良の結果をもたらす可能性が最も高い**という

---

†10　例えば、優遇された集団の中で、その特徴量からするとありえないほど有利な結果を受け取る個人のこと。

ことがあります（そして、その後の追加介入のための選択肢を残しておくこと）。

しかし、もちろん前処理アプローチには懸念があります。データのラベルを積極的に変更することは、情報を減らし、MLのようなデータ駆動型のメリットを十分に得られなくなることがあります。同様に、ラベルを直接操作するのではなく、データを「変換」しようとする手法も、データが意図的に削除されたり変更されたりすると、情報量が減り、データ駆動型アプローチの基本的な考え方に反することになります。また、データを変更した結果、モデルについて何が変わったかを正確に特定することは難しいかもしれません。ほとんどの場合、数個のデータポイントのラベル付け変更が影響する全てを知ることは不可能です。

プロセスの過程

これらの方法はモデルの訓練中に介入します。これは、モデルの実際のステップバイステップの訓練が、公平性の考慮によって影響を受けるようなあらゆる方法で現れます。多くの場合、モデルの訓練時に使用される損失関数を調整することで対処されています。Kamishimaらの研究に反映されているように、偏った結果によって課される公平性のコストを反映するために、様々な「ペナルティ」を追加できます（https://oreil.ly/rEc4P）（2011）。このような手法は正則化手法に似ています。

他の方法として、属性に関する識別情報をモデルから除去する目的で、前処理（学習された公正な表現）で説明したものと似ている手法があります。敵対的モデルは対象モデルと同時に訓練され、敵対的モデルの目標は、出力がどの属性に関連するかを推測することです。対象モデルはタスクに合わせて訓練されますが、その出力が敵対モデルに送信する情報を減らすように最適化されます。Zhangらの研究など、これらの手法の中にはモデルに依存しないものもあります（https://oreil.ly/SVmNt）（2018）。

後処理

これらの手法は、モデルに直接介入するのではなく、モデルのラベルに介入します。この方法では、ある目標を達成することに基づいて、モデルの出力結果を修正します。後処理の例としては、Hardtらのように、ランダム化を導入することがあります（https://oreil.ly/b9EhM）（2016）。ランダム化がなければ、偽陰性が異なるグループ間で異なるかもしれない場合に用います（これは、グループパリティを適用する例）。

後処理のもう1つの例として、異なるグループに対して異なる閾値を設定する方法があります。例えば、クレジットスコア（https://oreil.ly/DzYYL）や大学入試のスコアなどに用います。閾値を設定することで、スコアを使った予測や意思決定が異なるグループでも同じように正確にすることができます[11]。これらの方法はモデルが実行された後に介入するた

---

[11] これは、キャリブレーションが欠けている部分を修正する方法として理解されることもあります。例えば、米国で使用されているクレジットスコアが、返済傾向に関して人種間で同じ意味を持っていないことはよく知られています。そのため、スコアのみに依存し、閾値を調整しない銀行は、不注意にも人種グループによって異なる偽陰性率のレッテルを与信希望者に貼ってしまう可能性があります。しかし、グループによって基準値が異なることは、必然的に他の法的、倫理的懸念を引き起こします。このように、現実の世界における公平性は実に難しいものであることがおわかりいただけると思います。

114 | 6章　公正さ、プライバシー、倫理的な ML システム

め、モデルに依存しません。

どの介入方法を選択するかは、様々な要因によって変わります。場合によっては、組織がコントロールできる介入であるため、特定の段階の介入を適用する必要があるかもしれません。例えば、ある組織が事前に訓練されたニューラルネットワークを受け取り、それを微調整することを考えます。その組織は元の訓練データや手法にアクセスできないので、後処理の方がより実行可能な選択肢であることがわかると思います。

一方、別の組織では、後処理によって提供されるオプションは、ある人々が持つ特定の基本的価値観に反するため、規範的に問題があると考えるかもしれません。例えば、グループごとに明確に異なるスコアカットオフを持つという考え方に、人々は不快感を抱くかもしれません。また、アルゴリズムからの出力のうち、実際には正しい可能性が高いものを排除し、ランダムな数値で置き換えるという考え方にも不快感を抱くかもしれません。

現在までのところ、介入の最良の方法に関する規制当局や著名な倫理指導者による十分に確立されたガイドラインはなく[†12]、状況に応じた判断が必要になるのではないかと考えています。しかし、状況に応じた意思決定の必要性は、組織運営や他の人々の生活に影響を与える意思決定の他の要素と変わりません。アルゴリズムは、効率性と均一性を高めるのに役立つと思いますが、全てのシナリオに対応できる単一のアルゴリズムによる公平性の解決策は存在しないでしょう。

公平性のためのアルゴリズムにフォールバックは必要か

本書の他の章でも紹介されているように、あるアルゴリズムの性能が明らかに、あるいは壊滅的に悪いことがあります。また、アルゴリズムが利用できないこともあります。そのような場合、フォールバック（縮退運用）が必要になります。技術的なフォールバックは、公平性に関連する懸念に対しても有用なアイデアです。

アルゴリズムへのアクセスを突然遮断し、アルゴリズムによる撤退を用意したいケースをいくつか紹介しましょう。

- 監査によって問題の原因が究明され、その原因が修正されるまで、システムは全く利用できないようにすべきである場合。
- 賢明にも導入した継続的な監視システムが、（どの公平性指標を選択したにせよ）許容できる公平性の閾値を超えた値を示す場合。

[†12] 原著が出版された時点（2022 年 8 月）で、欧州は AI を含むデジタル環境における公平性に関連する多くの問題について、幅広い画期的な法整備を打ち出しています。最も注目すべきは、EU が 2021 年 4 月に AI 規制の枠組み案を発表したことです（https://oreil.ly/b5DZn）。この枠組み案は、リスクベースの規制を伴うもので、AI のユースケースから生じるリスクのレベルに応じて異なる法的要件が設定されます。この法律案は、社会的信用スコアリングを含む、特定の高リスクのユースケースも禁止するとしています。同様に、中国は、個人情報に基づく価格差別やコンテンツ集約アルゴリズムなど、消費者に不利益をもたらす様々な一般的慣行を規制するため、2022 年 3 月より、抜本的な新しい AI 規制を施行しました（https://oreil.ly/U5xVq）。

- アルゴリズムがそのような思い切った（あるいはおそらく厳しい）出力を推薦しているため、意思決定者に出力を利用される前に、人間によるレビューを送信する場合。

このようなケースでは、以下のようなアルゴリズムによるフォールバックが考えられます。

- 一時的にアルゴリズム以外の手段を使う。例えば、アルゴリズムの問題が解決するまでの間、全員に同じ出力（おそらくアルゴリズムからの平均出力）をすることを検討する。
- アルゴリズムによる出力を人間のレビューアーに委ね、「連絡がとれるまでお待ちください」というプロンプトを表示させる。
- 透明性のため以下のような適切なエラーメッセージを表示する。「アルゴリズムに問題があり、無責任な出力を出したくありません。後ほどご確認ください」。

6.1.3　終着点ではなくプロセスとしての公平性

これは難しいテーマであり、AI が多くの害をもたらす可能性があることを知ると、強い落胆を覚えるかもしれません。しかし、悪いニュースに惑わされることなく、ML/AI システムを熟考して設計することで、実現可能な全てのメリットを享受してほしい、と私たちは考えています。公平性に関するニュースは必ずしも悪いものであると考える必要はないのです。

2 つの問題を考えてみましょう。

- 公平性に関しては、全ての人を満足させることはできません。どのようなアルゴリズムによる公平性の課題に対しても、「完全に」公平な解決策は存在しません（少なくとも、今のところ見つかっていません）。
- 同様に、公平性の特定の定義に落ち着いたとしても、公平性を強制する完璧な方法はありません（つまり、評価指標を定義しても、モデルをその評価指標に完全に適合させることができる保証はありませんし、どのように適合させるべきかを示すものでもありません）。

この 2 つの点について、ML モデリングにおける選択との関連性という観点から反論してみましょう。

- 公正の定義はたくさんあります。
- 公正さに向かって努力するプロセスは、これらの問題を無視する世界よりもはるかに良い結果をもたらします。

公正性を特定の終着点ではなく、プロセスとして考えることは有益です。これは、ビジネス上の問題を解決するために ML アルゴリズムを構築し、次に進めると考えるのが好きな人にとっては残念なことかもしれませんが、現実は複雑です。製品には様々な理由でメンテナンスが必要です。世界も常に変化し続け、デプロイメント条件も変わり、モデルも進化し続けなければなりません。

116 | 6章　公正さ、プライバシー、倫理的な ML システム

公平性も同じです。

6.1.4　法律上の注意

　法的なガイダンスを提供することは、本書の範囲をはるかに超えています。とはいえ、アルゴリズムの公平性というトピックが一見新しいように見えるにもかかわらず、差別という概念は何世紀にもわたって、何らかの形で法律において重要かつ明確な位置を占めてきたことは、言及しておく価値があるでしょう。人種や性別の平等など、今日最も注目されているトピックも同様に、何十年もの間、法律において重要な役割を占めてきました。特に、雇用、教育、医療、住宅、金融信用サービスへのアクセスなど、人間生活の中核である市民生活の分野では、この傾向が顕著です。もし読者がこのような分野に関する ML 業務に携わっているのであれば、公正性について、特に、読者の国の差別禁止法で実施されている公正性について、深く調べる必要があるでしょう。

6.2　プライバシー

　プライバシーという概念は、学問的に定義するのが難しいことで知られています。そのため、プライバシー対策は、特に将来性という点で難しいことが示されています。ビッグデータの台頭はその代表的な例です。

　かつて専門家たちは、非識別化されたデータ、具体的には、名前や住所などの個人と容易に照合できる識別情報を削除したデータは、公開しても安全だと考えていました。しかしながら、誕生日、人種、郵便番号など、特定の人物の身元とは直接関係ないと思われるが関連するその他の要素に関する情報は、依然として公開されていました。

　ビッグデータの出現により、多くのデータセットが編集され、多くの場合、重複する人々のグループに関するデータセットが編集され、その後、例えば、ほとんどのアメリカ人について、誕生日、郵便番号、性別を知るだけで、非識別化されたデータセットからその人を特定することが可能だと判明しました[13]。さらに、世界はますます新しいデータセットで溢れかえっています。あるときはデータ漏洩の結果として、またあるときは人々が自発的に自分自身についての情報を共有した結果として、その情報にはどんな不気味なストーカーでも、非常に簡単にアクセスできるようになっています（https://oreil.ly/AOVNs）。世界は匿名の場所だと思いたいかもしれませんが、そうではなかったのです。

　プライバシーに関する 2 つの重要な考え方を、プライバシーの概念にどのように関係するかという観点から、また、個人情報を含む既存のデータセットを、個人のアイデンティティを損なうことなく利用または公開できるデータセットにどのように変えるかという観点から、ここで説明します。

---

[13] 再識別化の初期の例については、Latanya Sweeney の研究を記述した Nate Anderson による「"Anonymized" Data Really Isn'Not - And Here's Why Not」（https://oreil.ly/7nFhr）を参照してください。

k-匿名性

k-匿名性の背景にある考え方は、あるデータセットにおいて、関心のあるカテゴリの任意の組み合わせについて、任意のバケットに該当する個人が（外部から指定された）少なくとも k 人存在しなければならないというものです。したがって、例えば、ある町の個人をリストしたデータセットに k-匿名性を適用するには、郵便番号、出生情報、性別のどのカテゴリについても、少なくとも 10 人の個人が存在するようにデータをバケット化する必要があります。これを達成する方法はたくさんあるでしょう。誕生日を月または年のレベルで報告することや、郵便番号の最初の 4 桁だけを報告することなどが挙げられます。

このプライバシーと予防措置の概念は、本質的にプライバシーをデータセット内の小さすぎるグループに入らないこととして概念化しています。推薦されるサイズ（https://oreil.ly/zl6MO）は、医療分野では少なくとも 5 ですが、k のサイズははるかに大きい（50 より大きいことさえある）ことが好ましいと報告されています。k の適切なサイズは特定の領域によって異なり、データの機密性、大きな k で有用なデータセットを構築できる可能性、他の既知の潜在的なリンク可能なデータセットがある場合の再識別の可能性に関して、異なる意味を持つ可能性などを考慮する必要があります。

差分プライバシー

この数学的手法は、データにノイズを加えることで、そのノイズを加えたデータにアクセスしたときに、特定の個人に関する推論を行う可能性（より重要なのは可能性がないこと）を確率的に保証するものです。差分プライバシーの背景にある考え方は、ある個人がデータセットに含まれるか含まれないかが、平均値や他の統計の計算などの操作に影響を与えることはプライバシー上の問題であり、データセットの情報が集約された統計量に基づいて推測される可能性があるということです。そのため、例えば、あるクラスの平均年齢が報告され、ある個人を含むグループと含まないグループの大きさが報告されれば、その個人の年齢を知ることができます。しかし、差分プライバシーが適用された場合、確率的に、事前に指定された精度のレベルで、事前に指定されたクエリ回数が与えられた場合、その個人の年齢を推測することは不可能になります[†14]。差分プライバシーは、集計統計の計算だけでなく、モデルの出力や訓練が特定のデータポイントを含むことを条件としないことを保証する方法を用いて、ML モデルの訓練などの広い範囲で適用でき、非常に広範囲に適用できます。

このようなプライバシーの概念は非常に技術的な話に見えるかもしれませんが、オープンデータセットの責任あるプライバシー保護されたリリースの管理や、法的に意味のある技術的な変換であることを保証するなど、現実のプライバシー問題に関連しています。例えば、EU の GDPR は個人にデータ削除の権利を与えています。しかし、ML モデルが既に学習した場合、その削除の権

[†14] 差分プライベートデータセットに何度もクエリをかけると、差分プライバシー保障に違反する可能性があります。なぜなら、このような保証は、設定されたクエリ回数の範囲内でのみ有効であり、差分プライバシーを保障しながら行うことができるクエリの回数が制限されているからです。

利は全く意味をなさないかもしれません。例えば、個人が自分のデータを削除する権利は、MLモデルが自分のデータも「忘れた」ことを証明するよう企業に強制できることを意味するのでしょうか[†15]。

この懸念に対して、差分プライバシーを持つモデルをどのように訓練すれば対処できるかを研究している者もいます。しかし、差分プライバシーを保証したMLモデルを作成することは、技術的な課題がまだあり、かなりチャレンジングなことです。そのため、今のところ差分プライバシーと高いレベルの性能の両方を同時に保証することは困難です[†16]。

6.2.1 プライバシーを守る方法

k-匿名性と差分プライバシーに関して前述した定義とシナリオは、プライバシーと計算手段の非常に特殊な概念に言及しました。そして実際、プライバシーはそれ自体が高度に技術的で専門的な分野であり、おそらく実装に関しては専門家に任せるのが最善でしょう[†17]。しかし、透明で、実装が簡単で、有意義なプライバシー強化手段も多数あります。独自のワークフローにそれらを組み込むべきですし、おそらく、それらをカスタマイズする必要もあります。

これらは、システム管理者やコンプライアンス問題を扱う人々にとっては、既に馴染みのある概念でしょう。しかし、データサイエンティストやMLエンジニアにとっては、時として全く馴染みのないものです。今後、これらを基本的なプロジェクトの仕様や日常的な実践と検討の一部として取り入れていただければ幸いです。

6.2.1.1 技術的対策

技術的な対策としては以下のようなものがあります。

アクセス制御

プライバシーを守り、脅威を減らすための重要な方法は、強固なアクセス制御を導入することです。MLエンジニアは、自由にデータにアクセスしたり閲覧したりできるのではなく、特定の目的のためにアクセス権を要求する必要があります。同様に、アクセス権は定期的に見直され、スタッフがアクセスするための理由がなくなったデータへのアクセス権を保持しないようにする必要があります。

アクセス履歴の記録

誰が、いつ、特定の形式のデータにアクセスしたかを記録します。これにより、データの使用パターンを理解し、誰かがデータに不適切にアクセスしている可能性を発見し、後に不適

[†15] 理論的には、訓練データが削除されるたびに、モデルを完全に再度訓練できます。しかし実際には、それは非常に無駄で非現実的なことであり、不必要なことでもあります。この分野では、技術的ニーズ、持続可能性への懸念、プライバシーに対する個人の権利をどのようにうまく共存させることができるかを理解するために、さらに研究を行う必要があります。

[†16] 差分プライバシーが最高レベルの精度を達成できない理由の1つは、差分プライバシーモデルを作成するために使用される手法に関係しています。重要な点の1つはノイズを加えていることであり、これは精度を低下させます。

[†17] お勧めの勉強法として、まずは TensorFlow Privacy のリポジトリで始めてください (https://github.com/tensorflow/privacy)。これには差分プライベートモデルのための訓練アルゴリズムが含まれます。

切な使用が疑われた場合に備えて証拠を保全できます。このようなログを分析することで、元の用途とは異なる用途でアクセスされるデータの範囲を減らすために、データ格納スキーマをリファクタリングする方法を示すこともできます。例えば、ある ML モデルが、単に 1 つの列にアクセスするために、機密性の高いデータへのアクセスを要求している場合、不必要な情報を含むデータ全体へのアクセスを許可するのではなく、データを分割し、そのデータ列にのみアクセスできるようにすることを検討してください。

データの最小化

データの収集と使用は最小限に抑えるべきです。将来「役に立つかもしれない」という理由だけでデータを収集すべきではありません。データの記録は、そのデータに対する即時のユースケース（できれば、データが収集された人々にとって何らかの利益がある場合）がある場合にのみ行われるべきです。

データの分離

正当なビジネス用途に必要なデータは、ML モデルの作成に関連しそうもない機密データ（名前や住所など）から分離されるべきです。例えば、ユーザーのクリックを予測するために、ユーザーの名前や住所を知る正当な理由があるとは思えません[18]。したがって、その情報を、過去の閲覧履歴や人口統計学的情報など、その特定の予測タスクに役立つ可能性のある情報と一緒に保存する理由はありません[19]。前述のように、データアクセスログを調査することは、ML アプリケーションへのデータの露出を最小限に抑えるために、データストレージをリファクタリングできる方法を特定するのに役立ちます。

6.2.1.2　制度的措置

制度的な措置も紹介しましょう。

倫理訓練

新しい領域に足を踏み入れる際には、全員に対して倫理訓練が必要です。ML エンジニアは、一般的な倫理訓練（データのバイアスの可能性など）だけでなく、特定のユースケースのためのアルゴリズムを構築する際のドメインに特化した訓練も受けるべきですが、通常はあまり行われません。組織では、プライバシーや倫理に関する正式な議論や訓練が行われて

---

[18] 別の問題として、クリック予測はどのような場合に有益なもので、どのような場合に AI にとって厄介な懸念をもたらすのか、ということがあります。クリック予測の多くの例がそうであるように、誰かの嗜好や興味を予測することが有益な利用法であることは間違いありません。その一方で、一般的な人間の嗜好の変化しやすさと、オンライン環境における行動や嗜好の操作という特殊なシナリオの両方に関する研究の増加は、嗜好の**適合**（人々が望むものを与える）と、嗜好の**操作**（あなたが持っているものを人々が欲しがるようにする）を表すクリック予測を混同する危険性も指摘しています。後者には明らかに公平性に関する多くの懸念があり、**ダークパターン**に関する文献の増加に関連しています。ダークパターンとは、デジタル製品のユーザーを、ユーザーの利益に反する（しかし製品の設計者の利益にはなる）方向に導く傾向のあるデジタルデザインパターンのことです。

[19] もちろん、一見匿名に見える情報と個人情報との間に強い相関関係があるデータセットもあるため、人口統計学的情報を含めることは問題となる可能性があります。

いないことがあまりにも多く見られます。

データアクセスガイドライン

既に述べた技術的な対策に加えて、データへの適切なアクセスとそのデータの使用、および
どのような使用例が明示的に禁止されているかに関して、明確なルールを持つことは大切な
ことです。明確な倫理規則の欠如は、説明責任のない組織文化につながる可能性がありま
す。組織は、明確なデータアクセスと適切なデータ使用ガイドラインを、アクセス可能で、
わかりやすい場所に設置すべきです。

プライバシーバイデザイン

プライバシーバイデザインは、ML パイプラインや ML 駆動型製品を含む、あらゆるデジタ
ル製品に適用できる一連の設計原則です。プライバシーバイデザインの考え方は、プライバ
シーは既に存在するプロセスの最後に付け加えられるべきものではないということです。む
しろ、プライバシーは最初から設計の考慮事項に内在すべきものであり、全ての作業段階で
扱われる疑問や懸念であるべきです。プライバシーバイデザインは、ML 開発の全ての要素
においてプライバシーを確保するための、柔軟かつ汎用的な考え方です。

これらは全て基本的で明白な考え方のように思えるかもしれませんが、規模の大小を問わず、こ
れらの基本的なことを行っている組織や、プライバシーや公平性の課題に似たものを追求している
組織はほとんどありません。新興企業であろうと、学術機関であろうと、大企業であろうと、組織
の ML パイプラインにおいてプライバシーを強化するために貢献できることがほぼ確実にあるは
ずです。

データアクセスガイドライン

もし正式なデータアクセスガイドラインがない組織にいるのであれば、ここに簡単な例をい
くつか挙げるので参考にしてみてください。

- データを個人的に使用しない（つまり、あなたのいとこがデータベースに登録されたこ
  とがあるかどうかを調べない）。
- 知り合いのデータを調査しない（いとこについても同様）。
- 知るべきでない、あるいは PR 上の問題を引き起こす可能性のある分析を行わな
  い（Uber の「Rides of Glory」サイトにある Uber の誤った判断によるブログ記事
  〔https://oreil.ly/578qJ〕を思い浮かべてください）。

要するに、組織内で具体的な措置を講じることで、プライバシーを保護する様々な方法があるの
です。残念ながら、このような措置がとられることはほとんどありませんが、簡単で効果的なもの

はたくさんあります。このような単純な取り組みを独自のワークフローで始めることで失うものは何もありません。そして、得るものはたくさんあります。

6.2.2　法律上の注意

　通常デジタル製品に影響するプライバシー法について広範なレビューを行うことは本書の範囲をはるかに超えているので、ここでは、プライバシーと ML に関連する法律のいくつかの主要なカテゴリに焦点を当てます。

データ漏洩通知法

　データ漏洩通知法は、データが漏洩した場合、データ所有者に対して、そのデータに関連する人々に通知することを義務付けています。コンプライアンスを確保するため、このような法律は通常、データ保有者がデータ侵害に気づきながら適切な通知を行わなかった場合、厳しい罰則を適用します。このような法律は、データ侵害に気づくべきであったデータ所有者にも適用されることがあり、企業が単に知らないままでいることを選択できないようにしています。このような法律があっても、データ漏洩が時間の経過とともに指数関数的に増加するのを防ぐことはできなかったことがこれまでの実証研究で示されています。とはいえ、このような法律は、個人情報の漏洩によって消費者が最も危険にさらされる可能性のある時期について消費者に通知する上で有用です。

データ保護法と個人情報保護法

　データ保護法の最も顕著な例は、EU の GDPR です。世界中の多くの国でデータ保護法が制定されており、オンラインサイトが収集するデータの内容や、そのデータを使ってサイトが行うこと、さらにはそのデータが正しいかどうかを知る権利など、基本的な権利が与えられています。法律によってはさらに踏み込んで、消費者にデータ収集をオプトアウトする権限を与えたり、データを削除させたり、データ販売からブロックさせたりする権利を与えたりもしています。残念ながら、実証的な調査によると、消費者向けのアプリケーションでは、このような法律は広く無視されているようです。とはいえ、このような法律は、消費者が自分のプライバシーを保護するための手段を消費者自身に与えるものであり有用です。

不公平かつ欺瞞的な行為に対する法律

　米国には包括的な個人情報保護制度がないため、より一般的な消費者保護法のこのカテゴリは、米国の文脈では重要です。消費者保護の重要な執行源である米国連邦取引委員会は、消費者のプライバシーを保護する手段として、企業がそのビジネスの中で公正さや誠実さに欠ける行為があったと認定する訴訟を起こすことがあります。自社が作成しウェブサイトに記載しているプライバシーポリシーの条項さえ尊重しない企業もあります。したがって、少なくとも、組織がデータ収集と ML モデリング機能を構築する際に、そのような行為が一般向けのプライバシーポリシーや利用規約と一致していることを確認することは不可欠です。

6.3　責任ある AI

責任ある AI は、ML システムの訓練やデプロイ時に考慮すべき倫理的懸念として使われるようになっています。これは成長分野であり、産業界も学界も、責任ある AI によって対処されるべき、あるいは対処できる問題の範囲について、まだしっかりと把握していないと考えて良いでしょう。ここでは、近年注目されているいくつかの問題を取り上げます。ただし、ここでの問題は一部であり、責任ある AI の価値を網羅的に記載しているわけではありません。

6.3.1　説明性

ML モデルの**説明性**とは、ML システムがどのように動作するかを説明するために、ML システムに関する情報を分析し提示するプロセスのことです。このプロセスと、モデルを人間の理解に従順なものにするという目標は、しばしば**説明可能性**という単語で議論され、ML に関する重要な関心分野となっています。多くの人は、ML システムが自分たちに影響を与える特定の結果に至った理由を理解する一環として、ML システムがなぜそのように動作しているのかを理解したいと考えています[20]。

技術的な理由と倫理的な理由の両方から、ML モデルがどのように機能するのか、あるいは特定のケースでなぜ特定の結果に至ったのかを「説明」できる手法を持つことが望ましいです。説明可能な AI の技術的な動機は、モデルの品質を制御し、モデルを通してデータについての情報を得ることにあります。モデルの説明手法を開発する技術者は、なぜそのモデルがうまく機能しているのか、あるいはうまく機能していないのかについての洞察を得ることができ、さらにはデータの根底にある領域について何かを学べるかもしれません。説明可能な ML を求める倫理学者や擁護者も同様の期待を持っていますが、理由は異なります。それらの人たちは、モデルがどのように結論に至ったかを知ることで、その結論の影響を受ける人々が納得できるように、あるいは ML の結論が意味をなさない場合に異議を唱えることができるための根拠を求めています。

しかし、説明とは単純なものではありません。説明には様々な目的があり、そのため、説明の目的や対象によって、実に様々な情報が説明となります。このように、模範的な説明は、医師や弁護士などの高度な訓練を受けた専門職が、特定の聴衆に現実の状況についてアドバイスや診断を下そうとする際に直面する問題を考えることに似ています。例えば、医師が推薦される治療法とそれに伴うリスクについて説明するとき、医師は聴衆に合わせて説明を変えます。例えば、医師が推薦される治療法とそれに伴うリスクについて説明する場合、医師仲間にはある説明をし、生物工学の学位を持っていることが知られている患者には、それほど専門的ではないが厳密な説明をし、認知症を患っているがまだ自分で医療上の決定を下すことができるかもしれない人には別の説明をするでしょう。このように、説明というものは、その説明の聴衆あるいは**消費者**によって異なることがわかると思います。

人にされる説明もその**目的**に依存して変わります。もし、ML での説明の目的が、モデルが正し

---

[20]　責任ある AI にとっての説明可能性の重要性と、それを正しく理解することの難しさを学ぶためにまず、Brent Mittelstadt らによる「Explaining Explanations in AI」（https://oreil.ly/OOeoT）を読むことをお勧めします。

い理由で正しい決定をしているかどうかのような、モデルの品質を検査するためであれば、グローバルな説明が好まれます。**グローバル**な説明とは、モデルが一般的にどのように機能し、なぜ特定の一般的な決定ルールに従うのかを示すものです。一方、説明の目的が、信用供与を拒否された（あるいは別の望ましくない結果を招いた）特定の人が、将来その可能性を高めるのに役立つような形でその理由を知ることができるようにすることであれば、その人はローカルな説明が好ましいです。**ローカル**な説明は、特にその人が融資を拒否された理由と、今後行う可能性のある最も実行可能な対策を説明するものです。

　現時点では、これ以上の詳しい説明は省きます。ここでの目的は、以下の重要なポイントを理解してもらうことです。

- モデルについての正しい説明は1つではない。
- 説明は聴衆と目的に合わせる必要がある。
- 説明は有用で、時には実行可能でなければならない。

　具体的に何をすべきかという点では、MLの説明手法をよりよく知るために、最初の段階で最低限やっておくべきことは以下のようなことです。

- 少なくとも、アルゴリズムに使用されている入力を知ることは、エンドユーザーにとって有益です（この最小限の情報でさえ、得られないことがよくあります）。相対的な特徴量の重要度のリストを提供できればなお良いです。このモデルは、一般の人々が見て理解できるように、目立つ場所にわかりやすい言葉で配置された場合に最も意味があります。
- 説明可能な直感的で具体的な情報を得るもう1つの簡単な方法は、テスト入力、おそらく反事実の組み合わせを生成し、それらに対する出力を見ることです。例えば、いくつかの反実仮想の組み合わせは、あるユースケースでは問題にならない（例えば、性別の反実仮想は与信の決定を変えない）はずですが、他のものは間違いなく問題になるはずです（例えば、体重の反実仮想はおそらくしばしば医療介入の決定を変えるでしょう）。これらは、基本的なテストであると同時に、決定主体である人々に例示的な説明を提供する方法として使用できます。
- グローバルな説明（全体的なモデルの説明）かローカルな説明（特定のMLモデルの決定／分類の説明）、そのためのいくつかの手法を検討します。その手法は、読者やML製品が行う決定の種類に特に適しているでしょうか。

　様々な説明技法が登場するにつれて、研究者の中には、どのようなシステムが様々な目的を果たし、どのような使い方が適切であるかについて、有益な指針を提示している人もいます[21]。最も重要な考慮点は、説明のエンドユーザー自身のレベル（洗練度）と、説明を提供する目的を決定す

---

[21] 「Explainable Machine Learning for Public Policy: Use Cases, Gaps, and Research Directions」（https://arxiv.org/pdf/2010.14374.pdf）は、どのような説明が有用である可能性が高いかを検討する上で、非常にわかりやすい例を提示しています。

124 | 6 章　公正さ、プライバシー、倫理的な ML システム

ることです。それに応じて、少なくとも 1 つ、通常はそれ以上の技術的な選択肢（オープンソースであり、専門家によって既に実装されているもの）から選択できる場合が多くあります[†22]。

6.3.2　有効性

ML の**有効性**、つまり ML 製品が実際に正しく望ましい目標を達成することは、責任を持って ML をデプロイするための鍵です。しかし、Cathy O'Neil の『Weapons of Math Destruction』（Crown、2016 年、未訳）によって特に強調されたように、ML の特に心配な要素は、多くの場合において、ML の自己実現になりうるということです。つまり、ML はうまくいっているように見えるかもしれませんが、それは全く的外れな理由からである可能性があります。

O'Neil が行ったように、採用目的の ML 製品を考えてみましょう。候補者に自動的に不採用のフラグを立てることができます。おそらく ML アルゴリズムは、その候補者が良くない候補者であることを正しく示しているのでしょうが、採用しなかったために、その候補者が良い採用者であったかどうかを知ることができない可能性もあります。しかし、もし様々な ML アルゴリズムが同じロジックで特定の候補者を採用しないのであれば、その候補者は仕事のチャンスを得られず、私たちはその候補者が良い仕事ができたのかどうかを実際に知ることができません（体系的なデータの欠落の事例）。

もし誰かが ML アルゴリズムによって特定のラベルを貼られた場合、たとえ人間があるレベルの監視を行うことになっていたとしても、そのラベルが問題の解決に用いられることがあります[†23]。その求職者が採用されないのは、おそらく、実際にその求職者が劣った選択肢であったからではなく、アルゴリズムが劣った選択肢であるとレッテルを貼ったからに他なりません。そしておそらく、多くの潜在的な雇用主にわたって同じまたは類似のアルゴリズムを使用することで、状況はさらに悪化します。おそらくその求職者は、デプロイされた多くの同じアルゴリズムに直面することになり、その結果、無職の期間が延長されるか、あるいは無期限になることさえあります。ある時点で、その失業期間自体が、ML アルゴリズムが誰かを雇う際の特徴量として使う可能性が高くなるでしょう。

この懸念は、O'Neil が潜在的な逸話として挙げているシナリオだけにとどまらず、議員たちも懸念しています。例えば、最近提案された Algorithmic Justice and Online Platform Transparency Act of 2021（https://oreil.ly/iVwyj）では、米国の上院議員 Ed Markey と下院議員 Doris Matsui が、安全で効果的なアルゴリズムのみを合法とすることを提案しています。アルゴリズムの有効性は、ML アルゴリズムが「その所望または意図する結果を生み出す能力を有する」ことを示すこと

[†22] IBM の AI Explainability 360 library（https://ai-explainability-360.org）は、モデル説明のための様々な最先端の研究手法を含む、使いやすいオープンソースライブラリです。このツールキットは、API と、ライブラリのメソッドを適用するための幅広い使用例を含むチュートリアルを提供しています。

[†23] 極端な例として、ポーランドが失業中の求職者を 3 つのカテゴリに分類するアルゴリズムを導入したことを考えてみましょう。最初にアルゴリズムによる評価が行われ、そこから職員が変更することは理論上可能でした。実際には、アルゴリズムによるラベルを変えたケースはわずか 0.58 ％でした。詳しくは Jędrzej Niklas らによる「Profiling the Unemployed in Poland」（https://oreil.ly/eBvcv）を参照してください。

によって立証されるとしています[†24]。

この法律、あるいは同様の有効性の要件を考えると、自己実現的な採用アルゴリズムの O'Neil の例がどのように展開するべきかを考えることができます。採用 ML アルゴリズムの設計者は、そのアルゴリズムが、単に誰が採用されそうにないかを予測するのではなく、実際に誰が良い従業員になるかを予測したことを示さなければなりません。これを考える 1 つの方法は、**外部妥当性**です。つまり、アルゴリズムに力を与える発見や結論が、重要な一般的で現実的な概念に変換されるという考え方です。有効性を示すという要件は、アルゴリズムの論理が外的に妥当であること、つまりある程度合理的な程度まで一般化されるという要件に似ています。

自己実現的なアルゴリズムは、もちろんアルゴリズムの有効性に関する唯一のテーマではありません。この概念に関連する他の用語をここで簡単に説明します。

堅牢性

アルゴリズムは、予見可能な攻撃や誤用に対して耐性があり、そのような予見可能な悪用を制限または防止するように設計されている場合にのみ有用です。

検証された性能

モデルは配備されたユースケースで機能しなければなりません。モデルは、新しい母集団、あるいは長期間にわたって適用される場合など、新しい状況でデプロイされるときはいつでも、性能を検証されなければなりません。

論理

ML モデルは「人間には見えないパターンを見つける」ことができるとして、ML を称賛する人もいますが、時には識別されたパターンが意味をなさない、あるいは間違った理由で意味をなさないこともあります。もし特定の入力の関連性の論理が基本的なテストに合格しないなら、それは調査するべきです。ある程度の論理性を要求することは、有効性に関する責任ある AI の目標とも一致します。

6.3.3　社会的、文化的妥当性

ML の責任ある利用を考慮するもう 1 つの要素は、社会的状況や社会的影響のある場面での、より一般的なテクノロジーの許容される利用方法に関するものです。観察者や決定者といった全ての役割は、機械が適切なのでしょうか。例えば、アルゴリズムによって、自分が恐ろしい病気で死ぬと告げられることを望むでしょうか。同様に、自分の子供を ML 製品に「見てもらいたい」でしょうか、それとも人間のベビーシッターに「見てもらいたい」でしょうか。「気にしない」人もいるでしょうし、「気にする」人もいるでしょう。人々がアルゴリズム製品を拒否するのは、アルゴリズム製品に対する安全性への懸念というよりも、人間の尊厳や社会的尊重に関連する考え方のため

[†24] 法案の全文引用は、「アルゴリズムによるプロセスは、アルゴリズムによるプロセスを採用または利用するオンラインプラットフォームが、アルゴリズミックプロセスが所望または意図する結果を生み出す能力を有することを保証するための合理的な措置を講じている場合に有効である」です。

であることもあります。つまり、何かがうまく自動化できるからといって、アルゴリズムと対話するときに人々が尊重されていると感じられる保証はないのです。

人間の尊厳に関するこのような文化的な懸念は、単に話題としてだけでなく、ML 製品の利用者にも適用できます。例えば、最近の X（旧 Twitter）の責任ある AI の研究では、ある機能（この場合、写真の切り抜き機能）を公平にする最善の方法は、写真を投稿する人々の自律性と主体性を促すため、機能を改良するのではなく、その機能を削除することだと最終的に結論づけています（https://oreil.ly/YsWXs）。最善の解決策は、技術的な「解決策」を取り除くこともあります。

6.4　ML パイプラインに沿った責任ある AI

前節までに説明した責任ある AI に関連する様々な具体的な懸念事項は、実際の ML パイプラインの過程で必然的に重複することになります。本節では、読者が ML パイプラインのどの段階にいるかに応じて、読者自身と読者のチームに投げかけるべき質問に関連する具体的なポイントを紹介します。

6.4.1　ユースケースについてのブレインストーミング

おそらく新しいビジネスチャンスを見出したり、新しいデータを得る可能性を見出したりして、ユースケースの候補をブレインストーミングしているのであれば、次のような問いについて考えるべきです。

- プライバシーを侵害するようなユースケースですか。もしそうなら、プライバシー保護を組み込むためにどのような予防措置を最初からとりますか。
- このユースケースは、人間の尊厳や社会的期待に関する根本的な懸念に触れるものであり、アルゴリズムによるアプローチの適切な使用範囲にさらなる制限を加える必要がありますか。

ML による決定や分類は、公平性が特に守られるべき重要な決定でしょうか。もしそうなら、それが達成できる指標はあるでしょうか。何をもって**重要**とするかは様々ですが、法的効果を持つ決定、または法的効果に類似した決定（雇用や教育など）を重要だと理解されることもあります。**重要**を定義するもう 1 つの方法は、まず自分の組織の中で、誤った決定が決定対象者に最も重大な影響を与える領域に対し、それらのモデルを用いてみることです。

6.4.2　データの収集とクレンジング

パイプラインのこの時点では、ユースケースが決定され、データが探索され、モデリングのためにデータが準備されているでしょう。ここで、以下の懸念事項に対処する必要があります。

6.4 ML パイプラインに沿った責任ある AI | **127**

- データは、インフォームドコンセントを尊重した方法で取得されているでしょうか[†25]。データの使用目的を、合理的で透明性のある方法で対象者に開示しましたか。
- プライバシー保護を促進し、意図しない開示の可能性を最小限に抑える方法でデータを保存していますか。
- データの潜在的なバイアスを探すために、探索的データ分析を行いましたか。

6.4.3　モデルの作成と訓練

これでデータを受け取ったことになり、いよいよモデリングを行うときが来ました。

- バイアスを監視し、積極的に対処するための計画を考えましたか。バイアスの潜在的な害やユースケースの特定の規範的価値観や法的制限に基づき、様々な形の公正介入の中からどのように選択するのでしょうか。
- 訓練したモデルからのデータ漏洩を減らし、悪意ある攻撃に対する堅牢性を高めるような方法で訓練していますか（https://arxiv.org/abs/1412.6572）。
- 全ての誤りに対し、同じ損失値に設定するのではなく、誤りごとの損害の程度を損失関数で考慮しましたか。
- 特定の用途における精度と説明可能性の重要性を理解した上で、モデルアーキテクチャ（例えば、ブラックボックスなニューラルネットワークや解釈可能な線形関数）を選択しましたか。
- 科学的法則のような強力な予測値を持つ知識があるドメインの場合、そのドメイン知識をモデルアーキテクチャや訓練方法に反映させていますか。

6.4.4　モデルの検証と品質評価

　パイプラインのこの段階では、精度の観点から限りなく良いと思われるモデルが得られるかもしれません。次に行うべきことは、理性的な方法でモデル開発を進める承認を得るか、モデルを訓練に戻すかを決めることです。

- モデルはプロキシ環境で訓練されましたか。もしそうなら、そのプロキシの使用を正当化するためにどのようなデータが利用可能かを確認しましたか。
- 現実的に状況において、ホールドアウト検証データを用いてモデルを堅牢に評価しましたか。基本的な精度は、ビジネス目標や技術的な指標であると同時に、倫理的な義務であることに変わりはありません。
- モデルのグローバルな挙動を理解できていますか。また、個人からの問い合わせがあった場

[†25] **同意**の定義が複雑であることに注意してください。結局のところ、GDPR の後に急増したポップアップの同意通知を評価する人はいません。ここでの**同意**は、狭義ではなく広義に捉えるべきです。

合に、出力に対して説明できますか（詳しくは 9 章を参照）。

6.4.5　モデルのデプロイメント

さて、いよいよ準備したモデルを予定された用途に使えるようにするときが来ました。

- 実際の使用におけるシステムの性能を継続的に評価するための監視プログラムを導入していますか。性能は、従来の評価指標（正解率など）だけでなく、（前述したような）公平性に関しても評価できていますか。
- モデルが予定通りに機能しているかどうかを評価するための基準を事前に用意しましたか[26]。
- 実際のローンチの前に、反実仮想的にモデルがどのように機能するかをオンラインモードでモデルを実行してみましたか。あるいは、別の方法として、シャドウモデルを試すこともできます。シャドウモデルは、ユーザーに結果を表示せずに、データに対して予測を行います。これは、実際のデプロイに伴うリスクを負うことなく、実際の環境でのモデル性能を理解するための中間ステップとなります。

6.4.6　市場に向けた運用

モデルの使用目的が内部向けであろうと外部向けであろうと、公平性とプライバシー保護に関する同じ基準を満たす必要があります。しかし、一般的に外部ユーザーが直接アクセスするモデルには、さらに満たさなければならない要件があります。

モデルの最終目標が人に利用してもらうことであるならば、以下を考慮する必要があります。

- 決定に異議を申し立てるための手段や方法を用意しますか。するならどのような方法ですか。
- ML システムがどのように機能するかについての説明、場合によってはその結果がどのように計算されたかについての個人への具体的な説明機能も追加しますか[27]。
- 想定していなかった出来事や問題をどのように検知しますか。現在知らないことを、どのように検知するのでしょうか。

6.5　まとめ

実世界の ML システムの設計、訓練、デプロイに関連する、多くの公平性、プライバシー、その

---

[26] 事前にこれらの基準を定めておくと、「ごまかし」や成績不振を後から言い訳することができなくなります。その基準を厳格に守る必要はありませんが、たとえ時間が経っても後からその基準を見直したときに、何が良い仕事なのかについて再確認でき、正直であり続けることができます。

[27] 前述したように、モデルカードはまさにこれを達成するための 1 つのシステムです。

他の倫理的配慮についてレビューしました。これらのトピックは非常に複雑です。本章は、ML シ
ステムの設計とデプロイにおいて考慮すべき重要な問題の一例を、読者や読者の組織に提示してき
ました。より詳しく理解するためには、これらのトピックに関する多くの優れた学習教材や学術研
究論文が世に出ていますので、読んでみてください[28]。

とりあえず、この複雑な問題に直面して気を落とさないでください。まずは以下のことを行って
みましょう。

- 職場の基本的なルールと対策手段を作りましょう。
- 人が認識できる変更は、計算技術よりも理解しやすく、透明性が高いことが多いです。
- 制度の変更により、人々が会議で倫理的な懸念を話題にするようになりました。公平性を保
  つためには、このような話題が挙がるのは良いことです。会議では手を挙げて、自分が抱い
  ている公平性に関する懸念を述べてみてください。まずは小さなことから始め（データのア
  クセス権、リコースインターフェイス、統計的公平性）、時間の経過とともに、より目標に
  近づくことができます。例えば、積極的に ML モデルを操作し、有害な出力をしないかなど
  の脆弱性を確認する**レッドチーム**を作ることなどによって、組織はもっと前進できます。
- 倫理指針は、新しいプロジェクトを開始したり、完成した製品の発売を承認したりする際
  の、実用的なチェックリストとしても役立ちます。
- 公平性、プライバシー、倫理に関する懸念事項については、開発時から日常的に確認しま
  しょう。
- ML における公平性、プライバシー、その他の倫理的問題のほとんどは、構想段階や作成段
  階で発生します。プロジェクトが良いアイデアであるかどうかを考える際に、いくつか質問
  をしてみましょう。
- 入手した公正なデータを合法的かつ倫理的な方法で使用していますか。Gebru ら
  は、データとその適切な使用を文書化するための素晴らしい枠組みを教えてくれます
  （https://oreil.ly/6Vo2R、2021 年）。
- データのセキュリティとプライバシーを守るために、適切な労働環境が整備されていますか。
- 考案した目標を達成した場合、それは世界全体にとって良いこと（あるいは少なくとも中立
  的なこと）でしょうか。
- 責任ある AI を実践する好循環を生み出しましょう。
- より多くのことを学び、より長い間、責任ある AI の懸念を心にとどめておけばおくほど、
  ML パイプラインと ML 製品は、より公平性を反映した出力をしてくれることでしょう。
- もし責任ある AI について毎日少しずつ学び、それを自分の仕事に少しずつ導入することが
  できれば、1 年後には目覚ましい進歩を実感できることでしょう。

世界をより良い場所にするために ML 製品の開発（時には使わないことも含めて）を始める皆さ

---

[28] 手前味噌になりますが、Aileen Nielsen 著の実践的 ML 倫理入門書『Practical Fairness』（2020 年）も O'Reilly か
ら出版されています。

んの幸運を祈っています。

7章
MLモデル訓練システム

ML モデルの訓練は、入力データをモデルに変換するプロセスです。ほとんどの場合、前処理済みで効率的な方法で保存された入力データを、一連の ML アルゴリズムで処理します。出力は、他のアプリケーションに統合することができる**モデル**と呼ばれるデータ表現です。モデルとは何かについての詳細は 3 章を参照してください。

訓練アルゴリズムは、ソフトウェアがデータを読み取り、そのデータを表現しようとモデルを更新する具体的な手順です。一方、**訓練システム**は、そのアルゴリズムを取り巻くソフトウェア全体を指します。ML 訓練システムの最も単純な実装では、単一のコンピュータ上で単一のプロセスが実行され、データを読み込み、そのデータに対して何らかのクレンジングと一貫性のある処理を行い、ML アルゴリズムを適用します。その結果、データから学習したモデルは、新しい値からデータ表現を作成します。1 台のコンピュータでの訓練は、モデルを構築する最も単純な方法です。大規模なクラウドプロバイダは、強力な構成を有するコンピュータをレンタルしています。運用環境での ML の興味深い使い方の多くは、相当な量のデータを処理するため、1 台以上のコンピュータを用いて処理する必要があることを念頭に置いてください。処理を分散させることは、規模を拡大できますが、同時に複雑さももたらします。

ML 訓練システムは広い概念を含むため、ML 訓練システムは、エンドツーエンドの ML システムの他のどの部分よりも、異なる組織やモデル作成者間で、互いに共通点が少ないかもしれません。8 章では、異なるユースケースであっても、運用システムの基本的な要件の多くが大まかに類似していることがわかります。運用システムは、モデルの表現を受け取り、それを RAM にロードし、アプリケーションから送信されたモデルの内容に関するクエリに応答します。実際の運用システムでは、非常に小さなモデル（例えば、携帯電話上でも稼働するもの）で行うこともあります。時には、1 台のコンピュータに収まらないような巨大なモデルを扱うこともあります。しかし、問題の構造は似ています。

これとは対照的に、訓練システムは、ML のライフサイクルの同じ部分にあるとは限りません（**図1-1** 参照）。訓練システムは入力データの最も近くにある場合もあれば、運用システムからほぼ完全にオフラインで実行される場合もあります。運用プラットフォームに組み込まれ、運用機能と緊密に統合されている訓練システムもあります。訓練システムがモデルの状態を保守して表現する方法を見ると、さらに違いがあることがわかります。このように、よく設計され構造化された ML

訓練システムには様々な違いがあるため、種々の組織でモデルを訓練する方法を全て網羅することは合理的ではありません。

その代わりに、本章では単純な分散 ML 訓練システムのやや理想化されたバージョンについて説明します。ML ループの明確な部分に存在し、データの隣に位置し、モデル品質評価システムと運用システムのための成果物を生成するシステムについて説明します。現実世界で遭遇するほとんどの ML 訓練システムは、このアーキテクチャとは大きな違いがあるでしょうが、ML 訓練システムだけを切り離して見ると、訓練自体の特殊性に焦点を当てることができます。機能的で保守可能な訓練システムに必要な要素を説明し、コストおよび追加の望ましい特性となる種々の利点を評価する方法を説明します。

7.1　必要条件

訓練システムには以下の要素が必要ですが、これらは異なる順序で現れたり、互いに組み合わされたりすることがあります。

訓練対象データ

これには、人によるラベルやアノテーションがあれば、それらも含まれます。このデータは使用するまでに前処理され、標準化されている必要があります。通常、訓練中に効率的にアクセスできるように最適化された形式で保存されます。「訓練中の効率的なアクセス」とは、モデルによって意味が異なる可能性があることに注意してください。また、データはアクセスが保護され、運用ポリシーが適用された環境に保存されるべきです。

モデル設定システム

多くの訓練システムは、訓練システム全体の設定とは別に個々のモデル設定を表現する手段を持っています[1]。モデルを作成するチームやモデルによって使用されるデータに関するメタデータとともに、バージョン管理されたモデルの設定を保存する必要があります。このようにしておくと、後に非常に役に立ちます。

モデル訓練フレームワーク

ほとんどのモデル作成者は、モデル訓練フレームワークを手作業で書くことはないでしょう。ほとんどの ML エンジニアやモデル開発者は、最終的には学習システムフレームワークを利用し、必要に応じてカスタマイズすることになると思われます。これらのフレームワークには、一般的に以下のようなものが備わっています。

---

[1] 最新のフレームワークの多く（特に、TensorFlow、PyTorch、JAX）では、設定用の言語は実際のコードであり、通常は Python が使われます。これは、ML 訓練システムの世界では初心者にとっては頭痛の種ですが、（人によっては）柔軟性があり、慣れ親しんでいるという利点もあります。

オーケストレーション

システムの様々な部分が異なる時間に実行される必要があり、互いに情報を共有する必要があります。このことを**オーケストレーション**と呼びます。オーケストレーションを行うシステムには、次の2つの要素が含まれているものもあります。これらの機能は別々に組み立てることができるので、ここでは分けて説明します。

ジョブ／ワークスケジューリング

通常オーケストレーションの一部であるジョブスケジューリングとは、複数のコンピュータ上で実際にバイナリを起動し、それらを追跡することを指します。

訓練またはモデル開発ソフトウェア

このソフトウェアは、MLモデルの構築に関連する通常の定型的なタスクを処理します。現在一般的な例としては、TensorFlow や PyTorch などがあります。どれがベストかについては宗教戦争に類する論争が始まる可能性があります。いずれを用いても、モデル開発者は、より速く、より一貫性のあるモデルを構築できます。

モデル品質評価システム

これを訓練システムの一部と考えないエンジニアもいますが、これは訓練システムの一部であるべきです。モデル構築のプロセスは反復的かつ探索的です。モデル開発者はアイデアを試し、そのほとんどを破棄します。モデル品質評価システムは、モデルの性能について迅速かつ一貫したフィードバックを提供し、モデル開発者が迅速に意思決定できるようにします。

モデル品質評価システムは、訓練システムの中で最も省略されがちな部分ですが、実際には必須なものです。

もしモデル品質評価システムがなければ、モデル開発者はそれぞれ場当たり的で信頼性の低いモデルを自分の流儀で構築することになり、組織にとってはコスト高になります。このトピックについては、5章で詳しく説明しています。

運用へのモデルの同期

モデルに対して最後に行うことは、次の段階、通常は運用システムにモデルを送ることです。時にはある種の分析システムに送る場合もあります。

これらの基本的な要件を満たすシステムがあれば、モデル開発者に最低限の生産性の高い技術環境を提供することができるでしょう。しかし、これらの基本的な要素に加えて、信頼性と管理性に特化したインフラを追加したいと思います。これらの要素の中には、この多段パイプラインの監

視、特徴量とモデルのチーム所有権に関するメタデータ、本格的な特徴量保存システムなど、慎重に検討すべきものが含まれています。

7.2　基本的な訓練システムの導入

図7-1は、シンプルですが比較的完全で管理しやすいML学習システムのアーキテクチャ案を示しています[†2]。

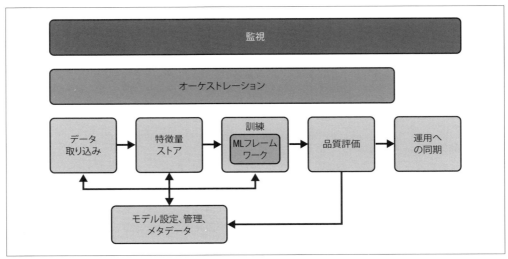

図7-1　ML訓練システムの基本アーキテクチャ

この単純化された訓練システムでは、左からデータが流れ込み、右からモデルが現れます。その間にデータをクレンジング、変換し、読み込みます。次に、MLフレームワークを使い、訓練アルゴリズムを適用してデータをモデルに変換します。そして、出来上がったモデルを、きちんとできているか、有用か、などの視点で評価します。最後に、そのモデルをアプリケーションに統合できるように、運用可能なバージョンを運用システムにコピーします。その間も、メタデータシステムでモデルとデータを追跡し、パイプラインが機能し続けることを確認し、全体を監視します。これらの各コンポーネントの役割について、詳しく説明していきます。

[†2] ある種のMLシステム（特に強化学習システム）は、この構造とは全く異なります。それらは、エージェントやシミュレーションのような追加コンポーネントを持つことが多く、また、ここで「訓練」と呼んでいるものに予測を入れることもあります。これらの違いがあることを承知の上で、ここでは議論を簡単にするために最も一般的なコンポーネントを選びました。読者のシステムでは、これらのコンポーネントの順番が違っているかもしれないし、追加のコンポーネントがあるかもしれません。

7.2.1　特徴量

訓練データとは、モデルに関連すると思われる世界の出来事や事実に関するデータです。**特徴量**とは、そのデータの特定の測定可能な特徴です。具体的には、特徴量とは、同じような状況が与えられた将来の出来事をモデル化し、分類し、予測するのに役立つ可能性が最も高いと考えられるデータの特徴です。特徴量が有用であるためには、特徴量ストア、訓練、品質評価、運用を含むMLシステム全体にわたって、一貫した定義、一貫した正規化、一貫した意味付けが必要となります。詳細は4章を参照してください。

YarnItの購入データの特徴量の1つを「購入価格」としてみましょう。この特徴量を注意して取り扱わないと、良くない結果を導くことが容易に理解できます。まず第一に、購入金額を通貨で標準化し、少なくともモデル内で通貨が混在しないようにする必要があるでしょう。全てを米ドルに換算するとしましょう。特定の時点の為替レート、例えばデータを閲覧している日のロンドンでの取引終了時の終値に基づいて変換することを保証する必要があります。そして、生データを再変換する必要がある場合に備えて、使用した換算値を保存しておく必要があります。データを正規化するか、より大きなバケットやカテゴリに分類する必要があるでしょう。1ドル以下は全て0番目のバケットに、1ドルから5ドルまでは次のバケットに、といった具合に5ドル刻みにしていくのです。こうすることで、ある種の訓練はより効率的になります。また、訓練と運用で、同じ方法で正規化を行う必要があり、もし正規化方法を変更する場合は、全ての場所で慎重に同期して更新する必要があります。

特徴量とその開発は、モデルを作成する際の実験方法として重要な部分です。データのどの特徴がタスクに重要で、どの特徴が関係ないかを把握するために試行錯誤します。言い換えれば、どの特徴量がモデルをより良くするかを知りたいのです。モデルを開発する際には、新しい特徴量を追加したり、既存のログから何を探すべきか新しいアイデアが浮かんだときに古いデータから新しい特徴量を生成したり、重要でないことが判明した特徴量を削除するための簡単な方法が必要になります。特徴量は複雑になりがちです。

7.2.2　特徴量ストア

特徴量は保存する必要があります。それを行うシステムの最も一般的な名称は、**特徴量ストア**です。モデル学習システムが生データを読み込み、その都度特徴を抽出する場合でも、特徴量ストアはその特性を発揮します。多くの人は、抽出された特徴量をある種の専用システムに保存することは便利だと思うでしょう。特にその信頼性は重要です。このトピックについては4章で詳しく説明しています。

そのための一般的なデータ構造の1つは、ディレクトリ内のファイル群（あるいはオブジェクト保存システム内のバケット群）です。明らかに、これは最も洗練されたデータ保存環境ではありませんが、訓練を素早く始められるという大きな利点があります。しかし長期的には、この構造化されていないアプローチには2つの大きな欠点があります。

第一に、システム全体が一貫して正しく機能していることを保証するのは極めて困難です。この

ような構造化されていない特徴エンジニアリング環境を持つシステムでは、訓練と運用間で、（訓練環境と運用環境で特徴量が異なるように定義されているといった）特徴量に異なった定義が施されることにより生じる特徴量のスキュー（歪み）が頻繁に生じます。また、時間の経過とともに、訓練システム単独でも、特徴量の意味付け方法に一貫性がないことに起因する問題が生じます。

2つ目の問題は、構造化されていない特徴量エンジニアリング環境は、協調と革新の妨げになるということです。モデル内の特徴量の出所を理解することが難しくなり、誰が、いつ、何のために特徴量を追加したのかを理解することが難しくなります[3]。協調的な環境では、モデル技術者の多くは、前任者の作業を理解することで非常に大きな利益を得られます。これは、うまく機能するモデルからモデル定義、そして最終的に使用される特徴量まで遡ることができることで容易になります。特徴量ストアは、特徴量の定義と作成者を理解するための一貫した場所を提供し、モデル開発の革新を大幅に改善できます。

7.2.3　モデル管理システム

モデル管理システムは少なくとも3つの機能を提供できます。

モデルに関するメタデータ
　　設定、ハイパーパラメータおよび開発者名。

訓練済みモデルのスナップショット
　　転移学習を使うことで、同じモデルの新しいバリエーションをより効率的にブートストラップするのに便利であり、モデルを誤って削除してしまったときの障害回復にも非常に役立ちます。

特徴量に関するメタデータ
　　特定のモデルによる各特徴量の作成者名と使用法。

これらの機能は理論的には分離可能であり、提供されるソフトウェアでも分離されていることがしばしばあります。しかし、これらの機能を併せることで、エンジニアは運用中のモデルを理解し、モデルがどのように作られ、誰がモデルを作り、どのような機能の上にモデルが作られているかを理解できます。

特徴量ストアと同様に、誰もがモデル管理システムの基本形を持っています。しかしながら、それが「リードモデル開発者のホームディレクトリにある設定ファイルやスクリプトなら何でもいい」というレベルであれば、その柔軟性が組織のニーズに合っているかどうかを確認することが適切かもしれません。負担が少ないようにモデル管理システムを始めるには、合理的な方法がありま

---

[3]　さらに悪いことに、出所を追跡できない場合、ガバナンス（コンプライアンス、倫理、法律）の問題が発生するでしょう。例えば、訓練したデータが、自分の所有物であること、あるいはこの用途のためにライセンス供与されたものであることを証明できなければ、私たちはそのデータを悪用したという主張を受ける可能性があります。データセットを作成した一連の関係性を証明できなければ、プライバシー規則や法律の遵守を示すことができません。

す。複雑である必要はありませんが、訓練から保管に至るまでの運用を結びつける重要な情報源となるでしょう。このデータがなければ、運用中の問題を常に把握できない可能性があります。

7.2.4　オーケストレーション

オーケストレーションは、訓練システムの他の全ての部分を調整し、追跡するプロセスです。これには通常、モデルの訓練に関連する様々なジョブのスケジューリングや設定、訓練完了時の追跡などが含まれます。オーケストレーションは、ML フレームワークやジョブ／プロセススケジューリングシステムと緊密に結合したシステムによって提供されることが多いですが、必ずしもそうである必要はありません。

ここでのオーケストレーションについては、Apache Airflow を例にとって考えましょう。多くのシステムは技術的にはワークフローオーケストレーションシステムですが、データ分析パイプラインの構築に特化しています（Apache Beam や Spark、Google Cloud Dataflow など）。これらは一般的に、タスクの構造に関する重要な仮定を伴い、追加の統合があり、多くの制限が組み込まれています。Kubernetes はパイプラインオーケストレーションシステムではないことに注意してください。Kubernetes は、コンテナとその中で実行されるタスクをオーケストレーションする手段を持っていますが、一般的に、それ自体では、データがパイプラインをどのように移動するかを指定するのに役立つ種類の手段は提供していません。

7.2.4.1　ジョブ／プロセス／リソーススケジューリングシステム

分散環境で ML 訓練パイプラインを実行する場合、プロセスを開始し、それを追跡し、終了または停止するタイミングを知らせる方法があるでしょう。ジョブやタスクのスケジューリングのために、ローカルまたはクラウドプロバイダ上で集中型サービスを提供している組織で働く人は、その恩恵を受けられるでしょう。それ以外の場合は、オープンソースでも商用でも、一般的な計算リソース管理システムを使うのが一番です。

リソーススケジューリングと管理システムの例としては、前述の Kubernetes のようなソフトウェアがあります。Kubernetes には、コンテナ間のネットワーキングの設定や、コンテナへのリクエストやコンテナからのリクエストの処理など、他にも多くの機能が含まれています。より一般的かつ伝統的には、Docker は仮想マシン（VM）イメージを構成して VM に配布する手段を提供することで、リソーススケジューリングシステムとみなすことができます。

7.2.4.2　ML フレームワーク

ML フレームワークは、アルゴリズムによるアクションが行われる場所です。ML の訓練のポイントは、入力データを**モデル**と呼ばれるデータの表現に変換することです。私たちが使用する ML フレームワークは、必要なモデルを構築するための API を提供し、特徴量を読み込んでモデルに適したデータ構造に変換するための定型的なコードを全て引き受けます。ML フレームワークは一般的にかなり低レベルのもので、議論に上がることが多いですが、結局のところ組織内の ML ループ全体のごく一部です。

7.2.5 品質評価

ML モデルの開発プロセスは、部分的な失敗の連続と、それに続くささやかな成功の連続と考えることができます。最初に試したモデルが、特定の ML 問題に対する最良の解になったり、あるいはそれなりに適切な解になるようなケースはまずありません。したがって、モデル訓練環境の本質的な要素の 1 つとして、訓練したモデルを評価する体系的な方法が必要となります。

あるレベルでのモデルの品質評価は、特定のモデルの目的に極めて特化したものでなければなりません。視覚モデルは写真を正しく分類します。言語モデルはテキストを解釈し予測します。最も基本的なレベルでは、モデル品質評価システムは、通常モデル開発者が作成した品質評価を実行し、同じモデルの以前のバージョンと比較できるように結果を保存する手段を提供します。このようなシステムの運用上の役割は、最終的には「悪い」モデルが運用環境に送られるのを防ぐための自動ゲートとなるような、十分な信頼性を持つことです。

評価は、正しいモデルの正しいバージョンをロードしているかどうか、そのモデルがモデルサーバーにロードされているかどうかを確認するといった単純な要素から始まります。評価には、モデルが利用可能なメモリと計算リソースで処理できることを確認するための性能面も含まれなければなりません。しかし同時に、私たちが今後受け取るリクエストの代表とみなされるリクエストに対して、モデルがどのように実行されるかを気にかけなければなりません。このトピックの詳細は、5 章を参照してください。

7.2.6 監視

分散データ処理パイプラインの監視は困難です。パイプラインが十分に速くデータを処理しているかなど、運用エンジニアが気にするような簡単なことでも、分散システムでは正確で意味のある結果を出すのはかなり困難です。未処理の最も古いデータを見ることは、意味がないかもしれません。なぜなら、古いデータが 1 ビットだけ残っていて他の処理は既に終わっている未処理のデータがシステムに残っている可能性があるからです。同様に、ある種のデータが他のデータよりも著しく処理コストが高い場合、データ処理速度を見ることだけでは役に立たないかもしれません。

本書には監視だけを取り上げた章（9 章）があります。難しい問題はそこで扱います。本章では、訓練システムの処理能力を追跡し、警告することが唯一最も重要な指標だと言及しておきます。訓練システムが様々な条件下でどれだけの速度で訓練データを処理できるか、という長期的トレンドに関する有用なデータがあれば、うまくいっていないときに警告を出す閾値を設定することができるはずです。

7.3 一般的な信頼性の原則

シンプルですが実行可能な全体アーキテクチャを前提として、この訓練システムがどのように機能すべきかを見てみましょう。システムの構築と運用の際に、いくつかの一般原則を念頭に置いておけば、概してうまくいくでしょう。

7.3.1　ほとんどの障害は ML の障害ではない

ML の訓練システムは、複雑なデータ処理パイプラインであり、処理するデータに対して非常に敏感です。また、最も単純なケースでは 1 台のコンピュータ上にあるかもしれませんが、多数のコンピュータに分散されているのが一般的です。これは長期的な信頼性につながりそうな基本的な状態ではなく、運用エンジニアはたいてい、最も一般的な障害についてこのデータ感度に注目します。しかし、経験豊富な実務家が ML システムで起こった障害を長期にわたって調べてみると、ほとんどの障害は ML に特有なものではないことがわかります[4]。これらの障害は、この種の分散システムで一般的に発生するソフトウェアやシステムの障害です。ML に特有の影響や検出の課題を持つことが多いですが、根本的な原因は ML に特有ではないことがほとんどです。

このような障害の面白い例には「訓練システムがデータを読み込む許可を失ったため、モデルは何も学習しなかった」とか、「運用にコピーしたバージョンが、想定していたバージョンと違っていた」などといった単純なものがあります。そのほとんどは、データパイプラインの監視と管理が不適切だったことに起因します。その他多くの例については、11 章と 15 章を参照してください。

ML 訓練システムの信頼性を高めるには、まずシステムやソフトウェアのエラーに注目し、それらを軽減します。ソフトウェアのバージョニングとデプロイメント、許可とデータアクセス要件、データ更新ポリシーとデータ構成、複製システム、および検証に目を向けましょう。基本的には、ML に特化した作業を始める前に、一般的な分散システムの信頼性を高めるための作業を全て行いましょう。

7.3.2　モデルは再訓練される

おそらくここのタイトルはもっと強調されるべきです。モデルは**再訓練**されなければなりません。モデル開発者の中には、あるデータセットからモデルを一度だけ訓練し、その結果をチェックし、運用環境にモデルをデプロイし、それで完了だと主張する人がいます。データセットが変化せずモデルの目的が達成されているのであれば、そのモデルは十分であり再度訓練する正当な理由はない、とモデル開発者たちは言うでしょう。

これを信じてはいけません。最終的には、1 日後であろうと 1 年後であろうと、そのモデル開発者やその後継者が新しいアイデアを得て、同じモデルの別バージョンを訓練したいと思うようになります。おそらく、似たようなケースをカバーする、より優れたデータセットが見つかるか作成され、モデル開発者はそのデータセットで訓練したくなるでしょう。障害復旧のために誤ってモデルのコピーを全て削除してしまっても、モデルを再作成できることを示したくなるかもしれません。単純に、訓練や検証のためのツールチェーンが無傷であることを検証したい場合もあるでしょう。

これらの理由から、全てのモデルが再訓練されると仮定し、それに応じて計画を立てましょう。設定を保存してバージョン管理し、スナップショットを保存し、バージョン管理されたデータとメタデータを保持します。このアプローチには非常に大きな価値があります。いわゆる「オフライ

---

[4]　例えば、Daniel Papasian と Todd Underwood による「How ML Breaks: A Decade of Breaks for One Large ML Pipeline」(https://oreil.ly/Y1tk8) を参照してください。

ン」モデルと「オンライン」モデルに関する議論のほとんどは、実際には新しいデータの存在下でのモデルの再訓練に関する議論です。モデルの再訓練が可能であるという敷居の高い運用要件を設けることで、技術環境は全てのモデルの定期的な再訓練（迅速な再訓練を含む）を促進する方向に大きく前進します[†5]。

全てのモデルは再訓練されると考えてください。

7.3.3　モデルは複数のバージョンを持つ（しかも同時に）

　モデルはほとんどの場合グループの共同作業で開発されます。それは異なるハイパーパラメータで異なるバージョンを訓練したいからです。一般的な手法の1つは、1つのモデルに対して複数の細かい変更を加えるというものです。このような変更は最初に一気に行われることもあれば、時間をかけて行われることもあります。しかし、モデルが再訓練されるのと同じように、モデルも時間をかけて変更され、発展していくことは事実です。多くの環境ではモデルの異なるバージョンが異なる条件に対してどのように機能するかを判断するために、同じモデルの2つ以上のバージョンを同時に運用したいと思うことがあります（ユーザー体験のための伝統的なウェブ開発に慣れている人にとっては、これは本質的にモデルのA/Bテストです）。

　同じモデルの同時バージョンをホストするには、特定のインフラが必要です。モデルのメタデータ（モデルファミリー、モデル名、モデルのバージョン、モデルの作成日など）を追跡するために、モデル管理インフラを使用する必要があります。また、モデルのあるバージョンと別のバージョンをサブセットに切り替えるシステムも必要です。

7.3.4　良いモデルもいずれ悪くなる

　作成したモデルが将来再現性が低くなり、微妙だが大きな信頼性の問題が発生することを想定しなければなりません。モデルを作成したときはうまくいったとしても、将来モデルそのものか、世の中のどちらかが予測困難な形で変化し、甚大な問題を引き起こすかもしれないことを想定しておかなければなりません。バックアップ計画を立てましょう。

　一番最初のバックアッププランは、非ML（もしくは少なくとも「より単純なML」）によるバックアップ方法、もしくはモデルの「フェイルセーフ」実装を作ることです。これは、MLモデルが洗練された予測、分類、洞察などを提供できないときに、少なくともいくつかの基本的な機能がアプリケーションによって提供されることを保証するためのヒューリスティックな方法（発見的方

[†5] この推薦には1つ興味深い例外がありますが、大多数の実務家には当てはまらないでしょう。その例外とは大規模言語モデルです。様々な言語やデータタイプにまたがる複雑なクエリに対する回答を提供するために大規模なMLを活用する組織では、複数の大規模言語モデルが訓練されています。これらのモデルは訓練コストが非常に高いため、一度訓練すれば、（直接あるいは転移学習によって）「永久に」使い続けるというのが一般的な運用モデルです。もちろん、これらのモデルの訓練コストが大幅に削減されたり、他のアルゴリズムが進歩したりすれば、これらの組織はいずれにせよこれらのモデルの新しいバージョンを訓練することになるかもしれません。

法)、アルゴリズム、または初期設定になります。この目的を達成する一般的なアルゴリズムは単純で非常に一般的ですが、少なくとも何もしないよりは少しましなものです。先に述べた例の1つとして、yarnit.ai ストアのフロントでの推薦ではカスタマイズされた推薦モデルが利用できない場合、単に人気のあるアイテムを表示するように初期設定することがあります。

しかし、このアプローチには非常に大きな問題があります。つまり、ML モデルをどれほど優れたものにするかに制限がかかるからです。もし ML モデルがヒューリスティックな方法や初期設定よりもはるかに優れたものになれば、ML モデルに徹底的に依存するようになり、同じ目標を達成するためにどんなバックアップも十分でなくなるでしょう。初期設定やヒューリスティックな方法に依存することは、ML 導入のライフサイクルの初期段階にあるほとんどの組織にとって、完全に適切な選択肢です。しかし、もし読者の組織で ML を実際に活用したいのであれば、このような方策からは脱却すべきです。

もう1つのバックアッププランは、同じモデルの複数のバージョンを保存しておき、必要に応じて古いバージョンに戻す計画を立てることです。この方策は、新しいバージョンの性能が何らかの理由で著しく低下した場合には助けになりますが、世の中全体が変化したときにはモデルのバージョン全ての性能が低くなり助けになりません。

結局のところ、第二のバックアッププランは複数のモデルを同時に提供し、既存のモデルの新しいバリエーションを迅速に開発する能力と組み合わされることで、モデルの性能を低下させるような形で世の中が変化した場合に、将来のモデルの品質問題を理解し、解決する道筋を見出すことです。運用伝統主義者にとって重要なことは、この場合、モデル開発と運用との間に固定された、あるいは防御可能な防波堤は存在しないということを念頭に持つことです。モデル品質の問題は、(運用現場で緊急に発生するかもしれない)運用技術上の問題であると同時に、モデル開発上の問題でもあります。

7.3.5 データが利用できなくなる

新しいモデルの訓練に使われたデータの中には、再び読み込もうとしたときに利用できないものがあります。データ保存システム、特に分散データ保存システムには、実際のデータが損失する故障モードはほとんど起きませんが、データが利用できなくなることは高い頻度で発生します。これは必ず発生する問題なので事前に考えておく価値があります。

ほとんどの ML の学習データセットは、より大きな別のデータセットから既にサンプリングされたものであったり、そもそもデータを収集し始めた時期や方法によって、入手可能な全データの単なるサブセットであったりします。例えば、yarnit.ai の顧客の購買行動のデータセットで訓練する場合、このデータセットは少なくとも2つの明白な理由で、最初から既に不完全です。

第一に、このデータを収集していない日付(または何らかの理由でデータを使用しないことを選択した日付)があります。第二に、これは私たちのサイトのみでの顧客の購買行動であり、他のサイトでの類似商品の顧客の購買行動は含まれていません。当然のことですが、競合他社は当社とデータを共有していないため、このデータセットは、ほぼ確実に関連する訓練データの一部分しか見ていないことになります。非常にボリュームの大きいシステム(例えば、ウェブ閲覧ログ)の場

合、多くの組織はデータ処理とモデル訓練のコストを単純に削減するために、自動的に訓練する前にデータの一部をサンプリング（サブサンプリング）します。

データが失われたとき、訓練データはおそらくいくつかの方法で既にサブサンプルされていることを考えると、データの損失に何らかの偏りがあるのかという問いに答える必要があります。完全にランダムな方法で 1,000 の訓練レコードのうち 1 つを失ったとすると、これはモデルにとって無視してもほぼ安全です。一方、スペインにいる人のデータ、午前中に買い物をした人のデータ、大きな編み物会議の前日のデータを全て失ったような場合は無視できません。これらは、訓練するデータとそうでないデータに新たなバイアスを生じさせる可能性が高いのです[6]。

学習システムの中には、システム全体のデータ欠損の問題を、欠損が発生する前に事前に解決しようとするものがあります。これは、全てのモデルが同じような制約と目標を持っている場合にのみ機能します。なぜなら、欠損データの影響は各モデルにとって重要であり、各モデルへの影響という文脈でのみ理解できるからです。

データの損失は、セキュリティ上も考慮する価値があります。ある種のシステム、特に不正や乱用を防止するために設計されたシステムは、外部の悪意ある第三者から常に監視され攻撃されかねません。この種のシステムに対する攻撃は、システムの反応を見極めるために様々な種類の動作を試し、顕在したギャップや弱点を利用します。このような場合、訓練システムの信頼性チームは、外部の人間が特定の時間帯のデータをスキップさせて、訓練中に組織的に偏りを生じさせる方法がないことを確認する必要があります。攻撃者がデータ処理システムを機能不全にするために、例えば短期間に非常に大量の重複トランザクションを作成し、システムの高率廃棄ヒューリスティックにヒットさせる方法を見出す、というようなことは実際起き得ます。このようなシナリオは、データ損失のシナリオに取り組む全員が事前に考慮する必要があります。

7.3.6　モデルは改善可能であるべき

モデルは新しいデータの追加以外に、時間の経過とともに変化します。より大きな、構造的な変化も起こるでしょう。変更の要件はいくつかの方向からやってきます。アプリケーションや実装に新しいデータを提供する機能が追加されたり、モデルに新しい特徴量が必要になったりすることもあります。顧客の振る舞いが大幅に変わり、それに対応するためにモデルを変更しなければならないこともあります。手続き上、ここで説明する訓練システムのモデル訓練に対する最も困難な変更は、完全に新しい特徴量を追加することです。

7.3.7　特徴量は追加、変更される

ほとんどの ML 訓練システムは、ML 訓練データを整理するために、何らかの形で特徴量ストア

---

[6]　統計学者はデータのこのような様々な性質を **missing completely at random**（データポイントが欠落する傾向は完全にランダムである）、**missing at random** もしくは **MAR**（統計用語としては実に残念な名前ですが、データが欠落する傾向はデータとは関係なく、別の変数と関係している）、**not missing at random**（データが欠落する可能性はデータの何かと相関している）と呼んでいます。この場合、任意のデータポイントが欠落する傾向が他の変数（この場合は地理や時間帯など）と相関しているため、MAR データとなります。

を持ちます（特徴量ストアには多くの利点があり、4章で詳しく説明しています）。多くの場合、長期にわたるモデル開発の重要な仕事はモデルへの新しい特徴量の追加だということに、訓練システムの観点から注意する必要があります。これは、モデル開発者があるデータに関して新しいアイデアを思いついたとき、それが既存のデータと組み合わされることで、モデルを有用に改善する可能性があるときに起こります。

　機能を追加するには、実装固有の特徴量ストアのスキーマを変更する必要がありますが、過去の生のログやデータを再処理して、以前の例に対して新しい機能を追加することにより、特徴量ストアを「埋め戻す」プロセスも有益かもしれません。例えば、顧客が買い物をすると思われる都市の天候が、モデル開発者らが何を買うかを予測するための重要な方法であると判断した場合、特徴量ストアに customer_temperature と customer_precipitation 列を追加する必要があります[7]。また、これが重要なシグナルであるという仮定を検証できるように、過去1年間の閲覧と購入データを再処理してこれら2つの列を追加することもあります。一方で、特徴量ストアに新しい列を追加することと、過去のデータのスキーマやコンテンツを変更することは、どちらも注意深く管理し調整しなければ、訓練システム内の全てのモデルの信頼性に大きな影響を与えかねません。

7.3.8　モデルの訓練が速すぎる

　ML運用エンジニアは、学習システムによってはモデルの学習が速すぎる場合がある事実を知って、驚くことがあります[8]。これは、MLのアルゴリズム、モデルの構造、実装されているシステムの並列性に多少依存します。しかし、モデルの訓練が速すぎるとゴミのような結果を出すが、訓練が遅いとはるかに正確な結果を出すという現象はありえるのです。

　このような現象が起こりうる一例を紹介しましょう。それは、分散した学習プロセス群によって使用される、モデルの状態の分散表現です。学習プロセスは新しいデータを読み込み、モデルの状態を参照し、そして読み込んだデータを反映させるためにモデルの一部の状態を更新します[9]。そのプロセスが実行中に、ロックされる（遅くなる）ことはありませんが、更新中の特定のキーの更新が（実行規模的に）ない限り全く問題ありません。

　2つ以上の学習タスクが、モデルを参照し、データを読み、キューに入れ、同時にモデルを更新する場合、複数の競合状態が存在しうるということが問題となります。よくあるのは、更新が重なって、モデルの一部がある方向に動きすぎてしまうことです。次に多くの学習タスクがモデルを参照したとき、学習タスクが読んでいるデータと比べて、モデルが一方向に大きく偏っていると判断します。時間が経つにつれて、モデルのこの部分（およびモデルの他の部分）は収束するどころ

---

[7]　これらの特徴量を追加することは、プライバシーに重大な影響を与えるかもしれません。これらについては4章で簡単に、6章ではより広範囲に論じています。

[8]　勾配降下を使用するモデルアーキテクチャで学習に並列性がある場合に、これは最も起こりやすい現象です。しかし、これは大規模なML学習システムでは極めて一般的な設定です。この問題に悩まされないモデルアーキテクチャの一例はランダムフォレストです。

[9]　モデルのパラメータが格納されるアーキテクチャは、Mu Liらの「Scaling Distributed Learning with the Parameter Server」（https://oreil.ly/dSXst）や、Joanne Quinnらの『Dive Into Deep Learning』（Corwin、2019年、未訳）の12章でよく説明されています。このアーキテクチャの各種のバリエーションは、大規模なML学習スタックが学習を分散させる最も一般的な方法となっています。

か、正しい値から乖離する可能性があります。

 分散型訓練の設定で複数の競合状態は、非常によく起こる失敗の原因となります。

　残念なことに、ML運用工学の分野では、モデルの学習が「速すぎる」と判断する簡単な方法はありません。不便で苛立たしい現実的なテストを行うしかありません。同じモデルをより速く、より遅く（典型的には、学習タスクをより多く、より少なく）訓練し、ある一連の品質評価指標において遅いモデルの方が「より良い」場合、訓練が速すぎる可能性があります。

　この問題を軽減するための主なアプローチは、学習プロセスによって見られるモデルの状態を、保存されているモデルの状態と密接に同期させることによって、「実行中」の更新回数を構造的に制限することです。これは、モデルの現在の状態を非常に高速なストレージ（RAM）に保存し、複数のプロセスがモデルを更新する速度を制限することで実現できます。もちろん、各キーやモデルの各部分に対してデータ構造を固定することも可能ですが、そうすることにより起きる性能上の不利益が大きすぎるので、通常真剣に検討するには値しません。

7.3.9　リソースの活用は重要

　このことに関しては、単純明快に大きな声を上げるべきです。ML訓練や運用には計算コストがかかります。MLの訓練のリソース効率を気にする基本的な理由の1つは、効率的な実装がなければ、MLはビジネスとして意味をなさないかもしれないからです。MLモデルが提供するビジネス的あるいは組織的な価値は、モデルを作成するコストで割った値に比例すると考えてください。最初のうちは人的コストと機会コストが最大のコストですが、より多くのデータを収集し、より多くのモデルを訓練し、より多く使用するにつれて、コンピュータのインフラコストが支出に占める割合はますます大きくなります。そのため、早い段階でこのことに注意を払うことは理にかなっています。

　具体的には、リソース利用率は以下のように計算されます。

$$\frac{使用した計算リソースの割合}{支払った計算リソースの合計}$$

　これは無駄の逆の概念で、支払ったリソースをどれだけうまく使っているかを測るものです。クラウド化が増加する現状では、これは早期に押さえておくべき重要な指標です。

　リソース利用率は信頼性の問題でもあります。利用可能なリソースに比べて、モデルを再訓練するためのヘッドルーム（余裕の度合い）が多ければ多いほど、システム全体の回復力は高まります。つまり障害停止からの復旧が早くなるからです。これは、1台のコンピュータでモデルを訓練する場合でも、巨大なクラスタでモデルを訓練する場合でも同じです。さらに、リソース利用率はイノベーションの問題でもあります。モデルの訓練が安ければ安いほど、与えられた時間と予算でより

多くのアイデアを探求できます。これにより、悪いアイデアの中から良いアイデアを見つける可能性が著しく高まります。かといって見落としがちな点ですが、私たちの目的はモデルを訓練することではなく、組織と顧客に何らかの変化をもたらすことが目的です。

つまり、私たちがリソースの効率的な使用を重視していることは明らかです。ここでは、ML の訓練システムをこの点でうまく機能させるための簡単な方法をいくつか紹介しましょう。

データをバッチ処理する

（アルゴリズムに依存しますが）可能な場合は、データの塊を同時に訓練します。

既存モデルの再構築

初期段階の ML 訓練システムは、新しいデータが届くと、全てのデータに対してゼロからモデルを作り直すことが多いです。これは設定やソフトウェアの観点からはシンプルな方法ですが、最終的にはとても非効率になります。モデルをインクリメンタル（増分的）に更新するというこの考え方には、他にもいくつかのバリエーションがあります。

- 転移学習を使って、既存のモデルから始めてモデルを構築する[10]。
- 長期的な大きなモデルは再訓練の頻度が低くし、安価に訓練できる短期的な小さなモデルを頻繁に更新するようなマルチモデルアーキテクチャを使用する。
- オンライン学習を使用し、新しいデータが到着するたびにモデルを段階的に更新する。

このような単純なステップは、モデルの訓練や再訓練にかかる組織の計算コストに大きな影響を与える可能性があります。

7.3.10　リソース利用率は効率ではない

ML の取り組みが役に立っているかどうかを知るためには、そのために費やされた CPU サイクルではなく、プロセスの価値を測定する必要があります。効率は以下のことを測定します。

$$\frac{生み出された価値}{コスト}$$

コストは 2 つの方法で計算することができ、それぞれが行われた努力を異なる視点から見ることができます。**金額連動コスト**は、リソースに費やした金額です。ここでは、モデルの訓練に費やした金額の合計を計算します。これは、ほとんどの組織にとって非常に現実的な数字であるという利点があります。デメリットとしては、リソースの価格設定が変わることで、モデリングやシステム作業による変化と、リソースプロバイダからの外生的な変化が見えにくくなることがあります。例えば、クラウドプロバイダが、現在使用している GPU にもっと高い料金を請求し始めた場合、私

---

[10] 最も一般的な転移学習は、あるタスクからの訓練を、異なるが関連するタスクに適用することを含みます。運用の ML 環境において最も一般的な転移学習は、既に訓練された以前のバージョンのモデルのスナップショットから訓練を開始することです。スナップショットには含まれていない新しい特徴量のみを訓練するか、スナップショットの訓練以降に現れた新しいデータのみを訓練します。これにより訓練を大幅にスピードアップでき、コストも大幅に削減できます。

たちが行った変更ではないのに効率は下がってしまいます。これはもちろん重要なことですが、より効率的な訓練システムを構築する助けにはなりません。言い換えれば、金銭的コストは効率性の最も重要で長期的な尺度でありますが、皮肉なことに効率性を向上させるプロジェクトを評価する最良の方法とは限りません。

逆に、**リソース連動コスト**では価格を固定して測定します。これを行う1つの方法は、最も高価で最も制約の多いリソースを特定し、それをリソース連動コストの唯一の要素として使用することです。例えば、**CPU秒**や**GPU秒**としてコストを測定できます。これには訓練システムをより効率的にしたときに、現在の価格設定に関係なくその効果がわかるという利点があります。

このことは、ML活動の価値とは一体何なのかという難しい問題を提起します。繰り返しますが、私たちが測定できる価値には2種類あります。**モデル単位**と**全体**です。モデル単位の粒度レベルでは、**価値**は私たちが期待するほど大きなものではありません。訓練された個々のモデルの実際のビジネスインパクトを測定する必要はありません。その代わりに、単純化のために、私たちの訓練システムは価値があると仮定しましょう。その場合、同じモデルを訓練する異なる実装間で生み出される価値を比較するのに役立つ指標が必要です。うまく機能するのは、次のようなものです。

訓練された特徴量の数

もしくは、

処理した事例の数

あるいは、

訓練した実験的モデルの数

かもしれません。したがってモデルごとのリソース連動コスト、つまりコスト効率の指標としては、次のようになるかもしれません。

$$\frac{数百万の事例}{GPU秒}$$

これによって、モデルが実際に何をするのかを全く知らなくても、データ読み込みや訓練をより効率的にするための努力を簡単に計測することができるでしょう。

逆に、**全体的**な価値とは、MLモデル訓練のプログラム全体にわたって価値を測定しようとするもので、組織全体に価値を付加するためにどれだけのコストがかかるかを考慮します。これには、スタッフ、テストモデル、運用モデルの訓練や運用にかかるコストが含まれます。また、組織にとってのモデルの全体的な価値を測定する試みも行う必要があります。顧客はより幸せになっているか、私たちはもっと儲かっているのだろうか、などのML訓練システムの全体的な効率は、全プログラムまたは全グループ単位で測定され、秒単位ではなく月単位で測定されます。

効率という概念を持たない組織は、最終的に時間と労力の配分を誤ることになります。効率を全

く図らないよりは、多少不正確でも改善可能な尺度を持つ方がはるかにましです。

7.3.11　機能停止には復旧も含まれる

　これはある程度明白なことですが、それでも明確に述べる価値があります。ML の停止には、停止からの復旧にかかる時間も含まれます。このことは、監視、サービスレベル、障害対応に直接大きく影響します。例えば、訓練システムが 24 時間停止しても耐えられるとしても、問題を検出するのに 18 時間かかり、問題が検出された後に新しいモデルを訓練するのに 12 時間かかるとしたら、24 時間以内に確実に復旧することはできません。訓練システムの停止に対する運用エンジニアリングの対応をモデル化している多くの人々は、モデルの回復時間を含めることを全く無視しています。

7.4　訓練の信頼性に関するよくある問題

　訓練システムの基本的なアーキテクチャを理解し、訓練システムに関する一般的な信頼性の原則を見たところで、訓練システムが失敗する具体的なシナリオを見てみましょう。この節では、ML 訓練システムで最も一般的な 3 つの信頼性の問題として、データ感度、再現性および計算リソース容量不足を取り上げます。それぞれの失敗を解説し、架空のオンラインショップである編み物とかぎ針編み用品店 YarnIt でどのようにそれらの失敗が起こるかの具体例を示します。

7.4.1　データ感度

　繰り返し述べられているように、ML の学習システムは、入力データの小さな変化や、そのデータの分布の変化に対して非常に敏感である可能性があります。具体的には、同じ量の訓練データがあっても、データの様々な部分集合をカバーする方法に大きなギャップがあることがあります。世界的な購買を予測しようとするモデルが、米国とカナダの取引から得たデータしか持っていないことを考えてみましょう。あるいは、猫の写真はないが犬の写真はたくさんある画像分類アルゴリズムを考えてみましょう。これらのシナリオのいずれにおいても、偏ったデータセットのみで訓練することにより、モデルは現実を偏った見方で見ることになります。このような訓練データ範囲のギャップは、最初から存在することもあれば時間とともにギャップやシフトが発生することもあります。

　入力データの代表性の欠如は、ML モデルにおけるバイアスの一般的な原因の 1 つです。ここでは、モデルにおける予測値と正しい値の差という技術的な意味だけでなく、社会におけるある集団に対する偏見や不利益という社会的な意味でも**バイアス**という用語を使っています。データの奇妙な分布は、他のもっとありふれた様々な問題を引き起こすこともあります。いくつかの微妙で興味深いケースについては 11 章を参照してもらいたいですが、ここでは YarnIt における簡単なデータ感度問題を考えてみましょう。

7.4.2 YarnItでのデータ問題の例

YarnItはMLモデルを使って末端顧客の検索結果をランク付けしています。顧客はウェブサイトを訪れ、探している商品についていくつかの単語を入力します。その検索にマッチする可能性のある商品の候補をシンプルかつ広範囲にリストアップし、それぞれの商品が今このクエリを実行している顧客にとってどの程度役に立つ可能性があるかを予測するように設計されたMLモデルを使って順位を付けます。

モデルには、「商品名の単語」、「商品タイプ」、「価格」、「クエリが発生した国」、「顧客の価格感度」といった特徴量があります。これらは、この顧客にとっての候補商品群をランク付けするのに役立ちます。そして、新しい商品を正しくランク付けし、購買パターンの変化に適応できるよう、毎日このモデルを再訓練しています。

あるケースで、YarnItの価格設定チームが在庫過多の商品を売り切るために一連のプロモーションを行います。モデリングチームは、値引き価格とセール価格を別々に捉えたいと考えています。しかし、データのフォーマットを変更したため、値引き価格をデータセットに追加した後、誤って全ての値引き購入を訓練データセットから除外してしまいました。このことに気づくまで、モデルは全て正規価格での購入で訓練することになります。MLシステムから見れば、値引きされた商品はもはや誰にも購入されていないのです。その結果、ロギング、データ、訓練システムから値引きされた商品が購入された証拠がなくなるので、モデルは最終的に値引きされた商品を推薦しなくなります！ 訓練中のデータ処理におけるこのような非常に小さなミスが、モデルの重大なエラーにつながる可能性があります。

7.4.3 再現性

MLの訓練は多くの場合、厳密な再現性がありません。最新のML訓練フレームワークの動作方法を考えると、全く同じ訓練データで全く同じバイナリを使い、全く同じモデルを生成することはほとんど不可能です。さらに困ったことに、ほぼ同じモデルを得ることさえできないかもしれません。学術的なMLにおける**再現性**とは、発表された論文の結果を再現することを指しますが、ここでは同じデータセット上の同じモデルから結果を再現するという、より単純で懸念すべき問題を指しています。

MLにおける再現性の問題は、いくつかの原因があり、解決可能なものもあれば、そうでないものもあります。まず解決可能な問題に対処することが重要です。以下は、モデルの再現性が損なわれる最も一般的な原因です。

ハイパーパラメータを含むモデル構成

モデルの正確な設定、特に選択されたハイパーパラメータの小さな変更が、モデルに大きな影響を与えることがあります。ここでの解決策は明確で、ハイパーパラメータを含むモデル構成にバージョンを付け、全く同じ値を確実に使用することです。

データの違い

当たり前のように聞こえるかもしれませんが、ほとんどの ML の訓練特徴量ストレージシステムは頻繁に更新されており、同じモデルを 2 回実行する間にデータに全く変更がないことを保証することは困難です。再現性に問題がある場合、訓練データの違いの可能性を排除することが重要なステップとなります。

バイナリの変更

ML 訓練フレームワーク、学習バイナリ、オーケストレーションやスケジューリングシステムのマイナーバージョンアップでさえ、結果としてモデルに変更をもたらす可能性があります。再現性の問題をデバッグしている間は、訓練の実行期間中、これらを一定に保つ必要があります[11]。

これらの修正可能な原因とは別に、少なくとも 3 つの原因は簡単には修正できません。

ランダムな初期化

多くの ML アルゴリズムとほとんどの ML システムは、ランダムな初期化、ランダムなシャッフル、ランダムな始点選択を、その動作の中核部分として使用しています。これは、訓練の実行による違いの原因となります。場合によっては、同じランダムシードを使用することで、この違いを軽減することはできます。

システムの並列性

分散システム（あるいは複数のスレッドを持つ 1 台のコンピュータの訓練システム）においては、ジョブは多くのプロセッサにスケジューリングされ、毎回多少異なる順序で学習することになります。どのキーがどの順番で更新されるかに応じて、順番付けの効果が生じます。分散コンピューティングのスループットとスピードの利点を犠牲にすることなく、これを避ける明らかな方法はありません。最近のハードウェアアクセラレータアーキテクチャの中には、他のネットワーキング技術よりもはるかに高速な、チップ間のカスタム高速相互接続を提供するものもあります。NVIDIA の NVLink や Google の Cloud TPU 間の相互接続がその例です。これらの相互接続は、計算ノード間の状態伝播の遅延を減らすことはできますが、なくしてしまうことはできません[12]。

データの並列性

訓練ジョブが分散しているのと同様に、データも量が増えると分散しています。ほとんどの

---

[11] 勘のいい読者なら、このことの恐ろしさに気づくかもしれません。別の読み方をすると、「TensorFlow や PyTorch をアップデートすると、新しいマイナーバージョンであっても、モデルが変わってしまう可能性がある」ということです。これは本質的には正しいのですが、一般的にはではなく、多くの場合あまり顕著な差はありません。

[12] プロセッサ（CPU であれ GPU アクセラレータであれ）とそのローカルメモリの動作速度が、ネットワーク接続越しにその状態にアクセスできる速度よりもかなり高い限り、その状態の伝播には常にラグが生じます。プロセッサが学習した入力データに基づいてモデルの一部を更新するとき、モデル内のキーの古いバージョンを使用している他のプロセッサが常に存在する可能性があります。

分散データシステムは、性能に大きな制約を課さない限り、強力な順序保証を持っていません。限られた数の訓練ジョブから訓練データを読み込む場合でも、多少異なる順序で読み込むことになることを想定しなければなりません。

これら3つの原因に対処することは、コストがかかり、ほとんど不可能と言っていいほど困難です。同じモデルを正確に再現できないということは、ML訓練プロセスにおいては避けられない特性です。

7.4.4 YarnIt における再現性問題の例

YarnIt では、商品や顧客の行動の変化に合わせて定期的にモデルを調整するため、毎晩検索と推薦のモデルを再訓練しています。通常、前日のモデルのスナップショットを撮り、そのモデルの上にそれ以降の新しいイベントを訓練させます。この方がコストは安いのですが、結局のところ、各モデルは、かなり前に訓練されたモデルの上に、何十回、何百回と訓練を繰り返していることになります。

定期的に、時間の経過とともに訓練データセットに小さな変更が加えられます。最も一般的な変更は、詐欺による請求です。ある取引が不正であることを検出するのに数日かかることがあり、その時点で既にその取引を正規の購入として含む新しいモデルを訓練しているかもしれません。それを修正する最も徹底的な方法は、元の取引を不正として再分類し、その取引を含む全てのモデルを古いスナップショットから再訓練することです。不正取引が発生するたびにこれを行うのは非常にコストがかかります。過去数週間分のモデルを常に再訓練することになる可能性もあります。もう1つのアプローチは、モデルから不正を取り消すことです。ほとんどの ML モデルには取引を元に戻す確実で正確な方法がないため、これは複雑な作業になります[13]。検出された不正行為を新たなネガティブイベントとして扱うことで、変更を近似することはできますが、結果として得られるモデルは全く同じにはなりません[14]。

これは、現在作成中のモデル全てに当てはまります。同時に、YarnIt のモデル開発者たちは常に新しいモデルを開発し、予測とランキングの能力を向上させようとしています。新しいモデルを開発する際には、新しいモデル構造で全てのデータを一から訓練し、既存のモデルと比較し、それが実質的に優れているか劣っているかを確認します。問題は、現在のデータで**現在の**運用モデルをゼロから再訓練した場合、そのモデルは現在運用で使用されているモデル（同じデータで時間をか

---

[13] ML モデルからデータを削除するというトピックに関しては、多くの研究が存在し、その数は増え続けています。モデルから以前に学習したデータを削除する様々なアプローチとその結果についてより深く理解するには、いくつかを研究結果を参照するべきです。このトピックに関する最近の研究をまとめた論文に、Antonio A. Ginart らによる「Making AI Forget You: Data Deletion in Machine Learning」（https://oreil.ly/GWShn）がありますが、これは活発な研究分野であることに注意してください。

[14] 6 章では、既存のモデルからプライベートなデータを削除したい場合について説明しました。簡単に説明すると、もしそのデータが本当にプライベートなもので、モデルに含まれているのであれば、モデル構築時に差分プライバシーを使用し、モデルがどのようにクエリされるかを注意深く保証しない限り、おそらくモデルをゼロから再訓練しなければなりません。実際、誰かが自分のデータの削除をリクエストするたびに、この作業をしなければいけません。この事実からだけでも、モデルにプライベートなデータが含まれないことを保証することの重要性が認識できるでしょう。

けて繰り返し訓練された）と大きく異なる可能性があるということです。先に挙げた不正取引は、訓練され、しばらく放置された後で削除されるのではなく、訓練されることがないだけです。全く同じモデルを全く同じデータで何の変更もなく訓練したとしても、あるモデルは一度に訓練され、別のモデルは何回かの更新の間に段階的に訓練されるというように、自明でない違いが生じるかもしれません[15]。

　この種の非常に不安な問題があるため、モデルの品質はモデル、インフラ、および運用の各エンジニアが共同で所有する必要があります。この問題に対する唯一の本当の信頼性のある解決策は、訓練された各モデルを、そのモデルのプラトニック理想のわずかに異なる変形として扱い、たとえそれらが同じモデル構成であっても、訓練されたモデル間の平等という考えを完全に放棄することです。同じコンピュータで同じデータを2回連続で使用してもです。もちろん、これにより回帰テストのコストと複雑さが大幅に増加する可能性があります。どうしてもモデルの安定性を高める必要がある場合（「同一の」モデルは、ほとんどの場合達成できないことに注意してください）、時間の経過に伴う変更を最小限に抑えるために、同じモデルのコピーのアンサンブルについて考え始める必要があるかもしれません[16]。

7.4.5　計算リソース容量

　非 ML システムでよくある機能停止の原因と同じように、ML システムでも十分な訓練能力の不足が機能停止の原因です。新しいモデルを訓練するために必要な基本的な能力には、以下のようなものがあります。

I/O 容量

　これは、入力データを素早く読み込めるようにするための、特徴量ストアの容量です。

計算容量

　これは、入力データから学習するための訓練ジョブの CPU またはアクセラレータのことです。これにはかなりの数の計算処理が必要です。

メモリの読み書き容量

　任意の時点でのモデルの状態はどこかに保存されていますが、最も一般的なのは RAM 中です。したがって、訓練システムが状態を更新するとき、システムにはそのためのメモリ処理能力が必要になります。

ML 訓練システムの容量問題を考える上で、取り扱いが難しく厄介な側面の1つは、入力データ

---

[15] なぜそうなるのかの詳細は、モデルや ML フレームワーク特有のものであり、本書の範囲を超えています。しかし多くの場合、ML フレームワークの非決定性がデータの並列処理の非決定性によって悪化していることに帰着します。この非決定性を自分の環境で再現することは、非常に勉強になり、少しばかり恐ろしいことでもあります。つまり、この脚注は読者に再現不可能性の再現をしてみることを促しただけです。

[16] **アンサンブルモデル**は、他のモデルとの集合体です。最も一般的な使い方は、1つの目的のために複数の全く異なるモデルを組み合わせることです。この場合、同じモデルの複数のコピーを組み合わせることになります。

の分布が変化すると、そのサイズだけでなく、計算とストレージ容量の問題が発生する可能性があることです。ML 訓練システムの容量問題を計画するには、慎重かつ一貫した監視だけでなく、思慮深く設計したアーキテクチャが必要です。

7.4.6　YarnItにおける容量問題の例

YarnIt は毎日多くのモデルを更新しています。これらのモデルは通常、ウェブサイトの利用者が最も少ない時間帯、つまり利用者が最も多い夜間に訓練され、翌日の利用者が多い時間帯が始まる前に更新されます。このように訓練のタイミングを計ることで、オンラインサービスと ML 訓練システムの間でリソースを再利用できるようになります。YarnIt が毎日訓練するモデルは、前日のウェブサイトからの検索、購入、閲覧履歴を読み込むため、少なくとも、配信システムが生成するログを読み込む必要があります。

ほとんどの ML モデルと同様に、一部のイベントは他のタイプよりも処理の計算量が少なくて済みます。特徴量ストアの入力データの中には、訓練操作の入力を完了するために他のデータソースとの接続を必要とするものがあります。例えば、YarnIt によって直接ではなく、パートナーによってリストアップされた商品の購入を表示する場合、そのパートナーの商品に関する顧客の嗜好を正確に予測するモデルを構築し続けるために、そのパートナーに関する詳細を調べる必要があります。何らかの理由で、パートナーからの購入の割合が時間の経過とともに増加した場合、パートナー情報のデータセットから読み取る能力が大幅に不足する可能性があります。さらに、CPU が全てパートナーのデータストレージシステムからの応答を待っているにもかかわらず、計算能力が不足しているように見えるかもしれません。

さらに、いくつかのモデルは他のモデルよりも重要かもしれません。リソースに制約があり、重要なモデルに多くのリソースを集中させる必要がある場合、訓練ジョブに優先順位を付けるシステムが必要でしょう。このような事態は、よく障害停止の後に発生します。訓練システムの一部が48 時間停止したとします。その時点では、2 日以上前の状況についての最善の結果を示すモデルは古くなっています。これほど長い間停止していたのですから、利用可能なマシンリソースを全て使ったとしても、遅れを取り戻すには時間がかかると予想するのが妥当です。この場合、どのモデルを素早くリフレッシュすることが最も重要かを知っておくことは非常に有効です。

7.5　構造上の信頼性

ML 訓練システムの信頼性のいくつかの問題は、訓練システムのコードや実装から来るのではなく、それらが実装されるより広い文脈から生じます。これらの課題はモデルやシステムには現れないため、システムエンジニアや信頼性エンジニアには見えないことがあります。このような課題は、組織や人々に現れます。

7.5.1　組織の課題

ML 機能を追加する多くの組織は、モデル開発のために人を雇うことから始めます。その後で、

ML システムや信頼性エンジニアを加えます。これはある意味合理的ではありますが、生産性を十分に発揮するためには、モデル開発者は安定した、効率的な、信頼性の高い、そして十分に整備された環境で実行する必要があります。この業界には、ML システムの運用エンジニアや SRE（サイトリライアビリティエンジニア）の経験者は比較的少数ですが、ML システムの問題のほとんど全てが分散システムの問題であることがわかります。同様の規模の分散システムを構築および管理したことがある人であれば、ある程度の時間と経験があれば ML システムの有能な運用エンジニアになれるはずです。

　ML を組織に取り入れるには、これで十分でしょう。しかし、先の失敗例から学んだことがあるとすれば、極めて簡単なものもあれば、モデルがどのように構成され、学習アルゴリズムがどのように機能するかという基本を理解する必要があるものもあります。長期的に成功するためには、ML の専門家である ML 運用エンジニアは必要ありませんが、ML に積極的に興味を持ち、ML がどのように機能するかについてより詳しく学ぶことに熱心に取り組む人材は必要です。単純にモデルの品質に関する問題を全てモデリングチームに委ねることはできないでしょう。

　最後に、年功序列と知名度の問題もあります。ML チームは、他の同じような規模または範囲のチームよりも、より上級者の注目を浴びる可能性が高くなります。これは ML が機能するとき、ビジネスで最も価値のある部分、つまり、お金を稼ぐ、顧客を満足させることなどに適用されるからです。ML がうまくいかないと、上級リーダーは気づきます。エコシステム全体の ML エンジニアは、より上級の組織レベルや、自分たちの仕事に関心を持つ非技術的なリーダーとコミュニケーションできるようにする必要があります。これはエンジニアの一部にとっては不快なことですが、ML チームを構築するマネージャーは、このような不測の事態に備える必要があります。

　研修制度だけでなく、組織的な検討事項の詳細は、13 章および 14 章を参照してください。

7.5.2　倫理と公平性に関する考慮

　ML は強力ですが、甚大な損害をもたらすこともあります。もし組織の中に ML を適切に使っていることを保証する責任者がいなければ、最終的にトラブルに巻き込まれる可能性が高くなります。ML の訓練システムは、問題を可視化（モデルの品質監視）し、ガバナンス基準を実施できる場所の 1 つです。

　ML を導入したばかりの組織では、モデル開発者と ML 訓練システムエンジニアが共同で、最低限のプライバシー、公正さ、倫理チェックの実施に責任を持つことがあります。最低限、これらのチェックは、ML を適用する全ての司法管轄区において、データのプライバシーと使用に関する現地の法律を遵守していることを保証しなければなりません。また、データセットが公正に作成および選択され、モデルが最も一般的な種類のバイアスについてチェックされていることも保証しなければなりません。

　一般的で効果的なアプローチの 1 つは、組織が一連の責任ある AI の原則を採用し、その原則が組織における ML の全ての用途に一貫してうまく適用されるように、時間をかけてシステムと組織の能力を構築することです。モデルレベル（5 章）、ポリシーレベル（6 章）だけでなく、データ（4 章）、監視（9 章）、障害対応（11 章）にもこの原則を一貫性をもって適用する方法を考えましょう。

7.6 まとめ

ML の訓練システムの実装者は、引き続き多くの選択をする必要がありますが、本章ではそれらの選択の背景、構造、結果について明確な判断材料を与えてくれるはずです。訓練システムの主要な構成要素と、それらのシステムの使用に影響を与える実際的な信頼性の原則の多くについて概説しました。訓練されたモデルがどのように作成されるかについて、このような視点を持つことで、ML ライフサイクルの次のステップに目を向けることができます。

8章
サービス運用

　モデルを作成した後は、物事を予測し始めなければなりません。これは、しばしば**モデルのサービス運用**と呼ばれるプロセスです。これは、「私たちのシステムがモデルに新しい例について予測を行うように依頼し、その予測を必要とする人々やシステムに返せるようにするための構造を作成する」ことを意味する一般的な略語です。

　yarnit.ai オンラインストアの例において、特定のユーザーが特定の商品を購入する可能性を予測するのに優れたモデルを作成したとしましょう。モデルがその予測をシステム全体と共有する方法が必要です。しかし、具体的にどのように設定すればいいのでしょうか。

　様々な可能性があり、それぞれに異なるアーキテクチャとトレードオフがあります。これらはアプローチがかなり異なっているため、リストを見ただけでは、これらが全て同じ問題を解決しようとする試みであることは明らかではないかもしれません。しかしそれらは全て予測をシステム全体とどのように統合できるかということです。そのために、以下のいずれかを実行することができるでしょう。

- アイオワ州デモインの 1,000 台のサーバーにこのモデルをロードし、全ての受信トラフィックをこれらのサーバーに送る。
- 大規模なオフラインバッチ処理ジョブを使用して、毛糸製品とユーザークエリの最も一般的に見られる 100,000,000 の組み合わせに対するモデルの予測を事前計算する。これらを 1 日に 1 回、システムによって読み取られる共有データベースに書き込み、そのリストにないものについてはデフォルトのスコア $p=0.01$ を使用する。
- モデルの JavaScript バージョンを作成し、それをウェブページにロードして、ユーザーのブラウザで予測が行われるようにする。
- モデルを組み込んだモバイルアプリを作成し、ユーザーのモバイルデバイス上で予測が行われるようにする。
- 計算コストと精度のトレードオフが異なるバージョンのモデルを用意する。異なるコストの異なるハードウェアを使用し、クラウド上でモデルのバージョンを利用できる階層型システムを構築する。簡単なクエリは安価な（精度の低い）モデルに送り、難しいクエリは高価な（精度の高い）モデルに送る。

本章では、このような選択肢から選択するための基準について説明します。また、運用で使用される特徴量パイプラインが訓練で使用されるものと互換性があることを確認することや、運用でモデルを更新するための戦略など、重要な実用的事項についても説明します。

8.1　モデルのサービス運用のための主要な質問

運用をサポートするためのモデル周りの構造を作成するには種々のアプローチが考えられますが、それぞれに非常に異なるトレードオフがあります。この領域の課題への指針を考察するために、システムのニーズについていくつかの具体的な質問を検討することが役立ちます。

8.1.1　モデルにはどんな負荷がかかるだろうか

運用環境について最初に理解しておくべきことは、モデルが処理する必要があるトラフィックのレベルです。クエリがオンデマンドで行われる場合、**秒単位クエリ（QPS）**と呼ばれることがよくあります。毎日何百万ものユーザーに予測を提供するモデルは1秒あたり数万のクエリを処理することが求められる場合があります。「Hey YarnIt」など、モバイルデバイス上の**ウェイクワード**を認識する音声認識機能を実行するモデルは、数 QPS で実行されるかもしれません。不動産サービスの住宅価格を予測するモデルは、オンデマンドで全く提供されず、代わりに大規模なバッチ処理パイプラインの一部として実行されるかもしれません。

大規模なトラフィック負荷に対処するには、いくつかの基本的な戦略があります。1つ目は、多くのマシンにモデルを複製し、それらを並列に実行することです。おそらくクラウドベースのプラットフォームを使用することで、トラフィックの分散と、需要の増加に応じた容易なスケールアップの組み合わせを可能にします。もう1つは、GPU などのハードウェアアクセラレータや専用チップなど、より強力なハードウェアを使用する方法です。これらのチップは非常に強力であるため、モデル予測自体の計算よりも、入力と出力の方がボトルネックになる可能性があるため、効率を最大化するためにリクエストをまとめてバッチ処理する必要がある場合が多くなります[†1]。

また、使用する特徴量の数を減らしたり、層やパラメータの少ない深層学習モデルを使用したり、量子化やスパース化などのアプローチを使用して内部の数学的演算のコストを下げたりすることによって、モデル自体の計算コストを調整することもできます。モデルカスケードはコスト削減にも効果的です。簡単な例について最初の推測による決定にはコストがかからないモデルを用い、より難しい例のみをコストがかかるモデルに送信します。

---

†1　場合によっては、計算の配置方法に関する選択が固定されており、変更できない場合があります。デバイス上で提供する必要があるモデルは、その例の1つです。画像認識を使用して携帯電話のカメラ付き写真からセーターの編みパターンを識別するモデルをモバイルアプリ内にデプロイするとします。その画像認識をモバイルデバイスに直接実装することを選択すると、画像を他の場所のサーバーに送信することを避け、レイテンシと信頼性、さらにはプライバシーさえも改善できる可能性があります。ただし、モバイルデバイスの場合、ML 計算は一般的にバッテリーの消費が多くなってしまいます。

8.1.2　モデルの予測レイテンシに関する必要要件は何か

　予測レイテンシとは、リクエストを行った瞬間から回答が返ってくるまでの時間のことです。許容可能な予測レイテンシは、アプリケーションによって大きく異なる可能性があり、運用アーキテクチャの選択の主要な決定要因になります。

　yarnit.ai のようなオンラインショップでは、ユーザーが「メリノウールの毛糸」のようなクエリを入力してから、商品候補の全ページが表示されるまでの総時間予算はわずか 0.5 秒かもしれません。ネットワークのレイテンシや、ページの構築と読み込みに必要なその他の処理を考慮すると、モデルが候補商品の予測を全て行うのに数ミリ秒しかないことを意味するかもしれません。他の非常に低レイテンシなアプリケーションには、高頻度取引プラットフォームで使用されるモデルや、自律走行車のリアルタイムガイダンスを行うモデルなどがあります。

　もう一方では、石油掘削に最適な場所を決定するために使われるモデルや、新しい抗体治療法を作るために使われるタンパク質配列の設計を導こうとするモデルを考えてみましょう。このようなアプリケーションの場合、これらの予測を使用する（実際に石油掘削装置を作ったり、ウェットラボで候補のタンパク質配列を実際にテストしたりする）には、数週間から数ヶ月かかる可能性が高いため、レイテンシは大きな問題にはなりません。他のアプリケーション様式には、暗黙のレイテンシが組み込まれています。例えば、電子メールのスパムフィルタリングモデルは、ユーザーが毎朝受信トレイをチェックするだけなら、ミリ秒単位の応答時間を必要としないかもしれません。

　レイテンシとトラフィック負荷は、ML システムの全体的な計算ニーズを定義します。予測レイテンシが高すぎる場合は、より強力なハードウェアを使用するか、モデルの計算コストを下げることで問題を軽減できます。しかし、より多くのモデルの複製を作成することによる並列化は、通常、予測待ち時短縮の解決策にはならないことに注意してください。なぜなら、モデルを介して 1 つの事例を送信するのにかかるエンドツーエンドの時間は、利用可能なモデルの数を増やすだけでは影響を受けないからです。

　実際のシステムでは、ネットワークの影響やシステム全体の負荷のために、レイテンシ値の分布が生じることがよくあります。リクエストの何パーセントかがドロップされていることに気づかないことがないように、平均レイテンシではなく、最悪の数パーセントのようなテールレイテンシを考慮することは有用です[†2]。

8.1.3　モデルはどこで稼働する必要があるのか

　情報の流れと仮想マシンやクラウドコンピューティングのような概念によって定義される現代社会では、コンピュータが物理的なデバイスであり、モデルが特定の場所の物理的なデバイスに保存される必要があることを忘れがちです。モデルには置き場所（または複数の置き場所）を決定する

[†2]　**テールレイテンシ**とは、モデルへのクエリ時に観察されるレイテンシの全分布のうち、最も長いレイテンシのことです。モデルに何度も問い合わせを行い、応答を得るのにかかったレイテンシを短いものから長いものへと並べると、応答時間の中央値が非常に速い分布が見つかるかもしれません。しかし、場合によっては、はるかに長い応答が長い尾を引くことがあります。これがテールで、その時間がテールレイテンシです。詳しくは、Jeffrey Dean と Luiz André Barroso による「The Tail at Scale」（https://research.google/pubs/pub40801）を参照してください。

必要があり、この選択は運用システム全体のアーキテクチャに大きな影響を与えます。以下は、検討すべきいくつかのオプションです。

8.1.3.1　ローカルマシン上

これは運用レベルの解決策ではありませんが、モデル開発者がローカルマシン上でモデルを実行し、必要なときに小さなバッチジョブを呼び出してデータを処理する場合もあります。これは、小規模なプロトタイピングやオーダーメイドを越える用途にはお勧めできません。そのような場合であっても、初期段階ではローカルマシンに頼りがちで、運用レベルの環境に移行する必要が出てきたときに、予想以上の問題を引き起こすことがしばしばあります。

8.1.3.2　組織が所有または管理するサーバー上

組織が独自のサーバーを所有または運用している場合、おそらくモデルはその同じプラットフォーム上で実行されるでしょう。これは、特定のプライバシーやセキュリティに関する懸念がある場合には、特に重要です。また、レイテンシが非常に重要な懸念事項である場合や、モデルを実行するために特殊なハードウェアが必要な場合にも、この選択肢が適している可能性があります。しかし、この選択は、スケールアップやスケールダウンの能力という点で柔軟性に制限がかかる可能性があり、監視に特別な注意を払う必要があるでしょう。

8.1.3.3　クラウド上

クラウドベースのプロバイダを使ってモデルを提供することで、全体的な計算資源量を簡単に増減させることができます。また、いくつかのハードウェアオプションから選択できる場合もあります。これには2つの方法があります。1つ目は、独自の仮想サーバー上でモデルサーバーを稼働させ、使用するサーバーの数を制御する方法です。これは、組織が所有または管理するサーバーを使用する前述のオプションと本質的に変わりません。この場合、サーバーの台数を増やしたり減らしたりするのは多少簡単かもしれませんが、管理のオーバーヘッドは同じようなものです。ここでは、2番目のケース、つまり管理推論サービスを使うことを詳しく見てみましょう。

管理推論サービスでは、監視のニーズが自動的に対処されるかもしれませんが、それでもモデルの品質と予測性能全体を個別に検証し、監視する必要があるでしょう。ネットワークコストのため、往復レイテンシが長くなる可能性があります。実際のデータセンターの地理的な位置によって、これらのコストは高くなったり低くなったりする可能性があり、グローバルにリクエストに対応するのであれば、複数の主要な地理的な位置するデータセンターを使用することで、これらの問題の一部を軽減できるかもしれません。また、ネットワークを通じて情報を送信することになるため、適切な保護措置を講じる必要があります。最後に、プライバシーとセキュリティの懸念に加えて、特定のクラウドプロバイダの利用を慎重に検討すべきガバナンス上の理由が生じる場合もあります。オンライン活動の中には、特定のデータを特定の法管轄区域で保管するよう各国政府によって規制されているものもあります。運用レイアウトの計画を立てる前に、これらの要因について確認しておきましょう。

8.1.3.4 デバイス上

　今日の世界には、日常生活の一部となっている計算デバイスがあふれています。携帯電話からスマートウォッチ、デジタルアシスタント、自動車、サーモスタット、プリンター、ホームセキュリティシステム、そして運動器具に至るまで、あらゆるものが驚くほどの計算能力を持ち、開発者はそのほとんど全てに ML アプリケーションを対応させています。このような環境でモデルが必要になった場合、クラウド上のモデルにアクセスするという選択肢は、常時ネットワーク接続を必要とし、プライバシーに関する複雑な懸念もあるため、デバイス自体に結果を保存する必要がある可能性が高くなります。このような「エッジ」サービスを提供する設定では、通常メモリが制限されるためモデルのサイズに厳しい制約があり、モデルの予測によって消費される電力量も制限されます。

　このような設定でモデルを更新するには、通常ネットワーク経由でのプッシュが必要ですが、そのような全てのデバイスに対してタイムリーに更新が行われる可能性は低くなります。一部のデバイスでは、アップデートを全く受信しない場合もあります。アップデートをプッシュするための修正を行うのは難しいため、これらの設定ではテストと検証が全く新しいレベルの重要性を帯びます。特定のコマンドの入力音声を継続的にスキャンする必要があるモデルなど、一部の重要なユースケースでは、ソフトウェアレベルではなくハードウェアレベルでモデルをエンコードすることが必要になる場合もあります。これにより効率が大幅に向上しますが、その代償として更新がより困難になるか、不可能になることさえあります。

8.1.4　モデルにはどんなハードウェアが必要か

　近年、計算ハードウェアとチップに広範囲のオプションが登場し、様々なモデルタイプの運用効率が大幅に向上しました。これらのオプションを理解することは、運用アーキテクチャ全体を理解する上で重要です。

　運用における深層学習モデルについて知っておくべき主な点は、モデルが密行列の乗算に依存しているということです。これは基本的に、計算集約型の方法で多くの乗算と加算の操作を行う必要があることを意味しますが、それはまた非常に予測可能でもあります[†3]。1 つの密行列乗算演算を構成する小さな乗算と加算の演算は、見事に並列化されます。これは、従来の CPU ではうまく性能を発揮するのに苦労することになります。本稿執筆時点では、一般的な CPU には約 8 つのコアがあり、それぞれのコアに 1 つまたは多くても少数の算術論理演算装置（ALU）が搭載されています。ALU は、乗算と加算の演算を実行する方法を認識するチップの部分です。したがって通常、CPU はこれらの操作を一度に少数しか並列化できず、分岐、メモリアクセス、および様々な計算操作の処理における CPU の強みが実際には活かされません。これにより、CPU 上での深層学習モデルの推論の実行が遅くなります。

　深層学習モデルを扱うのにもっと良い選択肢は、**ハードウェアアクセラレータ**と呼ばれるチップです。最も一般的なのは GPU です。これは、これらのチップが最初にグラフィックスを処理する

---

†3　深層学習の 1 つの予測に対して、何百万、何十億という演算が行われると考えてみてください。

ために開発されたものであり、高速な密行列乗算の実行にも依存しているためです[†4]。GPU に関する主な発想は、数個の ALU が優れているなら、数千個はもっと優れているに違いないということです。そのため、GPU は密行列乗算という特殊な目的のタスクには適していますが、他のタスクにはあまり適していません[†5]。

　もちろん、GPU にも欠点があります。最も明白な欠点は、GPU が特殊なハードウェアであるということです。これは通常、GPU を使用して深層学習モデルを提供するために組織的に投資する必要があるか、GPU を提供するクラウドサービスを使用するか（それに応じてプレミアム料金が請求される場合があります）、GPU がローカルで使用されるオンデバイス設定で運用するか、ということを意味します。

　GPU のもう 1 つの主な欠点は、大量の密行列乗算を伴わない演算にはあまり向いていないことです。スパースモデルはその一例です。スパースモデルが最も有用なのは、大きな可能性の中から特定の文や検索クエリに現れる特定の単語など、少数の重要な情報のみを使用する必要がある場合です。例えば、ある文章や検索クエリに現れる特定の単語を、全ての可能な単語の大きな可能性の中から取り出すような場合です。適切なモデリングにより、スパース性をこのような設定で使用して計算コストを劇的に削減できますが、GPU はこの恩恵を容易に受けることができず、CPU の方がはるかに適切な場合があります。スパースモデルには、スパース線形モデルやランダムフォレストなどの非深層学習手法が含まれます。これは、スパースな入力データ（テキストなど）を、深層学習モデル内でより簡単に使用できる高密度表現に変換する学習済み入力アダプターと考えることができます。

8.1.5　運用モデルではどのように保存され、ロードされ、バージョン管理され、更新されるのか

　物理的なオブジェクトとして、運用モデルは保存する必要のある特定のサイズがあります。ある環境でオフラインで提供されるモデルは、ディスクに保存され、新しい予測セットが必要なときはいつでもバッチジョブの特定のバイナリによってロードされるかもしれません。したがって、主なストレージ要件は、モデルを保持するために必要なディスク容量、ディスクからモデルをロードするための I/O 容量、および使用するためにモデルをメモリにロードするために必要な RAM です。これらのコストのうち、RAM はより高価で容量が制限されている可能性があります。

　ライブオンライン配信で使用されるモデルは、専用マシンの RAM に保存される必要があり、レイテンシが重要な環境で高スループットのサービスを提供する場合、このモデルのコピーは、多く

[†4]　訓練や運用に使用される ML ハードウェアアクセラレータは GPU が圧倒的に一般的ですが、ML 専用に設計されたアクセラレータアーキテクチャも数多くあります。Google、Apple、Facebook、Amazon、Qualcomm、サムスン電子などの企業は全て、ML アクセラレータ製品やプロジェクトを持っています。この分野は急速に変化しています。

[†5]　実際、GPU は計算能力が**非常に**優れているため、行列の乗算を行う能力ではなく、チップにデータを出し入れするための帯域幅がボトルネックになることがよくあります。入出力コストを減らすリクエストをまとめてバッチ処理することは、非常に効果的な戦略です。多くの場合、1 つのリクエストと同じウォールクロックのレイテンシで、何百ものリクエストを処理できます。バッチ処理の唯一の問題は、十分なサイズのバッチを作成するのに十分な数のリクエストが来るのを待つのが遅くなる可能性があることですが、高負荷の環境ではこれは通常問題にはなりません。

のレプリカマシンに保存され、並行して配信される可能性があります。10章で説明するように、ほとんどのモデルは新しいデータで再訓練することで、最終的に更新する必要があり、一部のモデルは毎週、毎日、毎時、またはそれ以上の頻度で更新されます。これは、特定のマシンで現在使われているモデルのバージョンを新しいバージョンと入れ替える必要があることを意味します。

その間に機能が停止するのを避けたい場合、主に2つの戦略があります。1つ目は、処理ジョブに2倍のRAMを割り当てることで、古いモデルがまだ処理されている間に新しいバージョンのモデルをマシンにロードし、新しいバージョンの準備が完全に整ったら、どちらを使用するかをホットスワップすることです。これはうまくいきますが、モデルのロードやスワップが行われていない大部分の時間RAMを浪費します。もう1つは、レプリカマシンの数を一定の割合でオーバープロビジョニングし、その割合（例えば、10%）を順次オフラインにしてモデルを更新する方法です。このより段階的なアプローチにより、より適切なエラーチェックとカナリア処理も可能になります。

また、多くの開発者が実施したいと思うA/Bテストをシステムでサポートする場合は、モデルのAバージョンとBバージョンの両方を提供できるようなアーキテクチャを作成することが重要です。実際、開発者は、A/Bテストで同時に多くの種類のBを実行したい場合があります。サポートされるバージョンの数と容量を正確に決定することは、リソース、システムの複雑さ、組織の要件のバランスを考慮した重要なアーキテクチャ上の選択となります。

8.1.6　運用のための特徴量パイプラインはどのようなものになるか

特徴量の処理は、訓練時と同様に運用時にも必要です。訓練時にデータに対して行われた特徴処理やその他のデータ操作は、運用時にモデルに送られる全ての事例に対してもほぼ確実に繰り返される必要があり、そのための計算量は相当のものになる可能性があります。場合によっては、これは画像の生のピクセル値を画像モデルに送るための密なベクトルに変換するのと同じくらい簡単です。より一般的な運用環境では、複数の情報ソースをリアルタイムで結合する必要があるかもしれません。

例えば、yarnit.aiストアでは、商品推薦モデルに次のようなものを提供する必要があるかもしれません。

- 検索ボックスの項目から引き出された、ユーザークエリからの正規化されトークン化したテキスト
- 蓄積されたユーザー情報のデータベースから引き出された、過去の購入履歴に関する情報
- 保存された製品データベースから引き出された、製品の価格と説明に関する情報
- ローカル化システムから引き出された、地理、言語、時刻に関する情報

各種類の情報は異なるソースから取得され、クエリごと、またはセッションごとに事前計算または再利用の機会が異なる場合があります。多くの場合、これは、これらの情報をMLモデルが使用する特徴量に変換するために使用される実際のコードが、訓練時に同様のタスクに使用されるコー

ドと運用時に異なる可能性があることを意味します。この違いは、検出とデバッグが難しいことで知られる、古典的な**訓練と運用のスキュー（歪み）**エラーやバグの主な原因の１つです。この種のスキューやその他についてのさらに詳しい説明については、9章を参照してください。

最新の特徴量ストアでの規約の１つは、訓練と運用の両方を１つの論理パッケージで処理することです。この規約の現実はシステムやユースケースによって異なる可能性があるため、どのような場合でも堅牢な監視を確保する価値は十分にあります。

また、運用時にモデルが使用する特徴量を作成することは、レイテンシの主要な原因であり、多くのシステムで支配的な要因になることも注目するに値します。これは、運用時の特徴量パイプラインが後付けとは程遠く、実際に運用スタック全体の中で最も運用上重要な部分であることを意味します。

8.2　モデル運用アーキテクチャ

前述の質問を念頭に置いて、ここでは４つの大まかな運用アーキテクチャの分類を検討します。当然ながら、それぞれは特定のユースケースに合わせて調整する必要があり、運用システムによっては、複数のアプローチを組み合わせて使用する場合もあります。とはいえ、ほとんどのアーキテクチャとデプロイのアプローチは、以下の４つの大まかなカテゴリに分類されます。

- オフライン
- オンライン
- サービスとしてのモデル
- エッジでの運用

それぞれについて詳しく見ていきましょう。

8.2.1　オフライン運用（バッチ推論）

オフライン運用は、多くの場合、実装が最もシンプルで速いアーキテクチャです。エンドユーザーにサービスを提供するアプリケーションはモデルに直接触れることはありません。モデルは前もって訓練されます。これは、しばしば**バッチ推論**と呼ばれます。

バッチ推論は、必要のないときにオンデマンドで予測にアクセスできるようにモデルをホスティングするという問題を回避する方法です。モデルをロードし、あらかじめ定義された入力データセットに対してオフラインで予測を実行することで機能します。その結果、モデルの予測は単純なデータセットとして、おそらくデータベースや.csv ファイル、あるいはデータを保存する他のリソースに保存されます。これらの予測値が必要になると、その問題は静的なデータリソースをデータストレージからロードする必要がある他の問題と同じになります。要するに、モデル予測をオフラインで計算することで、オンデマンドモデル予測から単純なデータ検索という、より標準的な問題に変換します（**図8-1**）。

例えば、yarnit.aiの各商品の、あるユーザーのサブセットに対する**人気度**は、オフラインで計算できます。このようにすることで何らかのコストがかかるのであれば、おそらく都合の良い低負荷時に計算することができます。

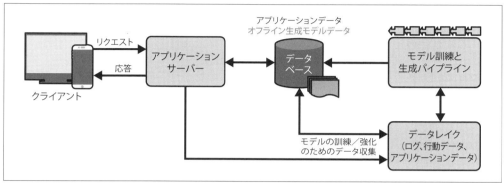

図8-1　データストアを介したオフラインモデルの運用

ユースケースの要求がそれほど厳しくない場合は、データベースを介してモデル予測を保存および提供する複雑さを回避し、予測をフラットファイルまたはメモリ内のデータ構造に書き込み、アプリケーション内で直接使用できる可能性もあります（**図8-2**）。一例として、私たちのオンラインショップでは、（特定の製品か幅広いカテゴリに分ける）**検索クエリの意味分類器**を使用して、クエリエンジンが検索結果を効率的に取得するためのクエリを書き換えることができます（もちろん、ウール、コットン、アクリル、ブレンドなど繊維の種類に応じたハッシュ名や逆ハッシュ名を使って、糸にインデックスを付けることで、同じ構造への近似を構築することもできます）。

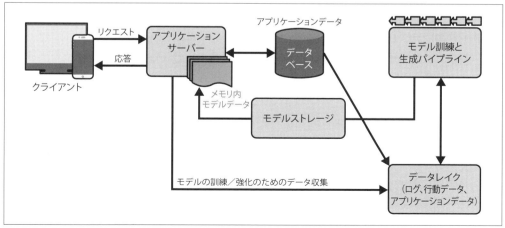

図8-2　メモリ内のデータ構造を介したオフラインモデルの運用

8.2.1.1　利点

オフライン運用の利点は以下の通りです。

複雑ではない

　　このアプローチは特別なインフラを必要としません。多くの場合、既に持っているものを再利用したり、小さくてシンプルなものを始めたりできます。ランタイムシステムには可動部分が少なくなります。

アクセスが容易

　　ユースケースを促進するアプリケーションは、データストアに基づき、単純なキー値検索やSQLクエリを実行できます。

より優れた性能

　　予測は事前に計算されているため、すぐに提供されます。これは、特定のミッションクリティカルなアプリケーションにとっては最優先の考慮事項となる可能性があります。

柔軟性

　　識別子に基づいた別々のテーブルやレコードを使用することで、このアプローチは様々なモデルのロールアウトやロールバックを柔軟かつ簡単に行うことができます。

検証

　　使用前に全てのモデル予測を検証できることは、正しい運用を確立するための大きな利点です。

8.2.1.2　欠点

オフライン運用の欠点を以下に挙げます。

（訓練時の）データの利用

　　訓練データは前もって入手可能である必要があります。そのため、モデルの改良を運用システムに導入するには時間がかかります。また、クリティカルな上流データの停止は、モデルが陳腐化すること、数日分のレイテンシ、データが永久に失われること、オフラインのジョブを現在の状態に「追いつく」ためにコストがかかるバックフィル（補充処理）プロセスを行わなければならない可能性があります。

（運用時の）データの利用

　　事実上、運用データは前もって利用可能である必要があります。完全に正しく動作させるためには、システムはそのデータに対して行われる可能性のある全てのクエリを前もって知っている必要があります。これは多くのユースケースでは不可能です。

スケーリング

スケーリングは、特に大規模なデータセットや大規模なクエリ空間に依存するユースケースでは困難です。例えば、ロングテールの検索クエリ空間、つまり、その大部分が一般的に使用されない様々なクエリを高精度かつ低レイテンシで処理することはできません。

容量の制限

複数のモデル出力をメモリやアプリケーションデータベースに保存すると、ストレージの制限や性能の問題が発生します。これは、複数のA/Bテストを同時に実行する能力に影響を与えます。データベースとクエリのリソース要件が同じような速度で拡張され、プロビジョニング[†6]に十分なリソースがあれば、これは実際の問題にはならないかもしれません。

選択肢の低さ

モデルと予測は事前に計算されるため、オンライン文脈を使って予測に影響を与えることはできません。

8.2.2　オンライン運用（オンライン推論）

前述のアプローチとは対照的に、**オンライン運用**は、固定されたクエリ空間から事前に計算された出力に依存しません。その代わりに、リアルタイムデータのサンプルを取り込む、あるいはストリーミングすることで、リアルタイムで予測を提供します。私たちのオンラインショップの例では、予測を行うために過去の情報とともに現在の文脈を使用することで、モデルにリアルタイムのユーザー行動を常に学習させ、よりパーソナライズされたショッピング体験を構築できます。現在の文脈には、位置情報、事前に計算された推薦のビューインプレッション、最近の検索セッション、閲覧されたアイテム、バスケットに追加されたアイテム、バスケットから削除されたアイテムなどが含まれるかもしれません。

このアクティビティは全て予測時に考慮できるため、対応方法が大幅に柔軟になります。オフラインモデルによって生成された推論を利用したアプリケーションと、リアルタイムでの追加パラメータの補足モデルの訓練（**図8-3**）は、大きな利点と重要なビジネスインパクトをもたらします。

[†6]　［訳注］プロビジョニングとは、必要に応じてネットワークやコンピュータの設備などのリソースを提供できるよう予測し、準備しておくことです。供給や設備等の意味を表すプロビジョン（provision）という単語がもととなって派生した言葉です。

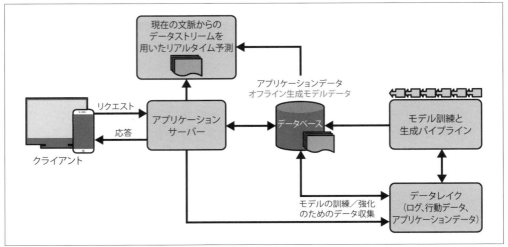

図8-3　オフラインで生成された予測と組み合わせたハイブリッドオンラインモデルの運用

8.2.2.1　利点

オンライン運用の利点は以下の通りです。

適応性
　オンラインモデルは進行しながら学習するため、モデルの再訓練や再デプロイメントが必要となる頻度を大幅に減らすことができます。モデルは、デプロイ時に概念ドリフトに適応するのではなく、推論時に概念ドリフトに適応します。

補足的なモデルにも対応可能
　1つのグローバルモデルを訓練して変更する代わりに、リアルタイムデータの小さなサブセットを使って、より状況に特化したモデルにチューニングできます（例えば、ユーザーや場所に特化したモデル）。

8.2.2.2　欠点

オンラインサービスのデメリットをいくつか挙げてみましょう。

必要なレイテンシ予算
　モデルは、関連する全ての機能にアクセスする必要があります。新しいクエリを特徴量に変換し、別の場所に保存されている関連する特徴量を検索できるように、新しいクエリに素早くアクセスする必要があります。1つの訓練事例に必要な全てのデータをAPI呼び出しのペイロードの一部としてサーバーに送信できない場合は、そのデータを他の場所からミリ秒単位で取得する必要があります。通常これは、何らかの種類のメモリ内ストア（Redisなど）を使用することを意味します。

デプロイメントが複雑

予測はリアルタイムで行われるため、モデルの変更をロールアウトすることは、特にKubernetes のようなコンテナオーケストレーション環境では非常に困難です。

拡張性に制約がある

モデルは随時変更される可能性があるため、水平方向の拡張はありません。その代わりに、新しいデータを可能な限り素早く消費し、学習した一連のパラメータを API 応答の一部として返すことができる、単一モデルのインスタンスのクラスタを構築する必要があるかもしれません。

より高い監視要件

このアプローチでは、より高度な監視と調整／ロールバックの仕組みが必要となります。なぜなら、リアルタイムの変化には、エコシステム内の悪質な行為者によって引き起こされた不正行為が含まれる可能性が十分にあり、それらは何らかの形でモデルの挙動と相互作用したり、影響を与えたりする可能性があるからです。

より高い管理要件

これを正しく行うには、強力な監視およびロールバックの仕組みに加えて、データサイエンスと運用エンジニアリングの両方において、重要な専門知識と適切な調整が必要です。したがって、このアプローチは通常、ビジネスに多大な金銭的影響を与える重要な基幹業務アプリケーションにのみ価値があると考えられます。

オンラインでのモデルの運用は、次の節で説明するサービスとしてのモデルのアプローチと組み合わせると、より強力になります。リアルタイム予測は同期または非同期で提供できることに注意してください。同期モードはより単純で推論が簡単ですが、非同期モードでは結果の受け渡し方法をより柔軟に処理でき、アプリケーションとエンドクライアント（ブラウザ、アプリ、デバイス、内部サービスなど）に応じて、プッシュ**もしくは**プルメカニズムを介して予測を送信するなどのアプローチが可能になります。

8.2.3　サービスとしてのモデル

サービスとしてのモデル（MaaS）アプローチは、サービスとしてのソフトウェア（SaaS）に似ており、本質的にマイクロサービスアーキテクチャ（小規模のサービスの組み合わせ）と良い相性を有します。MaaS では、モデルは専用のクラスタに保存され、明確に定義された API を介して結果が提供されます。トランスポートやシリアル化の方法（gRPC や REST など）[7]に関係なく、モデルはマイクロサービスとして提供されるため、メインアプリケーションから比較的分離されて

---

[7]　gRPC（https://grpc.io）は、当初 Google によって開発されたオープンソースの RPC システムです。Representational State Transfer（REST）は、開発者が Web API を作成する際に従う API のパターンとして広く使われています。

います（**図8-4**）。したがって、これは、プロセス内での対話や緊密な結合が必ずしも必要ないため、最も柔軟な拡張性を持有するデプロイメントとサービス戦略となります。

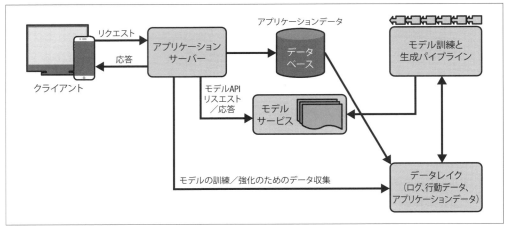

図8-4　独立したマイクロサービスとして提供されるモデル

「サービスとしてのX（XaaS）」のアプローチは業界全体で広く普及しているため、ここでは他の方法よりもこの特定の方法に焦点を当て、APIを介してモデル予測を提供する様々な側面について、本章の後半で詳しく検討します。

8.2.3.1　利点

MaaSのメリットは以下の通りです。

文脈の活用
　　MaaSの定義では、リアルタイムの文脈と新機能を利用することで、リアルタイムで予測を提供する能力があります。

懸念項目の分離
　　独立したサービスアプローチにより、MLエンジニアリングはより安定した方法でモデルを調整し、運用上の問題を管理するためのよく知られた手法を適用できます。MaaSタイプのほとんどのモデルは、構成の依存関係を共有せずにステートレスな方法で編成できます。このような場合、新しいモデルサービス機能を追加することは、**水平スケーリング**とも呼ばれ、運用アーキテクチャに新しいインスタンスを追加するのと同じくらい簡単です。

デプロイメントの分離
　　RPCが唯一の通信手段である開発アーキテクチャと同様に、技術スタックの選択はアプリケーション層とモデルサービス層で異なる可能性があります。独立したデプロイサイクルも

可能で、異なるタイムスケールや複数の環境（QA、ステージング、カナリアなど）でのバージョンをデプロイすることが多少簡単になります。

バージョン管理

同じクラスタに複数のバージョンのモデルを保存し、必要に応じてそれらを参照することができるため、バージョニングの拡散は容易になります。これは、A/B テストなどに非常に便利です。使用されているモデルのバージョン識別情報は、多くの場合、サービスの応答データの一部として設計できます。とりわけこのシステムは、A/B テストで特定の結果を提供するためにどのモデルが使用されたかを追跡するなど、ML モデルを使用した結果として生成される可能性のある全てのイベントデータを追跡、ルーティング、照合するためにモデル識別子に依存することができるため、計画的な再デプロイメントを可能にします。

一元化により監視が容易になる

モデルアーキテクチャが一元化されているため、システムの健全性、容量／スループット、レイテンシ、リソース消費、そしてインプレッション、クリック、コンバージョンなどのモデルごとのビジネス評価指標の監視が比較的容易になります。入力／出力をラップするアーキテクチャコンポーネントを設計し、モデルを識別して設定ファイルからロードするプロセスを標準化すれば、SRE（サイトリライアビリティエンジニア）の「4 つのゴールデンシグナル」（レイテンシ、トラフィック、エラー、飽和）のタイプの観測可能な評価指標の多くは、他の一般的なマイクロサービスにこれらを提供する他の定義済みのツールにプラグインするだけで、「無料で」取得できます。

8.2.3.2　欠点

MaaS の欠点は以下の通りです。

管理のオーバーヘッド

マイクロサービスという列車に乗り込むと、降りるのは難しく、安全にうまく乗り続けるためには多くのオーバーヘッドが必要になります。しかし、このオーバーヘッドには少なくとも、ある程度文書化され理解されているという利点があります。

組織のコンプライアンス

マイクロサービスをデプロイするための標準的なフレームワークに移行すると、当初はログの集約、評価指標のスクレイピングとダッシュボード、コンテナやコンピュート使用状況のメタデータの追跡、コードのビルドやリリースを実際のデプロイに変換する管理された配信ソフトウェアなど、多くのものを「無料で」手に入れることができるかもしれません。しかし、プライバシー、セキュリティ標準、認証、監査、リソース制限など、様々な移行に準拠するための変更をする必要もあります。

レイテンシ予算が必要になる

コールスタックを効果的に外部化するあらゆる種類のマイクロサービスアーキテクチャでは、レイテンシが重要かつ無視できない制約になります。ユーザーが認識するレイテンシは、それなりに厳しい制約（理想的には1秒未満）の範囲内に抑える必要があるため、通信する他の全てのシステムに性能関連の制約を課すことになります。また、（サイロ化された企業で通常）どのチームも性能全体を管理していないため、ユーザーが認識する性能に関する組織の盲点を生む可能性もあります。その結果、基盤となるデータストア、言語、組織構造とパターンの選択が重要になります。

分散利用

分散マイクロサービス上に構築されたアーキテクチャは、部分的な障害を堅牢に許容する必要があります。呼び出し元サービスは、モデルサービスがダウンしたときに適切なフォールバック（縮退運用）が必要です。

8.2.4 エッジでの運用

モデルがエッジデバイスにデプロイされる場合、あまり一般的に理解されていない運用アーキテクチャが使用されます（**図8-5**）。**エッジデバイス**とは、モノのインターネット（IoT）、ドアベルから自動運転車まで、あるいはその中間のものです。今日インターネット接続を持つエッジデバイスの大部分は最新のスマートフォンです。

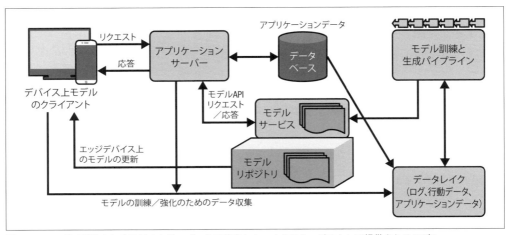

図8-5　エッジで提供されるモデルとサーバー上で独立したマイクロサービスとして提供されるモデル

通常、これらのモデルは単独では存在しません。ある種のサーバー側の補足モデルがギャップを埋めるのに役立ちます。また、ほとんどのエッジアプリケーションは、主にデバイス上の推論に依存しているのが一般的です。これは、連合学習、コラボレイティブ学習のような新しい技術によっ

て、将来変わるかもしれません[†8]。ユーザーとの距離が近いことは、アプリケーションによっては大きな利点ですが、このアーキテクチャではしばしばリソースの厳しい制限に直面します。

8.2.4.1　利点

エッジでのサービスには、以下の利点があります。

低レイテンシ

デバイスにモデルを搭載することで処理が速くなります。状況を予測するためのほぼ瞬時の応答（さらにパケット落ちなどのリスクもない）は、一部のアプリケーションにとって極めて重要です。自動運転車ではレイテンシやジッタが高いと、事故やけが、あるいは死亡を引き起こす可能性があります。そのような場合、エッジデバイス上でモデルを実行することは基本的に必須です。

より効率的なネットワーク利用

ローカルで回答できるクエリが多ければ多いほど、ネットワーク経由で送信するクエリは少なくなります。

プライバシーとセキュリティの向上

ローカルで推論を行うことは、ユーザーデータとそのデータに基づいて行われる予測が、危険にさらされにくいことを意味します。これは、パーソナライズされた検索や、ユーザープロファイル、位置情報、取引履歴などの個人情報を必要とする可能性のある推薦に非常に有効です。

より高い信頼性

ネットワーク接続が安定していない場合、以前はリモートで実行していた特定の操作をローカルで実行できることが望ましくなり、時には必要になることさえあります。

エネルギー効率

エッジデバイスの重要な設計要件の1つはエネルギー効率です。場合によっては、ローカルコンピューティングの方がネットワーク送信よりもエネルギー消費が少なくなります。

8.2.4.2　欠点

以下はエッジで運用する場合の欠点です。

リソースの制約（特殊化）

コンピューティング能力が限られているため、エッジデバイスは少数のタスクしか実行できません。非エッジインフラは大規模モデルの訓練、構築、提供を処理し、エッジデバイスは

[†8]　連合学習（Federated learning）は、接続されていない複数のエッジデバイスにまたがってモデルを学習するアプローチです。詳しくは TensorFlow（https://oreil.ly/dYqeC）をご覧ください。

小規模なモデルでローカル推論を実行できます。

リソースの制約（精度）

ML モデルは大量の RAM を消費し、計算コストが高くつきます。メモリに制約のあるエッジデバイスにこれらを適合させることは、困難または不可能です。良いニュースとしては、これに対処する別の方法を見つけるために多くの研究が進行中であるということです。例えば、SqueezeNet や MobileNet などのパラメータ効率の高いニューラルネットワークは、どちらも精度をあまり犠牲にすることなくモデルを小さく効率的に保つ試みです。

デバイスの異質性（デバイス固有のプログラミング言語）

例えば、エッジ上の運用と訓練が iOS と Android の両方で全く同じように行われるようにする方法を考案することは、大きな課題です。モバイル開発のベストプラクティスの文脈内でこれを効率的に行うには、高度にドメイン固有の 2 つのグループ（ML エンジニアとモバイルエンジニア）の交流も必要になります。これにより、希少な共有専門チームに組織的負担が生じたり、フルスタックの開発者向けに標準化されたモデルを採用できなくなったりする可能性もあります。ソフトウェアがサービスとして公開されて使用される場合には、常に同様のやりとりが存在します。例えば、ウェブ上で利用できる会計サービスでは、会計システムの構築に精通したソフトウェアエンジニアと、運用環境でのソフトウェアの実行に経験のある運用エンジニアの両者が対応する必要があります。ここでの違いは主に程度によるものです。ML エンジニアとモバイルエンジニアは、全く異なる世界と技術的背景から来ており、うまくコミュニケーションするにはお互い努力する必要があります。

デバイスソフトウェアのバージョンはユーザーが管理する

フロントエンドのためのバックエンド（BFF）プロキシサービスデザインパターンを使用して、様々な呼び出しをデバイスからサーバー側のバックエンドにルーティングしない限り、エッジデバイスの所有者がソフトウェア更新サイクルを制御します。iOS アプリのデバイス上の ML モデルに重要な改善を加える可能性はありますが、それは何百万もの既存ユーザーが iPhone でバージョンを更新する必要があるという意味ではありません。エッジデバイスにデプロイされる ML モデルは、堅牢に動作し続ける必要があり、その予測とデバイス上での学習セットアップが長い間機能し続ける必要があるかもしれません。そのため、これは将来を見据えた技術的負債やレガシーサポートを大量に伴う可能性がある、アーキテクチャ上の大きな取り組みであり、慎重に選択する必要があります。

ML モデルを運用環境で提供する際に追跡する必要がある重要な属性の 1 つが、バージョニングです。フィードバックループのデータ、バックアップ、障害復旧、性能測定は全てこれに依存しています。これらの考え方については 9 章で詳しく説明します。特に、運用と SLO の 2 つのパートで、実施すべき測定について見ていきます。

8.2.5　アーキテクチャの選択

　様々なアーキテクチャの選択肢について説明したところで、次は適切なものを選択する必要があります。ユースケースによっては、それは複雑な問題になる可能性があります。モデルのライフサイクルやフォーマットなどの違いは考慮すべき軸の 1 つであり、存在する膨大な実装状況を気にする必要はありません。

　私たちが勧めるアプローチは、まずアプリケーションに必要なデータの**量**と**速度**を考慮するということです。極端に低いレイテンシが優先される場合は、オフラインでメモリ内の運用を使用します。それ以外の場合は、MaaS を使用します。ただし、エッジデバイスで実行している場合は例外で、エッジでのサービスが（明らかに）最も適切です。

　本章の残りの部分では、MaaS に焦点を当てます。MaaS の方が柔軟性が高く、制約が少ないため教育的にも優れているからです。

8.3　モデル API デザイン

　運用規模の ML モデルは通常、様々なプログラミング言語、ツールキット、フレームワーク、カスタム構築ソフトウェアを使用して構築されます。他の運用システムと統合しようとする場合、ML およびソフトウェアエンジニアは新しいプログラミング言語を学んだり、新しいデータ形式用のパーサーを作成したりする必要があるため、そのような違いによって**アクセシビリティ**が制限され、データ形式コンバータや複数の言語プラットフォームが必要になり**相互運用性**が制限されます。

　アクセシビリティと相互運用性を向上させる 1 つの方法は、ウェブサービスを介して抽象化されたインターフェイスを提供することです。REST スタイルのリソース指向アーキテクチャ（ROA）は、実装固有の詳細を隠したいという REST の設計哲学が、このタスクに非常に適していると思われます[†9]。この考えを部分的に支持する結果として、近年 ROA は、ML ウェブサービスの分野で急速な成長が見られます。それらの例は、Google Prediction/Vision API、Microsoft Azure Machine Learning などです。

　ほとんどのサービス指向アーキテクチャ（SOA）のベストプラクティスは、ML のモデルおよび推論 API にも当てはまります[†10]。

データサイエンスとエンジニアリングのスキル

　多くの組織では、純粋なデータサイエンスチームがあり、運用環境でサービスを実行した経

[†9] （サービス指向アーキテクチャと比較して）リソース指向アーキテクチャは、Web API 構築のための REST パターンを拡張したものです。リソースとは、uniform resource locator（URL）に割り当てられる状態を持つエンティティです。概要については、Joydip Kanjilal 氏による「An Overview of Resource-Oriented Architectures」（https://oreil.ly/qzVwx）を参照してください。

[†10] 同様に、サービス指向アーキテクチャは、アプリケーションが一連のサービスに分解されるアプローチです。この用語はやや使い古されたものであり、業界の人々によって意味が異なることがよくあります（Cesar de la Torre らによる「Service-Oriented Architecture」〔https://oreil.ly/e5GzU〕に反映されています）。

験はほとんどありません。しかし、DevOps のメリットを全て得るためには、データサイエンスチームがモデルを運用環境にリリースする完全なオーナーシップを持つことが望まれます。モデルを他のチームに「引き渡す」代わりに、データサイエンスチームは運用チームと協力し、そのプロセスを最初から最後まで共同所有することになります。

表現とモデル

特徴量の分布がわずかに変化しただけでも、モデルがドリフトする可能性があります。複雑なモデルの場合、この表現を作成するには、多数のデータパイプライン、データベース、さらには上流モデルが必要になる場合があります。この関係を処理することは、多くの ML チームにとって簡単ではありません。

スケール／性能特性

一般に、パイプラインの**予測**部分は純粋に計算処理に依存しており、サービス環境ではかなり独特な存在です。多くの場合、ワークフローの**表現**部分は、特にデータおよび特徴量のロードして入力する場合や、予測対象の画像やビデオを取得する必要がある場合には、I/O への依存度が増します。

推論サービス設計における多くのデザインパターンを推進する圧倒的な要因は、おそらく驚くべきことですが、**組織のサポートとスキルセット**であると考えられます。データサイエンスチームが運用環境でのデプロイメントのエンドツーエンドのコンポーネントを完全に所有することを要求することと、データサイエンスチームから運用環境での懸念事項を完全に切り離して、データサイエンスチームがモデル訓練とモデル最適化というドメインの専門性に完全に集中できるようにすることの間には、基本的な緊張関係が存在します。

どちらの方向にも行き過ぎると、不健全になる可能性があります。データサイエンスチームが多くを所有することを求められたり、運用サポートチームと緊密な協力関係を築けなかったりすると、訓練を受けていない運用環境の問題に対処することに圧倒されてしまう可能性があります。データサイエンスチームが所有するものが少なすぎると、そのモデルが適合しなければならない運用システムの制約や現実から切り離され、エラーを修正したり、重要なバグ修正を支援したり、アーキテクチャ計画に貢献したりすることができなくなります。

したがって、運用環境にモデルをデプロイする準備ができたら、実際には 2 つの異なるものをデプロイします。モデル自体と、モデルにクエリを実行して特定の入力の予測を取得する API です。これら 2 つは、多数のテレメトリ（監視と分析のために遠隔地に送信するプロセス）と多くの情報も生成します。これらは、後で運用環境でモデルを監視し、ドリフトやその他の異常を検出し、ML ライフサイクルの訓練フェーズにフィードバックするために使用されます。

8.3.1 テスト

モデルの API をデプロイし、運用環境で提供する前にテストすることは非常に重要です。なぜなら、モデルは大きなメモリフットプリントを持ち、高速な回答を提供するために大きな計算リ

ソースを必要とするからです。データサイエンティストと ML エンジニアは、ソフトウェアと QA エンジニア、製品とビジネスチームと密接に協力して、API の使用量を見積もる必要があります。最低限、以下のテストを実施する必要があります。

- 機能テスト（例えば、与えられた入力に対して期待される出力）
- 統計的テスト（例えば、1,000 の未見のリクエストで API をテストし、予測されたクラスの分布が訓練された分布と一致するようにする）
- エラー処理（リクエストのデータ型検証など）
- 負荷テスト（例えば、n 人の同時ユーザーが x 回/秒の電話をかける）
- エンドツーエンドのテスト（例えば、期待通りに全てのサブシステムが動作しているか、ログを記録しているかを検証する）

8.4　精度重視か回復性重視か

　ML モデルを提供する場合、性能の向上は必ずしもビジネスの成長を意味するわけではありません。モデル指標を監視してビジネスの主要業績評価指標（KPI）と関連付けることで、性能分析とビジネスへの影響の間のギャップを埋め、組織全体を統合して共通の目標に向かってより効率的に機能できるようにします。ビジネス KPI を通じて ML パイプラインのあらゆる改善を確認することが重要です。これは、どの要素が最も重要かを定量化するのに役立ちます。

　モデルの性能とは、サンプルデータだけでなく、運用セットアップでリアルタイムに実際のユーザーデータを使用して、タスクを正確に実行するモデルの能力を評価することです。性能を評価して、検出のドリフト、バイアス、データの不一致の増加などの誤った予測を特定する必要があります。検出後には、デプロイされたモデルがユーザー側で正確な予測を行っており、データの変動に対する耐性があることを確認するために、その挙動に基づいてデバッグすることでエラーが軽減されます。ML モデルの評価指標は、ユーザーにサービスを提供するモデルのタイプ（例えば、2 値分類、線形回帰など）に基づいて測定および評価され、全ての KPI を網羅し、モデルの性能の基礎となる統計レポートが生成されます。

　例えば、log 損失の最小化や再現率の改善などの評価指標の改善がモデルの統計的性能の向上につながるとしても、ビジネスオーナーはこれらの統計的評価指標にはあまり関心がなく、ビジネスの KPI に関心がある傾向があることが一般的です。特定の組織がどの程度うまく機能しているかを詳細に把握し、最適化された意思決定のための分析基盤を構築する KPI を探す必要があります。yarnit.ai オンラインショップの例では、いくつかの主な KPI は次のようになります。

サイト訪問あたりのページビュー

　　これはユーザーが 1 回のサイト訪問中に訪問する平均ページ数を測定することです。値が高い場合は、ユーザーが必要なものに到達するまでに膨大な労力を費やす必要があったため、ユーザー体験が満足のいくものではないことを示している可能性があります。あるいは、値

が非常に低い場合は、サイトに対する退屈または不満を示し、サイトから移動したことを意味する可能性があります。

顧客の再注文

これは既存顧客の注文を測定するもので、ブランドの価値と成長を把握するために不可欠です。

回復力のあるモデルは、正解率や AUC などのデータサイエンスの尺度に関しては最適なモデルとは限りませんが、訓練セットだけでなく幅広いデータセットで良好に機能します。また、より堅牢で過剰適合が少ないため、長期間にわたって性能が向上します。これは、モデルを常に監視して再訓練する必要がないことを意味します。運用でのモデルの使用を中断させ、組織に損失をもたらす可能性があるモデルの定常的な監視や再訓練をする必要がないことも意味します。モデルの回復力を測定する単一の KPI はありませんが、モデルの回復力を評価できるいくつかの方法を次に示します。

- 交差検証における標準偏差を小さくする
- 運用モデルで長時間使用した場合の類似のエラー率
- テストデータセットと検証データセットのエラー率の不一致を小さくする
- 入力ドリフトによるモデルの影響度合い

モデルの品質と評価の詳細については 5 章で、レイテンシやリソース使用率などの API ／システムレベルの KPI については 9 章で説明しています。

8.5　スケーリング

私たちは API エンドポイントを介してモデルを公開し、ビジネスや顧客に価値を提供できるようにしました。これは良いことですが、まだ始まったばかりです。全てがうまくいけば、モデルのエンドポイントは近い将来、かなり高いワークロードに直面するかもしれません。もし組織がより多くのユーザーにサービスを提供し始めたら、このような要求の増加は ML サービスとインフラをすぐにダウンさせる可能性があります。

API エンドポイントとしてデプロイされた ML モデルは、このような需要の変化に対応する必要があります。モデルにサービスを提供する API インスタンスの数は、リクエストが増加したときに増やすべきです。ワークロードが減少したときには、クラスタのリソースを十分に利用できない状態に陥らないようにインスタンス数を減らすべきです。これは、最新のソフトウェアアーキテクチャにおけるクラウドコンピューティング環境のオートスケールに似ています。キャッシングもまた、従来のソフトウェアアーキテクチャと同様に、ML 環境において効率的です。これらについて簡単に説明しましょう。

8.5.1 オートスケーリング

オートスケーリングは、ワークロードの変化に応じて、モデルに供給されるインスタンス数を動的に調整します。オートスケーリングは、ターゲットとなる評価指標（CPU やメモリの使用率など）を監視し、私たちが監視するターゲット値と比較することで機能します。さらに、スケーリング能力の最小値と最大値、クールダウン期間を設定して、スケーリングの動作と価格を制御できます。yarnit.ai オンラインショップの例では、検索ユースケースに使用される言語ごとのスペル修正モジュールは、顧客の購入履歴に基づいて新製品や類似品を定期的に推薦するメールを送信するパーソナライズド推薦モジュールのスケーリングとは独立してスケーリングできます。

8.5.2 キャッシング

yarnit.ai オンラインストア内のカテゴリとサブカテゴリを予測する問題を考えてみましょう。ユーザーが「ケーブルニードル」と検索し、そのユーザーが意図する買い物の範囲が、カテゴリレイアウトの内部カテゴリ体系から「機器」すなわち「ニードル」であると予測するかもしれません。このような場合、「ケーブルニードル」のような繰り返しクエリに遭遇するたびに高価な ML モデルを繰り返し呼び出すのではなく、キャッシュを活用できます。

キャッシュ内のクエリの数が少ない単純なケースの場合、これは通常、単純なメモリ内キャッシュで解決できます。しかしキャッシュに適合させるために膨大な数の顧客クエリを扱う場合、キャッシュを独立してスケーリングと監視が可能な別の API ／サービスに拡張したいと考えるかもしれません。

8.6 障害からの復旧

MaaS を介した ML サービスには、他の SaaS（Software as a Service）プラットフォームと同様の障害復旧要件があります。データセンターの喪失を乗り切り、インフラリスクを分散し、ベンダーロックインを回避し、不良コード変更を迅速にロールバックし、障害カスケードの一因とならないように適切な回線切断を確保することです。これらの標準的なサービス障害に関する考慮事項とは別に、ML システムが（オンラインかオフラインかにかかわらず）訓練やデータパイプラインに深く依存することで、データスキーマの変更やデータベースのアップグレードへの対応、新しいデータソースのオンボード、ステートフルなデータリソースの耐久性のある（オンライン学習の状態や、アプリがクラッシュした後のエッジ運用のユースケースにおけるデバイス上の再訓練の状態などの）回復、データの欠落や上流のデータ ETL ジョブ[†11]の停止に直面した場合の正常な失敗など、追加の要件が発生します。

データは、データウェアハウス、データレイク、ストリーミングデータソース内で常に変化し、増加しています。製品やサービスに新しい機能を追加したり、既存の機能を強化したりすると、新

[†11]［訳注］ETL とは、Extract（抽出）/Transform（変換）/Load（格納）の略で、広く使用されているデータの抽出とマイグレーションプロセスを指します。

しいテレメトリが作成され、新しいモデルや既存のデータソースを補完するために新しいデータソースが追加される場合があります。既存のデータベースがマイグレーションされたり、誰かが誤ってモデルの最後のバージョンでカウンターを 0 ではなく 1 で初期化し始めて、同じリストが続いていったりするかもしれません。このような変更のいずれかが運用環境の ML システムにさらなる課題をもたらします。

データの可用性に関する課題については、7 章で説明しました。障害回復に適切な注意を払わないと、データの変化やデータ障害が発生した ML モデルは、運用環境から外され、オフラインで再調整する必要があるかもしれません。それが数ヶ月、時にはそれ以上続くこともあります。アーキテクチャレビューの初期段階では、異常なデータ変更に対してシステムがどのように反応するのか、運用稼働を継続するためにシステムをどのように堅牢にすることができるのかについて、多くの質問をしてください。さらに、成功したモデルの範囲を拡大したり、データ機能を追加して性能の低いモデルを最適化したりすることは避けられません。運用環境で新しいデータを収容するためのロジスティックスが原因で、モデルの新しい機能の取り込みがブロックされるという障害シナリオを回避するには、アーキテクチャの初期の考慮事項としてこのデータの拡張性を考慮することが重要です。

また、高可用性を実現するために、クラウドコンピューティングの世界の複数のデータセンターや可用性ゾーン／リージョンでモデル API クラスタを実行することが必要になる場合があります。これにより、特定のクラスタで障害が発生したときにトラフィックを迅速にルーティングできるようになります。このようなデプロイメントアーキテクチャの決定は、基本的に組織の SLO（サービスレベル目標）によって決まります[†12]。SLO については、9 章で詳しく説明します。

アプリケーションデータと同様に、現在のモデルデータのスナップショットを常に取得し、必要なときに最後の良好なコピーを使用するバックアップ戦略が必要です。これらのバックアップは、さらなる分析のためにオフラインで使用することができ、新しい特徴を導き出すことによって既存のモデルを強化するための訓練パイプラインに供給できる可能性があります。

8.7　倫理と公平性への配慮

公平性と倫理という一般的なトピックは（プライバシーとともに）6 章で深く扱われています。6 章は、システム実装者が考えるには圧倒されかねない広い分野です。具体的な提案と一般的な紹介のために、読むことを強くお勧めします。

ただし、具体的なサービス内容については、以下の点を考慮する必要があります。

組織的な支援と透明性

運用環境で ML モデルを提供する際の倫理と公正さに関しては、開発とデプロイメントの枠組みの一部としてチェックとバランスを確立し、収集されるデータとその使用方法につい

---

†12　SLO については『SRE サイトリライアビリティエンジニアリング』で徹底的に紹介されています。また、Alex Hidalgo 著『SLO サービスレベル目標』（オライリー・ジャパン、2023 年）では、さらに詳しく説明されています。

て社内の利害関係者と顧客の両方に透明性を確保する必要があります。

プライバシー攻撃面を最小化する

モデル API を通してリクエストを処理するとき、リクエストと応答のスキーマは、ユーザーの個人情報、人口統計学的情報の必要性を避けるか、少なくとも最小化するように努めなければなりません。もしそれがリクエストの一部であれば、予測を提供する間、そのデータがどこにも記録されないことを確認する必要があります。パーソナライズされた予測を提供する場合でも、倫理とプライバシーに非常に熱心な組織は、ユーザー ID やデバイス ID などの一意の識別子を追跡する代わりに、短命のユーザー識別子やトークンを使用してインフラを提供することがよくあります。

安全なエンドポイント

データプライバシーと並んで、特に個人を特定できる情報を扱う場合、製品、ビジネスオーナーと ML、ソフトウェアエンジニアは、モデル API エンドポイントが内部ネットワーク内でのみアクセス可能であるにもかかわらず（つまり、ユーザーリクエストはモデル API を呼び出す前にまずアプリケーションサーバーによって処理されます。このようにモデル API エンドポイントが内部ネットワーク内からしかアクセスできない場合でも）、より多くの時間とリソースを安全にするために投資すべきです。

関係者全てに責任がある

公正さと倫理は、倫理学者だけでなく、全ての関係者の責任であり、ML 運用システムの実装者と利用者がこれらのトピックについて教育を受けることは極めて重要です。これらの重要な問題のガバナンスは、ML エンジニアだけの領域ではなく、法律顧問、ガバナンスとリスク管理、運営と予算計画、エンジニアリングチームの全メンバーを含む組織の他のメンバーによって総合的に理解される必要があります。

8.8　まとめ

信頼性の高いサービスを提供するのは難しいことです。ミリ秒のレイテンシと 99.99 ％のアップタイム（コンピュータやシステムが稼働している状態）で、数百万人のユーザーにモデルを提供することは、非常に困難です。何か問題が発生したときに適切な担当者に通知できるようにバックエンドインフラを設定し、何が問題だったのかを突き止めることも困難です。しかし、顧客のシステムに関する適切な質問を最初に行い、適切なアーキテクチャを選択し、顧客が実装する可能性のある API に特別な注意を払うなど、複数の方法でこの複雑さにうまく取り組むことは可能です。

もちろん、サービスを提供するのは 1 回限りの活動ではありません。一旦サービスを提供したら、成功（および可用性）を継続的に監視および測定する必要があります。ML モデルと製品がビジネスに与える影響を測定するには、主要な関係者、顧客、従業員からの意見、収益やその他の組織に関連する指標で測定される実際の ROI など、複数の方法があります。それに関するヒントや、

デプロイメント、ロギング、デバッグ、実験に関するその他のトピックについては9章で説明しており、モデルの評価については5章でより網羅的に取り扱っています。

9章
モデルの監視と可観測性

執筆：Niall Murphy、Aparna Dhinakaran
寄稿／査読：Ely Spears、Lina Weichbrodt、Tammy Le
図表：Joel Bowman

運用システムの管理は、芸術と科学の中間のようなものです。このハイブリッドな学問に ML の複雑さが加わると、科学というよりアートのように見えます。今日私たちが行っていることは、明確に定義された空間というよりは、むしろフロンティアのようなものです。本章では、ML 運用システムを監視、観察、警告する方法について知っていることを概説し、組織内で実践を発展させるための提案をします。

9.1　運用監視とは何か、なぜ行うのか

本章では、ML を使ってシステムを監視するのではなく、ML を実行しているシステムを監視する方法について説明します。後者は **AIOps** と呼ばれることもあります。

それでは理解しやすくするために、複雑な ML を使わない場合の運用環境の監視について一般的に話しましょう。定義から始めるのが一番良いでしょう。**監視（モニタリング）** は、最も基本的なレベルで、システムの性能に関するデータを提供します。データは何らかの合理的な方法で保存、アクセス、表示可能になります。**可観測性（オブザーバビリティ）** とは、ソフトウェアの属性であり、ソフトウェアが正しくプログラミングされていれば、（通常はラベル付けやタグ付けなど、何らかの方法で拡張または展開されている）出力された監視データを使用して、システムの動作を正しく推測できることを意味します[1]。

なぜ監視と可観測性に注意を払う必要があるのでしょうか。理由はたくさんあります。最も緊急なのは、監視によってシステムが実際に動作しているかどうかを把握できることです。本書を購入して読んでいる人ならば、それがどれほど重要かを既に理解しているでしょう。DevOps ムーブメントの共同創設者である Andrew Clay Shafer ほどの著名人が「システムがダウンしていれば、ソフトウェアに価値はない」と「書いています」（https://sre.google/workbook/foreword-II）。もしこれが重要なことだと受け入れないのであれば、あるいは議論は理解できるが信じられないのであれば、James Turnbull の『The Art of Monitoring』（電子書籍、2016 年）を読むことを勧め

---

[1]　監視なしに可観測性を得ることはできませんが、逆に、詳細に検査する能力がなくても粗いレベルの検出を行うことは可能です。しかし、この方向性は業界には向いていません。

ます。本章の残りの部分では、システムの状態を監視（および警告）する必要性を理解していることを前提としています。議論の対象となるのは、それを行う最善の方法です。

もちろん、実際の状況はそれ以上の意味を含みます。まずシステムは通常、ブール値のように完全に正常かダウンしているような振る舞いをするわけではありません。一般にシステムの性能は、非常に良いものから悪いものまで様々です。監視は明白にこのような状況を処理し、現実を正しく表現できる必要があります。

監視はそれ自体がとても重要ですが、監視の派生である警告も非常に重要です。単純化すると、物事がうまくいかない場合それを修正するように警告されるということです。したがって、この段落での**警告（アラート）**とは、「物事がうまくいかない」条件を定義することであり、何かが正しくない（例えば、ページングがおかしい）ことを責任者に確実に通知することです。これは、「ユーザー体験を守る」ための重要なテクニックです。

緊急性はそれほど高くありませんが、長期的なトレンド分析、キャパシティ計画、およびサービス開発の一般的な理解には、監視が不可欠です。この種の監視データを使用して、次のような質問に答えることができます。サービスの費用対効果は高いか、明らかな性能の低下はあるか、データ分布のドリフトはあるか、サービスレイテンシは例えば平日と週末のユーザー行動にどのように関係するか、などです。このような質問には、監視と可観測性がなければ実際にうまく答えることができません。

9.1.1　監視とはどのようなものか

先ほども触れたように、監視を行うには、**監視システム**と監視対象のシステム（ここでは**ターゲットシステム**と呼びます）が必要です。ターゲットシステムは、通常は識別名を持つ一連の数値、**評価指標**（通常は識別名が付いた一連の数値）を出力します。この評価指標は、監視システムによって収集され、多くの場合、（複数のインスタンスまたはマシンにわたって合計またはレートを生成する）**集約**や（同じデータにイベントの詳細を追加するなどの）**装飾**など、様々な方法で変換されます。これらの集約された評価指標は、システム分析、デバッグ、および前述の警告に使用されます。

具体的な例としては、ウェブサーバーが受け取ったリクエストの総数を評価指標とする場合です。この評価指標には名前があります。例えば、この場合は server.requests_total です。もちろん、ML モデルのようなリクエスト／応答アーキテクチャであってもかまいません。監視システムは、通常**プッシュ**または**プル**によってこれらの評価指標を取得します。それぞれ、評価指標がターゲットシステムから取得されるか、追い出されるかです。これらの評価指標は、照合され、保存され、おそらく何らかの方法、通常は**時系列**で処理されます。監視システムによって、受信方法、保存方法、処理方法などは異なりますが、データは一般的に**クエリ可能**で、（非常に）多くの場合、監視データをプロットする可視化の方法があるので、（目、網膜、視神経などの）人間の視覚器官を通して、実際に何が起こっているのかを把握できます。

その延長として、可観測なシステムはこれらの基本的な考え方を用いますが、さらに一歩進んで、

リクエスト総数のカウンターを取得するだけでなく、ほとんどの場合評価指標として**ラベル付け**[†2]されたデータを取得します。具体的には、**ラベル付きデータ**は、単にカウンターを得るだけではなく、その評価指標の細分化つまりスライスが得られます。例えば、単に server.requests_total ではなく server.requests_total{lang=en} を得ます。これは、「顧客が英語でページをレンダリングすることを要求した全てのリクエストについて、リクエストの総数を教えてください」という意味です。もちろん、{lang=en}だけでなく、{lang=fr}、{lang=pt}、{lang=es}、{lang=zh}などもあります。完全に可観測なシステムでは、このようなデータを非常に細かく切り刻むことができます。例えば「1200ミリ秒のレイテンシの後にHTTP 404のリターンコードを返したルーマニア語のクエリの過去12日間を調べるクエリ」を構築することも可能です[†3]。

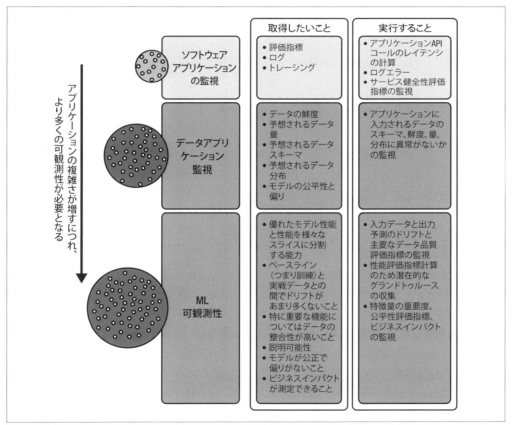

図9-1 可観測なレイヤーとシステム要件

[†2] この「ラベル付き」という表現は、教師付きMLにおける「ラベル付きデータ」とは異なることに注意してください。ここでは、ラベルは時系列に関連する任意のキーと値のペアのようなものです。

[†3] もちろん、無料でこのレベルの詳細さが得られるわけではありません。運用環境開発者は、ラベル付けされた評価指標を維持し、正しくエクスポートするためのコードを書かなければなりませんし、分析と表示が可能なシステムが必要です。しかし、それらを作る価値は十分あります。

一般的な監視は、特にどのように集計が行われ、どのように結果が利用されるかという点で、多くの微妙な点がありますが、少なくとも**非** ML システムの監視にとっては、十分意味があるハイレベルな構成です。この構成に**ターゲットシステム**として ML システムを追加すると、先に述べた全ての問題だけでなく、ML の特別な懸念事項も明らかになります。**図9-1** がこの説明の一助になるかもしれません。

9.1.2　ML が監視にもたらす懸念点

重要な懸念点の 1 つは、必ずしも ML を監視する作業そのものではなく、モデル開発コミュニティによる監視行為の**認識**です。これはどういう意味でしょうか。

モデル開発コミュニティは、ソフトウェアには入力と出力があり、何が起こっているのかを把握するために観測する必要があることをよく理解していると思います（まずモデル開発の作業全体を、評価指標の抽出、制御、最適化のプロセスとみなすことができます）。ただし、モデルが開発された**後に**何が起こるかについての認識と関与については、欠けていることが時々あります。ML監視に関する考え方の問題は、この言葉の使い方にも部分的に由来しています。意味的には、**監視**は、モデル開発に適用される検査活動を意味する場合もあれば、運用環境でのシステムの継続的な観察を意味する場合もあります。実際には、この用語は両方の文脈で使用されます。

別の言い方をすれば、モデル開発者の多くは、モデルが運用稼働しているときにも、開発時と全く同じ検査要件を適用することが**でき**、かつ**すべき**であると認識していません。このことは、最適化のために評価指標を使用することはできても、**検出**のために評価指標を使用することはできない場合に、特に当てはまります。検出は非常に重要なユースケースであり、監視活動はモデルのライフサイクル全体にわたって適用されるべきです。

ただし、これは単なる認識の問題ではありません。現実には、ML は特に運用環境での稼働中の説明可能性に苦労しています。これは、部分的には ML の性質によるものであり、部分的には今日のモデル開発方法の機能によるものであり、部分的には運用の性質によるものであり、部分的には検査可能性のためのツールが一般的にモデル開発のみを目的としているという事実を反映しているからです。これら全てが組み合わさって、ML の監視がさらに困難になります。

9.1.3　運用環境で ML を観測し続ける理由

モデルからの観測可能なデータは、戦術的なオペレーションと戦略的な洞察の両方において、ビジネスの絶対的な基礎となります。これまで監視と可観測性を持たないことのマイナスの影響について述べてきましたし、多くのことを既述しました。しかし、プラスの結果も生じます。

好んで使用される事例に、レイテンシとオンラインセールスの関係があります。2008 年、Amazon はレイテンシが 100 ミリ秒増えるごとに売上が 1 ％減少することを発見しました。つまり、速ければ速いほど良いことになります[4]。同様の結果は、Akamai Technologies、Google、

---

[4]　**発見**という表現は適切ではないかもしれません。詳細は、Farhan Khan による Digital Realty のブログポスト「The Cost of Latency」（https://oreil.ly/qawrq）、または Christoph Luetke Schelhowe らによる 2018 年の Zalando の研究「Loading Time Matters」（https://oreil.ly/UCN69）を参照してください。

Zalando などでも確認されています。可観測性がなければ、このような効果を発見することはできなかったでしょうし、確かにこの効果をより良くしているのか悪くしているのかを確かめる方法もなかったでしょう。

結局のところ、可観測なデータは**ビジネス成果データ**なのです。ML の時代において、このデータは単に障害を検知し対応するだけでなく、ビジネスに起こっている信じられないほど重要な事柄を理解することを可能にします。無視するのは危険すぎます。

9.2　ML 運用監視の問題

ML モデル開発はまだ初期段階にあります。ツールは未熟で、概念的なフレームワークも未発達で、規律も十分ではありません。誰もが、（どんな種類のモデルでも）何らかのモデルをできるだけ早く世に出して現実の問題を解決しようと躍起になっています。出荷へのプレッシャーは現実のものであり、実際に影響を及ぼしています。

特にモデル開発は、相反する様々な懸念事項を調整する必要があるため、本質的に困難です。しかし、その緊急性から、開発者やデータサイエンス関係者は難しい問題に集中してしまい、より広い視野を無視せざるを得なくなります。この広い視野には、監視や可観測性に関する問題が含まれることがよくあります。

これは、モデル開発と運用環境の違いについて、2 つの重要な状況観察につながります。そのうちの 1 つは、全ての運用環境に関する一般的なもので、ML の世界では特に複雑で困難です。もう 1 つは、モデル開発に関する特定の状況であり、これは現時点では広く当てはまることですが、この先ずっとそうであるとは限りません。しかしながら、以下に述べる内容の基礎として言及する価値があります。

9.2.1　運用に対する開発の難しさ

最初の問題は、開発において効果的に運用環境をシミュレートすることは、そのタスクに特化した（テスト、ステージングなどの）個別の環境であっても非常に難しいということです。これは、（モデルプール、共有ライブラリ、エッジデバイスなど、実際に実行するとは限らない関連インフラを含む）多種多様な運用アーキテクチャが存在するためだけでなく、開発では実行速度の理由から、予測メソッドを直接呼び出すか、モデルにアクセルする比較的少量のコードを置くことが多いためです。運用環境での実行は、一般的に、入力、ログのレベル、処理などを任意に操作する能力がないことを意味し、デバッグや問題のある設定の再現などに大きな困難をもたらします。最後に、重要なことですが、テスト用のデータは、必ずしも運用環境でモデルが遭遇するデータと同様の分布を持っているとは限らないことです。ML の場合は常にそうであるように、データの分布は本当に重要です。

2 番目の問題は少し異なります。従来のソフトウェア提供では、業界はスループット、信頼性、開発**速度**を向上させる効果がある作業慣行を十分に把握しています。これらの中で最も重要なものは、継続的インテグレーション／継続的デプロイメント（CI/CD）、単体テスト、小さな変

更、そしておそらく Nicole Forsgren らによる『Accelerate』（IT Revolution Press、2018 年、未訳）[5]で最もよく説明されているその他のテクニックの集合というグループ化された概念でしょう。（MLflow や Kubeflow などの）既存のツールが普及し、ベンダーがより多くのこれらの懸念をプラットフォームに取り込み、全体的な、あるいはライフサイクル全体を監視する考え方がより受け入れられるようになるにつれて、時間の経過とともに改善されると予想されます。

スキューに関する重要な注意事項

スキュー（歪み）は様々なデータ問題を表現するために広く使われています。この用語の一般的な使用例としては、基礎となるデータの偏った分布シフト、外れ値（特に予期せぬ外れ値）、データの解釈における意味論的な違反、特徴量の欠落（特に、ある特徴量では欠落しているが、他の特徴量では欠落していない値を含む欠落）などがあります。また、スキューは一般的に、同期することが意図されている 2 つの変数またはデータストリーム間の対応の失敗を指します。ML システムでは、統計学での使われ方（基礎となるデータの偏った分布のシフト）を含むことはまれであることに注意してください。

運用上の問題を引き起こす可能性が最も高いスキューは**訓練運用間スキュー**で、訓練時と運用時のモデルの性能の違いを表します。一般的な原因としては、訓練時と運用時の特徴量の変化、データ自体の変化やギャップ、あるいはアルゴリズムとタスク間のフィードバックループなどがあります。このようなスキューや他の種類のスキューは、ML システムにおいて回避可能な停止の一般的な原因であり、その単純な原因は全て監視の対象とすべきです。

モデルや ML システムが異なれば、様々な種類のスキューの影響を受けます。つまり、スキューを監視、検出する技術はモデル固有（あるいは、少なくとも特定のモデルのアーキテクチャ、構成、目的に固有）です。「全てのモデルのあらゆるスキューを監視する」機能はまだありません（確かに興味深いアイデアではありますが）。言い換えれば、訓練時と運用時の差を検出することはできますが、その差の根本的な原因や、その差に意味があるかどうかはわかりません。何がそのデータセットのドメインを構成しているのか、そして期待されるカバレッジは何であるかを知らずに、特定のデータセットのカバレッジの違いを検出することはできません。

監視のベストプラクティスへの影響という観点から見ると、監視システムは汎用的で柔軟でなければなりませんが、個々のモデルやモデルファミリーの監視は、運用エンジニアと ML エンジニアが緊密に連携して実施しなければならないことを意味します。これは多くの人が取り組んでいる分野であり、今後の改善が期待されます。

---

[5] CI/CD は複雑すぎてここでは詳しく説明できませんが、基本的にはソフトウェアを継続的で信頼性の高いストリームで提供することを意味します。加えて明確にしておきたいのは、私たちが特定の状況下で何が機能するかを知っているからといって、業界全体がそれを一貫して行っているわけではないということです。

9.2.2　意識改革の必要性

今日多くの技術的な課題がありますが、全体的な監視に不利に働く組織的、文化的な課題が、間違いなくここで最も関連性のある課題です。特にモデル開発者は、一般的に**ポスト**デプロイメントでの問題の検出という観点で考えず、代わりに**プレ**デプロイメントでの KPI 性能のモデリングという観点で考えます。モデリングの KPI は、必ずしもビジネスの KPI に直接関係しているわけではありません[†6]。

これは明らかに、ライフサイクル全体の監視にとって問題を引き起こします。プレデプロイ**および**ポストデプロイの両方が重要であることが判明し、一般に成功したソフトウェアと同様に、デプロイ後は予想よりも長く続くことがよくあります。モデルを迅速に開発してデプロイすることに重点を置くチームは、厳密な配信フレームワーク構築に対して焦りがちです。あたかも、これらの配信フレームワークによって、自分たちにとって最も都合の良い方法で訓練を組織したり運用を提供したりすることが妨げられるかのように感じます。もちろん、ある程度はそのようになります。しかし、これは、運用環境で一連の監視と管理の保証を提供することによって初めて実現されるのです。この一連の監視と管理なしに、その場しのぎのデプロイで目的を達成するのは困難です。

この枠組みを受け入れるとすれば、私たちがすべき最も重要なことは、モデルのライフサイクル全体を通して、モデルの動作の最も広範で有用な全体像を維持するための合理的で柔軟なソリューションを持ち、自分の状況に適応できるようにすることです。今日モデル開発に使用されている特殊なツール（TensorBoard、Weights & Biases など）は、通常運用環境そのものや、使用されている特定の監視システムなどには自然に適用されないため、現時点では、私たちは必然的にこの一部を自分たちで作り上げなければなりません。それを考えると、本章の全体的なゴールは、監視に対するライフサイクル全体のアプローチを推薦することであり、特に、モデルが改善を意図している特定のビジネス評価指標**以外の**監視対象に対するデフォルトの一連のツールを提案することです。

9.3　ML モデル監視のベストプラクティス

いくつかの枠組みの前提から始めましょう。本章の目的では、モデル開発は通常ループで行われます。データを選択し、データ上で訓練し、モデルを構築し、基本的なテストと検証を行い、調整、再訓練し、最終的に運用環境にリリースし、モデルがどのように動作するかを学習し、改善のためのアイデアを基にサイクルを再び開始します。

運用時における監視は、モデル、データ、サービス（**インフラ**とも呼ばれる）に分けられます。いくつかの重なる点があることは認めますが、このように分けることで、全てのレベルで全ての詳細を処理する必要がなくなるので便利です。

ML がより多くの産業でより大きな役割を果たすようになるにつれて、**説明可能性**、つまり何が

[†6]　実際、モデリングの KPI をビジネスの KPI に結びつけるのは非常に難しく、チームは安全なロールアウトのためではなく、オンラインのビジネス評価指標とオフラインのモデリング評価指標の間の整合性の程度を理解するために、一連の A/B テストを行うことになる場合がよくあります。

モデルをそのように分類し、そのように予測したのかを理解すること、は大きなトピックであり、ますます重要になるでしょう。説明可能性の詳細な説明とベストプラクティスの概要は、本章、さらには本書の範囲を超えています。倫理原則のほんの一握りは 6 章で扱われていますので、参照してください。

ただし、モデル監視という実用的な観点から見ると、説明可能性は運用前、さらには運用段階で理解することが重要です。説明可能性の特性は、モデルの種類、フェーズ、ビジネス戦略などによって異なります。しかし運用環境のケースは通常、安全性が重要な方法または社会的に重要な方法で ML が使用される場合や、何が結果につながったのかを理解して法的または倫理的な利益がありうる場合に、実施されます。ここでの主な目的は、モデル開発と運用の間の違いを「平滑化」するための方法をできるだけ多く見つけることです。

9.3.1　一般的な運用前モデルへの推薦事項

これについては 3 章で詳しく説明しましたが、監視の観点からは、モデルの開発に付随するビジネス目標を念頭に置き、その KPI を監視目的でエクスポートされる評価指標に結びつけることが最も重要です。インフラに関する知見は十分にあるモデルでも、ビジネスに関する知見がなくてはほとんど役に立たないでしょう。同様に、開発ではうまく機能することがわかっていても、運用の動作ではうまく機能しないモデルは、間違いなく役に立たないどころか有害になる可能性があります。

最も重要な推薦事項は、ビジネス KPI が評価指標と相関している必要があるということです。開発から運用まで継続的にこの関係を調べる必要があります。例えば、配車サービスアプリ会社で、配車の到着予定時刻（ETA）を予測する場合、乗車場所は全期間を通じて確実に利用可能である必要があります。したがって、データの整合性を監視する場合は、モデルの最も重要な特徴量を最優先する必要があります。

9.3.1.1　説明可能性と監視

これまで述べてきたように、説明可能性は大きな領域ですが、特に監視にはいくつかの問題があります。一般的なデバッグや可観測性と同じように、完全な説明可能性は、一般的に開発よりも運用の方がより多くのリソースを必要とします（時間がかかり、コストが高くなります）。しかし、運用環境では、説明可能性を最も緊急に必要とすることがよくあります。

ML モデルの責任者が説明可能性を求める理由はいくつかあります。データ整合性のためにどの特徴量を優先すべきかを確立するため、特定の予測または予測の特定の部分を調査するため、一般的に説明可能性を求めるビジネス要件に応えるためです。説明可能性は非常に高価であり、ビジネス担当者は説明可能性を理解するのに必要な全ての背景を持っているわけではないので、ビジネス担当者が本当に関心のあることについて会話するのが効果的です。説明可能性を利用すれば、多くの場合、本質的なことから逸脱した具体的なモデリングの詳細にあまり立ち入ることなく、ビジネス担当者の懸念に応えることができます（さらに、特別な監視ソリューションを構築できる可能性さえあります）。

9.3 ML モデル監視のベストプラクティス | **189**

　場合によっては、説明可能性がトラブルシューティングに不可欠なこともあります。融資のユースケースを考えてみましょう。一般的に見られない特徴量（例えば、うるう年の 2 月 29 日の申請日）に対して、予測が融資拒否になったとします。通常、申込日は全ての予測において重要な特徴量のトップ 10 に入るものではありませんが、もし何らかの理由で訓練データセットに 2 月 29 日の申込が数件しかなく、それらの申込が数年後に高リスクとなった場合、申込日が融資拒否の決定に大きく影響するモデルになってしまうことが想像されます。

　このような場合、説明可能性によって、その個別の予測の結果を引き起こした要因が明らかになる可能性があります。これは、定期的にログに記録される予測の要約、LIME および SHAP（基本的に差分暗号解読に概念的に類似したアプローチを使用する代理モデルまたは複製モデル）[7]を用いた内部メカニズムの解析、またはその他のカスタマイズされたアプローチによって実施できます。通常、このような説明はモデル開発者だけでなく、リスクおよびコンプライアンスチームにも利用されており、技術者以外のユーザーがモデルに関する体系的な問題を理解するのに役立ちます。残念ながら、これらを運用で行うには、ほとんどの場合コストがかかりすぎます。

9.3.2　訓練と再訓練

　多くの点で、訓練する段階は古典的な監視の観点からは最も扱いやすいものです。訓練を監視するために最も重要なことは、全体的な視点を保つことで、最も重要な指標は、訓練を開始してから（望むらくは機能する）モデルを作成するまでにかかる時間です。

　とはいえ、他の要素も重要です。特にどのような場合に**再訓練**を行うかを理解することが重要です。つまり、それによって問題が解決されるかもしれないという期待や見込みを持って、新しいモデルを構築するということです。モデルのロールバックは運用の問題を解決するために使用される最も一般的な戦術ですが、再訓練が使用されることもあります。この文脈では、これはモデルのロールフォワードのようなものと考えることができます。つまり、運用中モデルを最新バージョンに置き換えます。

　再訓練は一般に、ロールバックがうまくいかなかったり、うまくいかなかったりする場合（「9.3.3.1　検証におけるフォールバック」を参照）、あるいはロールバックよりもロールフォワードの方がインフラにとって簡単な場合に使用されます[8]。同様に、再訓練には 2 つの状況において欠点があります。1 つ目は、再訓練が、古いモデルを訓練するのに使ったのと全く同じデータに対して実行される場合です（この場合、同じ入力なので、同じ動作になると予測されます）。2 つ目は、再訓練には非常に時間がかかるため、機能停止を戦術的に解決するのに使うことはできません（これが、リソースを費やすことが可能であれば、再訓練を自動的かつ定期的に実行することをお

---

[7]　業界では、SHAP をモデルの解釈可能性の黄金律とする傾向が見られます。LIME も人気があります。SHAP と LIME の詳細については、Ashutosh Nayak の「Idea Behind LIME and SHAP」（https://oreil.ly/yd9zo）を参照してください。

[8]　信頼性に関する文献では、**ロールフォワード**は一般的にかなりリスクが高いと考えられており、本当に安全でクリーンなロールバックの可能性がない場合にのみ真剣に検討されるべきものです。変更は変更であり、モデルの古いバージョンに戻ることさえ多少のリスクを伴いますが、そうすることで**テストされていない**変更の数を減らすことができ、リスクを最小限に抑えられる可能性があります。

勧めする理由の1つです）。

　最初の問題については、全く新しいコーパス（文書集合）を使用したり、一部の不良データを置き換えたり、欠落しているデータを追加したりするなどして、訓練するデータを変更することで、**時として**状況を少し「ハック」できることがあります（もちろん、ここでの訓練プロセスの重要な変数には、訓練するデータの範囲を変更することや、重み付けを変更するかどうかが含まれますが、それらを決定するのが比較的短時間で済むことを期待します）[9]。

　訓練が監視の文脈で重要なのは、再訓練のためだけでなく、ほとんどの開発者がここで**ベースライン**を確立し、これが比較ポイントとしてその後広く使われるからです[10]。

9.3.2.1　具体的な推薦事項

　次に、基本レベルのカバレッジを得るために監視すべき項目のリストを概説します。最小限かつ必須と考えられる事柄は、太字で強調しています。どこから始めるべきかわからないときは、そこから始めてください。もちろん、監視に**多大な**労力をかけることもできますし、その価値がある場合もありますが、そうでない場合もあります。ですから、以下の項目を全て実施する前に、コストと利益のトレードオフについて慎重に検討することをお勧めします（何が重要かを決定するためのより高度なガイドをお探しでしたら、訓練パイプラインとモデルの SLO（サービスレベル目標）を書くことに目を向けることをお勧めします。詳しくは「9.3.5.1　ML 監視における SLO」をご覧ください）。

- 入力データ
  - **入力データセットのサイズは、予想されるものと比べてどれくらい大きいでしょうか。**訓練データセットを、モデルを最後に訓練したときと比較するか、大まかなサイズを示すことができる別の外部評価指標を使用します。データセットが予想外に 50 ％縮小したような場合は、通常悪い兆候です。
  - **生の入力データと特徴量データを比較していますか**（いくつかの問題は、フィールドを特徴量に結合する場合にのみ発生します）。
  - **最も新しい入力データと最も古い入力データは何ですか。それらは予想と一致していますか。**追加のクレジットとして、年齢分布のヒストグラムを見てみましょう。分散訓練を行う場合、大半のデータがクリーンかつ効果的に処理されているにもかかわらず、非常に古いデータが少数存在することがあります。
  - **カーディナリティの値はどのようになっていますか**（この場合、カーディナリティとは

---

[9] 再訓練ボタンを押すと、事態が悪化することがあるので注意してください。ほんの少し前とは根本的に異なるモデルが構築され、それによって同じように壊れたものが生み出される可能性があるのです。例えば、12 月 24 日に訓練するのと、12 月 26 日に訓練するのでは、英語圏でどのような違いがあるか考えてみてください。また、新しいバージョンがより良いものであるという保証もありません。そのため、検証プロセスが大幅に自動化されていない限り、CPU コストだけでなく、スタッフの時間コストも支払うことになります。

[10] Andrej Karpathy の ML context におけるソフトウェア開発ライフサイクル（SDLC）に関するブログ（https://oreil.ly/dtqF7）と、Google Cloud の continuous ML に関するページ（https://oreil.ly/IKU5a）も、この文脈では非常に読む価値があります。

要素または事例の合計数）。そして**データはどのように分布していますか**。このデータで前回訓練したときと比較して、もしくは他の生成された予想分布と比較して、分布は予想される分布と大きく異なりますか。

- ○ バッチ処理シナリオでは、**データを列挙して、それが完了していることを確認できますか**（昨日などの特定の日の全てのイベントが到着し、関連する全てのフィールドが含まれていることを保証できますか。その日の前日からの外れ値、もしくは翌日からの外れ値はありますか）。
- ○ ストリーミング処理のシナリオでは、**受信データの到着速度はどのくらいですか**。各「バンドル（データの塊）」の受信時に処理するのか、または一定のサイズが収集された後に処理しますか（後者の場合、処理が呼び出される頻度を追跡する必要があります）。
- ○ データへのアクセスが媒介される場合、**アクセス率はどれくらいですか。アクセスの失敗は多いでしょうか**（特に、認証関連の失敗に関して）。
- ○ データが他の場所からコピーされて、例えば特徴量ストアにコピーされ、モデルが特徴量ストアから構築された場合、**そのコピーは正しく行われていますか**。
- 処理
  - ○ **実行中の処理ジョブはいくつありますか。最後に実行されたのはいつですか。予定通りの時間までに完了しましたか。再起動率とジョブの正常完了率はどのくらいでしたか。未処理ユニットのバックログはありますか。未処理ユニットの時系列分布はどのようになっていますか。**
  - ○ **処理速度はどれくらいですか**（例えば、1 秒あたりに処理される入力データ要素で測定した速度について）。**処理速度の 50 パーセンタイル、90 パーセンタイル、99 パーセンタイルはどれくらいですか**（特に長時間稼働しているシャード（データの分割処理）に注意してください。つまり、作業を多くの処理ジョブに分けた場合、そのうちの 1 つが長時間稼働してることがよくあります。入力分布に関する前のコメントを参照してください）。前の反復と比較してどうですか。あるいは、より正確な比較のために、前回の反復を定義する際に季節性の影響が適切に考慮されていることをどのように確認しますか[11]。
  - ○ **モデルを生成するために、CPU、メモリ、および I/O の 3 つに関して、合計でどれだけ消費されましたか**（これを判断するのは簡単ではありません。しかし、特にリソースをさらに追加するとシステムが速くなるかというような、ボトルネックを特定するためには非常に重要です）。
- 総合的な視点
  - ○ **入力データの収集からモデルの作成までの全体の実行時間は、絶対的な時間軸と比較的な時間軸の両面で、どのくらいかかりましたか。**

---

[11] 例えば、買い物のパターンが大きく異なる土曜日と金曜日を比べることを避けるため、週単位で比較できます。一般的に、このようなパターンを知っておくと、監視作業に役立ちます。

- 出力モデルのサイズはどれくらいですか。複数のファイルがある場合、必要なファイルは全て存在しますか。
- モデルは正常にロードされ、単純な予測を行うことができますか。
- 別の環境でテストを行う場合、そのモデルはテストプロセスに合格していますか。
- モデルを運用稼働させ、クエリを処理するのにどれだけ時間がかかりますか。
- 運用環境でテストを行う人向けに、モデルはユーザーに公開されていますか。運用環境で追跡するビジネスまたは使用評価指標は、新しいモデルによって予期しない影響を受けませんか。
- モデルを運用稼働させるための最大の貢献が何であるか理解していますか。それは手動で行うことですか。それとも自動で実行されますか（これを達成するためには、装飾や注釈情報を追加する必要があるかもしれません。例えば、特定の期間をネットワーク負荷が高い時期であると注釈を付ける方法などです）。

最後に、これらの提案の一部は、訓練パイプラインのサブコンポーネントにも適用できます。例えば、他の場所でより完全な処理を行うためコピーされる前に、いくつかの非常に簡単なチェックが適用される様々なデータランディングゾーンがあることは珍しくありません（例えば、比較的柔軟性の低い電子送金〔EFT〕で送信されることが多い糸サプライヤーの納品目録を考えてください）。それらのサイズが50％減少したかどうかを確認することは有用です。同じような議論は、特徴量ストアを仮定する前の一連の特徴量前処理などにも適用できるかもしれません。ここで可能性がある全てのアーキテクチャを事前に説明することはできませんが、ビジネスリスク分析は、希少なリソースをどこに配置するのが最適かを理解するのに役立つと言えます。

9.3.3　モデルの検証（運用開始前）

モデルは一般的に、**評価指標の改善**とも呼ばれる特定のビジネスへの影響を達成するように設計されています。したがって、**ビジネス検証**は、モデルのビジネスへの影響を理解しようとすることです[†12]。例えば、モデルが損益（**損益曲線**とも呼ばれる）にどのような影響を与えるかを調べたり、モデルが答えが「はい」であるべき箇所を「いいえ」と分類することを調べる混同行列などを使用したりします。もちろん、私たちは常にユーザーの行動がノイズになることに注意する必要がありますが、主な目標は、モデルがベースラインから特定の評価指標を改善するかどうかを見つけることです。

第二の目標は、新しいモデルが既存のモデルよりも優れているかどうかを見極めることです。そのためには、過去のデータに対してテストするだけでなく（おそらく実際にそうしているでしょう

---

†12　5章ではこのトピックについてより詳しく説明していますが、ここではいくつかの要素を繰り返し、少し異なる点を強調します。

が)、2つのモデルを互いに比較する必要があります[†13]。このためには、少なくとも以下の2つの適切なアプローチから選択できます。

- 運用稼働前環境(**サンドボックス**と呼ばれることもある)でテストし、キャパシティに応じてモデルを並列または直列に実行して、動作を比較します。
- 実際のユーザートラフィックの小さなサブセット(通常は1〜5%)をモデルに与えて運用環境でのテストします。これは**カナリアテスト**と呼ばれることもあります。

2番目のアプローチは、完全な運用稼働開始の前に、ユーザートラフィックに反応するモデルの問題を明らかにするという良い効果もあります。しかし、これには、特定のバージョンがトラフィックのサブセットだけを取得するように、トラフィックをエンジニアリングする方法が必要です。ただし、その方法がある場合は、旧モデルから新モデルへの安全な移行を可能にし、A/Bテストとうまく重なります(一般的なモデルのアップデートも、このようなフレームワークにうまく適合させることができます。実際、現代のソフトウェアデプロイメントでは、このアプローチが多く採用されています)。

ハイブリッドアプローチでは、一部のデータをモデルにローカルで送信し、同じデータを運用環境で実行されているモデルに送信します(ただしこのアプローチでは、ローカルモデルは完全な運用稼働トラフィックを受け入れることができず、テストトラフィックを受け取るだけです)。これは、モデリングと運用の間の機能コードの違い、構成の違いなどを明らかにするのに役立ちます。最後に、運用トラフィックをモデルに送りますが、その結果をエンドユーザーに提供しないやり方もあります。これにより、ユーザーをリスクにさらすことなく、サービス提供パスの多くのコンポーネントがテストされます。これは**シャドウイング**と呼ばれ、正確さとリスクのバランスをとるもう1つの方法です。

9.3.3.1 検証におけるフォールバック

あらゆる種類の理由から、**フォールバック(縮退運用)計画**を作成することを強くお勧めします。これは、新しいモデルが失敗した場合、ローアウト(運用開始)が失敗した場合、さらには古いモデルが状況のサブセットで奇妙な動作をしていることが判明した場合に実行する一連の手順です。主なアプローチは2つあります(「10.2.4 緊急対応はリアルタイムで行う必要がある」を参照)。

古いバージョンのモデルの使用(ロールバック)

これは、実際のバイナリを適切にバージョン管理して保持し、運用環境で実際のバージョンを監視するには良いアイデアだと言えます。なぜなら、運用停止の際に古いデータからモデ

[†13] もちろん、性能が多面的に評価される可能性があるため、明確な勝者は存在しないかもしれません。その場合、相反する2つのいずれかを優先する可能性があります。(1)変更が少なく、よく理解しているという理由で現在実行中のモデルを優先する、(2)新しいデータに基づいて構築されたモデルの方が、おそらく変化に耐性があり、移行する際の手間が少ないだろうという理由で新しいモデルを優先する、という二者択一です。自分の状況にとってどちらがベストかは、判断できるのは自分だけです。

ルを再構築するために訓練インフラに負荷をかけるのは、通常、良い考えとは正反対だからです。

より単純なアルゴリズムまたはハードコーディングされたアプローチにフォールバックする

例えば、製品の購入に対してランク付けされた推薦事項を提供しようとする場合、壊れた推薦事項の代わりに、サイト上で最も人気のある製品のトップ 10 を表示するだけです。これは誰にとっても正しいわけではありませんが、（多くの場合は）それほど間違っているわけでもありません。

スキーマの変更、**フォーマットの変更**、**セマンティクス**の変更など、重要なデータベース、データソース、特徴量ストアのフォーマットがリリース間で変更された場合は全て、ロールバックで見落としやすい領域の例で、現状顕在化していなくてもいずれ大きな問題につながるので、細心の注意を払ってください。このため、一連の依存関係全体を再構築しない限り、ロールバックが事実上不可能になったり、現実的でなくなったりすることがありますが、実際のエラーが完全に理解されていない限り、新しいバージョンにロールフォワードすることが困難になる場合もあります。このような状況では、アルゴリズムによるフォールバックにより命拾いする可能性があります。ただし、アルゴリズムによるフォールバック自体も、カテゴリエラーが原因で失敗する可能性があります。

ここでの微妙な点は、スキーマが同じであっても、モデルのあるバージョンに適用される特徴量の変換が、別のバージョンに適用されるものと同じとは限らないということです。例えば、あるバージョンのモデルでは、配車アプリの乗車場所の欠落値を処理する方法は、単純に乗客が最後に目撃された場所をデフォルトにすることですが、別のバージョンのモデルでは、最も近い以前に保存された乗車場所（自宅、オフィスなど）になるかもしれません。このような特徴量の変換方法の違いは、バージョン間で異なる可能性があり、ロールバックも複雑になります。さらに悪いのは、システムの片方の「側」で特徴量変換をロールバックし、もう片方の「側」では新しい特徴量変換のままというような場合です。

9.3.3.2　改善策の要請

現在、コードとしてのインフラ（IaC）コミュニティで使用されている CI/CD ワークフローのような、モデル開発に一般的に利用できるものはまだありません[14]。異なる企業では、さらには同じ企業内の異なるチームでさえ、異なる解決策をとっています。それは、チェックを実行できない、または自動的に実行できないという意味ではありません。もちろん、独自のアプローチにはある程度の有用性がありますが、現状では手作業でコードとデータの両方に対する 2 人の作業者によるレビューや、統計学の博士号を持っている人による詳細な検証が必要です。

どう考えても、このままでは ML 開発に深刻な摩擦が生じます。業界は積極的に可能な限り自動

---

[14] IaC（Infrastructure as Code）は、コンピュータのインフラを、ファイル内のステートメント、バージョン管理、リリースプロセスなどのように、あたかもコードであるかのように管理する行為です。

化に向けて取り組む必要があり、この作業はプラットフォームに任せるにはあまりに重要です。したがって、私たちは業界に対し、CI/CD や IaC が今日の製品開発で享受されているのと同様に、IaC アプローチが ML 開発で広く使用される状態に移行することを求めます。そこまでいかなくても、手作業による検証の後、訓練した成果物が安全かつ自動的に運用環境に移行するような状況になれば、今日の業界全体の平均的な状況よりも大幅に改善されるでしょう。

9.3.3.3　具体的な推薦事項

　一般的に使用される数値 KPI は、ML モデルの性能を評価するために測定されます。これらの KPI は、5 章でより詳細な理論的基礎とともに、また、8 章でユースケースに特化した形でカバーされています。ここでは一貫性と利便性のため、これらの KPI を要約します。

正解率
　　モデルの予測が正しい場合の比率。

適合率
　　正と予測したデータの中で、実際に正であるものの比率。

再現率
　　正の総数に対する正と予測したものの比率[15]。

適合率－再現率（PR）曲線
　　様々な判定閾値における適合率と再現率の間のトレードオフの範囲。

log 損失
　　詳細は 5 章を参照してください。

ROC 曲線と AUC
　　閾値に依存しないモデルの品質の尺度。

　他にも多くの数学的評価指標を使用できます。その中には、初期の統計クラスで認識されるもの（p 値や係数効果量など）や、もう少し複雑なもの（事後シミュレーションなど）もあります。ただし、全体として、モデルに関して前述のリストを理解し、出力分布の**形状**を理解していれば、何が起こっているかを非常によく理解できます。

---

†15　検索エンジンの経験がある方の例として、特定の用語を検索する場合、**適合率**は、その用語を関連性のある方法で含む、取得したドキュメントの数を合計で割った値を示します。**再現率**は、取得された関連ドキュメントの数を関連ドキュメントの総数で割ったものを示します。したがって、**高適合率**とは無関係なドキュメントをユーザーに提供しないことを意味し、**高再現率**とはほぼ全ての関連ドキュメントをユーザーに提供することを意味します。残念なことに、その逆（つまり低適合率や低再現率）が生じやすいことは直観的に予測される通りです。

9.3.4　運用

運用環境で機能している ML モデルを監視するには、運用環境で物事を観察する全ての困難に加えて、ML に特有の**なぜ**何が起こっているのかを解明するという数多くの課題が伴います。それでも、次のような簡単な質問から始めることができます。

- 運用時にモデルを測定するための適切な指標は何か（ある意味、より関連性の高いものが必要になります。ある種の評価指標には、信号／ノイズが劣化するまで際限なく増加する傾向があります）。
- モデルは期待通りに動作するか。性能が低下している場合、その理由と問題を解決するにはどうすれば良いか。

モデルの性能を測定するための適切な指標を選択するためには、モデルがどのように失敗するかを正しく理解する必要があります。モデルがうまく機能するためには、3 つの要素が必要です。

モデル

予測を行うモデル。

データ

モデルに入出力されるデータ。これには、モデルが予測を行うために使用する特徴量と予測そのものが含まれます。

サービス

実際にモデルを運用するサービスです。これには通常、モデルのデプロイメントと推論が含まれます。つまり最も広い意味でのインフラを示します。

モデルが成功するには、これら 3 つのコンポーネントがそれぞれ期待通りに動作する必要があります。いずれかに障害が発生すると、モデルにより改善されるよう設計されたビジネス KPI 全体に影響を与える可能性があります。したがって、全体像を把握するには、これら**全て**を測定する必要があります。次では、それらをさらに詳しく調べます。

9.3.4.1　モデル

モデル自体から始めて、**運用中**のモデルの性能を測定することは、**運用前**の性能を測定するよりもはるかに難しいことを再び認識するでしょう。このような難しさを考えると、訓練／検証の場合と同じ評価指標を使用して運用するモデルを評価することが望ましいです。そうすることで、ある意味「同じもの」を実際に測定しているという確信がさらに高まるからです。もちろん、これを行うには、予測を対応する観測された現実と一致させることが必要です。

例えば、配車会社が顧客の車の到着時間を予測するモデルを持っていると仮定します。検証でこのモデルを評価するときは、モデルの予測が実際の ETA（到着予定時刻）に近づくように、誤差

（通常は **2 乗平均平方根誤差、RMSE**[†16]を用いる）を最小限に抑えることに重点を置きます。この場合、実際よりも予測が早すぎたり、時間通りに到着できない場合、その逆の場合よりも顧客は怒る傾向があるとわかりました。したがって、運用環境でこれと同じ評価指標を計算するには、予測された ETA と実際の ETA を調整できる（つまり誤差を計算する）プロセスが必要です。

実用的には、実際に到着するまでの遅延の結果（**実績値**と呼ばれる）と、それにどのように対処するかについて、いくつかのシナリオが考えられます[†17]。

ケース 1 ： リアルタイム実績値

理想的な ML のデプロイシナリオ（多くの場合、教室で教えられる唯一のシナリオ）は、モデルを運用環境にデプロイするとすぐに、すぐに実行可能な性能情報をモデルに戻すときに発生します。

多くの業界は幸運にもこの理想的なシナリオを実現できています。おそらく最も有名なのはデジタル広告です。モデルは、消費者がどの広告に興味を持つ可能性が最も高いかを予測しようとします。予測が行われたほぼ直後に、正解かどうかが決定されます。同様の例は食品配達です。お腹を空かせた顧客の家にピザが到着するとすぐに、モデルの予測と比較できる実際の測定値が得られます。また、ビジネスとしてのピザの配達には（他の食材も同様に）強力な時間制限が組み込まれており、時間がかかりすぎるため、通常は顧客は宅配を望まなくなります[†18]。結局のところ、入手できるのであれば、強力な検出 KPI が必要です。

この迅速なフィードバックループが可能にする重要なことは、モデルの有効性を基本的に**瞬時に**（または少なくとも非常に迅速に）測定できることです。もちろん、この潜在的なグランドトゥルース（正解情報）を予測イベントに関連付けると、それを取得するのにどれだけ時間がかかったとしても、モデルの性能指標を簡単に計算して追跡できます[†19]。このような評価指標を定期的に追跡することで、次のことが可能になります。モデルが訓練されたとき、または最初に運用環境に昇格されたときから性能が大幅に低下していないことを確認できます。

ただし、実際の多くの環境では、グランドトゥルースデータにアクセスする方法や、モデルを監視するために自由に使えるツールが変化します。

ケース 2 ： 実績値の遅延

この場合、先に説明したリアルタイムの迅速なフィードバックの利点は得られません。実際このような状況は一般的なビジネスではケース 1 よりもよくあることで、対処するのがはるかに厄介

---

†16 他の分野における RMSE のより詳細な情報に関しては、C3 AI の Glossary ページ（https://oreil.ly/KqpdH）から始めると良いでしょう。

†17 ここでのエンジニアリング上の課題は、これらのデータセットを結合する方法です。これは、多くの場合、セッション ID、ユーザージャーニートークン、または同様のものを使用して実行できます。

†18 YarnIt は商品の配送にドロップシッピング機能を試験的に導入していますが、物理的な配送サイクルと商品のレビュー時間によってフィードバックループはまだ制限されています。

†19 最適なモデルの評価指標は、主にモデルの種類と予測するデータの分布に依存します。これは通常、訓練／検証で使用した評価指標と一致する必要があります。

です。物理的なインフラが故障する可能性、例えば橋が崩れる可能性を予測したり、不動産市場でMLを使って予測を行ったりすることを想像してみてください。この2つのシナリオの期間は数年、あるいは数十年です。このため、より質の高い意思決定を支援するために開発されたモデルが期待通りに動作していることを確認するのが困難になります。

グランドトゥルースを受信する際のこの遅延は、非常に長いだけでなく、**無制限**である可能性もあります。例えば、フィンテック企業がクレジットカードの不正取引を分類しようとする場合を考えてみましょう。ある取引が本当に不正なものなのかどうかは、顧客のカード紛失報告書や請求に関する紛争を受け取るまでわからないでしょう。これは、取引が決済されてから数日後、数週間後、数ヶ月後に起こる可能性があります。あるいは、不正取引が顧客に検出されないシナリオでは、**決して**発生しない可能性もあります。

最終的には、「十分に」半リアルタイムデータを取得し、データが十分に信頼できる形で到着していれば、最初のアプローチをうまく機能させることができますが、そのアプローチが機能しない場合には、チームは代替評価指標に頼る必要があるかもしれません。**代替評価指標**とは、近似しようとしているグランドトゥルースと相関のある相関する代替信号ですが、特により早く結果が得られるという理由で選択されます。

橋の故障の場合は、橋の点検結果、メンテナンスのスケジュール、洪水が起こりやすい地域に橋があるかどうか、橋の築年数などを調べます。不動産購入価格の予測の場合、一般的な手法としては、できるだけ構成要素を変えない範囲で同じような住宅の価格を調べます。例えば、寝室とバスルームの数は同じだがエリアが異なる、部屋の数が異なるなどです。建設期間が数ヶ月から数年の場合、このような代替評価指標でも、何もないよりはましでしょう。

最終的に、代替評価指標は、リアルタイムで相関の強い評価指標を取得できなくても、少なくとも相関の弱い評価指標を取得できるため、グランドトゥルースの遅れに直面したときに強力なツールとして機能します。ただし、代替評価指標が統計的に有意であるという数学的な条件を忘れないでください。また、代替評価指標は時間の経過とともに関連性が変化する可能性があるため、継続的に再評価する必要があります。

ケース3：バイアスのある実績値

注意すべき重要な点は、全てのグランドトゥルースが同じように作成されるわけではないということです。例えば、フィンテック企業で融資に対する信用度を調べている場合、予測の中心的な問題は、融資を断るということは、その申請者が返済できたかどうかについての情報がなくなることを意味するということです。言い換えれば、融資を決定した人だけが、将来のモデルを訓練するために使用できる結果をもたらします。これは一種の選択バイアスであり、他の種類のバイアスが入り込む可能性があります。その結果、モデルが返済ができなくなると予測した人が、実際にローンを全額返済できるかどうかはわかりません。6章で詳しく説明したように、潜在的なバイアス、盲点、過小評価領域についてデータを評価することは非常に重要です。

ケース 4：実績値がない、ほとんどない場合

ML アプリケーションの中には、妥当な時間内に実際の結果（応答）を得ることが不可能なものがあります。これには、次のような様々な理由が考えられます。

● モデルの予測を検証するために手作業が必要な場合。
● その応答が予測によるものかどうかを判断する方法がない場合。
● 実績値を得るまでの時間があまりに遅いため、モデルの性能を確認する必要があることをモデル作成者に通知することができない場合。

例えば、多くの画像分類アプリケーションでは、画像が正しく分類されたことを手動で検証するために人間が関与する必要があります。このため、モデルの将来の訓練データセットを改善するために、予測の貴重なセグメントのみを手動で検証するためにサンプリングが必要になる場合があります。

では、実測値が戻ってこない場合、チームはどうすればいいのでしょうか。このようなシナリオでは、ML チームが再び代替評価指標を使ってモデルの性能を示すことは珍しいことではありません。このような極端なケースでは、弱い相関でもないよりはましかもしれません。新バージョンのモデルを運用でテストする際に、モデルを A/B テストし、運用の評価指標への影響を比較することもよくあります。モデルが期待されたものから逸脱していないかどうかを知るためには、モデルのデータを監視することがさらに重要になります。

その他のアプローチ

モデルが実績値との関係をどのように処理するかということとは全く別に、本当に間違っているのかどうかを把握するのに役立つ、モデルの動作の一般的な測定値を使用できます。ここでは、「無駄な」回答、つまり空回答、不完全回答、フォールバックが不十分な回答が、「満足のいく」回答に占める割合です。もう 1 つ重要なのは、古くからの友人であるデータ分布を調べることです。

モデル性能指標のトラブルシューティング

モデル性能指標が計算できると仮定しましょう。必然的に、ある時点でモデルはパフォーマンスの期待を満たせなくなります。答えるのが難しい質問は**なぜ**そうなるかです。最も一般的な原因は通常、訓練データのアンダーサンプリング、ドリフト、およびモデルが予測に使用するデータの品質に影響を与えるデータの整合性の問題です。ベストプラクティスは、平均を超えて予測の様々な**スライス**、つまりカリフォルニアの全員など、予測の特定のサブセグメントを調査することです。

モデルが不正取引の可能性を予測していると想像してください。偽陰性（モデルが実際の不正取引を見逃すこと）の量は 0.01 ％未満であると予想しています。突然、偽陰性が 2 ％に跳ね上がったとしましょう。この挙動が特定の地域や加盟店に限局しているかどうかを確認するのが自然な進め方です。そうすることで、どこで分類ミスが起きているのか、モデルを再訓練する際にどのデー

タのスライスをアップサンプリングすればいいのかを明らかにできます。これにより、モデルの最も性能の悪いスライスを理解することで、モデルの性能を改善する方法をモデル作成者にフィードバックできます。

9.3.4.2 データ

ML の監視の重要な要素は、モデルの入力と出力を監視することです。特徴量が追加されたり削除されたりすると、監視はモデルのスキーマに合わせなければなりません。データを監視する一般的な方法として、ドリフト検出とデータ品質チェックの 2 つがあります。ドリフトはデータの分布に対するゆっくりとした変化を捉えるのに適しており、データ品質チェックはデータの突然の大きな変化を捉えるのに適しています。

ドリフト

ドリフトは時間の経過に伴う分布の変化を測定します。モデルは訓練したデータに大きく依存し、それに類似したデータにはうまく機能し、そうでないときはあまり機能しません。特に、データが常に進化している超成長ビジネスでは、ドリフトを考慮することが、モデルの適切性を維持するために重要です。その結果、様々な次元でのデータの分布を測定することは、ヒストグラムのような手法であっても、運用環境で何が起こっているかを理解する上で非常に重要です。一部のモデルは入力分布のわずかな変化に対して回復力がありますが、無限の回復性は存在しません。ある時点で、データ分布は訓練する際にモデルが用いたものから大きく逸脱し、目の前のタスクの性能が低下します。このようなドリフトは、**特徴量ドリフト**または**データドリフト**として知られています。逆に、モデルの出力が確立されたベースラインから逸脱する場合、これは**モデルドリフト**または**予測ドリフト**として知られています。

変更できるのがモデルへの入力だけであればいいのですが、残念ながらそうではありません。モデルが決定論的で、特徴量パイプラインに何も変更がないと仮定すれば、同じ入力があれば同じ結果が出るはずです。

これは心強いことですが、正解の分布、つまり実績値の分布が変わったらどうなるでしょうか。モデルが昨日と同じ予測をしていたとしても、今日は間違いを犯す可能性があります。このような実績値のドリフトは、モデルの性能の後退を引き起こし、一般に**コンセプトドリフト**と呼ばれます。

ドリフトの測定

2 つの分布の違いを理解することは重要ですが、高度なトピックであるため、現時点では詳しく説明できません。ですから、この内容が読者にとって馴染みのないものであっても心配する必要はありません。そのまま使用するか、調べて詳細を確認してください（いずれにせよ、積極的に監視するまでもなく、データ分布に少しでも関わっていれば、おそらくこれらの用語のいくつかに出くわすことになるでしょう）。

前に説明したように、ドリフトは入力、出力、実績値の分布を 2 つの分布の間で比較すること

で測定します。2つの分布とは通常、実稼働データとベースライン分布です。一般的に使用される
ベースライン分布は、訓練するデータセット、テストするデータセット、または運用環境での以前
の時間枠です。しかし、これらの分布間の距離はどのように定量化できるのでしょうか。

これにはいくつかの方法があります。銀行やフィンテックで一般的に使用されている**集団安定性
指数（PSI）**は、ある評価指標についてデータをバケット化し、各分布についてバケット内に存在
する割合を計算し、分割された割合の対数を比較することに依存しています。これにより、バケッ
ト内またはバケット間のシフトを検出します。**カルバックライブラー情報量（KL ダイバージェン
ス）**は PSI に似ていますが、非対称なので分布の順序の入れ替わりを検出できます。**ワッサースタ
イン距離（earth mover's distance（EMD）**としても知られている）は、ある分布を別の分布に移
動させるのに必要な作業量を計算します。これは、バケット間のシフト量を認識するのに役立ちま
す。つまり、あるバケットから次のバケットに流出した場合、ワッサースタイン距離のスコアは、
分布の端から端までより急激なジャンプが起こった場合よりも低くなります。

これらの分布距離測定はそれぞれ距離を計算する方法が異なりますが、2つの分布がどの程度異
なるかを定量化する方法を提供するという点では同じです。特に実測値が利用できない場合、ドリ
フトは現実世界でモデルの予測、特徴、実績値の変化を特定するために使用されます。

ドリフトのトラブルシューティング

性能指標を直接計算できない ML のユースケースの多くでは、ドリフトがモデル予測の変化を
監視する主な方法になることがよくあります。予測値がなぜドリフトし始めたかを調べる場合、通
常どの入力がドリフトしたかを調べることから始め、特徴量のドリフトと特徴量の重要度を組み合
わせて、どの特徴量が変化とより強く相関しているかを判断します。その結果、どの特徴量をベー
スラインから再サンプリングする必要があるのか、あるいはデータ品質を修正する必要があるのか
がわかります。

9.3.4.3　データの品質

ドリフトが**遅い**障害に焦点を当てているのに対して、モデルのデータ品質監視は**重大な**障害に焦
点を当てています。モデルは予測を行うために入力される特徴量に依存しており、これらの入力特
徴量は様々なデータソースから得られます。カテゴリフィールド、数値フィールド、埋め込みなど
の構造化されていないデータなど、様々なタイプのデータでデータ品質の問題を監視できます。こ
こでは、構造化されたカテゴリデータと数値データを監視するための一般的な戦略について詳細に
説明します。

カテゴリデータ

カテゴリデータとは、限られたがより広い値の集合（コレクション）から単一の値を選択する一
連のデータです。誰かが飼っているペットの種類のようなカテゴリを考えてみてください。しか
し、ユーザーの行動変化（例えば、今年のクリスマスの人気ペットはトナカイ）やその他の障害に

よって、カテゴリの分布が突然変化することは常に起こり得ます。例えば、ペット用品店でどのペットフードを買うべきかを予測する仮想のモデルにより、多くの人が今猫しか飼っていないことを示唆するデータが見つかったとします。そうすると、モデルはキャットフードだけを購入することを勧め、犬を飼っている潜在的な顧客は皆、代わりに通りの先のペット用品店に行かなければならなくなるかもしれません。

カテゴリデータの突然の可算シフト（文字通り、各カテゴリの数をカウントすること）に加えて、データストリームはカテゴリに対して有効でない値を返し始めるかもしれません。これは、簡単に言えば、データストリームのバグで、データとモデルの間で設定した約束事（意味的期待値）の違反です。データソースが信頼できない、データ処理コードがおかしい、上流でスキーマが変更された、など様々な理由で発生する可能性があります。この時点で、モデルから出てくるものは未定義の振る舞いであり、カテゴリのデータストリームにおけるこのような型の不一致から身を守る必要があります。

例としては以下のようなものがあります。

- 特徴量に文字列を期待していたのに、突然浮動小数点数を受け取った。
- 大文字と小文字が区別される特徴量（例えば、状態入力）で、小文字の値を期待していたのに、大文字の値（例えば、**ca** に対して **CA**）を受け取った。
- サードパーティベンダーからデータを受信するが、そのスキーマの順序に 1 つずれたエラーがあるため、各特徴量が別の特徴量の値を受信している。

残念なことに頻繁に起こり、そして扱いが難しい状況として、データの欠損があります。これは、インフラ、アプリケーション、ストレージ、ネットワークの障害、あるいは単純なバグなど、様々な理由で発生する可能性があります。本当の問題は、それをどのように処理するかです。訓練する場合は、行を破棄するだけでうまくいくこともありますが、運用環境ではエラーを通知することもできます（ただし、これは致命的なエラーではありません。そうしないと、断続的に不安定なストレージサービスがフリート全体の停止につながるため、お勧めできません）。これらの手法はこの問題を補うのに役立ちますが、実際には持続可能な解決策ではありません。モデルの 1 つの特徴量ベクトルを計算するために数百、数千、または数万のデータストリームが使用されている場合、これらのストリームの 1 つが欠落しているだけで、非常に高い代償を払うことになりかねません。

これは監視というよりも堅牢性に関係しますが、一般的に**欠損値補完**と呼ばれるプロセスで、多くの方法でカテゴリデータの欠損値を補正することが可能です。データで過去に見た最も一般的なカテゴリを選択することもできますし[20]、他の存在する値を使って欠損値の可能性が高いものを予測することもできます。この問題に対する解決策の複雑さはアプリケーションのシナリオ次第ですが、どんな解決策も完璧ではないことを知っておくことは重要です。

---

[20] これは、アプリケーションが分布の状態、あるいは少なくともバケットカウンターを保持する論拠を強化します。堅牢性のための他のテクニックは、堅牢性を向上させるために実際にデータを**削除**することです（これは実際には過学習を避けることと同義です）。

数値データ

数値データストリームもまた、非常にわかりやすいものです。**数値データ**とは、一般に浮動小数点数（整数の場合もある）で表されるデータのことで、例えば銀行口座の金額や、華氏や摂氏の温度などです。

数値ストリームで問題が発生する可能性があるものの分析を始めるにあたり、時々目にする**外れ値**、つまり過去の値の範囲から大きく外れた値から始めましょう。外れ値はモデルにとって潜在的に危険であり、外れ値のためにモデルが予測を大きく誤る可能性があります。

型の不一致は数値データにも影響を与える可能性があります。温度測定値を期待している特定のデータストリームが、温度の読み取り値を期待していたのに、代わりに（例えば）カテゴリデータポイントが返ってくることがあります。これは適切に処理しなければなりません。デフォルトの動作では、このカテゴリ値を数値にキャストしてしまう可能性があります。もう1つの可能性は、型は変更されないけれどもデータの意味が変更されるようなものです。合計数を追跡していて、それが突然差分に変更されるような場合です。もちろん、データによっては、このようなことはしばらく発見されないかもしれません。

最後に、カテゴリデータと同様に、数値データも同じ欠損データの問題に悩まされますが、数値列が意味する順序と間隔により、純粋なカテゴリデータからなる状況に比べて、欠損値補完の選択肢が増えます。例えば、糸の重さ（グラム）のような欠損した数値を欠損値補完するために、平均値、中央値、または他の集約された分布評価指標をとることができます。**図9-2**を参照してください。

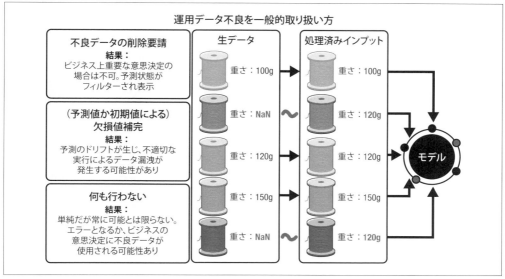

図9-2　運用データ不良を処理する方法

データ品質の測定

今日、MLの実務家にとって、多くのモデルが非常に多くの特徴量に依存してタスクを実行していることは驚くべきことではありません。訓練セットのサイズが数億から数十億に膨れ上がっており、特徴量ベクトルの長さが数万から数十万のモデルも珍しくありません。

このことは、実務家が今日直面している大きな課題につながります。とてつもなく大きな特徴量ベクトルをサポートするために、チームはより大きなデータストリームを特徴量生成に注ぎ込んでいます。現実には、このデータスキーマは、チームがモデルを改善するために実験するにつれて、必然的に頻繁に変更されます。特徴量の追加、特徴量の削除、またその計算や処理方法の変更は一般的であり、特徴量ストアのようなプラットフォームは、まさにこの管理オーバーヘッドに正確に取り組むために普及しつつあります。具体的に、特徴量全体で行うべき最も重要なチェックを以下に示します。

- カテゴリデータ
  - カーディナリティ：ユニークな値の数が変わったか。
  - 欠損値：この特徴量に欠損値はあるか。
  - 型不一致：データ型に変化はないか。
  - データ量：特徴量のデータ量に変化はないか。
- 数値データ
  - 範囲外の違反：値が適切な範囲から外れていないか。
  - 欠損値：特徴量に欠損値はあるか。
  - 型不一致：データ型に変化はないか。
  - 移動平均：特徴量の値が増加もしくは減少していないか。

9.3.4.4　サービス

MLシステムを成功させるためには、MLシステムに出入りするデータやモデル自体の性能だけでなく、予測や分類を利用可能にするモデルのレンダリングや運用におけるサービス全体の性能を理解する必要があります。モデルの性能がビジネス成果を改善し、データの整合性が維持されたとしても、1つの予測に数分かかるのであれば、リアルタイムサービスシステムにデプロイするには十分な性能ではないかもしれません。運用環境にデプロイされる他のソフトウェアサービスと同様に、モデルを運用環境にデプロイし、モデルの推論を提供するサービスも監視する必要があります。

モデルを運用環境に提供するには、独自のAPI／マイクロサービスをデプロイするモデル提供用のオープンソースフレームワーク（TensorFlow、PyTorch、Kubeflowなど）を使用する、またはサードパーティサービスを使用するなど、多数のオプションが存在します。モデルの提供に何が使用されるかに関係なく、期待される予測はリクエストの送信直後に行われる必要があるため、（特にリアルタイムサービスでは）サービスの予測レイテンシを監視することが重要です。これを行うには2つの方法があります。

モデルレベル

モデルが予測を行うのにかかる時間を短縮すること。

サービスレベル

システムがリクエストを受信したときに予測を処理するのにかかる時間を短縮すること。これはモデルだけでなく、入力特徴量を収集し（場合によってはそれらを事前計算またはキャッシュする）、提供する予測を迅速に取得することにも関係します。

モデル性能の最適化

予測のレイテンシを下げるためにモデルを最適化するには、モデルの複雑さを減らすことが最良のアプローチです。複雑さを減らす例としては、ニューラルネットワークの層数を減らす、決定木のレベルを減らす、モデルの無関係な部分や未使用の部分を減らす、などが考えられます。モデルのアーキテクチャによっても違いが生じます。例えば、Transformer 用の双方向エンコーダー表現（BERT）はフィードフォワードアプローチよりも遅く、ツリーベースのモデルは深層学習よりも高速です。

場合によっては、これはモデルの有効性と直接トレードオフとなる可能性があります。例えば、決定木のレベルが多ければ、より複雑な関係をデータから捕捉でき、モデルの全体的な有効性が高まります。一方、決定木のレベルが少ないと、予測レイテンシが短くなります。モデルの有効性（正解率、適合率、AUC など）と必要な運用上の制約のバランスをとることは、どのようなモデルであってもデプロイする上で努力する必要があります。これは、モバイルやデバイスに組み込まれるモデルに特に関連します。

サービス性能の最適化

サービス性能を最適化するために、監視して改善できる分野を以下に提案します。

まず、**入力特徴量の検索**について考えてみましょう。モデルが予測を行う前に、全ての入力特徴量を集めなければなりません。多くの場合、これは ML システムのサービス層によって実行されます。ある特徴量は呼び出し元から渡されますが、他の特徴量はデータストアから収集されたり、リアルタイムで計算されたりします。例えば、ある顧客が広告に反応する可能性を予測するモデルは、その顧客の過去の購買情報を取り込むかもしれません。顧客はページを見るときにこの情報を提供しませんが、モデルサービスは特徴量ストアやリアルタイムデータベースに照会してこの情報を取得します。入力特徴量の収集は、一般的に 2 つのグループに分類できます。

静的特徴量

特徴量とは、すぐに変化する可能性が低く、前もって保存または計算できるものです。例えば、顧客の過去の購入パターンや嗜好を前もって計算できます。

リアルタイムで計算される特徴量

動的な時間枠で計算される必要がある特徴量。例えば、食品配達の ETA を予測する場合、

過去 1 時間にどれだけの他の注文があったかを知る必要があるかもしれません。

　実際には、ユーザーやアプリケーションが提供する特徴量、静的な特徴量、リアルタイムに計算された特徴量が混在しているのが一般的です。これらの特徴量に必要な検索と変換を監視することは、ML システムのどこからレイテンシが発生しているかを追跡するために重要です。

　次に、**予測の事前計算**について考えてみましょう。いくつかのユースケースでは、予測を事前に計算し、それを保存し、低レイテンシの読み取りデータストアを使用して提供することで、予測レイテンシを削減することが可能です。例えば、ストリーミングサービスは、そのサービスの新規ユーザーに対する最も人気のある推薦を事前に保存する場合があります。このようなオフラインのバッチスコアリングジョブは、モデルが呼び出される前に作業の大部分が完了しているため、配信環境でのレイテンシを大幅に短縮できます。

9.3.5　その他考慮すべき事項

　上記の全ての考慮事項を考慮しても、監視と可観測性に関して、潜在的な懸念事項が尽きたわけではありません。以下は、監視する上で留意しておきたいその他の分野です。

9.3.5.1　ML 監視における SLO

　SLO（サービスレベル目標）は、システムの適切な信頼性レベルを事前に明示的に決定し、ある意味でユーザー体験がどうなるかを決定し、ある瞬間に閾値のどちら側にいるかに応じて、特徴量作業を行うか信頼性作業を行うかを決定するために使用される人気のある手法であり、現在も成長を続けている技術です。例えば、顧客は 99.9 ％の可用性を持つべきであると決定した場合、ある時点でそれを下回ると、再び 99.9 ％のトレンドになるまで、壊れたシステムを修正するトリガーとなります。そうすることで、ML エンジニアチーム、製品チーム全体、（もしあれば）SRE（サイトリライアビリティエンジニア）チームが協力して、ユーザーが経験する信頼性の「カーブを曲げて」最適な決定されたレベルへと導きます。

　これは非常に単純な、実際には単純化された例ですが、現実は複数の重要な領域にわたりかなり複雑です。ML が複雑であっても、SLO を実施することである程度の価値を得ることはできます。ただし、次のような微妙な点に注意してください。

- 既に述べたように、モデルを見ただけでは、そのモデルが運用に適しているかどうかを判断することはできません。したがって、SLO の範囲はデータ（およびデータの分布、鮮度など）をカバーすることが重要です。
- yarnit.ai のフロントエンドウェブサーバーなどのリクエスト／応答サービスシステムの可用性は、比較的明確な問題です。特定の許容可能なレイテンシで正しいコンテンツを提供できるか、そうでないかのどちらかです。例えば、提供されるものの分類器の信頼度が 0.0 から 1.0 の範囲であり、個々の結果または一連の結果が、完全性、正確性、正当性の観点において任意の品質閾値より低い場合、ML システムの可用性は何を意味するのでしょうか。し

たがって、少なくとも ML の SLO には、品質または信頼性の閾値の概念が含まれている必要があります。

- これを行う最善の方法は、少し意外かもしれませんが、ML システムの性能に焦点を当てるのではなく、問題の ML システムが提供することになっているビジネス目的に焦点を当てることです。言い換えれば、全体的なユーザー体験が定義された範囲内であれば、システム全体が様々な（おそらく一時的な）種類の劣化に見舞われる可能性があるということです。このトピックについては、『SLO サービスレベル目標』の 8 章（https://oreil.ly/hZ76d）を参照してください。

- モデルが多数ある環境、またはモデルが激しく変化する環境の場合、有望なアプローチは、ML エンジニアがモデルごとまたはモデルのクラスごとに SLO を定義して適用できるセルフサービスインフラです（通常、ゴールデンデータセットと比較します）。SRE はそのようなサービスを開発、提供、サポートできるため、SLO アプローチ全体を全員に拡張できるようになります（そのようなタグ付けが決定論的に実行できる限り、同じアプローチを単一モデルの個別のユースケースに拡張することもできます）。

- 最後に、11 章で述べるように明らかに ML はビジネス全体に**絡み合っています**。そのため、全てまたはほとんどの隣接システムに対して SLO を摘要せず、ML システムに対してのみ SLO を摘要することは、現実的ではない可能性があります（実際、最小のシステム以外ではそうする必要があります）。さらに、多くの場合、検査可能性や説明可能性を得ることは難しいので、十分に厳しい SLO（例えば、99.5 ％以上）を守るために十分迅速に反応することは、人間が主導するプロセスだけでは達成できないでしょう。これは人間と協調して動作する自動システムの問題になります。非 ML の場合には独自に動作する自動システムは非常に役立つことが多いですが、ML の場合は慎重に行動すべきです。

　ML インフラの SLO の確立についてより具体的に知りたい場合は、どこから始めるべきかについての推薦事項があります。**表9-1** には、何を重視するかに応じて、SLO の基準についての提案をまとめています。行は測定しようとしていることの背景を、列はその範囲を示しています。例えば、ML 訓練システムの全体的なシステムの健全性が心配な場合は、どこから始めるべきかについてのアイデアを見つけるには、左上の象限から始めると良いでしょう。基本的に、この表は、SLO の基礎となる行動、指針、指標例の概要を示しています。もちろん、これは全てを網羅したリストではありません。

　実際に SLO に関する議論は他の書籍に任せるのが最善ですが、。Betsy Beyer らが編集した『サイトリライアビリティワークブック』（オライリー・ジャパン、2020 年）には、詳細に定義された SLO ドキュメントの合理的な例が記載されています（https://sre.google/workbook/slo-document）。「このデータの 99 ％は 2 時間未満に作成された」などの単純なものであっても価値があることがあります。

208 | 9章　モデルの監視と可観測性

表9-1　ML 文脈ごとに監視すべき行動や指標

	訓練	運用	アプリケーション（YarnIt）
全体のシステム健全性	・モデルのビルド時間（スナップショットを除く） ・同時訓練の数 ・失敗したビルドの試行回数 ・リソースの飽和状態（例えば、GPU または I/O スループット）	・レイテンシ（リクエストに応答するまでの時間） ・トラフィック（リクエストの数） ・エラー数（失敗したリクエストの数） ・飽和（特定のリソースの枯渇：CPU、RAM、I/O）	・主にユーザージャーニーまたはセッションに関係 ・購入率 ・ログイン率 ・ページのサブコンポーネントの失敗率（例えば、カートの表示） ・カートの破棄
一般的な ML シグナル／基本的なモデルの健全性	・事前訓練： ソースデータのサイズ（つまり、前回のビルド以降大きく増加または縮小していないか） ・訓練： モデルタイプと入力データサイズの関数としての訓練時間 訓練構成（例えば、ハイパーパラメータ） ・訓練後： モデルの品質指標（正解率、適合率、再現率、その他のモデル固有の指標）	・モデル運用レイテンシ（全体的な運用レイテンシの割合として、または経時的に比較） ・モデル運用スループット ・モデル運用エラー率（タイムアウト／空の値） ・運用リソース使用量（特にRAM） ・提供中のモデルの古さ／バージョン	・モデル固有の指標（個々のページの読み込み時に表示される） ・ページごとの推薦事項の数 ・各推薦事項の推定品質（予測クリックスルー） ・検索モデルの同様の指標
ドメイン特有のシグナル	・ビルトしたモデルが検証テストに合格したか（集約フィルターが機能するだけでなく、ゴールデンセットテストとホールドアウトセットテストの結果が同等以上の品質か）。 ・ストア内の新製品の推薦事項は同等以上の品質か。	・これらの指標は遅延することがよくあるか。オフラインシグナルは、集計および関連スライスで提供された予測と一致するか。 ・特定のクエリに対して提供された推薦事項の数は、提供前の予測と一致するか。	・セッションまたはユーザージャーニー固有の指標。 ・購入を伴う訪問の割合は低下していないか。 ・訪問あたりの平均売上は維持されているか。 ・セッション期間が維持されているか。

サービス全体の監視

　ML インフラをさらにスケールアウトしていくと、おそらく簡単ではないでしょうが、分散トレースとシステムのレイテンシ分布の把握という 2 つの主要なことを行うことになるでしょう（本章では分布について多くのことを話してきましたが、ここでは特に ML ではなく監視することについて言及しています）。

　分散トレースは可観測性に強く関連しており、分散アーキテクチャの異なるサービス間を行き来するリクエストの完全なパスをトレースすることができます。これは、リクエストに「これが通る経路の完全なレポートをください」というラベルを付けることだと考えてください。リクエストを扱う全てのシステムは、リクエストがシステム全体に送られるときに、リクエストの可視性をある程度高める必要があります。様々な商用やフリーのシステムがこれを実装しています。その仕組みを理解するには、OpenTelemetry（https://opentelemetry.io）を参照してください。

　もう 1 つの重要な領域は、分布を理解することです。この場合は、ML データではなく、レイテンシの分布です。これは必ずしも直観的ではありませんが、十分に複雑なアーキテクチャの配置

では、実行速度が遅いリクエストの驚くほど小さな割合であっても、最終的に顧客体験に大きな影響を与える可能性があります[21]。ほとんどの組織には、全てのリクエストを追跡するためのストレージやコンピューティング能力がないため、ある種の**リクエストのサンプリング**が必要です。つまり、特定のリクエストの詳細な統計を追跡したいのに対し、デフォルトではそのリクエストの比較的小さな割合だけしか追跡していないのです。これは、環境に応じて様々な方法で実現できますが、一般に顧客体験と運用環境の動作に関する追加の洞察が重要になる可能性があるため、これらの機能を早めに有効にすることをお勧めします。

最後に、一般的に非常に大規模な組織のみに該当する問題として、非常に大規模な監視セットアップをどのように拡張するかということが挙げられます。ここでは詳しく説明できませんが、考慮すべき主な問題は 3 つあります。まず（1）警告やデータなどを重複させずに複数の監視エンティティを実行する方法です。通常これは（2）監視するエンティティを合理的な方法で分割する方法を見つけることと関連しています（通常、監視対象のほぼ均等な分割を意味します）。最後に（3）モニタを監視して、モニタ自身が動作していることを確認する必要があります。監視製品によって、これらの特徴量は異なります。例えば、Prometheus は、監視して警告を重複排除できます。私たちの経験では、重複排除が最も重要な機能である可能性があります。システムが重複排除を実行できない場合、次に深刻な機能停止が発生したときに、$N \times <$ 受信するページ数 $>$（N は監視するインスタンスの数）が発生する可能性があります。それはかなり大きな数になる可能性があります。

洗練された監視設定を構築し、実行するためのさらなるアドバイスは、様々な情報源から入手できますが、特に優れた情報源の 1 つは、Charity Majors らによる『オブザーバビリティ・エンジニアリング』（オライリー・ジャパン、2023 年）です。

監視における公平性

本章では、サービスの健全性、モデルの有効性、モデルのデータ整合性を監視するための重要な評価指標について説明しました。しかし、監視というトピックには、本章ではカバーしきれない他の考慮すべきことが含まれています。例えば、デプロイしたモデルは、ほぼ当然のことながら、誰が融資を受けるか、誰が仕事を得るのか、またはどのような購入決定を下すかを決定するなど、現実世界に影響を及ぼします。このような意思決定がますます自動化される世界では、モデルを通じて体系的な偏見や差別を成文化しないことが重要です。公平性は明らかに重要なトピックであり、6 章で詳しく説明しています。監視の観点から見ると、私たちの主な関心事は、不適切な可視性を助長せずに、モデルの決定に対する可視性を促進する要件です。詳細は、次を参照してください。

監視におけるプライバシー

公平性の特別なケースは、監視する際のプライバシーの問題です。ほぼデフォルトで、実稼働監

---

[21] Jeffrey Dean と Luiz Andre Barroso による「The Tail at Scale」（https://research.google/pubs/pub40801）を参照。

視ダッシュボードには、そこに供給された情報が表示されます。そのため、監視スタックが個人情報やその他の機密情報を公開した場合、ダッシュボードにその情報が表示され、ダッシュボードレベルでアクセスできる全ての人が、たとえ運用レベルでアクセスできなくても、見ることができるということがすぐに理解できます。これは、プライバシーに配慮した法的枠組みそのものではないにせよ、明らかにプライバシーの配慮に対する違反です（ただし、私たちは弁護士ではありませんので正確には言えませんが）。

　全ての状況には微妙な違いがありますが、一般に個人情報が漏洩するリスクを許容できない場合は、ダッシュボードへのアクセス（およびその情報が収集される全ての中間ポイント）を厳格化する、**もしくは**、個人情報に何が起こるかを制御することをお勧めします。集約の最初のポイントからの出力では、名前、住所などが完全に匿名化され、システムでは徹底的なプライバシーレビューが行われます。一般に、ダッシュボードへのアクセスの制御はよりシンプルで簡単ですが、実際には強力な制御ポイントではありません。ほぼ確実に、監視システムからの最初の出力ポイントでデータを個人情報保護したい（する必要がある）か、あるいは異なる種類のデータを異なるシステムへ入るポイントで処理したり除去したりするような段階的な方法、つまり多段階フィルタリングアプローチをとることがほとんどでしょう。この重要な問題のより完全な扱いについては、6章を参照してください。

ビジネスへの影響

　ここで取り上げていないもう 1 つの重要なカテゴリは、モデルの性能指標をモデルのビジネスへの影響に関連付けることです。モデルの性能は AUC や log 損失などの統計的指標で測定しますが、これらの指標には、指標が低下したときにビジネスに具体的な影響が出るかは組み込まれていません。指標が代表的であればあるほど、その関連付けが容易になります。これは慎重に行ってください[22]。

高密度データタイプ（画像、ビデオ、テキストドキュメント、オーディオなど）

　ここでは取り上げないもう 1 つの重要なカテゴリは、**構造化されていないデータ**とも呼ばれる高密度データタイプの監視です。ただし、これらの形式は実際には高度に構造化されているため、これは少し誤った呼び名です。ML ではモデルへの入力として画像やビデオなどを使用することが増えているため、これらの非構造化データ型のデータ整合性も監視する必要があります。現在、一般的に利用できるアプローチは存在しないため、これをサポートするために業界に積極的に取り組むよう求めます。成長を続けるアプローチの 1 つは、データ自体の**埋め込み**出力を監視することです。ML の専門家は、これらのアイテム（例えば、映画や画像）を、似たようなアイテムがより近

---

[22] モデルのビジネスへの影響は、最終的にそのモデルが唯一の存在意義です。他のあらゆる指標は、モデルが構築された目的にとっては 2 次的なものです。したがって、ビジネスへの影響を直接監視することは、それがどんなに困難であっても、監視の究極の目標となります。利用可能な監視指標とビジネス価値との相関関係を決定することは、ML の運用における取り組みから最大の価値を引き出すために組織が行うべき最も重要なことです。

くにある低次元のベクトルにマッピングするために埋め込みを使用します。これらの低次元ベクトルを監視することにより、高密度データタイプを監視するためのプロキシ（中継地点）が提供されます。

9.3.6 監視戦略に関する高レベルの推薦事項

「9.3.4 運用」では、監視を開始する方法について多くの詳細な推薦事項を説明しましたが、ここでは全体的な監視戦略に関する高レベルの推薦事項をいくつか取り上げたいと思います。

実績値かどうか

モデルがほぼリアルタイムの方法で実績値を取得できる場合、モデル／KPIの性能を監視することが最良のシグナルとなります。これは、モデルが実行していることの概念に最も密接に対応しているためです。適切な実績値がない場合は、インフラ要素やモデルの性能などの一連の部分的な情報から何が起こっているかの全体像を構築する必要があります。その方法のヒントについては、このリストにある「一般的な推薦事項」の項目を参照してください。

モデルの性能指標

一般に、「9.3.4.1 モデル」で説明したモデルの性能統計を公開することが最も効果的です。これを行うかどうかは、ローカルの監視状況、MLプラットフォームの使用状況などに大きく依存するため、これを行う方法を詳しく説明することはできませんが、少なくともそれらを追跡する必要があります。モデルの性能が純粋なサービスレベルでどのように機能しているかを確認することにも価値があります。これを単純なリクエスト／応答のサービスとして考えてください。モデルが予測／推薦を行うことができない場合、モデルが大幅に低い信頼度で予測を生成する場合、およびアルゴリズムのフォールバックパスが予想よりも多く呼び出されている場合、これらは全て知っておくと良いことです（したがって、監視する必要があります）。

データに関する懸念事項（ドリフト）

入力データの分布を継続的に追跡することが重要であるため、分布の様々な尺度（PSI、KLダイバージェンス、ワッサースタイン距離など）を計算し、監視システムでそれを明らかにすることが重要です（**出力**データの分布、つまり、現実と調和した予測自体については、以前に説明しました）。

データに関する懸念事項（品質）

本章で前述したように、データの欠落、タイプの不一致、データコーパスのサイズ、および関連する属性を追跡します。訓練の節での推薦事項のいくつかは、もちろん訓練の期間そのものではなく、データの利用可能性に関する全てのことですが、運用の文脈にも大いに関連しています。

サービスまたはインフラ性能

最初の近似値として、つまり開始する場所が必要なので、これを任意のサービス提供システムとして扱うことができます。『SRE サイトリライアビリティエンジニアリング』から、運用システムの高レベルの状態を見るために使用できる 4 つの**ゴールデンシグナル**があります。すなわち、レイテンシ、トラフィック、エラー、および飽和です。例えば、『SLO サービスレベル目標』の 8 章（https://oreil.ly/efwiE）を参照し、これらについて適切なレベルを確立すれば、インフラで何か深刻な問題が発生し、それがこれらの数値に**反映されない**ようにすることは非常に困難です。ある意味で、「グッドプット」とはあなたが探しているものです。質問が合理的な割合で到着し、アプリケーションのニーズに対して十分迅速に正しく回答されることです。

警告と SLO

本章では、警告についてはあまり具体的に述べませんでした。一般に、評価指標を監視し、ある種の閾値を設定すると、警告はかなり機械的に達成される（はずである）ためです。ただし、警告を発行する適切な評価指標は何か（全ての評価指標が全てというわけではありません）、および適切な閾値は何なのかを判断するという問題に特に注意を払うことが重要です。そうしないと、誰もが警告に溺れてしまい、貴重な認知的注意を奪われてしまい、そのほとんど全てが基本的に顧客体験とは無関係になります。詳細は、『SLO サービスレベル目標』の 8 章（https://oreil.ly/Ruf03）から始めると良いでしょう。

リクエスト／応答システムの概念的な基盤の多くは ML サービスシステムに当てはまりますが、訓練はそれとは異なり、主にバッチ指向かストリーミング指向です。訓練を監視する際によく遭遇する潜在的な問題の 1 つは、モデル構築の遅れをどのように警告するかという問題です。ここでの大きな課題は、モデルの構築にかかる時間が数分、数時間、さらには数日にも及ぶことがあるため、訓練性能の変動ごとに警告を出すのはあまり意味がないということです。そうしないと、警告しすぎてしまいます。

そこで重要になるのが、**キャッチアップ時間**です。モデルの構築に、例えばおよそ 20 時間かかり、24 時間ごとに新しいモデルが必要な場合、構築に 8 時間かかり、その後 4 時間停止したらどうなるでしょうか。実時間で 12 時間を消費し、残り 12 時間で以前のペースで訓練を再開すると、終了までに 12 時間の学習が必要になります。つまり、既に期限を過ぎている可能性があり、12 時間早く予測することは重要な最適化です。したがって、追いつくまでにどれくらい時間がかかるかという概念を維持し、現在時刻＋追いつくまでの時間が閾値を超えたときに警告を発することで、行き詰まる可能性のある状況に素早く注意を向けることができます。

一般的な推薦事項

重要な監視および／またはデバッグ手法は、予測（ID、値）をテーブル、またはその他の簡単に検索できる形式に記録することです。速度や HOL ブロッキング（head-of-line blocking）などを懸念する場合は、サンプリングが最適です。これも完全に扱いやすいアプローチで

す（ただし、保証された説明可能性は失われます）。さらに、予測値ではなく**実際**の値の列を用意し、バックフィル（補充処理）して比較できるようにします。マイクロサービスや分散訓練の世界では、予測の顧客消費者に予測 ID も記録してもらい、参加可能なイベントのチェーンを作成することも役立ちます（開発から予測に移行するプロセスでは、この種の足場を取り除いても問題ない場合もありますが、通常はどちらの状況でも便利です）。

運用中の説明可能性

サービス提供時の説明可能性の黄金律は、**個別推論レベルの説明可能性**と呼ばれるものです。つまり、この特定のトランザクションがなぜ許可または拒否されたのか、あるいは、この特定の文脈で分類器がその特定の決定を下すに至った理由は何でしょうか。前述の「一般的な推薦事項」の段落にあるように、ここでの成功とは、実際には特定の予測リクエスト時のモデルの特定の状態を特定の状態に結びつけることができることのように見えます。融資などの一部の業界では、個人にローンを提供するかどうかを予測するモデルが、説明可能性を利用して、個人が拒否された理由を明らかにする場合があります。これは多くの場合、理由コードを介して下流のユーザーに伝えられます。

9.4　まとめ

本章では、ML システムの作成から運用環境での滞りない運用までを監視するための有用な概説を提供できたと思います。繰り返しになりますが、主な戦いは、説明のしやすさ、運用環境でのデバッグ、そして、一般的にビジネスがどのように動いているかを知るために、できる限り忠実度の高いレベルで監視する必要があることを理解することです。一旦それを採用すれば、実装のために複数のアプローチから選択することができ、本章の「具体的な推薦事項」の箇所の集約が役立つはずです。

10章
継続的なML

　これまでのML システムについての議論は、モデルとは訓練してデプロイするものであり、あたかも1回限りのことであるかのように考えられることが中心でした。もう少し深い見方としては、一度訓練されてデプロイされるモデルと、より継続的な方法で訓練されるモデル（**継続的な ML システム**と呼ぶ）を区別することです。典型的な継続的ML システムは、ストリーミングまたは定期的なバッチ方式で新しいデータを受け取り、これをトリガーとして更新されたモデルのバージョンを学習し、運用にプッシュします。

　MLOps の観点からは、一度学習されたモデルと継続的に更新されるモデルでは明らかに大きな違いがあります。継続的な ML に移行することで、自動化された検証の難易度が上がります。フィードバックループや外界の変化に対するモデルの反応にまつわる頭痛の種が発生する可能性があります。継続的なデータストリームの管理、モデルの故障や破損への対応、そしてモデルに新しい機能を導入して学習させるといった一見些細なタスクでさえ、システムの複雑性を増大させます。

　確かに表面的には、継続的な ML システムを作ることはひどいアイデアに思えるかもしれません。結局のところ、そうすることで、現実の外界が変化する可能性があるため、本質的に事前に知ることができない一連の変化にシステムをさらすことになり、その結果予期しない、あるいは望ましくないシステムの振る舞いを引き起こす可能性があります。ML では、データはコードであるということを思い出せば、継続的 ML の考え方は、確実に運用システムの振る舞いを変える可能性のある新しいコードに相当するものを受け入れることです。これを行う唯一の理由は、継続的に更新されるシステムの利点がコストを上回る場合です。なぜなら、世の中の新しいトレンドに適応し、学習できるシステムを持つことで、複雑なビジネスや製品の目標を達成するのに役立つ、システム全体の品質レベルを向上させることができるからです。

　本章の目的は、継続的 ML システムの全体的なコストを可能な限り低く抑えながら、その利点を維持することを目的として、コストが発生し問題が生じる可能性のある分野を検討することです。これには以下のような考察が含まれます。

- 外界の出来事がシステムに影響を及ぼすかもしれない。
- モデルは、フィードバックループを通じて、将来の訓練データに影響を与える可能性がある。

- 時間的影響は、いくつかのタイムスケールで発生する可能性がある。
- 危機対応はリアルタイムで行われなければならない。
- 新たなローンチには、段階的なローンチと安定したベースラインが必要である。
- モデルはリリースするだけではなく、管理されなければならない。

これらの各ポイントは、本章の大部分で取り上げる様々な複雑性を要約したものです。もちろん、技術的な課題はこれで終わりではありません。継続的 ML が ML の開発やデプロイプロセスにもたらす実用的で技術的な課題に加えて、組織的な機会や複雑さも生み出します。

継続的に改善されるモデルには、その継続的改善を管理できる組織が必要です。

モデルを改善するためのアイデアを生み出し、それを追跡するためのフレームワークが必要です。モデルを新しいバージョンに置き換えるタイミングにだけ焦点を当てるのではなく、長期にわたって様々なバージョンのモデルの性能を評価する方法が必要です。モデリングを、コストとリスクがある一方で大きな潜在的利益もある長寿命で価値を生み出すプログラムとして考える必要があります。

10.1　継続的な ML システムの解剖学

継続的な ML システムの意味を詳しく見る前に、典型的な ML 運用スタックを概観し、非継続的な設定と比較して継続的な設定でどのように変化するかを見てみましょう。高度なレベルでは、継続的な ML システムは定期的に世界からデータを安定的に取り込み、それを使ってモデルを更新し、適切な検証の後、新しいデータに対応するためにモデルの更新版をプッシュします。

10.1.1　訓練事例

固定された不変のデータセットが存在するのではなく、継続的な ML システムにおける訓練データは、絶えず一定の流れで入ってきます。これには、一連の毛糸製品から推薦される一連の製品の可能性のようなものと、これらの推薦を生成したクエリなどが含まれるかもしれません。大容量のアプリケーションでは、学習例のストリームは、世界中のあらゆる地域から毎秒大量に収集されるデータを汲み上げるホースのようになるかもしれません。このようなデータストリームを効果的かつ確実に処理するためには、大規模なデータエンジニアリングが必要になります。

10.1.2　訓練用ラベル

本章の事例に対する訓練用ラベルも、ストリームとして世界から送られてきます。興味深いことに、このストリームのソースは、訓練事例のストリーム自体とは異なる可能性があります。例え

ば、ユーザーがある毛糸製品を購入したかどうかを訓練用ラベルとして使いたいとします。クエリ時にユーザーに表示される製品は把握可能で、ユーザーに送信された製品をログに記録できます。しかし、購入行動はクエリ時に知ることができず、ユーザーが購入を選択するかどうかを確認するためにしばらく待つ必要があります。このような情報は、サービスインフラ全体とは全く別の場所にある購買処理システムから得られるかもしれません。他の環境では、人間の専門家がラベルを提供する場合、ラベルの訓練に遅れが生じるかもしれません。

そのため、正しいラベルを貼った事例をつなぎ合わせるには、避けられない遅延が発生し、効率的かつ確実に処理するために、比較的高度なインフラが必要になります。実際、この結合は運用においては重要です。システム停止のためにラベル情報が利用できず、ラベルのない事例が訓練のためにモデルに送られた場合、どれほどの頭痛の種になるか想像してみてください[†1]。

10.1.3　悪いデータを取り除く

モデルに世界の行動から直接学習させるときは常に、モデルが学習する必要のない行動を世界が送ってくる危険性があります。例えば、スパム発信者や詐欺師は、ある製品が実際よりもユーザーからあまり望まれていないように見せかけるために、購入せずに多くの偽のクエリを発行することで、私たちの毛糸製品予測モデルを妨害しようとするかもしれません。あるいは、チャットウィンドウに攻撃的なテキストを繰り返し入力することで、私たちの親切な yarnit.ai チャットボットに無礼な振る舞いを学習させようとする悪質な行為者もいるかもしれません。このような攻撃は検知して対処しなければなりません。悪意はないものの、同じように有害な形の不正データは、パイプラインの停止やバグによって引き起こされる可能性があります。どのような場合でも、モデルの訓練に影響を与えないように、訓練の前にパイプラインからそのような形の悪いデータを取り除くことが重要です。

スパムデータや破損データの効果的な除去は困難な作業です。そのためには、異常検知のための自動化された方法と、悪いデータを検知することを主目的とするモデルが必要です。多くの場合、モデルに不適切な影響を与えようとする悪質業者と、そのような試みを検出してフィルタリングしようとする運用チームとの間で、一種の軍拡競争が生じます。効果的な活動を目指す組織では、継続的な ML パイプラインから悪質なデータをフィルタリングする問題だけに専念する専門チームがよく存在します。

10.1.4　特徴量ストアとデータ管理

典型的な運用 ML システムでは、生データが特徴量に変換されます。これは学習に役立つだけでなく、保存する際にもよりコンパクトになります。多くの運用システムでは、この方法でデータを保存するために**特徴量ストア**を使用します。これは本質的に、入力ストリームを管理し、生データを特徴に変換し、それらを効率的に保存する方法を知っており、プロジェクト間での共有を可能に

---

†1　これが起こる例については、「15.5　広告クリック予測：データベース対現実」を参照してください。

し、両方のモデルをサポートする拡張データベースです[†2]。大容量アプリケーションの場合、多くは、ストレージと処理のコストを削減するために、データストリーム全体からある程度の量のサンプリングを行う必要があります。大体の場合、このサンプリングは均一ではありません。例えば、（まれな）陽性のデータは全て保持したいが、非常に一般的な）陰性のデータはほんの一部しか保持したくない場合があります。つまり、これらのサンプリングバイアスを追跡し、適切な重み付けを使用して訓練に組み込む必要があります。

　特徴量抽出されたデータはよりコンパクトで、一般的に有用ですが、ほとんどの場合、ログに記録された生データも残しておく必要があります。これは、新しい機能を開発するためにも、特徴抽出と変換のコードパスの正しさをテストして検証するためにも重要です。

10.1.5　モデルのアップデート

　継続的な ML システムでは、漸進的な更新が可能な学習手法の使用が望ましいことがよくあります。確率的勾配降下（SGD）に基づく学習手法は、連続的な設定でもそのまま使用できます（SGD はほとんどの深層学習学習プラットフォームの基礎を形成していることを思い出してください）。連続的な設定で SGD を使用するには、基本的に目を閉じて、モデルに表示されるデータのストリームが確率的な（ランダムな）順序で来るふりをするだけです。データの流れが実際には比較的シャッフルされた順序であれば、全く問題ありません。

　現実には、データのストリームには、実際にはランダムではない時間ベースの相関関係があることがよくあります。データが非ランダムである可能性のある場合、絶対的に悪い方法は、上流のバッチ処理ジョブが、例えば、あるバッチでは全てのデータが陽性となり、別のバッチでは全てのデータが陰性となるように命令するような場合です。このようなデータでは、SGD アプローチは大失敗します。SGD をより安全でランダムな状態にするために、データを中間でシャッフルする必要があります。

　パイプラインの中には、ストリーム内で時間的に出現した順序で、指定された事例を 1 回だけ訓練するという厳密なポリシーが適用されるものがあります。このポリシーは、インフラの観点と、モデル分析と再現性の観点の両方から多くのことを簡素化し、データが豊富な場合には実際の欠点とはなりません。ただし、データに乏しいアプリケーションでは、適切なモデルに収束するまでに個々の事例に何度もアクセスする必要がある場合があり、各事例を順番に 1 回ずつアクセスするというこの戦略に常に従えるとは限りません。

10.1.6　運用環境への更新モデルのプッシュ

　ほとんどの継続的な ML では、モデルに対する大きな変更を**ローンチ**と呼びます。大きな変更には、モデルアーキテクチャの変更、特定の特徴の追加や削除、学習率のようなハイパーパラメータの設定の変更、あるいは運用モデルとしてローンチする前にモデルの性能を完全に再評価する動機となるような変更が含まれます。新しい入力データに基づく内部モデルの重みの小さな修正のよ

[†2]　特徴量ストアの詳細は、「4.1.3.2　特徴量ストア」を参照してください。

うな小さな変更は、**更新**と呼ばれます。

モデルが更新されると、モデルの現在の状態を保存するチェックポイントを定期的に書き出します。これらのチェックポイントは運用にプッシュされますが、障害回復のためにも重要です。新しいモデルのチェックポイントを運用にプッシュすることを考える1つの方法として、それは実際には小さな自動化されたモデルのローンチがあり、1時間に4回新しいチェックポイントをプッシュするとすると、1日にほぼ100回の小さな自動化されたモデルのローンチを行っていることになります。

主要なモデルのローンチでうまくいかないことは、新しいチェックポイントを運用にプッシュする際の失敗につながることがあります。モデルが何らかの形で破損している可能性があり、それはバグによるものかもしれませんし、悪いデータでの学習によるかもしれません。モデルファイル自体に欠陥があり、書き込みエラーやハードウェアのバグ、あるいは（本当に）宇宙線によってデータが破損している可能性もあります。モデルが深層学習モデルであれば、直近の学習ステップで「爆発」し、モデル内部のパラメータに NaN が含まれている可能性があります。チェックポイントとプッシュのプロセスが自動化されている場合、そのシステムにはバグがあるかもしれません。チェックポイントとプッシュのプロセスが自動化されておらず、手作業に頼っている場合、そのシステムはおそらく連続モードで実行する準備ができていません。

もちろん、新しいデータに基づいてモデルの更新を定期的に**プッシュしない**と、システムで多くの問題が発生する可能性があります。したがって、重要な点はモデルの更新を避けることではなく、モデルのチェックポイントの検証は運用にプッシュする前の重要なステップであることを指摘することです。一般的な戦略では、段階的な検証が使用されます。まず、チェックポイントのロードやサンドボックス環境での一連のゴールデンセットデータのスコアリングなど、運用システムに影響を与えることなくオフラインで実行できるテストを使用します。5章で説明したオフライン評価方法は全てここに適用されます。次に、新しいチェックポイントを**カナリア**（失敗するかどうかを注意深く観察する単一のインスタンス）にロードし、少量のトラフィックを処理できるようにします。その後監視が続く限り、その量をゆっくりと増加させます。最終的に100%のデータを提供するまで、更新されたバージョンによって提供されるトラフィックの量を増やします。

10.2　継続的な ML システムについての観察

継続的な ML パイプラインが非継続的な ML パイプラインとどのように異なるかについて少しご理解いただけたと思います。

10.2.1　外界の出来事が私たちのシステムに影響を与える可能性

C++ 標準テンプレートライブラリの vector や Python の dictionary など、広く使用されているクラスやオブジェクトの API を見ると、通常「警告：ワールドカップ中の行動は未定義です。」のような明確なドキュメント行は含まれていません。ありがたいことに、そうする必要もありません。

対照的に、継続的な ML システムには、このような警告がある、もしくはあるべきです。それは次のようなものです。

ほとんどの ML モデルの理論上の保証は実際には IID 設定のみに適用されるため、運用環境のモデルへの入力分布が変更されると、システムの動作が不安定になったり、予測不能になったりする可能性があります[†3]。

このような変化の原因は、驚くほど多様で予期せぬものです。スポーツイベント、選挙の夜、自然災害、夏時間、悪天候、好天、交通事故、ネットワークの停止、パンデミック、新製品のリリースなど、これら全てがデータストリーム、ひいてはシステムの動作に変化をもたらす可能性があります。どのような場合でも、イベント自体については警告がほとんど、または全く表示されない可能性がありますが、9 章で説明されている監視戦略は、迅速な警告に何が必要かを考えるのに役立つかもしれません。

外部からの出来事によって、どのようなことが起こり得るのでしょうか。例を挙げましょう。私たちの毛糸ストアの場合、極寒の日に大物政治家が手編みの茶色い毛糸のミトンを身に着けて全国放送のテレビに出演したときの影響を想像してみましょう。「茶色のウール」の検索と購入が突然急増します。少し遅れて、モデルはこの新しい検索と購入のデータに基づいて更新され、茶色いウール製品のはるかに高い価値を予測するように学習します。私たちのモデルは SGD の形式で学習され、この現象を過大に取り入れて、これらの製品のスコアを非常に高くしてしまいます。突然の高スコアのため、これらの製品はほぼ全てのユーザーに表示され、利用可能な在庫は急速に売り切れます。全ての在庫が売り切れると、それ以上の購入は行われませんが、私たちのモデルによる高スコアのため、ほぼ全ての検索はまだ茶色のウールの製品を表示しています。

次のデータの流入では、どのユーザーも製品を購入していないことを示し、モデルは過剰補正を行います。しかし「茶色のウール」製品は非常に広範囲のユーザーに対する広範なクエリで表示されているので、ほぼ全ての製品に対して低いスコアを与えることになり、全てのユーザークエリに対して結果が得られないか、ジャンクな結果が得られます。これにより、ユーザーが何も購入しないという傾向が強化され、MLOps チームが問題を特定し、モデルを以前の正常に動作したバージョンにロールバックし、訓練を再度有効にする前に、訓練データの保存から異常データをフィルタリングするまで、システムは悪循環に陥ります。

この例は、複数のレベルで潜在的な修正や監視を行うことで対処できることは明らかですが、システムの力学が事前予測が難しい結果をもたらす可能性を示しています。

世界の様々な出来事が予期しないシステム動作を引き起こす可能性があるという事実を知っている場合、微妙な危険性の 1 つに、観測された評価指標や監視の変化をあまりにも早く説明してしまうということがあります。今日、アルゼンチンとブラジルの重要なサッカーの試合があることを知っていると、観測されたシステムの不安定性の根本的な原因はこれだと思い込んでしまい、パイ

[†3] 統計学や ML の用語では、IID 仮定とは、データが同一の分布から独立に引き出されること、つまりテストセットと訓練セットが同じソースから同じ方法でランダムに引き出されることです。これについては 5 章で詳しく説明しました。

プラインエラーやその他のシステムバグの根絶を見逃してしまうかもしれません。

分布の変化に対して完全に堅牢な継続的な ML システムがあるとどうなるでしょうか。基本的に、訓練データの分布が世界の変化に依存しないように、訓練データに適応的に重み付けする方法が必要です。これを行う 1 つの方法は、**傾向スコアリング**を実行するモデルを作成することです。これは、特定の時点で特定の例が訓練データ内に出現する可能性を示します。次に、まれな例に大きな重みが与えられるように、この傾向スコアの逆数によって訓練データを重み付けする必要があります。傾向スコアは、世界的な出来事によって一部の例の可能性が突然過去よりも大幅に高くなった場合に、それに応じて重み付けを下げるために十分な速さで更新される必要があります。最も重要なことは、逆傾向スコアリングを行うときにゼロ除算の問題を回避するために、全ての例の傾向スコアがゼロ以外であることを確認する必要があることです。

逆傾向重み付けが、大きな重みを持つ少数の例によって吹き飛ばされないように、小さすぎる傾向スコアを避ける必要があります。これは重みに上限を設けることで可能ですが、統計的に偏っていないことも必要であり、重みに上限を設けるとバイアスが生じます。その代わりに、どの例も含まれる確率が低すぎることがないように広範囲なランダム化を使用できます。しかし、これはユーザーをランダムまたは無関係なデータにさらすか、モデルが望ましくないかもしれないランダムなアクションを提案することを意味するかもしれません。まとめると、このようなセットアップを実現することは、理論的には可能ですが、実際には非常に困難です。

現実問題として、私たちは分布シフトによる不安定さを完全に解決するのではなく、それを管理する方法を見つけなければならないでしょう。

10.2.2 モデルによる訓練データへの影響

継続的な ML システムにとって最も重要な質問の 1 つは、モデルとその訓練データの間に**フィードバックループ**が存在するかどうかということです。明らかに、全ての学習済みモデルは学習のために入ってくるデータの流れに影響を受けますが、モデルによっては、逆に収集されたデータに影響を与えるものもあります。

この問題を理解するために、再訓練のために収集されるデータの流れに影響を及ぼさないモデルシステムがあることを考えてみましょう。天気予報モデルが良い例です。気象台が私たちに何を信じさせようと、明日は晴れるという予測は、大気の状態に実際の影響を与えません。このようなシステムは、フィードバックループがないという意味でクリーンであり、明日の実際の降水確率に影響を与えることを恐れることなく、モデルを変更できます。

他のモデルは、学習データの収集に影響を与えます。特に、それらのモデルがユーザーに推薦を行ったり、次に学習できることに影響を与える行動を決定したりする場合です。マイクからの悲鳴のようなフィードバックを聞いたことがある人なら誰でも知っているように、フィードバックループは予期せぬ有害な効果を生み出す可能性があります。

簡単な例として、新しいトレンドを学ぶためにフィードバックループに頼っているシステムの中

には、そもそも新しいことを試せるメカニズムがなければ、完全に見逃してしまうものもあるかもしれません。この効果を考える方法として、子供に新しい食べ物を初めて食べさせようとする経験を思い浮かべると良いでしょう。より具体的な例として、ユーザーにウール製品を推薦するモデルを考えてみましょう。モデルは、ユーザーに見せるために選択された製品に関するフィードバックを受け取りますが、選択されなかった製品に関するフィードバックを受け取ることは**ありません**[†4]。オーガニックのアルパカ毛糸の新色のような新しいウール製品は、ユーザーが購入したいと思うかもしれませんが、モデルには過去のデータがありません。この場合、モデルは以前の非オーガニック製品を推薦し続け、その欠落に気づかないかもしれません。

　新しいことを発見しないのは良くないことですが、もっと悪い行動も起こり得ます。市場データに基づいて売買銘柄を選ぶ株式市場予測モデルを想像してみてください。外部の会社が誤って大量の売りを出した場合、モデルはこれを観察し、市場が下落し、ほとんどの保有株が売られるべきだと予測するかもしれません。この売却が十分な規模であれば、相場は下落し、モデルはさらに積極的に売りたくなるかもしれません。興味深いことに、他のモデル（おそらく全くバラバラの組織のモデル）も市場のこのシグナルを見て売りを決め、市場全体の暴落を引き起こす強化的なフィードバックループを作り出すかもしれません。

　株価予測のシナリオは極端なケースですが、実際に起こりました[†5]。ただし、これらの影響を経験するために、競合するモデルが存在する広範な市場に身を置く必要はありません。例えば、yarnit.ai ストアで、ユーザーに製品を推薦する担当のモデルと、ユーザーに割引やクーポンを与えるタイミングを決定する担当のモデルがあるとします。製品推薦が訓練のシグナルとして購買行動に依存し、割引の有無が購買行動に影響する場合、これら 2 つのモデルをつなぐフィードバックループが存在し、一方のモデルの変更や更新が他方のモデルに影響を与える可能性があります。

　フィードバックループは分布シフトの別の形式であり、これまで説明した傾向重み付けアプローチは役立ちますが、完全に正しく行うことは困難です。フィードバックループの影響は、モデルのバージョン情報を他の訓練データとともにログに記録し、この情報をモデルの特徴として使用することで、ある程度軽減できます。これにより、少なくとも、観測されたデータの急激な変化が、現実世界の変化によるものなのか、それともモデルの学習状態の変化によるものなのかを区別する機会をモデルに与えることができます。学習状態の変化の例としては、休暇が終わる 1 月初旬には誰もウール製品（または実際にはほとんどのもの）を買いたくなくなるなどです。

[†4] ML の様々な各論に精通している人は、これが技術的に文脈付きバンディットの設定であり、したがって探索対搾取のトレードオフの影響を受けることに気づくでしょう。この設定における主な考え方は、システムが意図的に選択したものについてのみ学習する場合、世界をもう少し探索し、システムを思い込みの自己増殖ループに閉じ込めないようにするために、時々ランダムに選択を変更することが重要であるということです。探求が少なすぎると最高のものを見逃してしまい、探求が多すぎると時間と資源の無駄になります。この場合、人生の選択との類似性はもちろん全くの偶然です。

[†5] フラッシュクラッシュに至った出来事について、その引き金となった出来事や、それを促進した市場環境についての考察を含め、詳しく解説していますので、「The Flash Crash: A New Deconstruction」（https://oreil.ly/sAkYH）をご参照ください。この議論から得られる 1 つのポイントは、複数のモデルが相互に影響し合うシステムの根本原因分析を行うことがいかに難しいかということです。

10.2.3 異なる時間スケールでの時間的な影響

　私たちが継続的 ML システムを構築するのは、データが時間とともにどのように変化していくかを気にかけるときです。これらの変化の中には、新しい種類の合成ウールの登場や、家庭での使用に適した自動編み機の誕生など、根本的な製品ニーズにとって深い意味を持つものもあります。このような新しいトレンドに関するデータをできるだけ早く取り入れることは、yarnit.ai ストアにとって重要です。

　その他の時間的影響は周期的で、少なくとも 3 つの主要な時間スケールでサイクルが発生しています。

季節性

　多くの継続的 ML システムでは、季節的な影響が大きく現れます。yarnit.ai のようなオンラインコマースサイトでは、冬休みが近づくと購買行動に劇的な変化や増加が起こり、その後 1 月上旬に急激に落ち込むことがあります。また、暖かい季節と涼しい季節では傾向が大きく異なり、地域や北半球と南半球でも大きく異なる場合があります。季節性の影響に対処する最も効果的な方法は、モデルが過去 1 年以上のデータで訓練されており、その時期の情報がデータとして含まれていることを確認することです。

週単位

　季節によってデータが変化するように、曜日によって週単位でデータが変化することもあります。週末は yarnit.ai ストアの趣味をターゲットとしたセクションなど、あるケースでは利用が著しく多くなるかもしれませんし、毛糸ストアの BtoB 販売をターゲットとしたセクションのように、あるケースでは利用が著しく少ないかもしれません。また、東京では月曜日であるのにサンフランシスコではまだ日曜日であるなど、タイムゾーンの影響も大きく影響します。

日単位

　時間帯に基づいて毎日の影響を確認すると、事態は自明ではなくなり始めます。一見すると、多くのシステムが 1 日の様々な時間帯に異なるデータを経験することは明らかです。深夜の動作は、早朝や勤務日中の動作とは異なる可能性があります。また、タイムゾーンの影響により、ここでは地域性が重要であることも明らかでしょう。

　1 日サイクルの微妙な点は、ほとんどの継続的 ML システムが実際には現実より遅れて継続的に実行されていることを考慮したときに出てきます。パイプラインやデータストリームには、訓練ラベルを待つための遅延（ユーザーが決定するまでに時間がかかるクリックや購入行動など）や、不良データのフィルタリング、モデルの更新、チェックポイントの検証、チェックポイントを運用にプッシュし、それらを完全にローンチするなどの固有の必要性のためです。実際、このような遅延は 6 時間、12 時間にも及ぶ可能性があります。そのため、私たちのモデルは、実際には平日の昼間であるにもかかわらず、夜中だと思い込んでいるモデルのバージョンを提供するなど、現実とは

かなりずれた動作をしている可能性があります。

幸いなことに、このような問題を解決するのは比較的簡単です。他の訓練シグナルと一緒に時間帯の情報を記録し、それをモデルの入力として使うのです。しかし、私たちがたまたま読み込んだモデルのバージョンが古かったり、その瞬間に扱うよう求められている実際の現実について誤った情報を与えていたりする可能性を考慮する重要性が浮き彫りになります。

10.2.4　緊急対応はリアルタイムで行う必要がある

この時点で、継続的 ML システムは大きな価値を提供できる一方で、広範なシステムレベルの脆弱性も抱えていることは明らかでしょう。継続的な ML システムは、大規模で複雑なソフトウェアシステムの運用環境の脆弱性を全て継承しており、それ自体多くの信頼性の問題を抱えています。この問題は、未定義または信頼性の低い動作を引き起こす可能性を高めます。ほとんどの環境では、理論的な保証や正しさの証明に頼ることはできません。

継続的な ML システムでこのような問題が発生した場合、単に修正するだけでなく、リアルタイムで修正（または軽減）する必要があります。これにはいくつかの理由があります。第一に、モデルはミッションクリティカルである可能性が高く、モデルから有用な予測を提供する能力に影響を与える運用環境での障害が、組織に刻々と影響を与える可能性があります。第二に、モデルはそれ自体でフィードバックループを持っている可能性があります。つまり、私たちが問題に迅速に対処しなければ、入力データのストリームも破損し、同様に修正するために注意が必要になる可能性があります。第三に、モデルは既知の状態にリセットすることが難しいより大きなエコシステムの一部である可能性があります。これは、モデルが他のモデルとのフィードバックループの中にある場合や、モデルからの不十分な予測が永続的な害をもたらし、元に戻すのが困難な場合に発生する可能性があります。例えば、それまでは親切だった yarnit.ai チャットボットが、突然ユーザーに対して無礼な罵声を発した場合などです。

リアルタイムの危機対応には、まず問題を迅速に検知することが必要です。つまり、組織の観点から、継続的な ML への準備が整っているかどうかを判断するための良いリトマス試験紙は、監視と警告戦略の徹底度と適時性を調べることです。パイプラインの遅延や、新しいデータに対して徐々に学習するシステムの変化の遅れのために、データが不完全性であることが下流に有害な影響を及ぼすまでには、十分な時間がかかることがあります。このため、モデルの出力が変化するのを待つのではなく、入力分布の変化に対して警告を発するシンプルなカナリア評価指標が特に重要になります。

監視や戦略の変更は、警告が発せられたときの対応責任がある人々によってサポートされている場合にのみ、リアルタイムで役に立ちます。うまく機能している MLOps 組織では、警告にどれだけ迅速に対応しなければならないかについて特定のサービスレベル契約を設定し、適切なタイミングで適切な担当者が警告を確認できるよう、オンコールシフトのようなメカニズムを設定しています。複数のタイムゾーンにチームメイトがいるグローバルチームがあれば、幸いなことに、午前3時に警告で寝床から起こされるのを避けられます。

警告を受信したら、MLOps チームのどのメンバーでも実行可能な、よく文書化された対応手

順書を用意し、さらなるアクションのために上司に連絡するためのエスカレーション経路が必要です。

継続的な ML システムでは、与えられた危機に対する基本的な即時対応が決まっています。これらは、訓練の停止、フォールバック（縮退運用）、ロールバック、不良データの削除、ロールスルーです。

全ての危機がこれら全てのステップを必要とするわけではなく、どの対応が最も適切であるかは、問題の深刻度と、根本的な原因を診断して解決する速度によって決まります。ここでは、継続的 ML システムの基本的な危機対応ステップをそれぞれ見て、対応戦略を選択するための要因について説明します。

10.2.4.1　訓練を停止する

穴の第一法則（First Rule of Holes）はこうだと言われています。**穴の中にいることに気づいたら、掘るのをやめなさい**。同様に、モデルの不良、障害、システム内のどこかのコードレベルのバグなどにより、データストリームが何らかの形で破損していることが判明した場合の有効な対応策は、モデルの訓練を停止し、運用環境への新しいモデルの提供を停止することです。これは短期的な対応であり、緩和策や修正策を決定する間、少なくとも問題が悪化しないようにするためのものです。MLOps 担当者が自分の責任であるモデルでの訓練を簡単に中止できる方法を確保することは、理にかなっています。自動化されたシステムはここでも役に立ちますが、もちろん、モデルが 3 週間前に黙って訓練を停止して後で気づくといったことが起きないように、十分な警告を発する必要があります。

緊急事態を察知したときに、手動で訓練を停止できる「大きな赤いボタン」に相当するものがあると常に便利です。

10.2.4.2　フォールバック（縮退運用）

継続的 ML システムでは、運用モデルの代わりに使用でき、（最適でない場合でも）許容できる結果を提供できるフォールバック戦略を用意することが重要です。これは、継続的に訓練を行わないはるかに単純なモデル、最も一般的な応答の検索テーブルであったり、または全てのクエリに対して中央値予測を返す単なる小さな関数である可能性があります。重要なのは、継続的 ML システムが突然の大規模な障害（「炎上」と表現されるような障害）に遭遇した場合に、大規模な運用環境が完全に使用できなくなることなく、一時的な代替として使用できる非常に信頼性の高い方法があるということです。通常フォールバック戦略はメインモデルよりも全体的な性能の信頼性が低いため（そうでなければ、そもそも ML モデルを使用しないでしょう）、フォールバック戦略はシステムの他の部分で緊急対応ができるようにするための短期的な対応であることを強く意図してい

ます。

10.2.4.3　ロールバック

　もし継続的な ML システムが現在危機的な状態にあるのなら、システムを危機以前の状態に戻し、全てが問題ないかどうかを確認することは理にかなっています。危機の根本的な原因は、2つの基本的な領域、つまり悪いコードもしくは悪いデータから来ているかもしれません。

　もし問題の根本的な原因が、モデル自身を悪い状態に学習させてしまった不良データであると考えられる場合、モデルのバージョンを以前に知られていた良いバージョンにロールバックすることは理にかなっています。繰り返しになりますが、訓練済みの運用モデルのチェックポイントを手元に残し、以前のバージョンから選択できるようにしておくことが重要です。例えば、アメリカのブラックフライデーのセールにより、ユーザーからの yarnit.ai ストアへの購入リクエストが大幅に増加し、システムの不正検出部分が全ての購入を無効とラベル付けし始め、モデルからは全ての製品が購入される可能性が極めて低いように見えるとします。ブラックフライデーの1週間前にチェックポイントを行ったモデルのバージョンにロールバックすることで、システムの残りの部分を修正する間、少なくともモデルは妥当な予測を行うことができます。

10.2.4.4　不良データの除去

　システムに不良データがある場合、それによってモデルが破損しないように、それを簡単に削除する方法が必要です。前述の例では、欠陥のある不良検知システムによって破損したデータを削除する必要があります。そうしないと、訓練を再度有効にして続行すると、ロールバックされたモデルが訓練データ内を時間の経過とともに進むときにこのデータに遭遇し、不良データによって再び破損することになります。不良データの削除は、そのデータ自体が典型的なデータをほとんど代表しておらず、モデルに有用な新情報を与える可能性が低く、不良データの根本的な原因が外界の出来事やシステムのバグによる一時的なもので、すぐに修正できると考えられる場合に有効な戦略です。

10.2.4.5　状況が改善されるのを待つ（ロールスルー）

　継続的な ML システムの訓練を停止した場合は、ある時点で手間を省いて訓練を再開できるようにする必要があります。通常これは不良データが削除され、バグが確実に解決された後に行われます。ただし、外界の出来事によって危機が検出された場合、場合によっては最善の対応は、ただ黙って危機を乗り越え、モデルが非典型的なデータで訓練され、外界の出来事が終了するにつれて自動的に回復できるようにすることです。実際残念なことに、この世界ではどこかで政治的な出来事、大きなスポーツイベント、その他のニュース価値のある災害が起こらない日がほとんどないのが現実であり、モデルが世界の様々な地域からのこのような非典型的なデータに大きくさらされていないかの確認は、モデルが一般的に堅牢であることを確認するための重要な方法です。

10.2.4.6 対応戦略の選択

どのイベントを停止、ロールバック、削除するか、またどのイベントをロールスルーするかをどのように選択すれば良いでしょうか。この質問に答えるには、同様の歴史的イベントに対するモデルの応答を観察する必要があります。これは、時系列の履歴データに基づいてモデルを訓練した場合に最も簡単に実行できます。答えるべきもう1つの重要な質問は、現在私たちが目にしている危機を示す指標が、悪いモデルによるものなのか、それとも世界の異常な状態によるものなのかということです。言い換えれば、私たちのモデルは壊れているのでしょうか、それとも今すぐはるかに困難な要求を処理するように求められているだけなのでしょうか。これを判断する1つの方法は、ゴールデンセットデータでモデルをオフラインで定期的に再計算して評価指標を確認することです。モデルが実際に破損している場合、その結果は性能の急激な低下を示す可能性があり、ロールスルーはおそらく正しいアプローチではありません。

10.2.4.7 組織上の考慮事項

現在危機が進行しているときは、新しいスキルを習得したり、チーム内での役割を理解したり、様々な対応戦略や緩和戦略を実行する方法を決定したりするのが難しい場合があります。現実世界の消防士は定期的に一緒に訓練し、ベストプラクティスを磨き、警報への対応に必要な全てのインフラが良好な状態にあり、すぐに行動に移せる状態にあることを確認しています。同様に、継続的なMLシステムがいつ危機対応を必要とするか正確にはわかりませんが、それは必ず起こるものであり、十分な準備が必要であると自信を持って言えます。効果的な危機対応チームの創設は、継続的なMLシステムの構築と維持にかかるコストの一部であり、この方向に進む際には考慮する必要があります。これについては、「10.3 継続的な組織」で詳しく説明します。

10.2.5 新たなローンチには段階的な強化と安定したベースラインが必要

継続的なMLシステムの一部としてモデルを一定期間稼働させている場合、最終的にはそのモデルの新バージョンをローンチし、様々な改善を行いたいと思うでしょう。例えば、品質を向上させるために、より大きなバージョンのモデルを使用したいし、それを処理する処理能力もある、もしくはモデル開発者が予測性能を大幅に向上させるいくつかの新機能を作成した、あるいは重要な方法で処理コストを削減する、より効率的なモデルアーキテクチャを発見した、などです。このような場合、モデルの新しいバージョンを明示的にローンチして、古いバージョンを置き換える必要があります。

新しいモデルのローンチは、オフラインテストと検証の限界から、ある程度の不確実性を伴うことがほとんどです。11章で説明するように、オフラインテストと検証は、新バージョンのモデルが運用でうまくいきそうかどうかの有用なガイダンスを与えることはできますが、多くの場合、完全な情報を与えることはできません。これは、継続的なMLモデルがフィードバックループの一部である場合に特に当てはまります。なぜなら、以前に学習したデータは、以前のモデルのバージョ

ンによって選択された可能性が高く、オフラインデータでの評価は、以前のモデルによってなされたアクションや推薦に基づいて収集されたデータに限定されるからです。この状況は、まず助手席に座って、インストラクターが車を運転する際の行動について意見を求められることで評価される学生ドライバーの状況に似ていると想像できます。教官の行動に 100 ％同意したからといって、初めて自分で車を操縦する機会を与えられたときに、誤った判断をしないとは限りません。

このように、新しいモデルのローンチには、最終的な検証として、ある程度の**運用環境でのテスト**が必要です。私たちは、新モデルが運転席に座れることを実証する能力を与える必要があります。しかしそれは、ただキーを渡して全てが完璧であることを期待するという意味ではありません。その代わりに、多くの場合、段階的な訓練計画を使用します。まず、モデルにはデータ全体のほんの一部しか使用させず、時間の経過とともに良好な性能が観察された場合にのみ、その量を増やします。この戦略は、一般的に **A/B テスト**として知られています。管理された科学実験に似た形式で、新しいモデル A を古いモデル B の性能と比較してテストし、新しいモデルが最終的なビジネス指標（正解率のようなオフライン評価指標とは異なる場合がある）で適切な性能を示すことを検証します。

モデルのローンチと理想的な A/B テストとの違いは、科学実験では A と B は独立しており、互いに影響し合わないことです。例えば、綿のセーター（A）が天然のウールのセーター（B）と同じくらい暖かさを保つかどうかを調べる実験を科学的な設定で行った場合、ウールのセーターを着ている人が綿のセーターを着ている人に暖かさや寒さを感じさせたりすることはまずありません。しかし、もしウールのセーターを着た人がとてもあたたかくて嬉しくて、コットンのセーターを着た人のためにお茶や温かいスープを作りに行ってしまったら、この実験は間違いなく台無しになってしまいます。

継続的な ML モデルを比較する A/B テストでは、私たちのモデルがフィードバックループの一部である場合、A と B は互いに影響し合う可能性があることがわかります。例えば、私たちの新しいモデル A は yarnit.ai のユーザーにオーガニックウール製品を推薦するという良い仕事をしていますが、私たちの以前のモデル B は一度もそうしていなかったとします。A/B テストでは、最初は A モデルの方がはるかに優れていることがわかるかもしれません。しかし、A モデルによって、より多くのオーガニックウールの推薦と購入を含む訓練データが作成されるにつれて、B モデル（これも継続的に更新される）も、これらの製品がユーザーに好まれていることを学習し、同様に推薦し始めるかもしれません。このような効果がより広範囲に及ぶ場合、A の利点が B より実際に優れていなかったために消えてしまったのか、それとも B 自体が改善されたのかを判断するのは難しいでしょう。

この問題を解決するために、A と B をそれぞれ、自分たちが扱うデータだけで訓練するように制限できます。この戦略は、各モデルがそれぞれ全体のトラフィックの 50 ％など、同じ量のデータを扱う場合にはうまく機能しますが、それ以外の場合には比較に欠陥が生じる可能性があります。もし A が初期段階で不良に見えるとしたら、それはモデルが不良だからでしょうか、それとも B が 99 ％の学習データを持っているのに対し、A は 1 ％の学習データしか持っていないからでしょうか。

もう 1 つの戦略は、ある種の安定したベースラインを作ることです。A と B の比較が、A が悪化しているために変化しているのか、それとも B が良くなっているために変化しているのか、あるいは、本当に両方が劇的に悪化しているのかを把握できます。安定したベースラインは、A または B のどちらにも影響されないモデル C であり、これらの結果を比較として使用できるように、一定量のトラフィックを処理します。基本的な考え方は、A と B を直接比較するのではなく、(A-C) と (B-C) を比較することです。これにより、変化をより明確に確認できるようになります。

安定したベースラインを作成するための 4 つの一般的な戦略には、それぞれ異なる長所と短所があります。

ベースラインとしてのフォールバック戦略

継続的な再訓練を伴わない合理的なフォールバック戦略がある場合、これは危機対応のためだけでなく、独立したデータポイントの可能性としても有用です。フォールバック戦略の品質がメインの運用モデルと比べてあまり悪くない場合、これはうまく機能します。しかし、その差が非常に大きい場合、統計的なノイズが、これを基準点として A と B の比較を圧倒してしまう可能性があります。

訓練を停止する

運用モデル B のコピーがあり、そのコピーで訓練を停止した場合、定義上、モデル A または B の将来の動作には影響はありません。少量のトラフィックを処理できるようにすると、安定した有用なベースライン C が得られます。ただし、「訓練を停止した」モデルの全体的な性能は、時間の経過とともに徐々に低下していくという注意が必要です。独立した実験を実行して、どの程度の劣化が予想されるか、この戦略が役立つかどうかを観察すると有用です。

訓練を遅延する

全体的なローンチプロセスに例えば 2 週間かかると予想される場合、合理的な代替案として、継続的に更新するように設定された運用モデルのコピーを、2 週間遅延させて実行できます。これは、相対的な性能が低下しにくいという点で、訓練を停止するよりも優れていますが、遅延に等しい時間実行された後、A と B 共に影響を受け始め、その有用性が失われるという欠点があります。したがって、2 週間の訓練を遅延したモデルは、2 週間後には役に立たなくなります。

パラレルユニバースモデル

A、B の独立性を厳密に保ちつつ、有効期間を限定しないアプローチとして、データ全体のごく一部のみを用いて、提供されたデータのみで学習するパラレルユニバースモデルがあります。A と B はこのデータでは学習せず、これらのデータを完全に分離します。

なぜこれが役立つのでしょうか。B を運用環境に導入するという行為によって、エコシステム全体が何らかの形で変化すると想像してください。株価予測市場モデルがこのように動作すること、

おそらく一部の特殊なケースでは市場全体を押し上げることも考えられます。この場合、AとBの両方が最終的に予測中央値を大幅に増加または減少させる可能性がありますが、AB間の差は小さく、安定しているように見えるかもしれません。ここで、3番目のポイントCがあると、モデル間の変更がAとB自体の違いに限定されたものなのか、それともより広範な影響によるものなのかを検出できるようになります。

パラレルユニバースモデルは、学習データの量に制限があり、全体的な分布が変化するため、設定後安定するまでに時間がかかることがよくあります。しかし、この初期期間を過ぎると、有用な独立した評価ポイントを提供できます。

10.2.6 モデルはただリリースするだけでなく管理しなければならない

全体的に、モデルのローンチには特に注意が必要です。なぜなら、このようなとき、私たちのシステムは危機に対して最も脆弱になるからです。AとBの両方がおよそ半分のトラフィックに対応している状態でモデルのローンチを行った場合、潜在的なエラーの原因が倍増し、発生しうる緊急事態に対処するために必要な作業量も倍増します。危機対応と同じように、モデルのローンチは、周知徹底され、よく実践されたプロセス上に立脚しているときに、最もうまくいきます。

レンガの壁に似ているシステムもあります。適切に仕上げるには多大な計画と労力が必要ですが、一度完成すると、多かれ少なかれ完了し、メンテナンスは時々必要になるだけです。デフォルトの状態では、単に機能するだけです。継続的MLシステムはその対極にあり、毎日の注意が必要です。継続的MLモデルで発生する問題は、完全または永続的な方法での解決が難しい場合があります。例えば、運用システム全体の問題の1つが、温暖な気候のユーザーにウール製品をより適切に推薦したいといったことである場合、これには様々なアプローチが必要になる可能性が高く、それらのアプローチの有用性は、好みやファッションが季節ごと、年ごとに適応するにつれて、時間の経過とともに変化します。

このように、継続的なMLシステムは定期的な管理が必要です。モデルを効果的に管理するには、モデルの予測性能を報告する評価指標に毎日アクセスする必要があります。これは、モデルマネージャーが現在の状況、トレンドがどのように変化しているか、問題が発生している場所を理解できるようにするダッシュボードと関連ツールを通じて実行できます。ダッシュボードのユーティリティは実用上格納できるデータ量に上限が定められるため、定期的に時間をかけて確認する明確な所有者が必要です。比喩として、毎日コーヒーを飲みながら、ダッシュボードを操作してその日のモデルの様子を理解するといった感じです。また、人事管理者が定期的な人事評価を行うのと同じように、モデル所有者は、知識と可視性を共有するために、モデルの性能に関する定期的なレポートを組織の上層部に提供する必要があります。

モデルについて何か有用なことを学んだとき、効果的なベストプラクティスは、短い書き出しの形でそれを書き留めることです。ダッシュボードのスクリーンショットまたは同様の裏付け証拠を伴うほんの数段落の文書は、組織の知識を構築するのに役立ちます。また、その観察にモデルの動作の意味について短い概要が添付されていると最も有益です。このような書き込みは、将来のモデル開発の指針として、また危機時に見られる予期せぬ動作を理解してデバッグするために、非常に

役立つことが歴史的に証明されています。

　最後に、危機に遭遇した場合、何が起こったのか、問題はどのように診断されたのか、被害はどのようなものだったのか、どのような緩和策が適用され、どの程度成功したのか、さらに問題の再発を抑えたり、将来、より効果的な対応を可能にしたりするための改善策を提言する事後報告文書を作成することにより、組織として、その経験から可能な限り多くの学びを引き出すことが重要です。これらの事後報告文書の作成は、短期的には修正点を特定するのに役立ちますが、長期的には、組織の知識や経験を蓄積し、長期間参照できるようにするためにも有用です。

10.3　継続的な組織

　この時点で、継続的な ML システムを導入する組織が長期的な責任を負うことは明らかでしょう。子犬のように、継続的な ML システムには、日々の注意、世話、餌付け、訓練が必要です。継続的な ML システムを管理する責任を十分に果たせるような組織を構築するには、多くの仕組みが必要です。

　評価戦略の決定は、リーダーの重要な責任です。評価戦略により、長期的なビジネス目標と、特定の機能をモデルに含めるか除外するかなどの短期的な決定の両方の観点から、モデルの健全性と品質を評価できます。9 章で述べたように、この問題を指標の決定に落とし込みたくなるかもしれませんが、特定の指標（収益、クリック数、適合率、再現率、さらにはレイテンシなど）は、基準点、ベースライン、または分布がなければ意味がありません。継続的な ML を設定する意思決定には、多くの場合、ある程度の反事実的な推論、フィードバックループの影響の考慮、効果的な意思決定を困難にするノイズや不確実性との格闘が必要になります。評価のために明確に定義され文書化された基準とプロセスを整備することで、これらの課題の難しさをある程度軽減できます。

　組織的な投資判断も同様に難しいものです。より大きく、より強力なモデルを作成するために、より多くの計算にどれだけの投資をすべきなのか、そしてその投資は、機会費用に比べて改善された製品成果という点で元が取れているでしょうか。モデルの品質向上への投資と、ML システムレベルの信頼性向上のトレードオフはどうあるべきでしょうか。組織的には、制約のある人間の専門家の時間と労力を、ミッション全体に最も貢献するように、どのように振り向ければ良いのでしょうか。これらは基本的に難しい問題であり、少なからずその理由は、組織の異なる部分が優先順位について異なる、あるいは相容れない視点を持っている可能性があるからです。

　この種の問題に対処するために、主に 2 つの戦略が考えられます。1 つ目は、モデルの監視や危機対応の改善と、モデルの精度の向上など、様々なニーズを効果的に比較検討できる十分な範囲と状況を備えた組織のリーダーシップを確保することです。組織の各部門から学んだ教訓が組織全体に確実に伝わるようにすることは、組織の様々な部門が互いの課題や問題点を理解しやすくする方法の 1 つとなります。これは、障害の事後分析を定期的に共有し、潜在的な弱点や障害モードを特定する積極的な「事前分析」を積極的にすることによって行うのが最善です。2 番目の戦略は、警告やその他の注意喚起が生産者と消費者のチェーン全体に確実に確実に伝達されるようにするインフラに投資することです。これには、組織としての真剣な取り組みが必要になる場合があります

が、複雑なシステム内での検証に伴う人間の負担を軽減するという点では、時間の経過とともに効果が期待できます。

　組織的に、継続的な ML システムがシステムの挙動を決定するために定常的なデータの流れに依存していることを理解すれば、データパイプライン自体に真剣でひたむきな監視と管理が必要であることに気づくでしょう。データが流れ、パイプラインがうまく機能していることを確認するだけでなく、どのような種類のデータを収集するのか、どのくらいの期間データを保存するのか、データパイプラインは上流の生産者や下流の消費者とどのように相互作用すべきなのか、といった重要な問題は全て、組織のリーダーが取り組むべき重要な戦略的問題です。プライバシー、倫理、データの包括性、公平性など、より深い問題も全て重要な役割を担っており、全体的な組織戦略の一部でなければなりません。

　これまで述べてきたように、ML システムのローンチプロセスとさらなる改善には、必然的に継続的な ML 設定における段階的なローンチ手順が必要です。リーダーシップの重要な役割は、各段階の結果を監視およびレビューし、次の段階に進むための承認決定を下したり、まだ続行する準備ができていないか、状況が意図した通りに見えない場合は段階的に縮小する必要があると判断したりすることです。これらの決定には高レベルの監視が必要です。なぜなら、結果は広範囲に及ぶ可能性があり、特にフィードバックループやその他の複雑なシステム間相互作用ポイントが存在する場合には、複数の生産者システムまたは消費者システムとの相互作用が発生する可能性があるからです。継続的な ML 組織が長期的に効果を発揮するには、様々なローンチ段階の広範な影響を評価し、続行する前に安定性を確保するプロセスが十分に確立され、厳密に従わなければなりません。

　最後に、障害や危機的状況が発生したときに、効果的に対応するためのプロセスを整備する必要があります。継続的な ML システムの場合、障害の処理には利点と欠点があります。利点は、ほとんどの場合、現在のモデルのわずかに（または多少）古いバージョンがあり、問題点を確認しながら提供時にロールバックできることです。これは、現在のモデルで悲惨な問題が発生したため、迅速な緩和策が必要な場合に非常に役立ちます。欠点は、システム全体が常に進化しているため、根本原因や重大な変更の特定が困難であることです。モデルの変更は、システム内の他の同時変更（新しいデータの追加やモデルを使用した新しい統合など）によって動機付けられたり、必要になったりした可能性があります。これに関連して、継続的な ML 環境では、問題の原因を正確に対処することがはるかに困難になる可能性があります。この具体的な例については、11 章を参照してください。

　継続的な ML システムを実行している組織にとって最も重要な事前作業は、機能停止の結果とその処理について事前に決めておくことです。誰がどの役割を果たすかを事前に決定するだけではありません。ML 運用エンジニアは、特定の障害の最中にその解決の緊急性を判断すべきではありません。また、モデル開発者は、特定の機能停止が進行中であるときに、そのコストと影響を推測すべきではありません。各自は、自分の役割、権限、決定を他の人にエスカレーションするための手順を事前に理解しておくべきです。ただし、可能であれば、組織全体で一般的なサービスの信頼性基準についても合意する必要があります。例としては次のようなものが考えられます。

- 一般的には、1時間以上前のデータに基づいていることが望ましいが、このモデルは12時間前であっても深刻な結果を招くことはない。
- このモデルの品質指標が特定の既知の閾値より悪い場合、承認されたフォールバックは古いモデルにロールバックすることである。
- もしモデルが、あらかじめ設定された追加の閾値より悪い場合は、担当のビジネスリーダーたちを寝床から起こして報告するのが適切である。

などなど。一般的な考え方は、様々な種類の機能停止のパラメータを事前に決定し、障害対応者が行動を起こす能力を最大限に高め、対応方法の決定までのレイテンシを最小限に抑えることです。多くの組織は、何度か障害を経験するまでは、これらの決定を事前に決定しない傾向があります。しかしその後、本当に重大なML問題が発生した場合にどうするかを事前に決定することが非常に合理的だと認識されます。

10.4　非継続的なMLシステムを再考する

本章では、継続的MLシステムに関する様々な問題について説明しました。しかし、困難に直面しても堅牢で信頼性の高いシステムを構築するための有用な軽減戦略を提供することに加えて、より広範な推薦事項を提示したいと思います。

全ての運用MLシステムは継続的なMLシステムとして扱われるべきである。

運用システムの重要な部分である全てのモデルは、実際には新しいデータに基づいて毎分、毎時間、さらには毎日または毎週更新されない場合でも、継続的に訓練されるモデルとして考えるべきです。

なぜそのような推奨を行うのでしょうか。結局のところ、継続的なMLシステムは複雑さと失敗の事例に満ちています。その理由の1つは、継続的なMLシステムの標準とベストプラクティスを全ての運用レベルのMLシステムに適用すると、技術インフラ、モデル開発、およびMLOpsまたは危機対応チームが確実に体制を整えて課題に対処していることを確実に保証できるからです。自分たちのMLシステムが継続的なMLシステムであると仮定し、それに応じて計画を立てれば、良い状況に立つことができます。

これはやりすぎでしょうか。モデルが1回しか訓練されない場合、継続的なMLからの標準とベストプラクティスを適用することはリソースの無駄とみなされるかもしれません。しかし実際には、一度だけ訓練される運用モデルはありません。私たちの経験では、全ての運用レベルのMLモデルは、新しいデータが利用可能になったりモデルが開発されたりするにつれて、最終的には再訓練されるか、新しいバージョンがリリースされることになります。おそらく数ヶ月以内、または次の年になるかもしれません。これは、数週間または数ヶ月ごとにその場限りで実行できますが、この不規則なアプローチは失敗や見落としにつながる可能性があります。私たちが強く推薦するの

は、効果的な MLOps チームが、毎日、毎週、毎月などの定期的なスケジュールでモデルを更新し、検証手順とチェックリストを組織文化の一部にできるようにすることです。この観点から、継続的な ML システムに関する推薦事項は全ての ML システムに適用できます。

10.5　まとめ

本章では、継続的な ML システムの継続的なケアと監視のための組織的な戦略の基礎を形成できる一連の手順と実践法を説明しました。これらのシステムは、驚くべき幅広い利点を提供し、時間の経過とともに新しいデータに適応するモデルを可能にし、ユーザー、市場、環境、および世界と対話する応答性の高い学習システムを可能にします。

影響力が非常に大きく、影響を受けやすいシステムには、かなりの監視が必要であることは明らかです。私たちの経験では、このような場合の監督要件は、どれほど有能な人であっても、個人に期待できるものをはるかに超えており、直感や即興に任せることはできません。継続的な ML システムを管理する組織は、これを継続的な優先度の高いミッションとして考える必要があります。ローンチや主要アップデートの際には特別な注意を払うだけでなく、緊急の危機に迅速に対応できるように継続的な監視と不測の事態にも配慮する必要があります。

継続的な ML システムに関する 6 つの基本的な洞察を取り上げました。

- 外界の出来事が私たちのシステムに影響を与えるかもしれない。
- モデルは、フィードバックループを通じて、将来の訓練データに影響を与える可能性がある。
- 時間的影響は、いくつかのタイムスケールで発生する可能性がある。
- 危機対応はリアルタイムで行われなければならない。
- 新たなローンチには、段階的なローンチと安定したベースラインが必要である。
- モデルはただリリースするのではなく、管理しなければならない。

そして最後に、全てのモデルが最終的には再訓練され、強力な標準を整備することは長期的にはどの組織にも利益をもたらすため、全ての ML システムは継続的な ML システムとして考えるのが最も適切です。

11章
障害対応

　この世界では、良いデータやシステムであっても、時には不具合が起きてしまいます。ディスクの故障、ファイルの破損、マシンの故障、ネットワークのダウンなどです。API コールがエラーを返して、データを取得できなくなったり、データが微妙に変化したりします。以前は正確で代表的なモデルであったものが、そうでなくなることもあります。私たちの周りの世界が変化することもあります。以前は起こらなかったこと、あるいはほとんど起こらなかったことが当たり前になることもあります。

　本書の大部分は、このような事態を未然に防ぐ ML システムを構築すること、あるいは、このような事態が発生した場合、その状況を正しく認識し、それを軽減することについて書かれています。具体的には本章では、ML システムに緊急で不具合が起こったときに、どのように対応するかについて述べます。システムがダウンしたり、その他の問題が発生したときに、チームがどのように対処するかについては既にご存じかもしれません。これは、**障害管理**として知られており、多くのコンピュータシステムに共通する障害を管理するためのベストプラクティスが存在します[†1]。

　本書では、これらの一般的に適用可能なプラクティスをカバーしますが、私たちの焦点は、ML システムの機能停止をどのように管理するか、特に、機能停止とその管理が他の分散コンピューティングシステムの機能停止とどのように異なるかです。

　覚えておくべき主な点は、ML システムには、障害の解決が非 ML 運用システムの障害とは大きく異なる可能性があるという特性があることです。この文脈で最も重要な特性は、現実世界の状況やユーザーの行動との強いつながりです。これは、モデル化しようとしている ML システム、世界、またはユーザーの行動の間に断絶がある場合に、直感的ではない影響が発生する可能性があることを意味します。これについては後ほど詳しく説明しますが、ここで理解しておくべき重要なことは、ML 障害のトラブルシューティングには、財務、サプライヤーとベンダーの管理、広報、法務などを含む、標準的な運用障害よりもはるかに多くの組織が関与する可能性があるということです。ML 障害の解決は、必ずしもエンジニアリングだけで行うものではありません。

　ML システムの他の側面と同様に、障害管理は一般的な倫理、そして非常に一般的なプライバ

[†1]　一般的な障害管理について詳しく知りたい場合は、『SRE サイトリライアビリティエンジニアリング』や「PagerDuty incident response handbook」（https://response.pagerduty.com）をご覧ください。

シーの問題に深刻な影響を与えるということは、押さえておくべき重要な点です。最初にシステムを動作させることに重点を置き、その後でプライバシーを心配するのは間違いです。この重要な部分を見失わないでください。プライバシーと倫理は、本章のいくつかの部分で登場し、最後の方で直接取り上げます。そこまで読み進めれば、ML の倫理原則が障害管理とどのように相互作用するかについて、明確な結論を導き出す準備が整うでしょう。

11.1　障害管理の基本

　障害管理を成功させるための 3 つの基本コンセプトは、**障害がどのような状態にあるかを知る、役割を確立する、フォローアップのために情報を記録する**です。多くの障害が長期化するのは、障害がどのような状態にあるのか、また、誰がどのような側面の管理に責任を持つのかを特定できないためです。長く続くと、**管理されていない障害**が発生し、これは最悪の種類の障害です[†2]。

　確かに、障害に長く取り組んできた人であれば、おそらく既に障害を経験したことがあるでしょう。そして、それはおそらく次のようなことから始まります。エンジニアが問題に気づき、問題のトラブルシューティングを単独で行い、原因を突き止めようとします。エンドユーザーに対する問題の影響を評価せず、チームの他のメンバーにも、組織の他のメンバーにも、問題の状態を伝えません。トラブルシューティング自体は通常無秩序に行われ、アクション間の遅延や、アクション後に何が起こったかを評価することが特徴です。最初のトラブルシューティング担当者が障害の範囲を認識すると、他のどのチームが関与する必要があるかを把握し、追跡するためにページや警告を送信しようとしている間に、さらに遅延が発生する可能性があります。問題がいつまでも続く場合、組織の他の部門が何かが間違っていることに気づき、問題を解決するために独自に（場合によっては非生産的に）調整されていない手順を実行する可能性があります。

　ここで重要なのは、よく訓練されたプロセスを実際に持つこと、そして障害と呼ぶにふさわしい不具合が起こったときに、それを確実かつ計画的に適用することです。もちろん、管理された障害を作成するにはコストがかかり、コミュニケーション、行動、フォローアップを正式に行うにはオーバーヘッドがかかります。ログにある全ての「警告」が数時間のミーティングや電話を必要とするわけではありません。効果的なオンコールエンジニアになるには、何が深刻で何がそうでないかという感覚を養い、必要に応じて障害に取り組む必要があります。いつ障害を宣言するか、どのように管理するか、どのようにフォローアップするかについて、前もって明確に定義されたガイドラインがあると非常に便利です。

11.1.1　障害の段階

　障害には、その存在の段階があります。その具体的な内容については善意のある人たちによっても異なるかもしれませんが、障害にはおそらく次のような状態が含まれます。

[†2]　詳しくは『SRE サイトリライアビリティエンジニアリング』の 14 章を参照してください。

障害前

機能停止の条件を設定するアーキテクチャ上および構造上の決定。

トリガー

ユーザーにインパクトを与える何かが起こる。

障害の開始

少なくとも一部のユーザーが、少なくとも一部のサービスの機能において、顕著な影響を受ける。

検出

サービスの所有者が、自動監視による通知や外部ユーザーからの苦情によって、問題に気づく。

トラブルシューティング

何が起こっているのかを把握し、問題を解決する手段を考えようとする。

軽減策

少なくとも問題が最悪となる事態を防ぐために、最も迅速でリスクの少ない手段を特定する。これには、いくつかのものが正しく動作しないことを告知するような穏やかなものから、サービスを完全に使用不能にするようなものまで様々なものがある。

解決方法

根本的な問題を解決し、サービスを正常に戻す。

フォローアップ

振り返り、障害に関して何ができるかを学び、修正したい一連の点やその他の実行したいアクションを特定し、それらを実行する。

コンピュータシステムの機能停止は、おおよそこのようなフェーズで説明できます。ここでは、典型的な障害における役割について簡単に説明し、その後、ML障害への対応において何が異なるかを理解します。

11.1.2 障害対応の役割

システムインフラに携わるエンジニアが何千人もいる企業もあれば、1人しかいない幸運な企業もあるでしょう。しかし、組織の大小にかかわらず、ここで説明する役割を果たす必要があります。

重要なのは、全ての職務が同じように緊急であるわけではなく、全ての障害が孤立した集中力を必要とするわけでもないため、全ての役割を別々の担当者が担わなければならないわけではない、ということです。また、組織やチームには特定の規模があり、全てのチームが全てのポジションを直接担当できるわけではありません。さらに、ある種の問題は、規模が大きくなって初めて顕在化

します。特にコミュニケーションコストは、大規模な組織では増大する傾向があり、多くの場合、管理対象のインフラの複雑さと相関関係にあります。逆に、小規模なエンジニアリングチームは、視野の狭さや経験の多様性の欠如に悩まされる可能性があります。指針はありますが、それは状況に適応し、正しい選択をする必要性を指し示すものではありません。多くの場合、最初は間違った選択をすることになります。しかし、重大な事実の1つは、障害管理業務を適切にサポートする組織能力を前もって計画しなければならないということです。人員配置が不十分で後回しにされたり、体制も訓練も余裕もなく、障害が発生したときに誰でも飛び込むことができると思い込んだりすると、結果はかなり悪いものになります。

障害管理のために最もよく知られた枠組みは、米国連邦緊急事態管理庁（FEMA）の National Incident Management System（https://oreil.ly/pFkaa）に由来します。このフレームワークでは、実行可能な最小限の一連の役割は、通常次の通りです。

障害指揮官

障害全体を高いレベルで明確に理解し、他の役割の割り当てと監視に責任を持つコーディネーター。

コミュニケーションリーダー

組織の外部および内部のコミュニケーションを担当します。この役割の実際の責任はシステムによって大きく異なりますが、エンドユーザー向けの公開文書の更新、他の社内サービスグループとの連絡やヘルプの依頼、顧客対応サポート担当者からの問い合わせへの回答などが含まれます。

オペレーションリーダー

機能停止に関連する全ての生産変更の承認、スケジュール、および記録します（機能停止と無関係であっても、同じシステムで以前にスケジュールされた生産変更の機能停止を含みます）。

計画リーダー

即時の障害解決には影響しないが、見失ってはいけない長期的な項目を追跡します。これには、修正すべき作業項目の記録、分析すべきログの保管、将来障害をレビューする時間のスケジュールなどが含まれます（場合によっては、計画リーダーはチームの夕食も注文する必要があります）。

これらの役割は、ML 障害であろうとなかろうと変わりません。障害発生時に**変化するもの**をここに列挙します。

検出

ML システムは、非 ML システムよりも決定論的ではありません。その結果、人間が障害を検知する前に全ての障害を検知するような監視ルールを書くことが難しくなります。

解決に関わる役割とシステム

ML障害は通常、トラブルシューティングと解決において、ビジネス／製品およびマネジメント／リーダーシップを含む、より広範な人員を巻き込みます。MLシステムは、複数のシステムに広範な影響を及ぼし、一般的に複数の複雑なシステム上に構築され、また、複数の複雑なシステムから供給されます。このため、障害に関係する利害関係者は多岐にわたります。MLシステムの機能停止は、インフラの他の部分と統合し、変更する役割を担っているため、しばしば複数のシステムに影響を与えます。

明確でないタイムライン／解決策

ML障害の多くは、品質評価指標への影響を伴います。このため、障害のタイムラインと解決策を正確に特定することが難しくなります。

なぜこのような違いが現れるのか、より直感的かつ具体的に理解するために、MLシステムの機能停止例をいくつか考えてみましょう。

11.2　MLを中心とした機能停止の分析

以下の事例は、著者の実際の経験から作成したもので、我々が遭遇した個々の具体的な例とは**異なります**。ですが、MLシステムを運用した経験のある多くの人が、これらの事例の少なくとも1つに見覚えのある特徴を見出すことを願っています。

他の種類の機能停止とは大きく異なる可能性がある次のいくつかの特性には、細心の注意を払ってください。

アーキテクチャと基礎条件

この時点までにシステムに関してどのような決定を行い、それが障害に関与した可能性があるのでしょうか。

影響開始

障害の開始はどのように判断するのでしょうか。

検出

障害を発見するのは簡単でしょうか。また、その方法はあるのでしょうか。

トラブルシューティングと調査

誰が関わっているのでしょうか。関係者は組織でどのような役割を担っているのでしょうか。

影響

機能停止がユーザーにもたらす「コスト」とは何でしょうか。その測定はどのようにすれば良いのでしょうか。

解決策

解決策への自信はどれくらいあるでしょうか。

フォローアップ

修正と改善を区別できるでしょうか。障害からのフォローアップが終わり、有望な改善策作成が行われるタイミングをどのように見極めるのでしょうか。

本章の後半で紹介する事例を検討する間、これらの質問を心にとどめておいてください。

11.3　用語に関する注意：モデル

3章では、モデルに関して以下の区別を紹介しました。

モデルアーキテクチャ

学習への一般的なアプローチ

モデル（または構成モデル）

個々のモデルの具体的な構成と学習環境、学習するデータの構造

訓練済みモデル

ある時点の1セットのデータで訓練された、1つの構成モデルの特定のインスタンス

この区別が特に重要なのは、障害に関与している可能性のあるこれらのうち、どれが変化したかに注意を払うことが多いからです。以下の節では、どちらのことを指しているのかを明確にするよう努めます。

11.4　時間の事例

以下の事例を、架空の会社 YarnIt の枠組みの中でお話しします。しかし、それらは全て、私たちが現場で観察した実際の出来事に基づいているか、少なくともそれに触発されたものです。場合によっては、1回の機能停止に基づくものもあれば、複合的なものもあります。

11.4.1　事例1：探しても何も見つからないケース

YarnIt が採用している主な ML モデルの1つに検索ランキングモデルがあります。一般的なオンラインショップのように、顧客はサイトに来てトップページにあるリンクをクリックしますが、同時に探している商品を直接検索します。これらの検索結果を生成するためには、まず顧客が探している単語とほぼ一致する全ての製品について製品データベースをフィルタリングし、顧客が探している単語に大まかに一致する全ての製品を見つけてから、ML モデルを使用してランク付けし、全ての条件を考慮して、それらの結果をどのように並べるかを予測します。この検索が実行された

のち、その検索が有効に行えたかどうかが判明します。

検索システムの信頼性を担当する運用エンジニアの Ariel は、監視のアイデアのバックログ監視のバックログを活用するというアイデアに取り組んでいます。検索チームが監視し、経時的な傾向を把握したいと望んでいることの 1 つに、検索結果の最初の 5 つのリンクのうち 1 つをユーザーがクリックする割合があります。チームメンバーは、ランキングシステムが最適に機能しているかどうかを確認する良い方法かもしれないと仮説を立てています。

Ariel は利用可能なログに目を通し、その結果得られた指標を公開するためのアプローチを決定します。その数字が妥当であることを確認するために過去 12 週間の 1 週間ごとのレポートを行った後、Ariel はいくつかの有望な結果を見つけました。12 週間前から 3 週間前まで、Ariel は上位 5 つのリンクが約 62 ％の確率で顧客にクリックされていることを確認しました。もちろん、もっと良くなる可能性もありますが、かなりの割合で、最初の数件の検索結果の中から、ユーザーが興味を持つ**何か**を見つけています。

YarnIt が使用する主な ML モデルの 1 つは、検索ランキングモデルです。ほとんどのオンラインショップと同様に、顧客はサイトにアクセスしますが、3 週間前から最初の 5 つのリンクのクリック率が低下し始めました。実際、今週はわずか 54 ％であり、まだ低下しているようだと Ariel は指摘しています。非常に短期間での大幅な下落です。Ariel は、新しいダッシュボードに欠陥があるのではないかと疑い、検索信頼性チームに調査を依頼します。代わりにチームは、データは正しいようで、これらの数字は非常に懸念すべきものであることを確認しました。

障害検出。

Ariel は障害発生を宣言し、モデルに問題がある可能性があるため、検索モデルチームに通知します。Ariel はまた、（商品を閲覧するのではなく）商品を検索している顧客からの収益が突然減っていないことを確認するために小売チームにも通知し、結果の表示方法を変更するようなウェブサイトへの最近の変更をチェックするようチームに依頼しました。次に、Ariel は、何が変わったかを知るために、検索信頼性チーム自体のインフラを詳しく調査します。Ariel は、過去 2 ヶ月間モデル構成に変更が加えられていないことを発見し、検索モデルチームもそれを確認しました。また、モデルで使用されるデータや付随するメタデータにも大きな変更はなく、顧客アクティビティが通常通りログに追加されるだけでした。

その代わりに、検索モデルチームのメンバーの 1 人が興味深いことを指摘します。検索モデルチームは毎日新しいモデルをテストするためにクエリの**ゴールデンセット**を使用しており、過去 3 週間、ゴールデンセットが信じられないほど一貫した結果を出していることに気づきました。検索モデルは通常、前日の検索とその結果のクリックで同じモデルを再訓練することによって毎日更新されます。これは、新しい嗜好や新しい製品でモデルを更新し続けるのに役立ちます。また、クエリのゴールデンセットから得られる結果には若干の不安定性が生じる傾向がありますが、その不安

定性も通常は妥当な範囲内です。しかし、3週間前から、**その**安定性結果は驚くほど一定でした。

　Arielは、運用環境にデプロイされた訓練済みモデルを確認します。**モデルは作成されてから3週間が経過し、それ以降更新されていません**。これにより、ゴールデンクエリの安定性が説明されます。また、ユーザーのクリック行動の低下も説明しています。おそらく、新しい設定や新製品で表示される良い結果が少なくなっているのです。もちろん、無期限に、同じ古いモデルを維持すると、最終的には新しいものを正しく推薦できなくなります。そこでArielは、毎晩検索モデルの訓練をスケジュールする検索モデル訓練システムに注目します。3週間以上訓練が完了していませんでした。明らかにこれが、運用環境に新しい訓練済みモデルがない理由でした。

　Arielは運用環境にデプロイされた訓練済みモデルを確認します。機能停止に関する関連的な原因はわかってきましたが、現時点では根本的な原因はわかっておらず、明確で単純な軽減策もありません。運用環境に新しい訓練済みモデルがなければ、状況を改善できません。これは、非常に大まかな原因究明の糸口に過ぎません。

　訓練システムは分散型です。スケジューラは、モデルの状態を保存するプロセスのセットと、前日の検索ログを読み取り、ユーザーの新しい嗜好を表現してモデルを更新するプロセスのセットをロードします。Arielは、検索システムからログを読み込もうとする全てのプロセスが、ログシステムからログが返されるのを待つのに大半の時間を費やしていることに注目します。

　ログシステムは、ログの関連部分を読む許可を持っている**ログフィーダー**と呼ばれる一連のプロセスを通して、顧客ログの生データにアクセスします。Arielは、これらのログフィーダープロセスを見て、10個のログフィーダープロセスが数分ごとにクラッシュして終了していることに気づきました。プロセスのクラッシュログを調べると、Arielはログフィーダーがメモリ不足に陥っており、さらにメモリを確保できなくなるとクラッシュしていることがわかりました。クラッシュすると、新しいログフィーダープロセスが新しいマシンで開始され、訓練プロセスが接続を再試行し、数バイト読み込み、そのプロセスがメモリ不足になり、再びクラッシュします。これが3週間続いています。

　Arielは、ログフィーダープロセスの数を10から20に増やしてみてはどうかと提案します。訓練ジョブの負荷を分散することで、ジョブのクラッシュを防ぐことができるかもしれません。また、必要であれば、ジョブにより多くのメモリを割り当てることもできます。チームは同意し、Arielは変更を行い、ログフィーダージョブはクラッシュしなくなり、検索訓練の実行は数時間後に完了しました。

　訓練の実行が完了し、新しい訓練済みモデルが運用稼働すると、すぐに機能停止が軽減されます。

　Arielはチームと協力して、新しい訓練済みモデルが運用システムに自動的にロードされること

をダブルチェックします。クエリゴールデンセットの性能は 3 週間前のものとは異なりますが、十分に良好です。十分なログを蓄積するために数時間待機し、更新された訓練済みモデルが顧客にとって本当に良い性能を示すことを確認するために必要なデータを生成します。その後、ログを分析し、最初の 5 つの検索結果のクリック率が予想される状態に戻っていることを確認します。

この時点で機能停止は解消されます。明らかな軽減段階がなく、軽減と解決策が同時に行われることもあります。

Ariel とチームは障害のレビューに取り組んでおり、以下のような、実行したい機能停止後の作業をいくつかリストアップしています。

- 運用中のモデルの年齢を監視し、ある閾値の時間以上経過した場合に警告を出します。ここで言う「年齢」とは、ウォールクロック年齢（文字通り、ファイルのタイムスタンプ）でも良いし、データ年齢（モデルが基づいているデータが何年前のものであるか）でもかまいません。どちらも機械的に測定可能なものです。
- 新しいモデルを持つための要件を決定し、訓練プロセスのサブコンポーネントに利用可能な時間を配分します。例えば、最大でも 48 時間ごとに運用環境でモデルを更新する必要がある場合、問題のトラブルシューティングと新しいモデルの訓練に 12 時間程度を費やし、残りの 36 時間をパイプラインのログ処理、ログフィード、訓練、評価、運用へのコピーに割り当てることができます。
- ゴールデンクエリテストを監視し、変更されていない場合だけでなく、変更されすぎる場合も警告します。
- 訓練システムの**訓練率**を監視し、それが妥当な閾値を下回った場合、割り当てられた時間に基づいて訓練完了の期限に間に合わないと予測されるときに警告を発します。何を監視するかを選択するのは難しく、それらの変数に閾値を設定するのはさらに困難です。これについては、「11.5 ML 障害管理の原則」で簡単に説明し、9 章でも取り上げています。
- 最後に、そして最も重要なことは、上位 5 件の結果のクリックスルー率を監視し、それが特定の閾値を下回った場合に警告することです。これにより、ユーザーが認識する品質に影響を与える問題は検出されるはずですが、他の原因では検出されません。理想的には、この指標は、たとえ日ごとにしか安定していないとしても、将来の問題のトラブルシューティングに使用できるよう、少なくとも 1 時間ごとに利用できるようにする必要があります。

これらのフォローアップを終えて、Ariel は休憩に入ります。

11.4.1.1　事例 1 における ML 障害対応の段階

この障害は、原因としては非常に単純なものですが、ML 障害が障害対応ライフサイクルのいく

つかのフェーズで異なる形で現れることを理解するのに役立ちます。

障害発生前

訓練および運用システムは、あるシステムが訓練済みモデルを生成して定期的に更新し、別のシステムがそのモデルを使用してクエリに答えるという、やや典型的な構造でした。このアーキテクチャは、顧客向けの運用システムが訓練システムから分離されているため、非常に復元力が高くなります。失敗する場合、多くの場合は、サービス提供中のモデルが更新されていないことが原因です。基礎となるログデータも整理された方法で抽象化され、ログを保護しながら訓練システムがログを学習できるようにします。しかし、ログへのこのインターフェイスは、まさにシステムの弱点が発生した場所です。

トリガー

分散システムは、性能を急激に低下させるスケーリングの特定の閾値を超えると、**ボトルネック**と呼ばれることもある障害が発生することがよくあります。この場合、ログフィーダーデプロイメントの性能の閾値を超えていましたが、それに気づきませんでした。きっかけは単純なデータの増大、それに対応する訓練システム要件の増大、そしてそのデータを利用するビジネスニーズでした。

機能停止開始

機能停止は私たちが気づく 3 週間前から始まっていました。これは残念なことであり、だからこそ優れた監視が重要なのです。

検出

うまく計測されていない ML システムは、システムの問題を品質の問題だけとして顕在化させることが多くあります。モデル品質の変化は、しばしば、システムインフラに何か問題があることを示すエンドツーエンドの唯一のシグナルとなります。

トラブルシューティング

ML のトラブルシューティングには、他の種類の機能停止よりも広範なチームが関与することがよくあります。これは、機能停止が公に目に見える品質問題として現れることが多いためです。問題が絞り込まれるまでは、発生している機能停止の種類について推測しないことが賢明です。システムの問題、モデルの問題、または世界を正確に予測する能力の単なるずれである可能性があります[3]。時には、私たちが追いつけないほどの速さで世界が変化していることがあります。これについては、事例 3 で詳しく説明します。全ての品質低下が機能停止になるわけではなりません。今後の事例では、トラブルシューティングに関わるさらに幅広い登場人物が登場する予定です。

---

[3] このドリフトも、ゴールデンセットの内容と同様に、私たちのシステムにとって不公平なバイアスが要因となりうる重要な場所でもあります。これらのトピックについての詳しい議論は 6 章を参照してください。

軽減策と解決策

この場合、問題を軽減するための最も迅速でリスクの少ないステップは、新しいモデルを訓練し、運用の検索サービスシステムにうまくデプロイすることです。ML システム、特に多くのデータで訓練したり、大規模なモデルを作成したりするシステムでは、このような迅速な解決策は利用できないかもしれません。

フォローアップ

ここで豊富な監視セットを追加できます。その多くは実装が簡単ではありませんが、将来の障害の際に役立ちます。

この最初の事例は、ML に関連した非常に単純な機能停止を示しています。機能停止は、私たちが期待、あるいは必要とすることをモデルが全く行わないという品質上の問題として現れる可能性があることがわかります。また、解決策のために多くのケースで必要とされる、幅広い組織的調整のパターンも見えてきます。最後に、フォローアップ作業を特定することは、野心的になりがちであることがわかります。これら 3 つのテーマを念頭に置いて、別の機能停止を考えてみましょう。

11.4.2　事例 2：突然パートナーシステムが機能しなくなる

YarnIt には 2 つのビジネス形態があります。1 つは、編み物やかぎ針編みの商品を販売する自社製品を販売するショップです。また、ストアを通じて製品を販売する他のパートナーからの製品を推薦するためのマーケットプレイスとしての形態も持っています。これは、在庫やマーケティングに多くの投資をすることなく、より幅広い商品を顧客に提供するための方法です。

これらのマーケットプレイス製品をいつ、どのように推薦するかは、少々厄介な課題です。これらをベースラインとしてウェブサイト上の検索結果や発見ツールに組み込む必要がありますが、どのように推薦すれば良いでしょうか。最も簡単なアプローチは、製品データベース内の全ての製品をリストし、それらに関わる全てのアクションをログに含め、メインの予測モデルに追加することです。この場合の大きな制約は、これらの各パートナーが他の全てのパートナーからのデータの分離を要求していることです。そうしないと、自社製品をリストに載せることを許可しません[†4]。その結果、パートナーごとに個別のモデルを訓練し、パートナー固有のデータを分離されたリポジトリに抽出する必要がありますが、共有データ用の共通の特徴量ストアは引き続き使用できます。

YarnIt は、潜在的に（5,000 から 500 万社もの）**非常に多くの**パートナーを計画するほど野心的です。そのため、少数の大きなモデルに最適化されたセットアップではなく、何千もの小さなモデルに最適化されたセットアップが必要です。その結果、各パートナーから履歴データを抽出し、別のディレクトリや小さな特徴量ストアに格納するシステムを構築しました。そして毎日の終わりに、前日の差分を分離し、訓練を開始する直前にストアに追加します。これにより、主要なモデル

[†4]　このようなデータ混合の制限は、ある程度一般的です。企業は商業的に価値のあるデータ（例えば、誰が Y を検索して X を買ったか）が競合他社のために使われることに敏感です。この場合、これらの企業は YarnIt を競争相手とみなすかもしれません（ただし、重要なビジネスを提供している企業でもあるとも評価しています）。

は迅速に訓練され、小規模なパートナーモデルも同様に迅速に訓練されるようになりました。そして何より、パートナーから要求されるアクセス保護に準拠しています。

この時点で障害発生前の準備は完了しました。舞台は整い、機能停止の条件は整いました。この時点で、物事がうまくいかなくなる機会がいくつか存在することは明らかでしょう。

YarnIt の運用エンジニアである Sam は、パートナーの訓練システムに携わっています。Sam は商談の前にパートナーである CrochetStuff 社のレポートを作成するよう依頼されます。レポート作成中、Sam はこのパートナーが ML 訓練データに記録された最近のコンバージョン（売上）はゼロであるにもかかわらず、会計システムでは毎日商品が売れていると報告されていることに気づきます。Sam はレポートを作成し、データ抽出と結合の仕事をしている同僚に転送し、アドバイスを求めます。一方、Sam はパートナーチームへのデータ報告書にはこの事実を記載せず、単に売上データを記載します。

ここで機能停止は検知はされています。どのコンピュータシステムも機能停止を検知していないため、機能停止は不定時間続いていた可能性があります。

このようなカウントのデータ不一致はよくあることなので、データ抽出チームは Sam の報告を最優先事項として扱いません。Sam は 1 つのパートナー企業について 1 つの不一致を報告しており、チームはバグをファイルし、来週かそこらでそれを処理する予定にします。

障害は管理されておらず、混沌としています。規模は小さいかもしれないし、そうでないかもしれません。誰もデータ問題の影響範囲を決定しておらず、迅速かつ集中的な対応を調整する責任者もいません。

CrochetStuff 社はビジネス会議で、売上が前週比 40 % 減少し、毎日減少し続けていると述べました。ページビュー、推薦事項、ユーザーからの問い合わせに関するレポートは全て減少しています。ユーザーが商品を**見つけた**場合には、購入率は依然として高いままです。CrochetStuff 社は、YarnIt が突然全ての製品の推薦を機能停止した理由を知りたいと要求しています。

この時点までに、私たちは社内での検知、社内のパートナーの支持者、顧客からの報告、そして何が起きているかについて可能性のある手がかりを得ています。これは多くのノイズですが、多くの人が独自に気づくまで障害を公表しないこともあります。

Sam は障害を宣言し、問題に取り組み始めます。パートナーモデル訓練システムのログには、パートナーモデルが毎日正常に訓練されていることが明確に報告されており、訓練を実行するバイ

ナリやモデル自体の構造や機能に最近の変更はありません。モデルから得られる指標を確認すると、Sam は CrochetStuff 社のカタログ内の全ての製品の予測値が過去 2 週間毎日大幅に減少していることがわかりました。Sam は他のパートナーの結果を見て、全く同じ低下を確認しました。

Sam は、問題の原因を突き止めるためにモデルを構築した ML エンジニアたちを招集します。何も変更されていないことを再確認し、基になるデータに対していくつかの集計チェックを実行します。ML エンジニアが気づいたことの 1 つは、Sam が最初に気づいたことです。ML 訓練データには、過去 2 週間にどのパートナーにも売上がありません。データは全て YarnIt のメインログシステムから取得され、毎日抽出されて各パートナーの履歴データと結合されます。データ抽出チームは、数日前の Sam のバグ報告を再確認し、調査を開始します。

この問題の迅速な解決策を見つける必要がある Sam は、チームが訓練済モデルの古いコピーを数ヶ月も保管していることに気づきます。Sam は ML エンジニアに、とりあえず古いモデルを運用システムにロードした場合の影響について尋ねます。チームは、古い学習済みモデルのバージョンは新製品や消費者行動の大きな変化に関する情報は持っていないものの、全ての既存製品について予想される推薦動作を持っていることを確認しました。機能停止の範囲が非常に大きいため、パートナーチームはモデルをロールバックするリスクを冒す価値があると判断しました。パートナーチームと相談し、Sam はパートナーの学習済みモデルを全て 2 週間前に作成したバージョンにロールバックします。ML エンジニアは古いモデルの集計指標を簡単にチェックし、推薦値が 2 週間前の状態に戻っていることを確認します[†5]。

現時点では、障害は軽減されましたが、本当の解決には至っていません。特に、慣れ親しんだプロセスで新しいモデルを作ってうまく機能させることはできませんし、最善の完全解決策と、再びこのような状況に陥らないようにする方法を見つけ出す必要があります。

Sam が軽減策を講じている間、データ抽出チームは調査を行っていました。その結果、抽出はうまくいっているものの、抽出されたデータを既存のデータにマージするプロセスで、どのパートナーに対しても一貫してマージができていないことが判明しました。これは 2 週間ほど前から始まったようです。さらに調査を進めると、2 週間前、他のデータ分析プロジェクトを円滑に進めるため、データ管理チームが、ログエントリーで各パートナーを識別するために使用する一意のパートナーキーを変更したことが判明しました。この新しい固有のキーは、抽出されたデータに含まれており、以前のパートナー識別子とは異なっていたため、新しく抽出されたログを、キーが追加される前に抽出されたデータとマージすることができませんでした。

[†5] この仮説を検証するのは危険な方法です。古いモデルの方が性能が良く、別の壊滅的な問題が起きないことを検証するために、まず単一のモデルをデプロイした方が良かったでしょう。しかし、これは重大な機能停止の際に人々が行う防衛的な選択です。

これで機能停止の根本原因が判明したことになります。

　Samは、システムがエンドツーエンドで正しく機能することを迅速に検証するために、1つのパートナーのデータを再抽出し、新しいデータでモデルを訓練するよう要求します。これが完了すると、Samとチームは、新たに抽出されたデータに予想されるコンバージョン数が含まれていること、そしてモデルが、多くの顧客にとってこれらの製品が良い推薦品であることを再び予測していることを確認できます。Samとデータ抽出エンジニアは、全てのデータを再抽出するのにかかる時間を簡単に見積もり、SamはMLエンジニアに全てのモデルの再訓練にかかる時間を相談します。総推定時間は72時間で、その間は2週間前から復元した古いモデルのバージョンからの推薦事項が提供され続けます。小売製品チームとビジネスチームと相談した後、チーム全員がこのアプローチを実行することを決定します。パートナーチームは、問題と解決のスケジュールについてパートナーに通知するメールの草案を作成します。

　Samは、全てのパートナーデータを再抽出し、全てのパートナーモデルをできれば最初から、つまり私たちが持っているデータの先頭から再訓練することを要求します。プロセスを3日間監視し、完了すると、新しいモデルが古い製品だけでなく、2週間前には存在しなかった新しい製品も推薦していることを確認します。慎重なチェックの後、新しいモデルはMLエンジニアによって良好であると判断され、運用環境にデプロイされます。配信結果は慎重にチェックされ、多くの人がライブ検索や閲覧を行って、パートナーのリストが実際に期待通りに表示されるかどうかを確認します。最後に、サービス機能停止は終了したと宣言され、パートナーチームはパートナーに通知する最新情報の草案を作成します。

 この時点で機能停止は解消されました。

　Samはチームをまとめ、今回の障害について確認し、今後このような障害を回避し、今回よりも迅速に発見できるようにするために、いくつかのフォローアップバグを提出します。チームはシステム全体の再構築を検討し、用途や制約がわずかに異なる全てのデータのコピーを2つ持つという問題を解消できるようにしますが、両方のシステムを統一した場合の性能目標を達成する方法について、まだ良い考えがないと判断します。

　データ抽出、データコピー、データ結合の成功の監視に関連する一連のバグが報告されています。最大の問題は、「何行のデータをマージすべきか」という質問に対する適切な情報源がないことです。この障害はログのクラス全体で発生し、チームはすぐに「マージされたログ行はゼロより大きくなければならない」という警告を追加できました。しかし、調査中に、それほど致命的でない一連の失敗も見つかり、それらを見つけるには、パートナーごとにマージされるログの予想数

と、実際にマージされた数を知る必要がありました。

データ抽出チームは、パートナーごとのマージされたログ行数を1日ごとに保存し、今日の成功件数を過去 n 日間の末尾平均と比較するという戦略に落ち着きました。これは、パートナー製品の売上が安定しているときには比較的うまくいきますが、人気が大きく変化したときにはノイズになるかもしれません。

2年経った今でも、この警告戦略は、不必要なノイズを排除して実装することに課題があるため、未実装のままです。この戦略は良いアイデアかもしれませんが、ダイナミックな小売環境を考慮すると、実行不可能であることが判明しています。チームは、致命的なケースを除いて、この種のログ抽出と結合の失敗をエンドツーエンドで迅速に検出する方法をまだ見つけていません。しかし、数ヶ月前に導入したヒューリスティックな仕組み、つまりパートナー構成に関連する変更があった場合にフックが作動して、エンジニアに障害の可能性を通知する仕組みは、少なくともそのような変更が障害の引き金になる可能性があるという認識を高める効果がありました。

11.4.2.1　事例2における ML 障害対応の段階

この障害が通過した特徴的な段階の多くは、他の分散システム障害と類似しています。ただし、この障害には顕著な違いがあり、ここでの文脈やニュアンスを伴う違いを確認する最良の方法は、パートナー訓練の機能停止を実際に見て、各セクションで発生する ML の顕著な特徴を確認することです。

障害発生前

問題のほとんどは、システムの構造に既に潜在していました。信頼できる2つのデータのソースを備えたシステムがあり、一方は他方の抽出バージョンであり、徐々に増加する抽出が定期的に適用されます。ML システムは、データとメタデータの問題が原因で失敗することがほとんどです。「11.5　ML 障害管理の原則」で、データと ML を組み合わせてシステム全体の機能停止を観察および診断するための戦術について詳しく説明します。

トリガー

データスキーマが変更されました。問題を観測した場所から非常に離れた場所で変更されたため、明らかに特定が困難になりました。この障害について考えることは、処理スタック全体を通してデータについて行った仮定を特定する方法として重要です。そのような前提条件と、それが実装されている場所を特定できれば、その変更によってダメージを受けるようなデータ処理システムを作ることを避けられます。この場合、メインの特徴量ストアのスキーマを変更することは、その特徴量ストアの全てのダウンストリームユーザーに通知しなければやってはいけないことでした。明示的なデータスキーマのバージョニングは、この結果を達成する1つの方法です。

障害発生

機能停止は、データを処理する内部システムが、もはやその構造と整合しない方法でデータ

を処理する別の内部システムを使用するときに始まります。これは、大規模な分散パイプラインシステムに共通する危険です。

検出

MLシステムは、エンドユーザーによって最初に発見される形で故障することがよくあります。この点での課題の1つは、MLシステムが通常の運用下でも失敗したり、期待通りに機能していないと非難されることが多くあります。そのため、ユーザーや顧客の不満を無視することが合理的に思えるかもしれません。推薦システムが以前と同じ品質の推薦をしていなかったということです。MLシステムの監視では、高レベルでエンドツーエンドのおおざっぱな全体像を念頭に置くことが特に役立ちます。中心的な疑問は、過去短期間でモデルの予測内容が大幅に変更されたかどうかということです。この種のエンドツーエンドの品質の指標は、実装から完全に独立しており、モデルに大きなダメージを与えるようなあらゆる種類の障害を検出します。課題は、偽陽性があまり発生しないようにシグナルをフィルタリングすることです。

トラブルシューティング

Samは、複数のチームと協力して、障害の範囲と潜在的な原因を理解する必要があります。この組織には、商用および製品担当者（パートナーチーム）、モデルを構築するMLエンジニア、特徴量ストアやログストアからデータを取り出し、パートナーモデルの訓練環境に送信するデータ抽出エンジニア、そして全体の取り組みを調整するSamのような運用エンジニアがいます。MLの機能停止のトラブルシューティングは、データからではなく、外の世界から始めなければなりません。私たちのモデルは何を言っているのか、そしてそれはなぜ間違っているのか。データは**非常にたくさん**あるので、「ただデータに目を通す」あるいは「データの集計分析をする」ことから始めるのは、長く実りのない探索になる可能性が高いのです。モデルが変化した、あるいは問題のある行動から始めれば、なぜそのモデルが今そのような行動をとっているのかを逆算するのはずっと簡単になります。

軽減策

一部のサービスでは、修正プログラムが準備されている間、古いバージョンのソフトウェアをリストアすることが可能です。この場合、新機能に依存しているユーザーには不都合が生じますが、それ以外のユーザーには影響がありません。

MLの機能停止は、古いバージョンのモデルを復元することでしか軽減できないことがあります。なぜなら、MLの仕事はコンピュータシステムが世界に適応するのを助けることであり、かつての世界のスナップショットを復元する方法はないからです。

さらに、新しいモデルを迅速に訓練するには、多くの場合、利用できる以上のコンピューティング能力が必要です。パートナーモデルの障害でもそうでしたが、コストをかけずに迅速な軽減策は存在しません。どの軽減策が最良の選択肢かを判断するためには、最終的に、パートナー、ユーザー、ビジネスに最も精通した製品およびビジネスの担当者が決断を下す

必要がありました。このようにビジネスリーダーに代わって現場で意思決定されることは、ML 以外のサービスでも時々行われますが、ML のサービスではより頻繁に行われます。ビジネスの重要な部分を ML に依存するほとんどの組織は、ビジネスを理解するテクニカルリーダーとテクノロジーを理解するビジネスリーダーを育成する必要があります。

解決策

Sam は、パートナー訓練システムのデータが正しいことを確認します（少なくとも全体として、そして抜き打ちチェックで、それが良さそうであることが確認されているようです）。新しいモデルが訓練されます。新しいモデルが問題を「解決」したかどうかを判断する簡単な方法はありません。私たちがこの問題の解決に取り組んでいる間も、世界は変化し続けています。そのため、以前は人気があった商品でも、今はあまり流行っていないものもあるかもしれません。無視されていた製品が、ユーザーによって発見されたかもしれません。集計指標を見ることで、以前と同じような割合でパートナー製品を推薦しているかどうかを確認できますが、それは同一ではないでしょう。場合によっては、事前に用意された結果に対して「正しい」推薦セットを生成できるかどうかを確認するために、ここでゴールデンセットのクエリを使用することがあります。これは、信頼性をいくらか高めることができますが、ユーザーが検索するものを代表するように、このゴールデンセットのクエリを継続的に調整したいという新たな問題が追加されます。ある解決策を一度講じて、長期間にわたって安定した結果が得られるとは限りません[6]。

フォローアップ

障害後の作業は常に困難です。まず、直接の知識を持っている人たちは疲れていますし、この時点で他の仕事をしばらくおろそかにしていたかもしれません。私たちは既に機能停止の代償を支払っているのですから、それに見合う価値を得た方が良いでしょう。監視バグは通常障害発生後のフォローアップに含まれますが、ML ベースのシステムにおいては、バグが（場合によっては何年も）放置されることは信じられないほどよくあることです。理由は比較的単純で、実データや実モデルを高シグナル、低ノイズで監視することは非常に難しいからです。過度に敏感なものは常に警告を発します。しかし、検出範囲が広すぎると、サービスのサブセットの完全な機能停止を見逃してしまいます。このような問題は、ほとんどの分散システムに存在しますが、ML システムにおいて特徴的な現象です。

---

[6] 障害対応には 2 つの有用な概念があります。**復旧時点目標（RPO）** とは、障害から復旧した後、システムを完全に機能するように復旧できる時点のことで、理想的には障害の直前です。**復旧時間目標（RTO）** は、システムを障害から機能回復させるのにかかる時間です。ML システムには確かに RTO があります。モデルの再訓練、古いバージョンのコピー、これらには時間がかかります。しかし問題は、ほとんどの ML システムには RPO という概念がないことです。システムは既存の入力を使って完全に「過去」の状態で実行されることがありますが、ほとんどの場合、ML システムは世界の現在の変化に私たちの反応を適応させるために存在します。そのため、重要な RPO は、常に変化する「今」の値に対する「今」だけです。「数分前」に訓練されたモデルは、「今」に対しては十分かもしれませんが、そうでないかもしれません。このことにより、解決策を考えることは非常に複雑になります。

今回の機能停止は技術的に複雑で、その現れ方もやや微妙なものでしたが、MLでの機能停止の多くは原因が非常に単純であるにもかかわらず、関連付けるのが難しい形で現れます。

11.4.3　事例3：新しいサプライヤーを探すべきである

YarnItではビジネスのいくつかの側面についてのモデルを持っています。特に推奨モデルには、重要なシグナルである購入履歴があります。簡単に言うと、ユーザーがその商品を購入する傾向にあるブラウジングの内容ごとに、その商品を推薦します。これは、ユーザーはより早く購入したい商品を見つけることができ、YarnItはより早くより多くの商品を販売することができ、双方にメリットがあります。

Gabiは、発見モデリングシステムに取り組む運用エンジニアです。珍しく快適な夏の日、Gabiは長引いている設定のクリーンアップに取り組んでおり、他部門からの要求に対応しています。カスタマーサポート担当者は、過去数週間ウェブサイト上のフィードバックのテーマを追跡しており、その推薦事項が「奇妙だ」というメモを送ってきました。一部の顧客によるこのような主観的な印象は、通常、具体的なアクションを起こすのが非常に困難ですが、Gabiはこのリクエストを「保留中のフォローアップ」セクションにファイルし、後でフォローアップすることにします。

ネタバレはありません。現時点では、障害検知の有無は断言できません。

さらに、Gabiは送られてくるリクエストの中から、異常な問題報告を発見します。ウェブサイトの決済チームがGabiに、財務部門が収益の大幅な減少を報告していると伝えます。過去1ヶ月間、サイトの収益が3％減少しています。しかし、さらに調査を進めると、先週と4週間前では15％近くも減少していることが判明します。決済チームが決済処理インフラをチェックしたところ、顧客はこれまでと同じ割合でカートの代金を支払っていることがわかりました。しかし、カートの平均商品数が以前より少なくなっており、特に推薦から商品を購入する人が予想より少なくなっているとのことです。そのため、決済チームはGabiに連絡をとりました。これほど大きな数字を見て、Gabiは障害を宣言します。

障害が検出され、宣言されました。

Gabiは財務チームに、過去数週間の「今週対4週間前」の比較を再確認するよう依頼し、さらに過去数週間の収益のより詳細なタイムラインを求めました。最後に、Gabiは利用可能な製品、カテゴリ、またはパートナーの内訳があれば教えてほしいと頼みます。次に、Gabiは決済チームに対し、カートに追加された推薦事項の数値を確認し、可能な限り内訳を提供するよう依頼しま

す。特に、カートに追加された推薦商品の数が他のカートより少なかったり、最近カートの種類が変わったりしていないかを確認するように頼みます。

一方、Gabi はアプリケーションの集計指標を見始め、いくつかの基本的な疑問点を理解しようとします。推薦は表示されてるか、過去と同じ頻度で、過去と同じ全てのクエリ、ユーザー、商品に対して、ユーザーの母集団間で同じ割合で推薦を表示しているか、推薦から通常と同じ割合で売上を生み出しているか、推薦について明らかに異なる点はあるか、などの疑問点に関してです。

Gabi はまた、最近推薦スタックで何が変わったかに特に注目し、通常の運用調査を開始します。結果は、明らかな犯人を見つけるには期待できなそうでした。推薦モデルと、モデルを訓練するためのバイナリは、過去6週間変わっていません。もちろん、モデルのデータは毎日更新されているので、それを見ることはできます。しかし、特徴量ストアのデータスキーマはここ数ヶ月変わっていません。

Gabi はトラブルシューティングを続ける必要がありますが、この問題について支援を求めた財務チームと決済チームに簡単なメッセージを作成するのに時間がとられています。Gabi は、これまでにわかっていることを確認します。推薦システムは実行されて結果が生成されており、最近の変更は見つかりませんでしたが、結果の品質は検証されていません。Gabi は、各部門に、まだ行っていなければ責任者に報告するよう注意を促します。会社が損失していると思われる金額を考慮すると、これは妥当な行動です。

ソフトウェア、モデリング、データ更新のどれをとっても、機能停止との関連は明らかではないため、Gabi は推薦モデルそのものを調査するときが来たと判断します。Gabi はモデルを構築した Imani に助けを求めるメッセージを送ります。Gabi が Imani にこれまででわかっていること（購入された商品の数、チェックアウトごとに購入された推薦の数、システムの変更なし）を説明しているとき、カスタマーサポートからのメモが Gabi の頭に浮かびました。顧客が「奇妙な」推薦について苦情を言っていたのは、時系列が一致していれば、確かに関連性があるように思えます。

カスタマーサポート担当者によると、最初の散発的な苦情は3週間以上前からあったそうですが、ここ1週間は特にひどくなっているとのことでした。Imani は、これは調査する価値があるかもしれないと考え、Gabi に推薦システムの基本的な指標のトレンドを知るのに十分なデータを取得するよう依頼します。ブラウズページごとの推薦数、全ての推薦の「期待値」（顧客が推薦された商品を購入する確率×購入価格）と「観測値」（最終的に購入された推薦された商品の合計金額）の1時間ごとの平均差などです。Imani は、推薦システムの反復可能なテストとして使用するために、最近の顧客クエリと商品結果のコピーを取得します。推薦システムは、ユーザーが行ったクエリ、ユーザーが今見ているページ、そして購入履歴（もしわかれば）を使って推薦を行うので、これは Imani が推薦モデルに直接クエリするために必要な情報です。

もっと詳しい情報がなければ、Imani がこのようなことをすることで、YarnIt が顧客のプライバシーを侵害したのではないかと心配せざるを得ません。検索クエリには、ユーザーの IP アドレスなどの保護された情報が含まれている可能性があり、検索クエリの集合には、特定のユーザーについて相互に関連付けると、さらに多くの個人情報が明らかになってしまうという

追加の問題が含まれています[†7]。Imani は間違いなく YarnIt 社のプライバシーやデータ保護の専門家に相談すべきでしたし、もっと言えば、このようなミスを犯すようなクエリに直接、監視されずにアクセスすることさえすべきではなかったのです。

Imani は、約 10 万件のクエリとページビューを抽出し、推薦モデルと比較できるテスト環境を構築しました。システムによるテスト実行の後、Imani は全ての結果に対する推薦を用意し、モデル自体の修正や修正が必要な場合に将来の実行と比較できるように、実行全体のコピーを保存しています。

Gabi が戻ってきて、興味深いことを報告します。ちょうど 3 週間前、1 ページあたりの推薦数が徐々に減少しました。1 週間では、各推薦の期待値と観測値の差は少ししか減少しませんでした。2 週間前までには、推薦数はこれまでの 50 % 弱で頭打ちになりました。しかしその後、推薦の値が期待値に比べて大きく下がり始めました。その下落は先週まで続きました。2 週間前、推薦の観測値は期待値の 40 % という低い値に達しました。さらに奇妙なことに、1 週間前から推薦値の期待値と観測値のギャップが縮まり始めました。同時に推薦値の表示数が再び減少し始めたため、現在では推薦値はほとんど表示されていないようですが、表示されている推薦値は比較的正確に評価されているようです。何かが間違いなく間違っており、それがモデルのせいであるように見え始めていますが、この一連の事実から明確な診断が下されているわけではありません。**図 11-1**は、この一連の経時変化をグラフで表したものです。

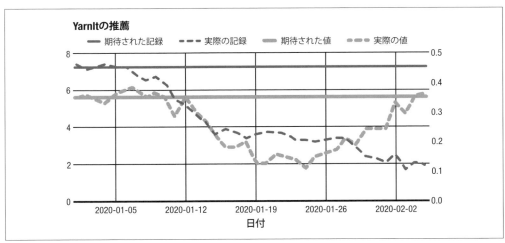

図 11-1　障害期間中に変化する、期待される推奨件数と表示された推奨件数、およびそれらの平均期待値

[†7] IP アドレスは、おそらく多くの法域において個人情報または個人を特定できる情報であるため、注意が必要です。このことは、システムエンジニアやオペレータ、特に法的ガバナンスの枠組みが緩い国で働く人々には必ずしも広く理解されていません。さらに、同じユーザーに関連付けられる検索クエリは、クエリの組み合わせによって個人情報を明らかにします。有名なところでは、Wikipedia の「AOL search log release」(https://oreil.ly/U2bCP) を参照してください。

Imani は、仮説を検証するための QA 環境の構築を続けています。直感で Gabi と Imani は、1 ヶ月前（問題の証拠が見つかる前）から別の 100,000 件のクエリとページビューを取得し、さらに過去 6 週間の毎週のモデルのスナップショットを取得しました。モデルは毎日再訓練されるため、モデルの構成は毎日全く同じであっても、モデルはユーザーが前日に行ったことから毎日学習します。Imani は、各モデルに対して新旧のクエリを実行し、何が情報が得られるかを確認する予定です。

Gabi はまず、今日のクエリと 1 ヶ月前のモデルを比較するクイックテストを要求します。もしそれがうまくいけば、トラブルシューティングを続けながら、素早く軽減策を講じることができます。Gabi は収益損失の問題をできるだけ早く解決することに集中します。Imani はテストを実行しますが、結果はそれほど期待できるものではなく、評価も困難です。旧モデルは新モデルとは異なる推薦を行い、その数はわずかに多いようです。しかし、古いモデルは、今日のクエリに対して、1 ヶ月前のクエリに対して行った推薦よりもまだ少ない推薦しか行っていません。

もう少し具体的な材料がないと、Gabi はモデルを古いものに変更するだけで効果が出るとは考えません。現在のモデルよりも収益に大きなダメージを与える可能性さえあります。Gabi は推薦システムを現状のままにすることにしました。財務および決済担当者に、トラブルシューティングの現在の状況について別のメモを送るときが来ました。決済担当者と財務担当者はどちらも、何が起こっているのかについて上司がさらに多くの情報を求めていると報告します。Gabi の同僚 Yao は調査の過程を追いかけており、推薦システムに詳しい人物で、コミュニケーション担当として起用されました。Yao は、これまでに判明している通り、州との共有文書を速やかに作成し、詳細については特定のダッシュボードとレポートにリンクします。Yao はまた、社内の上級幹部に大規模な通知を送り、機能停止と現在の調査状況を知らせました。

Imani と Gabi は、古いモデルと新しいモデルに対する新旧のクエリの実行を全て終えました。結果はペアごとに異なりますが、違いを説明できるような大まかに体系的な目立った点はなく、一般的な指標は前述の奇妙なパターンと一致します。Imani は、モデルのことを少し忘れて、代わりにクエリとページビュー自体に焦点を当てることにしました。Imani は、モデル自体に問題があるのではなく、モデルがユーザー行動の変化に対処する能力に問題があるのではないかと考え、この 1 ヶ月間でどのように変化したかを把握したいと考えます。

Imani はクエリを抜き打ちチェックしますが、2 つのバッチのそれぞれに 100,000 のクエリがあり、それらについて大幅に異なる可能性があるものは明確ではありません。一方 Gabi は、2 つのレポートを作成します。1 つ目は、顧客が最終的に表示される製品ページに到達するために使用した検索クエリのみを調べたものです。それには、Gabi は検索クエリをトークン化し、各単語の出現数をカウントします。それが実行されている間、Gabi は顧客が最終的にアクセスした製品ページを取得し、（別のチームが構築した）製品オントロジーに従って、それぞれを大きなカテゴリ（糸、パターン、針、アクセサリー、ギア）に割り当て、さらにその中のサブカテゴリに割り当てます。Gabi はこの 2 組のレポートを並べて、4 週間前と今日のユーザーの行動の最大の違いを探します。

その結果は驚くほど明らかです。4 週間前と比較して、ユーザーが求める商品は大きく変わって

きているのです。特に現在、軽量の糸、ベストや小物用のパターン、より小さなゲージの針が求められているのです。Imani と Gabi は結果を見て、問題が突然明白になったように感じました。4週間前に何が起こったのでしょうか。YarnIt の顧客の大部分が拠点を置く北半球は非常に暑くなりました。暑さが例年より早く到来したため、ほとんどの顧客の分厚い暖かいウールでの編み物への関心が大幅に低下しました。

しかし、それは推薦事項の減少を説明するものではなく、推薦事項のあり方が変化しただけであると Imani は指摘します。なぜウールではなく良質な麻や絹糸を推薦しないのかという疑問が残ります。Gabi は、このようなトラブルシューティング用に構築されたコマンドラインツールを使用して、推薦エンジンへのいくつかのクエリを手作業で実行し、あることに気づきました。推薦エンジンのテストインスタンスは、運用インスタンスよりも多くの詳細をログに記録するように設定されています。かなり高い頻度でログに記録されている点の1つは、多くの候補の推薦事項が在庫切れのためユーザーに表示されないということです。

Yao は、Imani と Gabi から最新情報を受け取り、共有ドキュメントの一部を更新し、会社がこの問題をどのように解決するつもりなのかを知るために、さらに多くのグループの人たちに情報を公開します。小売チームの誰かが多くの推薦品が在庫切れであるというメモを見て、Yao に、YarnIt が最近いくつかの重要なサプライヤーを失ったことを伝えました。最大手の1つである KnitPicking 社は、ファッショナブルな糸が人気のサプライヤーであり、その多くが軽量です。実際、KnitPicking 社は、その価格帯でその重量の糸を供給する最大のサプライヤーの1つでした。Yao は供給問題の発生時期の詳細を入手し、それをドキュメントに追加して、Gabi に報告します。

これは障害にとって興味深い状態です。根本的な原因である可能性は高いのですが、それを軽減したり解決したりする明らかな方法がないのです。

Imani と Gabi は、奇妙な推薦について確かな仮説を立てています。推薦システムは、良い推薦がないときにひどい推薦を表示しないように、表示する推薦ごとに期待値の最小閾値を設定しています。しかし、推薦の期待値が調整されるまでには時間がかかります。Imani は、ヘビーウェイトのウール糸を欲しがる人はほとんどいないことをシステムはすぐに理解したと結論づけています。しかし、一旦それが悪い推薦であると理解されると、システムが他の多くの商品を循環させるのに時間がかかり、最終的に、顧客が現在買いたいと思っている商品の在庫が本当に少ないという結論に達したのです。

Gabi、Imani、Yao の3人は、小売部門と財務部門の責任者とのミーティングを予定し、学んだことを話し合い、今後の進め方について方針を話し合います。奇妙なことに、現在は、推薦システムが現状に対してそこそこ良い対応をしているようです。ほとんどの顧客が今欲しいものがあまりないため、大体のページビューで、顧客にはほとんど商品を勧めません。収益の損失は、推薦システムによるものと同様に、供給問題によるものです。判明している事実を提示された小売部門の責任者は、調査結果を検証して確かめるようチームに求めますが、供給問題を解決することが最優

先であることに同意します。財務責任者はうなずき、今期の売上予測を大幅に引き下げにかかります。供給不足と天候が顧客の嗜好に影響を及ぼしていることを考えると、状況を改善できる推薦モデルの明らかな変更はありません。

この時点で、システムもモデルも変えないと決めたので、おそらく障害は終わったと思います。

翌日、チームは集まり、何が起こったのか、そこから何を学ぶことができるのかを検討します。以下は、提案されたフォローアップアクションの一部です。

- ページビューあたりの推薦数、推薦あたりの売上高、時間あたりの全推薦期待値と実際の売上高とのギャップのパーセンテージを監視し、グラフ化します。
- （在庫切れ、法的規制など、何らかの理由で）候補商品が入手不可能になる率が高いことを監視し、警告します。理想的にはサプライチェーンや在庫管理チームの責任になりますが、シグナル性の高い方法が見つかれば、在庫レベルを直接監視することも検討できます。ここで注意しなければならないのは、将来の自分たちに過度な警告で負担をかけないように、他のチームの仕事の監視を広げすぎないことです。クエリのトピックや分布の重要なシフトを検出できるかもしれないので、ユーザーのクエリ行動を集約して直接監視することも考えるべきです。このような監視は、一般的にグラフ化には適していますが、警告には適していません。最後に、カスタマーサポートチームともっと緊密に連携して、このようなユーザーレポートを調査するツールを提供できます。もしサポートチームがクエリレプリケーター、アナライザー、ロガーを持っていれば、「顧客が奇妙な推薦を受けたと言っている」よりもかなり詳細なレポートを作成できたかもしれません。このような「他のチームがより効果的になるように力を与える」努力は、しばしば純粋な自動化よりもはるかに大きな成果を生みます。
- モデルをより迅速に調整する方法を検討します。正しい推薦動作に収束するのに何日もかかるのは妥当ではありません。モデルの全体的な安定性は価値があると認識されてきましたが、今回のケースでは、結局何日もユーザーに悪い推薦を表示することになり、運用チームがモデルの問題をトラブルシューティングするのが難しくなりました。Imani はモデルを過度に不安定にすることなく、新しい状況への対応力を向上させる方法を見つけたいと考えています。
- これを、適切な推薦事項がない場合にモデルが何をすべきかを考える機会として扱う必要があります。これは基本的に、ML エンジニアリングの問題ではなく、製品とビジネスの問題です。モデルに示してほしい動作と、この状況下でユーザーにどのような推薦事項を提示する必要があるかを理解する必要があります。高いレベルでは、顧客が最も望んでいる製品がない場合でも、適正な利益率で収益を上げ続けたいと考えられます。それを実現するための

商品推薦戦略を特定する方法があるかどうかを判断するのは難しい問題です。

● 最後に、このような状況のトラブルシューティングを容易にするために、ML システムの外部データの一部を常に利用できるようにする必要があることは明らかです。特に、運用エンジニアは、製品カタログ内の製品カテゴリ別、地域別、および製品を閲覧しているユーザーの元のソース（検索結果、推薦事項、またはホームページ）別に集計された収益結果を把握している必要があります。

これらのフォローアップの多くは非常に野心的なものであり、合理的な時間では完了しそうにありません。ただし、それらの中にはかなり迅速に実行できるものもあり、将来的にはこのような問題に対するシステムの回復力が高まるはずです。いつものことですが、適切なバランスを見つけ出し、それらを実装する際のトレードオフを理解することは、まさに適切なフォローアップ技術ですが、問題のトラブルシューティングを迅速化するものを優先する必要があります。

11.4.3.1　事例3におけるML障害対応の段階

この障害は前の2つの話とはやや異なる軌跡をたどりましたが、同じようなテーマが多く見受けられます。それらを繰り返すよりも、この機能停止から学べる追加的な教訓に焦点を当ててみましょう。

障害発生前

システムのアーキテクチャや実装に明らかな重大な障害がこの機能停止につながったわけではありませんが、これは興味深いことです。機能停止の進行を別の方法で、ユーザーにとってよりスムーズになる選択をすることもできたのは間違いありません。しかし、最終的には、在庫がない製品を推薦することはできず、売上は減少することになります。このような状況（在庫問題と組み合わされた需要の急激な変化）の下で、より適切な推薦事項を生成できるモデルが存在する可能性がありますが、それは障害の回避というよりも、継続的なモデルの改善に当てはまります。

トリガー

天候が変わり、サプライヤーがいなくなりました。これは直接的に検出するのは難しいイベントの組み合わせですが、監視の努力をいくつか組み合わせることで確実に検知できるはずです。

機能停止開始

この事例ではある意味、機能停止はありません。それがこの事件の最も興味深い点です。機能停止は、誤った結果をもたらすシステムの障害であると理解できます。「奇妙な推薦」期間を機能停止と表現するのが適切ですが、主な影響はおそらくユーザーに少し迷惑をかけることだったため、最小限のコストで済みました。しかし、収益の損失は推薦モデルが原因ではなく、推薦モデルによって防ぐこともできませんでした。同様に、天候が変わるか、軽量

の糸を新たに調達するまで、機能停止は終了しません。

検出

機能停止の最も初期の兆候は、奇妙な推薦事項に関する顧客からの苦情でした。これはおそらく信頼できない種類のノイズの多い信号ですが、前述したように、サポートチームがより詳細に問題を報告できるように、より優れたツールを入手できます。あまり明白ではない他の信号は、検出に使用できる精度が高かった可能性がありますが、それらを解明することもデータサイエンスの問題と考えられます。

トラブルシューティング

この機能停止の調査プロセスには、多くの ML を中心とした機能停止調査の特徴のいくつかが含まれています。特定のモデル（またはモデルのセットやモデリングインフラ）の詳細な調査と、私たちを取り巻く世界の変化に関する広範な調査が組み合わされています。もし Sam が財務チームから収益の詳細なタイムラインについてフォローアップしていたら、調査はもっと迅速に進んだかもしれません。製品別、カテゴリ別、あるいはパートナー別の収益変化の内訳があれば、消費者行動の急激な変化と、（ニットピッキングの製品在庫が少なくなったことによる）ニットピッキングの売上の急上昇と急降下を組み合わせることができたはずです。機能停止を明確にするためには、ある一部分を注意深く見るよりも、状況全体をより広く見ることが重要であることを忘れてはなりません。

軽減策と解決策

明らかな軽減策がない機能停止もあります。これは非常に残念なことですが、場合によっては、システムを以前の性質に簡単に復元する方法が存在しないことがあります。さらに、中核的な機能停止を実際に解決し、収益を軌道に戻す唯一の方法は、ユーザーの要望を変更するか、販売可能な製品を修正することです。チームが考慮していなかった点の 1 つは、おそらくモデルのトラブルシューティングと機能停止の ML 部分の解決に重点を置いていたこともあり、機能停止を軽減する他の非 ML 方法があった可能性があることです。もし、システムが在庫切れの推薦事項を表示し、それらの（または類似の）製品が入手可能になったときに通知するよう顧客に促していたらどうなったでしょうか。その場合、時間を前倒しすることで収益の損失の一部を回避でき、顧客に提供される奇妙な推薦事項も削減できたかもしれません。場合によっては、軽減策がシステムの外で見つかることもあります。

フォローアップ

多くの場合、ML を中心とした障害からのフォローアップは、「問題を解決する」というよりも、「モデルの性能を向上させる」といったフェーズに発展します。障害後のフォローアップは、ML に関連しないシステムや障害であっても、長期的なプロジェクトに発展することが多くあります。しかし、「修正」と「継続的なモデル改善」の境界は、ML システムでは特に曖昧です。推薦事項の 1 つは、まずモデル改善プロセスを明確に定義することです。現在進行中の取り組みを追跡し、モデル品質改善の指針となる指標を定義します。障害が発生し

たら、障害から入力を得て、既存のモデルの改善作業を追加、更新、または再優先順位付けします。この詳細は、5章を参照してください。

これらの3つの事例は、詳細が異なるとはいえ、ML障害に共通するパターンを、その検知、トラブルシューティング、軽減策、解決策、そして最終的には障害発生後のフォローアップ対応において示しています。これらを念頭に置きつつ、分散コンピューティングシステムでの他の障害とは異なる点を理解するために、状況を広い視野で捉えることが有用です。

11.5　ML障害管理の原則

これらの事例はそれぞれ特殊なものですが、その教訓の多くは様々な事象にまたがって有用なものです。この節では、これらの事例の即時性から離れて、これらの事例やMLシステムの機能停止に関するその他の経験が、長期的に私たちに教えてくれることを抽出します。また、障害に備え、対応するための具体的な推薦事項のリストも提供します。

11.5.1　指針

ML障害全体に現れる3つの包括的なテーマは非常に一般的であるため、指針としてここに列挙します。

共通したテーマ

 MLの機能停止は、多くの場合、エンドユーザーによって最初に検知されるか、少なくともパイプラインの一番最後に検知されます。これは、MLモデルの性能（品質）の監視が難しいためでもあります。ある種の品質機能停止は、エンドユーザーには明らかですが、開発者、意思決定者、SRE（サイトリライアビリティエンジニア）には明らかではありません。典型的な例としては、100%の確率で少数のユーザーに影響を与えるものがあります。そのようなユーザーは当社のシステムから常にひどいフィードバックを受けていますが、たまたまそのようなユーザーだけのスライスを見ない限り、集計した指標はおそらく何も問題を示さないでしょう。

定義困難なテーマ

MLの停止は、影響と時間という2つの側面において、あまり明確に定義されていません。時間に関しては、ML障害の正確な開始と終了を決定することはしばしば困難です。追跡可能な発端となる事象は存在するかもしれませんが、決定的な因果関係の連鎖を確立することは現実的ではありません。MLシステムの特定の状態が、重大な機能停止なのか、それとも単に私たちが望むほど洗練されていない、あるいは効果的でないモデルなのかを確認するのは難しいかもしれません。このことを考える1つの方法として、最初は非常に基本的なものですが、いつかできるようになると期待されることの一部だけを実行することがあります。私たちの研究が効果的であれば、世界のモデル化方法についての理解を深め、モデルが使用

するデータを改善するにつれて、モデルは時間の経過とともに改良されていきます。しかし、モデルには「悪い」と「良い」の間の急激な変化はありません。あるのは「より良い」と「それほど良くない」だけです。「壊れている」と「もっと良くなるかもしれない」の境界線は、必ずしも簡単にわかるわけではありません。

無制限なテーマ

ML の機能停止のトラブルシューティングと解決策には、システムと組織の幅広い部分が関係します。これは、ML システムが非 ML システムよりも組織内の技術部門、製品部門、およびビジネス部門にまたがっている結果です。これは、ML の機能停止が他の機能停止よりも必ずしもコストが高くついたり重要であると言っているわけではありません。ただ、ML の機能停止を理解して修正するには、通常、より広い組織の範囲が必要になるというだけです。

この 3 つの大原則を念頭に置いて、この節の残りは役割別に構成されています。これまで述べてきたように、ML システムに携わる多くの人は複数の役割を担っています。読者がその仕事をする予定があろうとなかろうと、それぞれの役割の原則を読む価値はあります。役割ごとにレッスンを構成することで、その役割特有の視点や組織的な配置を引き出すことができます。

11.5.2　モデル開発者またはデータサイエンティスト

ML システムのパイプライン構築の初期に携わる人たちは、障害について考えたがらないことがあります。人によっては、それは難しい「オペレーション」の仕事のように思われ、むしろ避けたいことなのです。しかし、ML があるアプリケーションや組織で重要な役割を果たすことになれば、データ担当者やモデリング担当者は最終的に障害管理に関わることになります。その準備のためにできることはあります。

11.5.2.1　準備

事前にいくつかの具体的な対策を講じることで、組織の障害対応能力が大幅に向上します。具体的には以下のようなものがあります。

全てのモデルとデータの整理とバージョンアップ

これは、データおよびモデリングの担当者が、来るべき障害に備えるためにできる最も重要なステップです。可能であれば、全ての訓練データをバージョン管理された特徴量ストアに置き、全てのデータがどこから来たのか、どのコードまたはチームがその作成と分析に責任を持つのかを明記した明確なメタデータを付けます。特徴量ストアに入れたデータに対して変換を行うことになりますが、その変換を行うコードを追跡し、バージョン管理することが重要です。さらに、可能であれば、全ての訓練実行の中間成果物もメタデータシステムに保存する必要があります。最後に、モデルの履歴バージョンをすぐに提供できる形式で保存しておくと便利です。おわかりのように、これらはモデルの品質が急速に低下し、原因不明と

なった場合に、迅速に軽減するために非常に役立ちます。

許容できるフォールバックの指定

十分に機能するヒューリスティックな方法が既にある場合、最初の開始時に許容される
フォールバック（縮退運用）は「現在行っていること」になる可能性があります。推薦の場
合は、パーソナライゼーションがほとんど、あるいは全く行われず、「最も人気のある製品
を単に推薦するだけ」になる可能性があります。課題は、モデルが改善されるにつれて、以
前とのギャップが大きくなり、古いヒューリスティックな方法がフォールバックとして信頼
できなくなる可能性があることです。例えば、パーソナライズされた推薦事項が十分に優れ
ている場合、複数の（潜在的に非常に異なる）グループのユーザーをアプリケーションや
サイトに引き付け始める可能性があります[8]。もし「人気のあるものなら何でも」という誤っ
た推薦をすれば、サイトを利用する様々なサブグループごとに、本当にひどい推薦をするこ
とになるかもしれません。モデリングシステムに依存するようになった場合、次のステップ
は、モデルの複数のコピーを保存し、それらへのフォールバックを定期的にテストすること
です。これは、（例えば）初期モデル、新しいモデル、古いモデルなど、複数のバージョン
のモデルを同時に使用することで、実験プロセスに組み込めます。

有用な測定基準を決める

最も有用な最後の準備は、モデルの品質と性能の測定基準について慎重に考えることです。
モデルが機能しているかどうかを知る必要があり、モデル開発者はこれを決定するために使
用する目的関数のセットを持つことが賢明です。最終的には、モデルがうまく機能しなく
なったときに、そのモデルがどのように実装されているかとは無関係に、それを検出する一
連の評価指標が必要になります。これは見かけよりも難しいタスクですが、これに近づける
ことができれば、より良いことです。9章では、これらの評価指標の選択についてもう少し
詳しく述べています。

11.5.2.2　障害対応

モデル開発者とデータサイエンティストは、障害発生時に重要な役割を果たします。現在構築
されているモデルについて説明します。また、目前の問題の原因についての仮説を生成し検証し
ます。

その役割を果たすには、モデル担当者とデータ担当者が連絡をとりやすくする必要があります。
オンコールローテーションなどの組織的なスケジュールに基づいて、営業時間外に対応できるよう
にする必要があるということです。頻繁に寝床から起こされることを想定すべきではありません
が、もし起こされる状況が発生したら、それはなくてはならない仕組みとみなすことになるかもし
れません。

---

[8] もちろん、これらの様々な推薦事項は、モデルが不公平なバイアスを代理しているものを検出していることを意味する可能
性があり、モデルの設計者とオペレータは公平性評価ツールを使用してこのバイアスを定期的に探す必要があります。

最後に、障害対応や優先順位付けにおいて、モデルやデータ担当者は、カスタムデータ分析や、仮説検証のための現行モデルの亜種の生成を求められることがあります。また、ユーザーのプライバシーやその他の倫理原則を侵害するような要求があった場合には、それを阻止する準備も必要です。この考え方の詳細は「11.6.2　倫理的なオンコールエンジニア規約」を参照してください。

11.5.2.3　継続的な改善

モデル担当者とデータ担当者は、重要ではありますが最優先事項ではない、モデル品質評価のループを短縮することに取り組むべきです。詳細は 5 章で説明していますが、ここでの考え方は他のトラブルシューティングと似ています。つまり、変更とその変更の評価の間の遅延が短ければ短いほど、問題をより早く解決できるということです。このアプローチは、機能停止していないときでも、継続的なモデル開発に顕著なメリットをもたらします。これを行うには、必要な訓練の反復、ツール、指標を取得するための人員配置とマシンリソースを正当化する必要があります。コストはかかりますが、価値を生み出すために ML に投資しているのであれば、これはチームのこの部分にとって、数日間にわたる機能停止のリスクを最小限に抑えながらその価値を提供するための最良な方法の 1 つです。

11.5.3　ソフトウェアエンジニア

全ての組織ではありませんが、ML を機能させるためのシステムソフトウェアを実装し、パーツをつなぎ合わせ、データを移動させるソフトウェアエンジニアがいる組織もあります。この役割を担っているのが誰であれ、障害の対応がより良く進む可能性を大幅に高めることができます。

11.5.3.1　準備

データの取り扱いは、出所を明確にし、同じデータのバージョンをできるだけ少なくして、クリーンであるべきです。特に、同じデータの「現在の」コピーが複数存在する場合、モデルの品質低下や予期せぬエラーによってのみ検出される微妙なエラーが発生する可能性があります。データのバージョニングは明示的であるべきであり、データの出所は明確にラベル付けされ、発見可能であるべきです。

モデルとバイナリのロールアウトが分離可能であれば便利です。例えば、運用で推論を行うバイナリと、バイナリが読み取るモデルは、独立して運用環境にプッシュされ、その都度品質評価が行われるべきです。バイナリはモデル同様、品質に微妙な影響を与える可能性があるからです。ロールアウトが連動していると、トラブルシューティングが非常に難しくなります。

運用および訓練における機能の処理と使用は、可能な限り一貫している必要があります。最も一般的で基本的なエラーには、訓練と運用の間での特徴量の違い（**訓練と運用のスキュー〔歪み〕**と呼ばれる）があります。これには、特徴量の量子化における単純な違いや、特定の特徴内容の完全な変更さえも含まれます（例えば、収入だった特徴量が郵便番号になり、すぐに混乱が生じます）。

可能な限りツールを実装または開発します（テスト開発は専門のテストエンジニアによって行われる場合もありますが、これは組織によって異なります）。モデルのロールアウトとモデルのロー

ルバック、およびバイナリのロールアウトとロールバックのためのツールが必要になります。全ての環境でデータのバージョンを表示する（メタデータから読み取る）ツールと、カスタマーサポート担当者や運用エンジニア（SRE たち）がトラブルシューティングの目的でデータを直接読み取るためのツールが必要です（プライバシーとデータの完全性を保証するために、適切なロギングと監査証跡も必要です）。可能であれば、フレームワークと環境に既に存在するツールを見つけてください。ただし、少なくともいくつかは実装するように計画してください。機能するツールが多ければ多いほど、障害発生時のソフトウェアエンジニアの負担は軽減されます。

11.5.3.2　障害対応

ソフトウェアエンジニアは障害時に自主的に判断して対応するべきですが、きちんと仕事をしていれば、警告を受けるのはまれなはずです。ソフトウェア障害は、モデルサーバー、データ同期器、データバージョン管理システム、モデル学習器、モデル学習オーケストレーションソフトウェア、特徴量ストアで発生します。しかし、システムがより成熟していくにつれて、データシステム（特徴量ストアストア）、データパイプライン（訓練）、分析システム（モデル品質）、運用システム（運用）という、うまく管理できるいくつかの大きなシステムとして扱うことができるようになるでしょう。これらのそれぞれは、ML でない問題よりも ML の方がわずかに難しいだけなので、これをうまくこなすソフトウェアエンジニアの運用時の責任は、非常に低くなるかもしれません。

11.5.3.3　継続的な改善

ソフトウェアエンジニアは、ソフトウェアに何が欠けているのか、どのように改善する必要があるのかを理解するために、モデル開発者、SRE や運用エンジニア、カスタマーサポートと定期的に連携する必要があります。最も一般的な改善点は、データの大きな変動に対する回復力の強化や、より効果的な監視のためのソフトウェア状態の慎重なエクスポートに関するものです。

11.5.4　ML の SRE もしくは運用エンジニア

ML システムは誰かによって運用されています。大規模な組織では、運用エンジニアや SRE（サイトリライアビリティエンジニア）の専門チームが、運用環境稼働中のシステム管理に責任を持つかもしれません。

11.5.4.1　準備

運用チームには、障害が発生したときに対応できるよう、十分な余裕を持った人員を配置する必要があります。多くの運用チームは、自動化から計測に至るまで、様々なプロジェクトを抱えています。このようなプロジェクト作業は楽しいものであり、多くの場合、システムの永続的な改善につながりますが、優先順位が高く、期限が重視されている場合は、障害発生時やその後に常に問題が生じます。プロジェクトの作業を効率的に実行したい場合は、余力が必要です。

訓練や練習も必要でしょう。システムが成熟すれば、大規模な障害は頻繁に発生しなくなるかもしれません。オンコール担当者が障害管理プロセスそのものだけでなく、トラブルシューティング

のツールやテクニックも使いこなせるようになる唯一の方法は、練習することです。優れた文書とツールは役に立ちますが、オンコール担当者が文書を理解できなかったり、ダッシュボードを見つけられなかったりしては意味がありません。システムによっては、この練習のための定期的な機会を提供するほどダイナミックなものもあります（これは、私たちのシステムの一部がかなり頻繁に壊れていることを示す丁寧な言い方です）。このような場合、チームは、障害が発生したときに、障害管理責任者の役割を定期的に共有するようにしてください。そうでないシステムの場合は、営業時間中に定期的に、意図的に、小さな破損をスケジュールすることが、1つの良いアプローチです[9]。

運用チームは、システムのアーキテクチャレビューを定期的に実施して、考えられる最大の弱点を検討し、それに対処する必要があります。これらは、不必要なデータのコピー、手動手順、単一障害点、または簡単にロールバックできない状態を持つシステムである可能性があります。

監視とダッシュボードの設定は、それ自体がトピックであり、9章で詳しく説明しています。今のところ、分散スループットパイプラインの監視は非常に困難であることに注意すべきです。進捗は単一の値（まだ読み込んでいる最も古いデータ、読み込んだ最新のデータ、訓練の速度、読み込むべきデータの残り量）には還元できないため、パイプライン内のデータ分布の変化に基づいて決定を下す必要があります。

SLO（サービスレベル目標）を設定し、それを守る必要があります。前述したように、私たちのシステムは、「やや良い」および「やや悪い」という軸に沿って、様々な側面の性能が変動する複雑な方法で動作します。閾値を選択するには、まず追跡するSLI（サービスレベル指標）を定義する必要があります。MLでは、これらは通常、データまたはモデルのスライス（サブセット）です。次に、それらの性能の指標を選択します。これらの指標は時間の経過とともに変化するため、データが正規分布している場合は、中央値からの距離に基づいて閾値を選択できます[10]。あまり頻繁ではなく、定期的に更新する場合、長期的な傾向を無視しながらも、大きな変化に敏感な状態を維持できます。これにより、数週間または数ヶ月かけてゆっくりと発生する機能停止を見逃す可能性がありますが、過敏になりすぎることはありません。

運用エンジニアチームは、自分たちが携わっているビジネスについて学ぶべきです。これは補助的に思えますが、そうではありません。うまく機能するMLシステムは、それを導入する組織に違いをもたらします。障害対応を主導するために、SREや運用エンジニアはビジネスにとって何が重要で、MLがそれとどのように相互作用するかを理解すべきです。MLシステムは予測を立てる、不正行為を避ける、顧客をつなぎとめる、書籍を薦める、コストを削減するなどのタスクを行います。それはどのように、なぜ行われるのでしょうか。組織が達成しようとしている具体的な目標は何でしょうか。あるいはもっと基本的なこととして、組織はどのように構成されているのでしょうか。（十分に大きな組織の場合）組織図はどこにあるのでしょうか。このような質問に前

---

[9] このトピックについては、Casey Rosenthal と Nora Jones による『カオスエンジニアリング』（オライリー・ジャパン、2022年）を参照してください。

[10] これをカバーする統計や、閾値を設定するテクニックは、Mike Julian の『入門 監視』（オライリー・ジャパン、2019年）の特に4章でよくカバーされています。

もって答えておくことで、運用エンジニアは、優先順位を付け、トラブルシューティングを行い、ML機能停止を軽減するという必要な作業に備えることができます。

　最後に、障害と宣言するには、できるだけ多くの客観的な基準が必要です。障害の最も困難な段階は、それが宣言される前です。多くの人が不安を感じています。物事がうまくいっていないことを示す証拠が、広範囲にわたってバラバラに存在しています。しかし、誰かが障害を宣言し、障害管理の正式な機構が稼働するまで、障害を直接管理することはできません。事前に決定するガイドラインが明確であればあるほど、混乱する期間は短くなります。

11.5.4.2　障害対応

　一歩下がってシステム全体を見てください。MLが機能停止するのは、それが顕在化したシステムや評価指標が原因であることは滅多にありません。収益の悪化は、（システム全体の反対側にある）データの欠落によって引き起こされる可能性があります。運用のクラッシュは、訓練でのモデル設定の変更や、訓練と運用をつなぐ同期システムのエラーによって引き起こされることがあります。また、これまで見てきたように、私たちを取り巻く世界の変化自体が影響の原因となることもあります。これは、運用エンジニアが通常採用するやり方とはかなり異なりますが、MLシステムの機能停止には必要です。

　運用リーダーやビジネス意思決定者に対応する準備をしてください。MLが機能停止することは、技術チームだけの問題ではありません。物事がうまくいかない場合は、通常、売上や顧客満足度、つまりビジネスに影響を及ぼします。顧客やビジネスリーダーと接した経験が豊富であることは、運用エンジニアの典型的な要件ではありませんが、MLの運用エンジニアは、その要件をすぐに克服する傾向があります。

　障害処理の残りの部分は、通常のSRE、運用の障害処理であり、ほとんどの運用エンジニアはそれを得意としています。

11.5.4.3　継続的な改善

　MLの運用エンジニアは、どうすれば障害がより改善したかについて、多くのアイデアを集めます。これらのアイデアは、私たちがまだ行っていない問題を迅速に検出するための監視から、そもそも全機能停止を回避するためのシステム再構築まで、多岐にわたります。運用エンジニアの役割は、これらのアイデアに優先順位を付けることです。

　障害後のフォローアップ項目には、価値と実装のコストや実現可能性という2つの優先順位付けの側面があります。価値があり、かつ実施が容易な項目については、優先的に取り組むべきです。フォローアップ項目の多くは、「価値があると思われるが、実装するのが非常に難しい」というカテゴリに分類されます。これらは別のカテゴリであり、上級リーダーとともに定期的にレビューする必要がありますが、他の戦術的な仕事と並行して優先順位を付けるべきではありません。他の仕事の傍ら、これらの作業に取り組むことは決して意味がないからです。

11.5.5 運用マネージャーまたはビジネスリーダー

ビジネスリーダーや運用リーダーは、障害の追跡や追跡は自分たちの問題ではなく、むしろ技術チームの問題であると考えることがよくあります。最も限定的な範囲を除いて、一度 ML を環境に追加すると、ML に対する認識が重要になります。ビジネスおよび運用のリーダーは、ML の問題が現実世界に及ぼす影響について報告し、どの原因が最も可能性が高く、どの軽減策が最もコストがかからないかを提案できます。ML システムが重要である場合、ビジネスおよび運用のリーダーはそれらを考慮する必要があり、今後も考慮する必要があります。

11.5.5.1 準備

ビジネスおよび運用のリーダーは、可能な限り、組織や製品に導入されている ML テクノロジーについて、特にこれらのテクノロジーを責任を持って使用する必要性を含めて理解する必要があります。運用エンジニアがビジネスについて学ぶ必要があるのと同じように、ビジネスリーダーもテクノロジーについて学ぶ必要があります。

2 つの重要なことを知る必要があります。1 つ目は、システムがどのように機能するのか（どのようなデータを使ってどのような予測や分類を行うのか）、そして 2 つ目は、その限界は何かということです。ML システムにできることはたくさんありますが、（おそらくまだ）できないこともたくさんあります。何ができないかを知ることは、何をしようとしているかを知ることと同じくらい重要です。

ML の仕組みに基本的な関心を持っているビジネスおよび運用リーダーは、そうでない人よりも、重大障害時に驚くほど役に立ちます。また、投資する価値のある ML プロジェクトを選択するプロセスに直接参加できるようになります。

最後に、ビジネスリーダーは、組織が障害を処理する能力を備えていることを確認する必要があります。これは主に、組織が障害を管理できるレベルの人員を配置し、障害管理の訓練を行い、障害対応のための余裕を確保するために必要な予備の時間に投資していることを意味します。そうでない場合は、こうした投資のためのスペースを確保することがビジネスリーダーの仕事です。そうでなければ、より長く、より大きな機能停止が発生します。

11.5.5.2 障害対応

ビジネスリーダーは、緊急に連絡をとるためのオンコールローテーションやその他の緊急に連絡をとるための体系化された方法をほとんど持っていません。代わりに「ほとんどの場合、全員がほぼオンコール状態にあります」ということもあります。文化的に言えば、ビジネスリーダーは、自由に休暇がとれるようにするためにも、このようなオンコールローテーションを正式に行うことを検討すべきです。別の選択肢は、オンコールの別のローテーションのスタッフに、収益に大きな影響を及ぼす可能性のある独立した決定を下す権限を与えることです。

実際の障害発生時、ビジネスリーダーが直面する最も一般的な問題は、障害対応を主導したいという欲求です。今回に限って言えば、ビジネスリーダーは最も価値のある人物でも知識豊富な人物

でもありません。ビジネスリーダーには2つの権利があります。1つ目は情報を得ることであり、2つ目は障害がビジネスに与える影響の背景を提供することです。通常、障害の処理に直接有益に関与することはありません。そうするには、技術システムからあまりにも遠いところにいるのです。多くのビジネスリーダーは、自分が主導権を握りたいという自然な欲求を回避する方法として、他の誰かを介して代理で質問することを検討し、（チャット、電話、Slack などの）直接の障害コミュニケーションから離れるべきです。

11.5.5.3 継続的な改善

ビジネスリーダーは、機能停止後の作業の優先順位を決定し、その項目の完了が何を意味するかについての基準を設定すべきです。具体的な改善方法について特別な意見を持たずとも、それは可能です。むしろ、一般的な基準やアプローチを提唱できます。例えば、フォローアップの作業項目を優先順位（優先度の高いものから「やっておいて損はないもの」まで）でランク付けした場合、優先度の高いバグにとりかかる、といった具合です。そして、優先順位の高い項目が特定の期間を過ぎても全て完了しない場合は、レビューを行って、何か障害になっているものがないか、実装を早めるためにできることがあるとすれば何か、というガイドラインを設定できます。

同様に、運用チームも SLO を指定、維持、開発する上で大きな役割を担っています。SLO は顧客のニーズを満たし、顧客を満足させる条件を表すものでなければなりません。もしそうでなければ、そうなるまで変更すべきです。このような価値の定義と改善を担うのは、主に運用管理チームです。

11.6　特別なトピック

ML 障害への対応において、重要なトピックが2つあります。本節では、これらのテーマについて掘り下げます。

11.6.1　運用エンジニアおよび ML エンジニアリングと、モデリングとの比較

ML システムの問題の多くがモデルの品質問題として存在することを考えると、ML 運用エンジニアには最小限の ML モデリングのスキルと経験が必要と思われます。モデルの構造と機能について何も知らなければ、エンジニアが効果的かつ独立して問題のトラブルシューティングを行ったり、潜在的な解決策を評価したりすることは難しい場合があります。逆の問題も発生します。堅牢な運用エンジニアリンググループが存在しない場合、モデル作成者が無期限に運用サービスシステムを担当することになる可能性があります。これらの結果は両方とも避けられないかもしれませんが、理想的なものではありません。

これは完全に間違っているわけではありませんが、完全に状況に依存します。具体的には、小規模な組織では、モデル開発者、システム開発者、および生産エンジニアが1人の担当者または同じ小規模チームで構成されるのが一般的です。これは、サービスの開発者がその運用環境へのデプロ

イメント、信頼性、および障害対応にも責任を負うモデルに似ています。このような場合、モデルに関する専門知識が仕事の必須部分であることは明らかです。

しかし、組織やサービスの規模が大きくなるにつれて、運用エンジニアがモデル開発者であるという要件は完全になくなります。実際、大企業で ML システムの運用エンジニアリングを行っている SRE のほとんどは、自分自身でモデルを訓練したことがないか、ほとんどありません。それは単に SRE の専門外であり、仕事をうまくこなすために必要な専門知識でも、役に立つ専門知識でもないからです。

ML の SRE や ML 運用エンジニアが効果的に働くためには、ML に関連するある種のスキルや知識が必要です。ML モデルとは何か、ML モデルはどのように構築されるのか、そして何よりも、ML モデルを構築する相互接続されたシステムの特徴や構造に関する基本的な知識が必要です。学習アルゴリズムの詳細よりも、コンポーネント間の関係やシステム内のデータの流れの方が重要です。

例えば、特定の時間にスケジュールされた TensorFlow ジョブを使用して、特定の特徴量ストアやストレージバケットから全てのデータを読み込み、保存されたモデルを生成する教師あり学習システムがあるとします。これは、ML 学習システムを構築するための完全に合理的な方法の 1 つです。この場合、ML 運用エンジニアは、TensorFlow とは何か、どのように動作するのか、特徴量ストアのデータはどのように更新されるのか、モデル学習プロセスはどのようにスケジュールされるのか、どのようにデータを読み込むのか、保存されたモデルファイルはどのようなもので、どのくらいのサイズなのか、どのように検証するのか、について知っている必要があります。そのエンジニアは、モデルのレイヤーの数やレイヤーの更新方法を知る必要はありません。元のラベルがどのように生成されたかを（それを再度生成する予定がない限り）知る必要もありません。

ML モデリングエンジニアが同時に、自分のモデルを Docker コンテナにパッケージし、適切な設定システムでいくつかの設定詳細を注釈し、Kubernetes で動作するマイクロサービスとしてデプロイするためにモデルを提出するデリバリパイプラインに落ち着いたとします。ML モデリングエンジニアは、Docker コンテナの構築方法とコンテナのサイズの影響、（特に構成エラーがある場合）構成の選択がコンテナにどのような影響を与えるか、コンテナをデプロイメントまで追跡する方法を理解する必要がある場合があります。場所を確認し、大まかなログチェックやシステム検査を実行して、基本的なヘルスチェックを確認します。ただし、ML モデリングエンジニアは、ポッド中断の予算設定、コンテナのポッドの DNS 解決、Docker コンテナレジストリと Kubernetes の間のネットワーク接続の詳細など、低レベルの Kubernetes の選択について知る必要はおそらくありません。これらの詳細は重要ですが、特にインフラのコンポーネントが障害の一部である場合には、ML モデリングエンジニアはそれらに対処するのに適していないため、インフラのその部分に精通した SRE スペシャリストに頼り、その種のエラーを引き渡す必要要があるでしょう。

モデル構築に関する詳細な知識は、確かに非常に役立ちます。しかし、ほとんどの組織が遭遇する最大の信頼性の問題は、ML に関する知識が不足していることではありません。それはむしろ、分散システムの構築と運用に関する知識と経験の不足です。ML の知識は、最も重要なスキルセットというよりも、むしろ良い追加要素なのです。

11.6.2　倫理的なオンコールエンジニア規約

　本章では、ML が関与する場合、障害対応の実行がどのように異なり、より困難になるかについて多くのことを書いてきました。ML 障害対応が難しいもう 1 つの点は、オンコールで積極的に問題を解決しているときに顧客データをどのように扱うかということです。これを**プライバシー保護障害管理**と呼んでいます。今日（そして数十年前）のオンコールエンジニアは、問題を解決するためにシステム、構成、データに迅速かつ介入なしにアクセスすることに慣れているため、これは一部の人にとっては難しい変化です。残念ながら、ほとんどの組織およびほとんどの状況において、このアクセスは絶対に必要です。このアクセス権を簡単に削除して、問題を迅速に解決することはできません。

　オンコールエンジニアは、サービス機能停止への対応、トラブルシューティング、軽減、解決を行う際に、自分の行動が倫理的であることを確認するために**特別な**注意を払う必要があります。特に、ユーザーのプライバシー権を尊重し、不公平なシステムを監視および特定し、ML の非倫理的な使用を防止する必要があります。これは、自分の行動が及ぼす影響を慎重に検討し、ストレスの多い勤務中に行うのは簡単なことではありません。また、熟慮した決定を下すために、熟練した多様な同僚のグループと相談することを意味します。

　なぜそうなるのかを理解するために、ML の倫理的考慮事項が生じる可能性がある障害の 4 つの側面、つまり、影響（重大度と種類）、原因（または寄与要因）、トラブルシューティングプロセス自体、および行動への呼び掛けについて考えてみましょう。

11.6.2.1　影響

　公平性に影響を与えるモデル障害は、ユーザーに真に大規模かつ即時的な損害を与える可能性があり、もちろん組織に風評被害を与える可能性があります。高レベルの KPI を追跡する運用ダッシュボードにとってその影響が明らかであるかどうかは関係ありません。誤って偏った銀行融資承認プログラムを想像してみてください。アプリケーションで提供されるデータでは申請者の人種に関する詳細が省略されている可能性がありますが、モデルが提供されたデータや他のラベルデータから人種カテゴリを学習できる方法はたくさんあります[†11]。モデルが一部の人種を体系的に差別する場合、ローンを承認する際、同じ数のローンを発行し、上位のダッシュボードにほぼ同じ収益の数字を表示することもできますが、その結果は非常に不公平です。ユーザー向けの運用システムにおけるこのようなモデルは、顧客と組織の両方にとって悪影響を及ぼす可能性があります。

　理想的な状況であれば、どのような組織も、システムやモデルの設計の一部として、少なくともざっくりとした責任ある AI の評価を受けることなく、ML を採用することはないでしょう[†12]。この評価によって、モデルに現れる可能性のあるバイアスを特定し、軽減するために使用する指標やツールの明確なガイドラインが提供されるでしょう。

---

†11　モデルは、住宅が分離されている地域では地理的要因から、人種的に相関がある場所では姓名から、教育が分離されている場所では学歴から、さらには役職や職種から人種を学習できます。人種偏見のある社会では、多くのシグナルが人種と相関しており、モデル内に人種ラベルがなくても、モデルは容易に学習できます。

†12　このトピックについては、6 章で詳しく説明しています。

11.6.2.2 原因

どのような障害であっても、その原因や要因によって、倫理的な配慮を必要とするオンコールエンジニアが影響を受ける可能性があります。その原因が、意図的な設計上の決定であり、それを覆すことが困難だと判明したらどうでしょうか。あるいは、倫理や公正さへの配慮が不十分なまま（あるいは全く配慮していない）モデルが開発されたとしたらどうでしょうか。高価なリファクタリングなしに、システムがこのような不公平な方法で故障し続けるとしたらどうでしょうか。インサイダーの脅威は現実に存在するでしょうか[†13]。このようなことが起こることに、悪意があったと想像する必要はありません。もちろんこのようなことは、ほとんどの ML システムの説明可能性の欠如によって助長されています。

11.6.2.3 トラブルシューティング

倫理的な懸念（一般的にはプライバシー）は、障害のトラブルシューティングの段階でしばしば生じます。事例 3 で見たように、モデリング問題のトラブルシューティング中に生のユーザーデータを見ることは魅力的であり、時には必要かもしれません。しかし、そうすることで、プライベートな顧客データが直接公開されます。データの性質によっては、他の倫理的な意味合いも持つかもしれません。例えば、生データに顧客の投資決定が含まれる金融システムを考えてみましょう。もし担当者がその個人情報にアクセスし、それを使って個人的な投資を行うのであれば、これは明らかに非倫理的であり、複数の管轄区域では重大な違法行為となります。

11.6.2.4 解決策と行動への呼び掛け

良いニュースは、このような問題の多くには解決策があり、安価に始められるということです。一方では、組織が悪い結果を出さないようにするために、多様なチームが果たす役割が一般的に過小評価されていることは既に述べました。このような問題を解決するには、一般的に、特定の一時的な弊害を軽減するのではなく、その弊害を生み出したプロセスを修正する必要があります。

しかし、チームメンバーの多様性は、それだけでは解決策にはなりません。チームは、公平性指標の一貫した監視を作成し、障害対応者に評価のためのフレームワークを提供するために、モデルとシステムの設計段階で責任ある AI プラクティスの使用を採用する必要があります。障害管理中の顧客データへの意図的または不注意によるアクセスについては、正当な理由、ログ記録、およびデータに対する複数の担当者（相互の倫理チェックとして機能する）を使用して、デフォルトでそのアクセスを制限することが、リスクと報酬の適切なバランスとなります。欠陥のあるモデルの構築を回避するために役立つ他のメカニズムについては、6 章で概説しています。

最後に、このようなことを一方的に宣言するのは私たちの権限ではありませんし、またそうしようとは思いませんが、このような規約を形式化し、業界全体でそれを推進するべきだという議論があると強く信じています。まだ来ていないとしても、オンコールエンジニアが重要で公開に値する

[†13] 例えば、Clare O'Gara の「Famous Twitter Accounts Hacked: Insider Threat or Social Engineering Attack?」（https://oreil.ly/lc6kp）をご覧ください。新聞に掲載される障害は、定義上、実際に起こる障害のごく一部です。

何かを発見し、何をすべきか葛藤するときが来るでしょう。ML の世界で内部告発者とは何かについて共通に理解されている定義がなければ、社会は苦しむことになります。

11.7　まとめ

　ML モデルとは、一方では世界のありのままの姿を、他方では変化する世界とコンピュータシステムとの間のインターフェイスです。モデルは、世界の状態をコンピュータシステムに表現し、それを使用することで、コンピュータシステムが世界を予測し、最終的には世界を修正することを可能にするように設計されています。このことは、ある意味では全てのコンピュータシステムに当てはまりますが、ML システムにおいては、より意味的に高く、より広い意味で当てはまります。

　予測や分類などのタスクを考えてみましょう。ML モデルは、それらの要素の将来のインスタンスを正確に予測または分類するために、世界の一連の要素について学習しようとします。予測または分類の目的は常に、予測または分類に応じてコンピューティングシステムまたは組織の動作を変更することであり、またそうあるべきです。例えば、ML モデルが、取引の特徴やモデルが学習した過去の取引に基づいて、ある決済が詐欺であると判断した場合、この事実は単に台帳のどこかに黙って記録されるわけではなく、通常はモデルがこのような分類が行われた後のトランザクションを拒否します。

　ML の失敗は、具体的には、世界そのものとそれに関する重要な事実、世界を表現する ML システムの能力、世界を適切に変化させるシステム全体の能力という 3 つの要素の間にミスマッチが生じたときに起こります。失敗は、これらの要素のそれぞれで、あるいは、最も一般的には、それらの組み合わせ、あるいは、それらの交差点で発生する可能性があります。

　ML 障害は、異なる点を除いて、他の分散システムの障害と全く同じです。ここでの事例は、ML 運用エンジニアが ML システムで問題が発生したした問題を特定し、トラブルシューティングを行い、軽減策や解決策を実施するための準備に役立ついくつかの共通テーマを共有しています。

　本章で述べた ML システムに関する全ての考察の中で最も重要なのは、ML モデルが機能することが組織全体にとって重要だということです。したがって、モデルとデータの品質は組織内の全員の使命でなければなりません。ML モデルに問題が発生した場合、それを修正するには組織全体が必要である場合があります。このような種類の機能停止に対処できるよう組織を整えたいと考えている ML 運用エンジニアは、エンジニアがビジネスを理解し、ビジネスリーダーと運用リーダーがテクノロジーを理解していることを確認する必要があるでしょう。

12章
製品とMLの関わり方

　顧客ニーズを満たすために ML 機能の活用を急ぐ企業は、最先端の研究を活用して様々なビジネスアプリケーションに取り組もうと躍起になっています。製品チームやビジネスマネージャーの多くは、伝統的なソフトウェア製品開発方法論に軸足を置いたまま、ML 製品の構築という新しく馴染みのない領域に身を置いています[†1]。

　初めて ML システムを構築するのは大変なことかもしれません。それは、ML を正しく理解するというだけの問題ではなく、それ自体が十分に難しいことです。むしろ、ML をシステムの残りの部分（およびビジネスの残りの部分）に統合するには、多くのことを協調させる必要があります。これらの中で、データ収集の実践とガバナンス、データの品質、製品の動作の定義、UI/UX、およびビジネス目標は全て、ML ベースのシステムまたは機能の成功に貢献します。

12.1　様々なタイプの応用

　ML の重要で有用な特徴の 1 つは、多くの種類のシステムに適用できることです。ML は、ビジネスのトレンドや指標に関する洞察を得るための分析アプリケーションに使用できます。ML は、消費者に出荷される家電製品やデバイスに組み込めます。高度な ML システムは自動運転車に組み込まれており、他の物体を検知し、運転に関する判断を下します。ML アプリケーションの幅は非常に広く、その数は増え続けています。このような多様なユースケースの結果、ML を既存または新しいシステムに組み込むことに注力している企業は、非常に険しい学習曲線と実装に関する数多くの選択肢に直面しています。

　本章では、これらの様々な種類の ML に関してほとんどを取り上げません。ここで具体的に、既存である多くの一般的なタイプの ML とシステムの統合について、それぞれ真剣に検討するのは現実的ではありません。代わりに、本書全体で議論してきたユースケース、つまり ML を統合したい（E コマースのオンラインショップ）yarnit.ai に焦点を当てます。

　このユースケースを具体的に考えてみると、本書の各章で触れられている例を拡張するだけでは

[†1] ［訳注］本章で議論する「製品」には、実際に手に取ることができる製品以外に、スマホのアプリや E コマースのような「サービス」も含まれています。この文脈での「製品開発」には、「サービス開発」やそれを実行するための「システム開発」も含まれます。

なく、いくつかの優れた側面があります。yarnit.ai の一連のユースケースには、（例えば、商品への興味を予測するために閲覧や購入のログを消費するという）バックエンドおよび、（例えば、顧客が今どのような商品に興味を持っているかを調べるという）多くのフロントエンドの統合によるものも含まれています。ある程度の複雑さはありますが、ほとんどの読者にとって理解が圧倒的に難しいわけではありません。もちろん、それが他に考えられる全てのシステムに適応できる類似性を有しているわけではありません。とはいえ、何かお役に立つことがあれば幸いです。

12.2　アジャイル ML とは何か

　特定の明確に定義された環境の外では、現代のソフトウェアエンジニアリングチームの多くは、アジャイルソフトウェア開発宣言（https://agilemanifesto.org/iso/ja/manifesto.html）に従って、**スプリント**と呼ばれる反復的で集中的な短いループでの開発に移行しています。ただし、アジャイルを ML システムに適用するのは決して簡単ではありません。方法論としてのアジャイルには、短いフィードバックループ、顧客志向のストーリーまたはストーリーポイント、およびそれらのストーリーポイントに取り組む小規模なチームに合わせた見積もりなど、いくつかの基本的な特徴があります。

　ML を製品に統合することは、これらの前提条件のほとんどに違反します。フィードバックループは長く（場合によっては数ヶ月または数年）、顧客から直接ではなく、データから間接的に得られます。統合には会社全体の人々が関与することが多いため、小規模なチームでの実行はあまり有用ではありません（これに関する詳細は 13 章を参照してください）。モデルを製品に統合し、結果がデータに表示されるのを待つ間、モデル開発には任意の長い遅延が発生する可能性があります。さらに、構築段階でもデータに基づく必要があるため、最初に構築して後で検証することはできません。最後に、そしておそらく最も重要な点が 1 つあります。それは、ML モデルは完全に再現可能ではなく、長期にわたって安定しているわけでもありません。指摘されているように、同じモデルを何度も訓練して異なる結果を得ることもできますし、同じモデルをそのままにしておいても、世界が十分に変化して価値が同じでなくなることもあります。ML モデルは決して「完成」しないので、ML 製品の統合には限定的な決定論しかありません。

　それでも、アジャイルアプローチが ML にあまり適していないとしても、本章で議論するように、標準的な ML 開発ライフサイクルを採用することで、ML システムを活用して素晴らしい顧客体験を提供し、収益を増加させることができます。

12.3　ML 製品開発フェーズ

　製品開発ライフサイクル中の不確実性を管理するために、ML プロジェクトは最初から高度に反復的である必要があります。ML 製品開発プロジェクトの最も重要なフェーズは、発見と定義、ビジネス目標の設定、MVP の構築と検証、モデルと製品の開発、デプロイメント、サポートと保守です（**図 12-1**）。

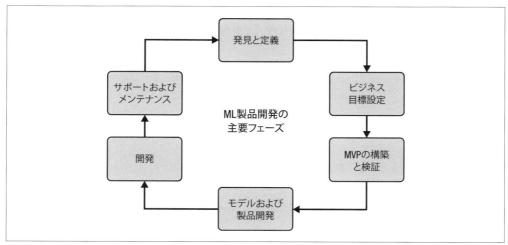

図 12-1　ML 製品の開発フェーズ

12.3.1　発見と定義

　ML 製品の開発は常に**発見と定義**から始めるべきです。特にビルドが先で検証は後という背景を持っている場合、このステップをスキップすることは魅力的ですが、ML の文脈において、このステップは重要であり、システム開発チームが早期に不確実性に対処するのに役立ちます。これは、問題領域を定義し、ビジネス上の問題と望ましい結果を理解して枠組みを定めることから始まります。最後に問題を解決空間にマッピングしますが、これは必ずしも簡単な作業ではありません。技術チームは、実現可能性を測定するための定量的なベースラインを探します。一方で、企業は結果を明確にするのに苦労しており、結果が不透明な中、明確な費用対効果の分析を求めています。利害関係者のニーズのバランスをとり、ビジネス問題の枠組みを作り、目標と結果を定義し、ビジネスとの関係を構築することが鍵となるでしょう。

　サービスが最終的に人間に結果を表示するように設計されていることを考えると、古き良き時代のユーザー調査に近道はありません。徹底したユーザー調査を実施してユーザーの問題点を特定し、ニーズに応じて優先順位を付けます。これは、ユーザー体験マップを構築し、重要なワークフローと潜在的な障害を特定するのに役立ちます。さらに、ロードマップは、ML ソリューションが最初に機能するために変更する必要があるプロセスを定義するのに役立ちます。市場規模を把握してビジネスの可能性を見積もることができます。次の疑問は、ML がユーザーの問題の解決に役立つかどうかを、どのように知るかということです。多数の ML アプリケーションが存在しますが、ML の核心は意思決定や予測に最も適しています。一般的に、人間向けの ML システムは、実稼働環境では以下のような特徴を持つでしょう。

人間が定義したルールでは解決できない複雑なロジック

　例えば、検索エンジンでは、テキストインデックスからの初期検索、テキストの類似度を利

用した一次ランキング、文脈に沿ったランキング、パーソナライズされたランキングなど、複数の段階を経てランキングが行われることがよくあります。

大規模パーソナライゼーション

もし問題が数千人以上のユーザーに拡大することが予想されるなら、それは ML の良いユースケースになるかもしれません。yarnit.ai オンラインショップの例では、3～6 ヶ月以内に数千の顧客が新しいオファーや割引を利用できると予想されており、これは大規模なユーザー集団全体のパーソナライゼーションをサポートできることを意味します。

ルールが時間の経過とともに急速に変化する場合

一般的にルールが毎年変わらない場合は、ヒューリスティックなソリューションが好ましいでしょう。ただし、ビジネスの成功が迅速な適応とルール変更に依存する場合、ML は良い選択です。例えば、オンラインショップのユーザーが常に製品レビューを書いている場合、関連製品を推薦するアルゴリズムはリアルタイムで適応する必要があり、ML ソリューションに適しています。

明確な評価指標

例えば、販売につながる推薦事項をモデルに提供したいとします。検索で「子供用帽子」と入力すると、通常子供用の色に関連付けられている型紙や糸、または帽子に関連付けられている編みゲージの針のリストが表示されるはずです。

100 ％の精度を求めない

ビジネスの成功が完璧ではなく、高い確率で正確に達成できるのであれば、ML は良い選択肢となります。例えば、ユーザーが提供されるものを常に望んでいるわけではない場合、推薦システムに欠陥があるとはみなされません。ユーザーは引き続き素晴らしい体験を得ることができ、ML モデルは売上の不足から学習して、将来的に改善された推薦を提供できます。

12.3.2　ビジネス目標設定

ML 要件の選択には、設計とビジネス目標を慎重に組み合わせる必要があります。プロダクトマネージャー（PM）は、価値を高めるためにエンドユーザーと長期的なビジネス目標を理解する必要があります。例えば、オンラインショップに改善を加えて、顧客が欲しい商品をより多く見つけて購入できるようにしたいと考えています。しかし、本当の目的は、顧客がリピートして、毎回戻ってくるたびにそれが繰り返されるようにすることです。最終的には、エンドユーザーに焦点を当て、製品が解決できる具体的な問題を深く理解することでこれを実現します。そうしないと、小さな（またはおそらく存在しない）問題に対処するためだけに非常に強力なシステムを開発する危険があります。

ML にエラーがないことはほとんどなく、ガードレールなしで開発すると深刻な結果が生じる可能性があります。ミスを犯すと莫大なコストがかかる可能性があり、ミスを犯すコストを理解する

ことが ML 製品を構築する上で重要な部分であることを認識する必要があります。例えば、顧客が注文エラーや請求の問題についてサポートチームに連絡したときに、顧客に代わって注文を予測してキャンセルしようとしているとします。ここでの代償は、モデル内のエラーによりユーザーの意図がキャンセルとして誤って解釈される可能性があり、その結果、ユーザーと企業に経済的な影響を与える可能性があることです。一方、商品詳細ページで類似商品を提案する推薦システムの場合、購入履歴のないユーザーにとって、悪い推薦の影響はコンバージョン率が低くなり、おそらく、このオンラインショップはあまり信頼できないか役に立たないという漠然とした感覚を抱くことになるでしょう。その場合、モデルを改善する方法を考えなければなりませんが、間違った結果がこのユースケースでは、致命的な影響を与えることはありません（一方、他の多くの ML 製品では致命的な影響を与えることが明白ですが）。

ML は確率に大きく依存します。したがって、モデルが間違った出力を与える可能性は常にあります。PM には、誤った予測の結果を予測し、認識する責任があります。前述のような結果を予測するための優れた方法の 1 つは、テストを繰り返し繰り返し行うことです。モデルによって計算される確率を構成するものを理解しましょう。モデルの望ましい適合率（および再現率）について考察するためには、ML をビジネスに用いる目的を確認する必要があります。

予測を誤った場合の結果全てが特定されたら、PM は関連する**セーフティネット**が定義され、リスクを軽減するためにシステムに組み込まれていることを確認する必要があります。さらに、PM は間違った予測をより起こりにくくするために、基礎となるシステムを変更する方法（相互作用のフローの変更、入出力データパスの変更など）を考える場合もあります。このように、セーフティネットは内在的なものと外在的なものがあり、全てのシステムに組み込まれています。ML も例外ではありません。以下のリストで説明するように、私たちが作ろうとしているシステムに関連するセーフティネットとビジネス性能評価指標を定義することは、システムに ML を導入する前の重要なステップです。

内部セーフティネット

これは、システムはその性質として根本的に不可能性を有していると認識することです。例えば、オンラインショップでは、そもそも注文が行われていない場合、ユーザーは注文をキャンセルできません。このようなユーザーから受信した、注文番号がなく、「注文のキャンセル」という件名の電子メールは、注文キャンセルの理由を学習しようとしているモデルによって無視される可能性があります。ただし、その場合はカスタマーサポートの担当者に調査してもらうことをお勧めします。有用な活動は、製品のユーザー体験を計画し、ユーザーが通過できる状態を特定することです。これは、不可能な予測を排除するのに役立ちます。本質的なセーフティネットはユーザーには見えないものです。

外部セーフティネット

内部的でないセーフティネットは、ユーザーから見えるものです。ユーザーの意図を確認したり、潜在的な結果を再確認したりするという形をとることができます。メッセージシステ

ムの中には、メッセージの意図を検出し、ユーザーに返信を提案しようとするモデルがあります。しかし、ほとんどの場合、これらのシステムが自動的に正しい返信をするとは考えず、人間が選択を確認することなく送信することはありません。より一般的には、これらのシステムはユーザーに、返信候補のリストから選ぶように求めます。

ビジネス性能目標

8 章で説明した一般的な ML モデルの性能評価指標とともに、PM にとって、実稼働環境での ML システムの成功を測定するためのビジネス性能評価指標を明確に定義することは非常に重要です。ビジネス性能を評価するためには、製品や機能の目標から始める必要があります。例えば、yarnit.ai オンラインショップのビジネス目標としては、収益の増加が考えられます。これが定義されたら、成功を評価するための評価指標を割り当てる必要があります。最適な評価指標は、具体的で測定可能なものです。具体的な指標は曖昧さを減らし、集中力を高めます。また、成功の測定が簡単であればあるほど、最初に設定した成果を達成していることをより確信できます。

これらの指標は製品によって異なります。例えば、yarnit.ai のような E コマースストアにおける ML ベースの推薦で追跡すべき重要なビジネス指標は以下の通りです。

クリックスルー率（CTR）

推薦リストからの商品ページビュー数を、推薦リストに表示された商品の総数で割ったもの。例えば、ショッピングカートのページでは、この指標は「よく一緒に買われる商品」リストを強化する ML モデルの成功を判断するのに役立ちます。

コンバージョン率

推薦リストからのカートに入れるイベントの数を、推薦リストに表示された商品の総数で割ったもの。例えば、商品詳細ページにおいて、この指標は「類似商品と比較する」リストを強化する ML モデルの成功を判断するのに役立ちます。

平均注文金額（AOV）

全ての購買イベントからの注文の平均値。AOV は総売上高を注文数で割ったものと等しくなります。

推薦リスト連動 AOV

推薦リストから選択された少なくとも 1 つのアイテムを含む注文の平均値。これは、推薦リストと連動した売上を、推薦リストから選択された少なくとも 1 つのアイテムを含む注文数で割ったものから計算されます。

総収入

記録された全ての購入イベントからの収益の合計。この値には送料と税金が含まれます。

推薦リスト連動収益

　　推薦リストから選択された少なくとも1つのカタログ商品を含む購入イベントの収益。この値には送料、税金、適用される割引が含まれます。

　また、Eコマースビジネスは通常、顧客獲得コスト（CAC）、顧客生涯価値（CLV）、顧客維持率（CRR）、返金と返品率（RrR）、カート放棄率などの他、ソーシャルメディアエンゲージメント、ウェブサイトトラフィック、ページ閲覧などのバニティ指標など、より多くのビジネス指標を追跡しています[†2]。

12.3.3　MVPの構築と検証

　自社製品と統合するためのMLモデルの投資には、費用がかかる可能性があります。製品へのMLの統合が機能するかどうかを判断するには、（1）機能する（または十分に機能する）モデルを作成できるか、（2）そのモデルを製品に統合する説得力があり有用な方法はあるか、という2つの質問に答える必要があります。適切な特徴量とラベルを持つデータセットを構築し、モデルの訓練、実稼働環境への導入には、数週間から数ヶ月かかる場合があります。モデルが機能するかどうかを検証するために、早い段階で有用性のシグナルを得たいと思うでしょう。これは、構築したモデルをオフラインで注意深く評価し、アプリケーションに期待される様々な一般的なユースケースに対する反応を分析することで達成できます。

　ユーザーとのインタラクションの有用性を評価するためには、まず、そのインタラクションを少人数のユーザーで仮にテストするのが良いでしょう。これは、その機能が本当に顧客のニーズを解決するという点を証明するために、固定されたルール設定や（実際のMLモデルを使用しない）ヒューリスティックな方法を使って**実用最小限の製品（MVP）**をローンチすると呼ばれることもあります。

　例えば、パーソナライゼーションのユースケースを考えると、ユーザーが最後に何を選択したかに基づいて選択できるアイテムのリストを用意します。単純なルールベースのエンジンは、より複雑なMLモデルへの進化の最初のステップとなります。以下はルールベースの推薦の例です。

- ユーザーが編み物の型紙を購入した場合は、針やその他の編み物関連用品に加えて、その編み図用の糸も必要になるでしょう。
- あるユーザーが毎年秋になると、寒くなるにつれて新しい毛糸を購入するのであれば、そのユーザーが住んでいる地域では毎年秋に毛糸を薦めるべきです。
- ユーザーがいつもクレジットカードで支払っている場合は、次回からデフォルトの決済オプションとして表示します。

全てのケースをカバーするルールを書くことは当然不可能であり、MLが最も効果的に使えるの

[†2]　一般的なEコマースのビジネス指標については、Anastasia Stefanuk の「7 E-Commerce Metrics to Help You Measure Business Success」（https://learn.g2.com/e-commerce-metrics）を参照してください。

はそのような場合です。しかし、いくつかの簡単なルールに基づいた代理システムは、ML アプローチの結果を検証する上で大いに役立ちます。ユーザーが ML に対してポジティブな反応を示すかどうかをテストすることです。これらのテクニックは最良の結果をもたらさないかもしれませんが、反応を得るためには重要です。早い段階で反応を得ることは、時間と労力を節約し、サービスのビジョンや方向性を修正するのに役立ちます。これは、ML システムを構築するための投資に対するリターンを保証するための最善の方法です。

12.3.4 モデルおよび製品開発

これまでの段階を経て開発された明確なゴールとターゲットがあれば、次のステップはモデルを構築し、顧客向け機能と統合することです。これについての一般的な概要については、3 章と 7 章を参照してください。しかし、一般的に、これはデザイン、エンジニアリング、ML 研究者、ビジネスオーナー、PM が努力して協力し合うことであり、PM は意図的なステークホルダーマネジメントを継続することで、多くの価値を生み出すことができます。PM は、訓練、テスト、検証のサイクルを通してシステム開発を推進する準備をし、進捗が不明な研究者と話し合い、設計、科学、エンジニアリングチーム間の反復的な依存関係を調整する必要があります。様々なチームの役割と責任については、13 章で説明します。

12.3.5 開発

実稼働環境への開発段階では、ML システムはインフラに導入され、そこで実際の顧客トラフィックに対応し、モデルを改善するために ML 訓練パイプラインに供給されるフィードバックデータを収集します。フィードバックループはモデルの影響を測定するのに役立ち、ユーザビリティの一般的な理解を深めることができます。ML システムの文脈では、フィードバックはモデルが学習し、より良くなるためにも重要です。様々なモデル提供アーキテクチャとベストプラクティスについては 8 章で説明しています。

フィードバックループは重要なデータ収集メカニズムであり、学習メカニズムに直接組み込むことができるラベル付きデータセットが生成されます。yarnit.ai オンラインショップの例では、ゲストユーザーが推薦事項をクリックし、この推薦事項は購入されるか、というようにフィードバックループは非常に単純です。

実稼働環境へのロールアウトは、制御された方法でビジネス評価指標（本章で前述）を観察し、その影響を理解し、ロールアウトを増やすか止めるか、あるいは予期しない結果を調査するかどうかの意思決定に反映させることと密接に関連している必要があります。特に、1 つの課題としては、最終的に ML モデルを構築する日々の作業を含む、大企業内の特定の取り組みやプロジェクトが、上位レベルのビジネス目標から何層も分離されている可能性があることです。パーソナライゼーションが良い例です。高いレベルでは、パーソナライゼーションは、ユーザー 1 人あたりの平均収益を増加させたり、新規ユーザー獲得の伸びを増加させたりするような指標を増加させることかもしれません。しかし、モデルが開発されると、エンゲージメントのスコアのような様々な低レベルのユーザー体験指標を改善することを中心に最適化される可能性があります。

PM はこの 2 つの領域の間の翻訳者となり、下位レベルでの改善を上位レベルでの影響に関する仮説と結びつけるのに役立つユーザー可観測性の方法を改善するために常に取り組むことが重要な仕事です。そのため、製品チームにとって、ML システムがどのように段階的にデプロイされるかの計画を立てることが非常に重要です。モデル評価の様々な方法については 5 章で説明しています。

12.3.6 サポートおよびメンテナンス

システムに統合するように設計された ML システムは、最初の出荷版では完全ではありません。議論の余地はありますが、ML システムは世界の状態をモデル化し、世界の状態に関する有用な価値をシステムに提供しようとしているため、決して完成することはありません。ML システムの開発と導入は比較的安価に行えますが、それを長期にわたって維持することは、一般的に考えられているよりも難しくコストがかかります[3]。

ML をシステムに統合することに真剣に取り組んでいる組織は、それらの ML モデルとそれを生成するインフラのメンテナンスの継続に真剣に取り組む必要があります。これが、アジャイルアプローチが ML システムの統合にあまり適合しない理由の少なくとも一部です。システムが変化し、顧客のニーズが変化し、ビジネスに対する理解が変化し、世界が変化するにつれて、モデルの開発と出荷を継続する必要があります。

ML システムの特徴として、チームが行っている作業が「メンテナンス」なのか「開発」なのかが通常はっきりしないため、両者をきれいに分けることに依存する開発作業の概念を適用するのは困難です。

12.4 構築と購入の比較

この節では、開発するべきか購入するべきかという問題を慎重に範囲設定することが重要です。モデルは、データとインフラを所有する組織のローカルなものです。一般的に、モデルは自社のデータで学習したものでなければなりません[4]。しかし、モデルを作成するためのツールやインフラは別の話です。ML の世界では、オープンソースでも商用でも、利用可能なツールには事欠きません。構築か購入かは、通常、コスト、リスク、カスタマイズ、長期的なリソースの利用可能性、知的財産（IP）、ベンダーロックインのバランスを考慮したトレードオフで決まります。しかし ML の時代には、モデルを構築するか購入するか、データ処理インフラ／ツール、そして全てを統合するエンドツーエンドのプラットフォームなど、この伝統的な問題に対してより多くの側面を検討する必要があります。ここでは、ビジネスにとって最適なものを決定する際に考慮すべき点を

---

[3] 強調のために少し言い過ぎたかもしれません。機能的な ML システムの作業は、継続的なメンテナンスが必要であり、ML でない同種のプロジェクトよりもかなり多くのメンテナンスが必要ですが、それでも、ほとんどの作業はプロジェクトの前半に発生することは事実です。モデルが成熟するにつれて（そして、おそらくモデル化しようとする行動や状況も安定するにつれて）、モデルの改善へのさらなる投資の利益が減少するため、一部の組織は定常状態に達するでしょう。

[4] ここでの 1 つの例外は転移学習です。この場合、外部プロバイダから一般的なモデル（例えば、画像認識を行うモデル）を入手し、それを独自のデータで訓練します。それでも、最終モデルは私たちのものとなります。

いくつか紹介します。

12.4.1 モデル

これまで述べてきたように、モデルは一般的にローカルなものであり、自分たちの組織の外から簡単に入手できるものではありません。とはいえ、多くの業界固有の ML モデルやアプリケーションは利用可能です。ベンダーが提供するソリューションは、時間と労力を大幅に節約できる可能性がありますが、モデルの構築と購入を評価するための重要な側面については、次で説明します。

12.4.1.1 一般的なユースケース

事前に構築されたソリューションを購入するには、組織で現在使用されているデータとプロセスが、そのソリューションの予想される入出力および動作と高い互換性を持っている必要があります。ユースケースの詳細、データ、またはプロセスが組織にかなり固有である場合、ベンダーが提供するソリューションの仕様に合わせて内部システムとプロセスを調整するのに費やされる労力により、既製のものを購入するメリットを消し去ってしまうかもしれません。パッケージ化されたソリューションが真に汎用的なものであれば、大きなメリットが得られます。この段落を単純に読むと、これは比較的まれな出来事であるように聞こえるかもしれません。データの再訓練や拡張を必要とせずに、必要なことを実行する汎用モデルが存在する可能性はどれほどあるでしょうか。

ML サービスのプロバイダが増えるにつれて、この確率はどんどん上がっています。信じられないほど便利な、しかし本当に一般的なユースケースを考えてみましょう。

画像から物体を認識する
　　画像に何が写っているか教えてくれます。

多言語での音声合成とテキスト読み上げ
　　ユーザーとの音声対話を行います。

感情分析
　　一連のテキストが、その対象についてどの程度肯定的か否定的かを教えてくれます。

これらの例の全てにおいて、事前訓練されたモデルは、YarnIt 社のケースを含む、多くのユースケースでうまく機能します。このようなケースでは、モデルの訓練を完全に省略できるかもしれません。

12.4.1.2 企業データへの取り組み

特定の ML ユースケースをデプロイするのにかけた作業の恩恵は、そのユースケース自体をはるかに超えています。多くの場合、最初のユースケースは完全なデータへの取り組みの始まりです。その結果、ML モデルやアプリケーションの構築または購入の決定では、企業のデータ戦略も考慮する必要があります。場合によっては、専門知識やテクノロジーの取得自体が実際の目的となるこ

とがあります。

12.4.2　データ処理インフラ

データ処理とインフラのツールやテクノロジーは進化を遂げ、現在も絶え間なく進化を続けています。従来のベンダー、オープンソース、クラウドベースのソリューションは、データインフラ、処理、ストレージスタックのあらゆるセグメントで互いに競合しています。この場合、構築または購入は少し異なる意味を持ち、通常は次のように責任を何に委ねるかに重点が置かれます。

サポートおよび／またはメンテナンス

　　通常、完全なオープンソースと独立したサードパーティのソフトウェアベンダーの比較

オペレーション

　　クラウドとオンプレミスの比較

アクセシビリティ

　　商用プラットフォームとオープンソースクラウドツールの比較

データ処理のためのインフラに関しては、主な決定要因はもはやユースケースではなく、社内で利用可能なスキルとベンダーロックインのリスク要因です。商用プラットフォームにもオープンソースプラットフォームにも、長所と短所があります。

ML 分野では、多くの商用プラットフォームが新規で、新しいプロバイダによって提供されており、長い実績や歴史がありません。そのため、大きなチャンスと同時に大きなリスクもあります。

一方、オープンソースのソリューションは、ML であれ汎用ソフトウェアであれ、広く採用されている可能性があり、多くの場合、商用ソリューションの一部よりも長い実績を持っています。しかし、オープンソースには欠点もあります。特に、リリースのサイクルが遅いことが挙げられますが、より重要なのは、問題に対する完全なソリューションを提供することはほとんどないということです。オープンソースの ML ソリューションは、一般的に、より広い意味で優れたソリューションですが、自社の環境にそれらを統合し、完全なソリューションを組み立てるために必要な作業を行う必要があります。

12.4.3　エンドツーエンドのプラットフォーム

現在の成熟度では、データから始まり、サービスシステムで利用可能なモデルに至る、比較的よく統合されたソリューションを提供する ML プラットフォームは基本的に存在しません。これは現時点では必ずしも大きな問題ではありません。モデル、データ処理インフラ、人材、ビジネス価値は全て、様々な方法で、異なるペースで進化します。全てを統合して ML で持続的な成功を確実にするためには、多大な労力が必要です。しかしここでも、意思決定の推進要因はそれぞれ異なり、組織の基本的なデータへの取り組みに基づき判断されます。

長期的または単発のデータ取り組み活動

ML ツールとテクノロジーは進化しており、イノベーションのペースが衰える気配はありません。これは他の状況で見たのと同様の深刻な問題を引き起こします。テクノロジーへの投資には、成果を上げるまでの時間が必要であるということです。そして実装コストを回収し終わる前にプラットフォームの有用性がなくなってしまうと、後になって取り組みが失敗だったと気づくことになりかねません。分散コンピューティングプラットフォームやデータストレージプラットフォームでは、このことが重大な懸念となることがありましたが、ツールやテクノロジーが適切に実装されるまでに時間が経つにつれて時代遅れになる可能性があるML 分野では特に難しい課題です[†5]。長期的な取り組みでは、日進月歩のデータテクノロジーに対応できる完全なプラットフォームが必要となるでしょうし、短期的な取り組みの場合は、現在のコンポーネントをベースに組み立てることも可能でしょう。

データ取り組み活動への期待される規模

小規模な ML プロジェクトでは、包括的なまとまりや一貫性はほとんど必要とされず、より自然な「構築」シナリオとなります。データを拡張して組織の活動の重要な部分を増強するというより広いビジョンがある場合、そのビジョンを成功裏に実行するために多くのスキルや会社のプロセスを取り込むことが必要になります。この場合、購入するというアプローチの方が適切であると考えられます。

例えば、市販の ML プラットフォームは、チームが1つのデータプロジェクトを最初から最後まで1回で完了させるだけでなく、あらゆるところに効率性を導入して拡張させることができます。これには以下のような機能が含まれます。

- データのクリーニングや、直接ビジネス価値をもたらさないデータ処理フローに費やす時間の削減
- 実稼働上の問題を解決し、日常的にモデルをデプロイする際の「車輪の再発明」の回避
- 一部の規制要件への準拠を容易にするための文書化と再現性の向上

12.4.4　意思決定のためのスコア付け方法

解決しようとしている問題と、その問題を解決するために ML が必要であることが明確になったら、ML を構築することがビジネスにとって正しい選択なのか、購入することが正しい選択なのかを評価するために、最低限以下の各要素を検討する必要があります。

[†5]　ここは少しニュアンスが異なります。新しいアプローチが試され、ある種の問題でより成功することが発見されるにつれて、アルゴリズムが急速に（確かに毎年）変化するのは事実です。TensorFlow や PyTorch などの一部の ML プラットフォームは、長期間維持されます（この2つのプラットフォームは特にその傾向があります。それぞれ、2015 年と 2016 年以降継続して維持されています）。ただし、その間でも両者とも大幅に変化しており、同じ問題を解決するためのより効果的な方法となる可能性のある他の ML プラットフォームも登場しています。つまり、最も安定した ML プラットフォームやツールでさえ、安定した期間はわずかなのです。

性能見積もり

その製品やテクノロジーは、私たちのニーズをどの程度満たしているでしょうか。私たちの目的は達成されているかでしょうか。カスタマイズは必要でしょうか。データのプライバシーとセキュリティの要件は満たされているでしょうか。

投資

達成すべき正味現在価値（NPV）や ROI は決まっているでしょうか。人的資本、ソフトウェア、ハードウェアを含めた総所有コストはどのくらいになるでしょうか。

時間

どれくらいのスピードでソリューションを開発し、実稼働を開始できるでしょうか。

競争優位性

その技術は独自の資産や知的財産をもたらすでしょうか。この知的財産は、顧客、従業員、投資家に対して価値の向上をもたらすでしょうか。

メンテナンスとサポート

人材、ハードウェア、ソフトウェアのサポートにかかる労力とコストはどれくらいかかるでしょうか。

これらの各要素に重み付けを行い、プラットフォームのどの部分を構築するか、または購入するかを決定できます。

12.4.5　意思決定

　構築するか購入するかにかかわらず、主要なビジネスツールとして ML テクノロジーを組み込むことは戦略的な決定であり、どちらかの取り組みをサポートする全てのコンポーネントが準備されていない状況では、その決断を急ぐべきではありません。その決定が会社の長期的な目標とロードマップにどのような影響を与えるかを慎重に評価することが重要です。

　さらに、主要な利害関係者を招集し、意思決定基準を検討し、長所と短所を判断することを忘れないでください。様々なチームと主要な利害関係者の役割と責任については、13 章と 14 章で詳しく説明します。効果的な変更管理のためには、リーダーシップチーム、開発チーム、営業チームを含めて、コンセンサスとフィードバックを集めることが不可欠です。最後に、様々なベンダーに相談し、選択肢について意見を求めます。ベンダーには透明性を保ち、選択肢と状況について率直な意見を聞きましょう。どちらの方法でも結果を出すことはできますが、組織固有のニーズに合った適切なソリューションを作るために、これまでに発見した各段階の結果を活用する必要があります。

12.5 ML を活用した YarnIt ストア機能の事例

ML は、yarnit.ai などのオンラインショップで使用して、様々なビジネス目標を達成できます。ML は、コンバージョン率と平均注文額を改善することで収益を増やし、利益率を高め、さらには顧客ロイヤルティを向上させることができます。今日の消費者は、多くの顧客のうちの 1 人として扱われることを望んでいません。高度にパーソナライズされた体験を好むのです。商品推薦は、ML モデルによって多くの機能を活用できる領域です。人間が誰かを知り、その人に最適な誕生日プレゼントを選べるのと同じように、ML モデルは、商品カタログ、検索クエリ、閲覧履歴、過去の購入履歴、ショッピングカートに入れられた商品、ソーシャルメディアで推薦された商品、位置情報、顧客セグメントや購入者ペルソナなどのデータを活用できます。以下に推薦ユースケースの例をいくつか示します。

12.5.1 人気の毛糸を総売上高別に紹介

この非パーソナライゼーション技術は、ユーザーの個人的な選択ではなく、むしろ集団的な嗜好に基づいています。以下のような基準に基づいて、ホームページ上にお勧めを表示できます。

- 購入された毛糸や型紙の数（例えば、休暇シーズンに新しい型紙が発売され、皆がそれを手に入れようと殺到した場合など）。
- 買い物客が特定の種類の糸や型紙を見るのにどれだけの時間を費やしたか。
- ユーザーの国や地域での閲覧数や購入数。複数の国や地域でオンラインショップを運営する場合、文化的または季節的な側面を考慮する必要があることがよくあります。

この例では、顧客の体験を本当にパーソナライズしているわけではないかもしれませんが、各カテゴリ（糸の種類、型紙、ブランドなど）ごとに人気のあるアイテムを紹介することで、まだアカウント履歴のない初めてのユーザーをターゲットにすることができます（別名、**コールドスタート問題**）。これは、ML よりもはるかに一般的で信頼性の高い、実績のあるデータベース技術だけに頼るという明らかな利点があります。

12.5.2 閲覧履歴に基づく推薦

その名の通り、ユーザーは既に閲覧した商品に基づいて、新しい商品の提案を受けることができます。例えば、ユーザーが「ウール毛糸」で検索し閲覧している場合、ウールベースの毛糸や柄を専門に作る人気ブランドの商品が表示されます。

12.5.3 クロスセルとアップセル

最新のオンラインショップのほとんどには、**クロスセル**や**アップセル**を目的として設計されたインフラを持っています。これらは両方とも、ユーザーが可能な限り最高の商品を選択できるようにすると同時に、新規顧客に販売する場合でも収益を増やすことを目的としています。例えば、顧客

が商品ページで「ベビー糸」を探している場合、「この糸を使用した型紙」や「この糸を使用した人気のベビー服」などのクロスセルの推薦事項を表示すると、平均注文額を増やすだけでなく、顧客の時間も大幅に節約できます。同様に、より大きなサイズやバンドル商品に特別割引を表示すると、顧客がお金を節約できるだけでなく、ビジネスの収益も増加する可能性があります。

12.5.4 コンテンツによるフィルタリング

商品のメタデータを活用して、推薦を強化できます。メタデータの正確さは、そのような推薦事項の品質に大きな影響を与えます。

例えば、**図12-2**に示すように、多くのオンラインショップには、製品詳細ページまたはチェックアウトの前後に「類似製品」機能があります。yarnit.ai オンラインショップで、ユーザーがいつも「xyz」ブランドの「綿」タイプの「赤」と「青」の糸を購入している場合、そのブランドと同等の品質評価を得ている「abc」ブランドが特別セールイベントを開催している場合、「abc」ブランドの同じ色と種類の糸を推薦することを検討できます。

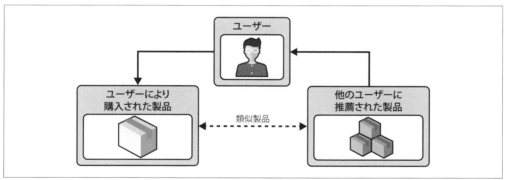

図12-2 「類似商品」機能によるコンテンツベースの推薦

12.5.5 協調フィルタリング

協調フィルタリングは、全ての商品推薦手法の中で最も人気があると考えられます。この手法は、他のユーザーがどのように商品にポジティブに応答したか（閲覧、購入、または購入に対するポジティブな評価のいずれか）ということのみに依存します。この手法は、過去に似たような嗜好を持った人々は、おそらく将来も同じものを好むだろうという考え方に由来しています。その上、単なる推測に過ぎない単純な評価とは対照的に、実際に顧客による選択を信頼します。

例えば、**図12-3**に示すように、ユーザーAとユーザーBは、オンラインショップの閲覧履歴や購入履歴、商品の感想などのペルソナが似ています。ペルソナの類似性を利用して、ユーザーBが「毛布の毛糸」の商品詳細ページにいるときに、同じ「毛布の毛糸」の商品と一緒にユーザーAが購入した「マーカー」や「針」などの道具やアクセサリーを表示できます。どちらのユーザーも似たような嗜好やペルソナを持っているため、状況に応じた関連性の高い推薦を表示することで、

ユーザー体験を向上させるだけでなく、アップセルのチャンスも増やすことができ、ビジネス全体の収益に直結します。

　主要なオンラインショップはほとんど、パーソナライズされた推薦の精度を向上させるために、協調フィルタリングとコンテンツベースによるフィルタリング技術の両方を使用しています。推薦モデルが機能するかどうかを評価するには、いくつかの予測と「このアルゴリズムはエンゲージメントやコンバージョンを x %改善する」というような仮説から始めることで、簡単なA/Bテスト（https://ja.wikipedia.org/wiki/A/Bテスト）を行うことができます（多変量テストもオプションです）。それぞれの選択肢は別々の推薦技術に基づきます。

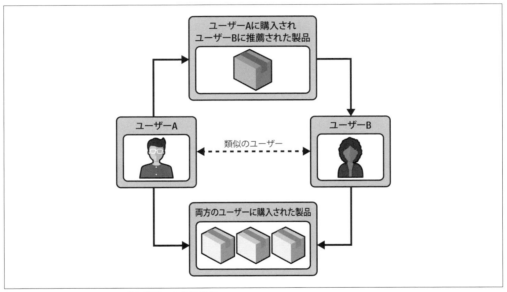

図12-3　協調フィルタリングを利用した商品推薦

12.6　まとめ

　MLプロジェクトがビジネスに大きな影響を与えるためには、PMとビジネスオーナーは全ての段階で正しい質問をすることに絶え間なく集中する必要があります。技術的な詳細やMLの実装に直接飛び込むのではなく、チームはビジネス上の問題や目標をできるだけ具体的に理解する必要があります。そのためには、ステークホルダーと話し、ニーズを技術要件に変換する必要があります。ビジネス目標が理解できたら、その目標を達成するためにMLが本当に必要かどうかをまず評価しなければなりません。もしMLがそのソリューションであるならば、次に答えなければならないのは、外部のサービスプロバイダが提供する既存のソリューションと統合すべきか（購入）、MLシステムを自分たちで構築するために投資すべきか（構築）です。どちらの場合でも、MLソリューションを顧客向けのシステムに統合するためには、多くの計画と調整が必要です。

ビジネス目標と測定可能な評価指標を明確に定義し、適切な成功の基準を選択し、ソリューションを反復的にデプロイすることは、それぞれ優れた ML システムを構築するための重要なステップです。しかし、ML には他にも多くの要件があり、その多くは従来のソフトウェアアプリケーション開発の要件とは異なります。ここでの成功とは、ML がもたらす新たな状況を高度に認識しながら、何が実際にビジネス上の利益となるかを明確に見極めた上で、場合によってはでこぼこな道を進むようなものです。

13章
MLの組織への統合

　新しい重要な分野を組織に統合することは、多くの場合、不規則なガーデニングのように思えます。土地が肥沃であるかどうかに関係なく、種をまき、何が育ったかを確認するために時々戻ってきます。運が良ければ、春に色彩豊かな光景が見られるかもしれませんが、よりしっかりとした構造と規律がなければ、不毛な出来事が待っている可能性が高くなります。

　正しい組織の変革は、多くの**一般的な**理由から非常に困難です。まず第一に組織や文化を変える方法について、事実上無限の材料が存在しています。この膨大な選択肢の中から選ぶのさえ大変なのに、さらにその中から最適なものを選んで実行するのは至難の業です。

　ただし、MLの場合、いくつかの**ドメイン固有の**理由があり、間違いなくそちらの方が重要です。既に言い尽くされていますが、MLが根本的に異なる点は、**データ**の性質や表現と緊密に結合していることです。その結果、組織内にデータがあれば、どこにでもMLに関連する可能性があるものが存在します。データを持っている、あるいは何らかの形でデータを処理しているビジネスの全ての領域を列挙してみても、この点がよくわかります。このように、MLは他の開発活動から切り離された神秘的なものではありません。MLが成功するには、**リーダーは何が起こっているのかを総合的に把握し、何が行われているかにあらゆるレベルで影響を与える方法を知る必要があります**。

　こうした状況がとりわけもどかしくて逆説的なのは、ほとんど全ての変革マネジメント手法が、一度に多くのことをやろうとする危険性を抑えるために、小規模から始めるのを推薦していることです。ほとんどの場合、これは非常に賢明であり、最初のその場しのぎの実験は余計な負担なしにできますが、小規模なパイロットで成功したからといって、より大規模なMLの導入がうまくいく保証はありません。サイロ化を回避することはほとんどの組織にとって非常に困難ですが、MLでは特に重要です。

　ただし、良いニュースもあります。小さく始めて試験的に成功させ、成長するにつれてMLの機会とリスクを正しく扱うようにすることは、非常に実践的です。しかし、その方法を行うには慎重でなければなりません。だからこそ、まずフレームワークと前提について話す必要があります。

13.1　前提

　本章を書くにあたり明確にしておきたい前提がいくつかあります。それぞれの項で詳細に説明し

ています。

13.1.1　リーダー的視点

　最初の前提はもう明らかかもしれませんが、本章と 14 章は、組織のリーダーのために書かれています。データサイエンティストや ML エンジニア、SRE（サイトリライアビリティアビリティエンジニア）などにも関連する点はありますが、本章は最も緊急に対処すべき対象として、組織の健全性、構造、成果に責任を持つ人々に向けられています。その対象規模は、チーム（2 人以上）から事業部や会社（数百人から数千人）までと様々です。

13.1.2　詳細事項

　一般的に、組織のリーダーは特段の必要がある場合を除き、**どのような**変革プロジェクトの実施やマネジメントでも詳細かつ直接的に関与することはありません。ML の場合は少し異なります。ML をうまくやるには、リーダーは賢明な意思決定を行う前に、ML がどのように機能するのか、データをどのように利用するのか、何がデータとしてカウントされるのか、などの原理原則を理解する必要があります。

　ここでの主な観察点は、通常リーダーは日常の管理業務の一環として機械学習に関連する知識を自然に身につけるわけでありません。そのため、機械学習の基本を学ぶ明確な仕組みが必要です。これは、わずかな代表的 KPI とチームのダイナミクスを十分に理解することで、ほとんどのチームを効果的にマネジメントできると主張する従来の数多くのマネジメント理論とは対照的です。現状、ML は十分に複雑で新しく、潜在的な影響力があるため、詳細な点の認識が重要であると考えていますが、これは時間の経過とともに変化するだろうと予想されます[1]。ただし現時点では、リーダーが ML の基本を理解し、エンジニアなどの実務者にアクセスできるようになる必要があります。これにより、成功の可能性を評価し、結果を改善するのに役立ちます。

　訓練プログラム以外で、このレベルの理解を達成するための主な提案は、機械学習を単独の技術として、他のものから切り離してサイロ化させないことです。ML は、あらゆるものに影響を与える可能性があることを考慮すれば、あまりにもサイロ化すると、情報と制御の流れを逆転させ、リスク管理に大きな問題を引き起こす可能性があります。ML は本来、水平的な活動なのです。

13.1.3　ML はビジネスについて知る必要がある

　3 番目の前提は、**ビジネス**の複雑さが ML の考え方と実装方法に直接影響するということです。これは、目標と性能に関する部門の回覧に ML 担当者を含めることだけではなく、それよりもはるかに広範囲にわたって全体的です。ML エンジニアは、平均的な製品開発者よりも幅広いビジネス

---

[1]　当然のことながら、私たちは継続的に細部まで関与するリーダーを尊敬しません。それが良い場合もあれば、悪い場合もありますが、リーダーは ML の進化の現時点でのトレードオフを理解することが必要であると信じています。少なくとも組織のリーダーは、最適化されているビジネス指標を把握し、ML システムがその指標を効果的に最適化しているかを測定する手段を持っている必要があります。実装の詳細と効果を測定するプロセスを理解することで、リーダーは自信を持ってそれを行えるでしょう。

レベルの懸念事項と状態を認識する必要があります。

いくつかの例でこれを明確にしましょう。

例 1

YarnIt の ML 開発者は、特にウェブ販売部門でビジネスに影響を与えたいと考えています。ML 開発者は、売上が不振に陥っている製品を特定するモデルの構築に取り組んでいます。モデルは、売上を増やすために、特定の状況でこれらの製品を推薦します。このようなモデルは、あらゆる方法で成功する可能性があります。これらの製品の新しい購入者を特定したり、以前に購入した人に単に再度購入する可能性を思い出させたりできます。

しかし、ここで問題が発生します。モデルが、YarnIt にごくわずかしか在庫がない高級品であるカシミヤウール糸に着目しました。このモデルにはマージンや在庫を表す機能がない（効果的に表現または理解できない）ため、そのカシミヤウール糸を全て売り切ってしまいました。カシミヤ糸は業界全体で不足しており、糸を補充するには数週間、場合によっては何ヶ月もかかります。この糸を大量に購入する顧客はほとんどいませんが、多くの顧客は、大量注文の一部として時々少しずつ購入することがあります。E コマースで時折見られるもう 1 つの影響に、あるオンラインショップで特定の商品が在庫切れの場合、顧客は別のサイトで全部を注文してしまうといったことがあります。YarnIt もこれを経験しています。そのため現在、YarnIt は、**この**製品の在庫が不足しているため、**他の**製品の売上を失っています。

例 2

別のケースでは、組織横断的なプライバシーとコンプライアンスの問題が明らかになりました。推薦および検出チームは、顧客が yarnit.ai サイトを最大限に活用できるよう、また YarnIt が顧客から最大限の収益を得る助けになるようにモデルを訓練しています。モデルが使用する機能の中には、顧客がウェブサイトへのアクセスに使用しているブラウザに関する情報も含まれるため、チームはブラウザによって提供される User-Agent 文字列から、ブラウザとプラットフォームを判別します。

一方、ウェブデザインチームは新しいインタラクションに取り組んでおり、顧客が使用しているブラウザ構成をよりよく把握したいと考えています。必要な情報を全て取得するために、チームは ML 担当者と**話をせずに**、ブラウザの完全な情報をログに記録して追跡することにしました。その結果、モデリングチームは知らないうちにフルブラウザの User-Agent をモデル内で使い始めることになります。

問題は、User-Agent の完全な内容と（モデルにもある）位置情報により、多くの場合 1 人の個人を一意に識別できてしまうことです。これで、個々の人々をターゲットにする機能を備えたモデルができてしまったのです。これは YarnIt のプライバシーガバナンスポリシーの一部と、YarnIt が運営されている国のコンプライアンス要件にも違反しており、組織全体に深刻なリスクをもたらします。

これらのどちらの場合でも、個々のチームは**それぞれの状況において**何も間違ったことはしていません。しかし、自分たちの選択が他のチームに与える影響について不完全な情報に基づいて行動したことが、悪い結果をもたらしました。そのため、リーダーは組織内でMLがどのように機能するかを認識し、そうでなければ、欠けている重要な調整と広範な監視を提供できるようにする必要があります。本当に大きな問題は、これをどのように最善の方法で提供するかということです。

これについて構造的に考える方法の1つを次に示します。監視と制御が最も重要なML作業の部分を一元化し、ドメイン固有の懸念事項が最も重要な作業の部分を解放し、これらのワークストリームが合流できる**統合ポイント**を提供することです。この統合ポイントで、監視、指導、コミュニケーションが行われる必要があります。

良いニュースは、ほとんどの組織が既に、分野横断的な会話が行われる場をいくつか持っているということです。運が良ければ、顧客のライフサイクル管理が通常の関心事である製品管理などで、そのような会話が自然に行われるでしょう。既存の会議、ワークストリーム、または何らかの場に適合しない場合は、新しい会議、ワークストリーム、または場を作成する必要があります。ただし、どのような形であっても、この種の会話は続ける必要があります。

13.1.4　最も重要な前提条件

私たちは、前述の全ての仮定に基づいて資料を作成しています。ただし、組織変革の取り組みには前提条件があり、そうでないと思われる場合でも、前提条件が存在します。これらの前提条件は身近なものであるため、最終的にMLへの取り組みの成功を決定する可能性があります。

最も重要なことは、MLの取り組みに着手する前に検討することが非常に価値があり、MLプロジェクトで何を達成しようとしているのかという問題と強く関連しています。それは、MLがプロジェクトのためにできると想定していることです。

13.1.5　MLの価値

MLは、単に収益を増やすだけでなく、ビジネスに多くの効果をもたらします[†2]。MLを導入すると、市民参加を向上させたり、災害救援のためにより多くの資金を集めたり、最も緊急にメンテナンスが必要な橋を特定したりできる可能性があります[†3]。ビジネスリーダーにとって、それは通常、より多くのお金を稼ぎ、顧客をより幸せにすることを意味します（そして、顧客の満足は通常、ビジネスにとってより多くのお金につながります）、または場合によっては自動化によってコストを削減することを意味します。

例として、YarnItに戻りましょう。CEOは数年前からMLについてヒアリングを始めました。MLを活用する方法に関する初期のアイデアには、次のようなものがありました。

[†2] この見解は営利企業に限定されません。MLの導入を検討しているリーダーは、多くの場合、より多くのお金を稼ぎ、より多くの食料を配り、より多くの住居費を支払うなど、既に行っていることの改善を期待しています。MLはこれらを行えますが、組織全体の運営についての考え方を変えることもできます。

[†3] 本書執筆中に、著者陣の何人かが住んでいるペンシルバニア州ピッツバーグで有名な橋が崩壊しました。米国の物理インフラの主な問題は単に国が十分な資金を使っていないことですが、限られたリソースをどこに優先的に費やすかの決定にはMLアプリケーションが適している可能性があるのも事実です。

- 特定の顧客（ログインしていない場合はウェブセッション所有者）の以前の行動や関心を考慮して購入しそうな製品を推薦するためのモデルを導入することにより、ウェブサイト上の検索結果を強化します。

- 顧客が新製品を見つけるよう促します。これには、専用のモデルによって選択された製品にフロントページのかなりの部分を割くことが含まれます。

- 在庫管理を行います。MLは、サプライチェーンの制約と在庫レベルをモデル化し、財務、販売、保管、供給の制約を考慮して、YarnItが製品の適切な組み合わせの在庫を確保できるように、製品の最適な再注文を提案します。

- 他の多くのモデルおよび注文マージンを機能として追加することで、収益性を向上します。

これらのアイデアはタイムスケールと、組織への介入レベルが異なることに注意してください。それらの中には、既に行われていることとその方法を簡単に再現できるものがあります。検索結果のランキングの変更は、顧客満足度と売上に測定可能な影響を与える可能性がありますが、比較的迅速に（四半期や数年ではなく、数週間から数ヶ月）行うことができ、実装するために広範な組織からの特別な参加は必要ありません。在庫とサプライチェーンの仕組みを変えるにはさらに時間がかかり、他の部門からのより広範な参加が必要になります。うまくいけば、おそらくジャストインタイムのサプライチェーンに似た、企業としてのYarnItの全体的な効率を大きく変える可能性があります。しかし、これはMLエンジニアが主導できる変化ではありません。

こうした実装上の課題に直面していても、組織のリーダーは通常、MLの価値を広く信じています。実際、MLには、組織が既に収集したデータに基づいてさらなる価値を実現できる可能性があります。これは、組織の機能を一変させる、一世代に一度のテクノロジーの変化です。したがって、MLで何ができるかを慎重に検討し、その中のどの部分を達成したいのかを把握する必要があります。始める前に全てを書き留めてください。

13.2　重大な組織リスク

MLで何ができるかを評価し、具体的な形式を決定し、仮説を書き留めて、名声と富をもたらす素晴らしい変化を期待しながら、熱心に手をこすり合わせているとします。「次は何をするのか」は、明らかな疑問です。残念ながら、始める前に、価値と同じくらいリスクを理解することが重要です。そうしないと、一方を他方よりも優先するという、十分な根拠に基づいた決定を下すことができなくなります。

13.2.1　MLは魔法ではありません

ほとんどのビジネスリーダーはMLの価値と可能性をある程度認識していますが、リスクについては必ずしも十分に理解しているわけではありません。その結果、ML実践者が達成しうることをほとんど魔法のように扱うリーダーの視点に出くわすことがあります。しかし、リーダーレベルの人たちでさえ、その方法や理由を理解している人は誰もいません。MLの範囲とメカニズムを誤

解することで、リーダーは組織全体にわたるプロジェクトの影響範囲を見落とすことになります。この場合の最大の危険は、リスクが見えなくなるか、実質的に外部要因、つまり他者の問題として扱われてしまうことです。それは、おそらくは恣意的に先延ばしされたものであるにせよ、避けられない災難のパターンになります。

13.2.2　メンタル（考え方）モデルの慣性

　組織の働き方を変革するのは決して容易な命題ではなく、このテーマについては何千ページも議論されています。ここでは、ML の実装は利害関係者の管理と影響を受ける人々からの賛同を得る必要があるという点で他の変化と同様だが、利害関係者の総数がはるかに大きくなる可能性が高いという点で他の変革とは異なる、という言及にとどめておきます。

　その結果、利害関係者の数に依存する問題の要素（例えば、関与する必要がある人を把握する純粋なロジスティックス）が明らかに大きくなります。しかし、より重要なのは、説得、コミュニケーション、そして特に、人々が変化を**モデル化**する方法の理解に関するあらゆる要素の重要性も劇的に高まっているということです。

　重要な変化を推進する場合、全ての会議に出席して関係する上級リーダーの論点を説明するだけでは、ほとんどうまくいきません。上級リーダーのみの視点からの状況の特徴付けに基づいて、人々に行動を変えるよう説得するわけではありません。特に、重要な問題は**考え方**と、組織全体のリーダーと現場の実務家の両方が、何が起こっているのか、そしてそれにどう反応するのかを表すために使用している**メンタルモデル**です。誰もが自分（または特定の個人）と同じように物事を理解するようになるだろうと想定している場合、その計画はおそらく長続きしないでしょう。

　しかし場合によっては、新しいやり方が、特定の状況に対応するために本当に正しい方法である、ということもあります。それが「正しい方法」でありながら、メンタルモデルが変化しない場合、変革する人は、説得という重荷を背負わなければなりません。最も効果的に説得するには、動機または一連の動機を伴う必要があり、聴衆のメンタルモデルに語りかける必要があります。例えば対象者は、自分のチームのデータを他の人が読み取れるよう労力を費やしても、実際には何も得られないと信じているかもしれません。あるいは、他のチームよりも劣っていることが示されるのではないかと恐れているのかもしれません。あるいは、重要なのは製品の機能をできるだけ早く一般に公開することだけであり、文字通りそれ以外のことに労力を費やすことは重要ではないと、深く信じているのかもしれません。いずれにせよ、変化を提案するには、対象者のメンタルモデルを求め、理解し、対処する必要があります。

　結局のところ、最も現実的な懸念として、ML の実装には真剣な関係者管理とメンタル（考え方）モデルを変えるための大規模な協調的な取り組みが必要です。

13.2.3　異なる組織文化でのリスクを正しく表面化する

　リーダーシップレベルでメリットが明らかでもリスクが目に見えない場合、リスク管理がその場限りの資金不足の状態で行われたり、場合によっては意図的に行われなかったりすることになります。特に否定的な方向性を持つ文化では、これらのリスクが誤って伝えられる可能性さえありま

す。この状況の意味をより詳しく理解するには、Dr. Ron Westrum が提案した組織類型をソフトウェアエンジニアリング組織の文脈で検討することが役立つかもしれません[†4]。

　ある程度単純化できれば、組織は権力指向、ルール指向、または成果指向として大まかに特徴付けられると Westrum は示唆しています。このうち、ML の実装時に**構造的**問題が発生する唯一の組織文化は、ルール指向の官僚的な文化です。なぜでしょうか。一方で、**権力志向**の組織は新規性を排除する傾向があり、その結果本格的な方法で独自に ML を実装する可能性ははるかに低くなります。一方で、**成果指向**の文化は、新規性、協力、コミュニケーション、リスク共有に対して寛容です。これらの環境は、ML の実装を成功させるのに必要な種類のオープンな調整を許容する可能性が高いです。

　反対に、**ルール指向**の組織は新規性を許容しますが、問題が発生した場合に人々を罰します。失敗は、失敗したとみなされた人々にマイナスの結果をもたらし、組織は狭い（しかも徹底的に守られた）責任範囲を持ち、調整は最小限に抑えられています。このような組織では、ML が浸透することは期待されますが、何か問題が起きたり困難が生じたりすると、「責任者」が罰せられ、革新がすぐに停止してしまうでしょう。残念ながら、このようなことにより、ML に伴う横断的なリスクを適切にモデル化して対応することが非常に困難になります。重大な損失が生じる可能性も十分にあります。

13.2.4　サイロ化したチームが全ての問題を解決できるわけではない

　もう 1 つのよくあるリスクは、ML チームやプロジェクトが他の新しい種類の仕事と同等に扱われることです。その仕事を行うためにサイロ化された新しいチームを立ち上げ、組織内で分離してしまうといったことが、直観的に行われがちです。これは、何かを構築し、成果を実証するために、スタートアップの摩擦を減らすための一般的な方法です。しかし、ML を実施するには、複数の部門や部署からの協力が必要になることが多いため、ML にとってはこの方式は問題となります。しかし、より重要なことは、ML プロジェクトが与えるインパクトの範囲が広いため、ML をうまく展開するには、構造、プロセス、そして信頼性を維持するために必要な人材をサポートするための組織改革が必要だということです。その範囲が狭すぎると、ML プロジェクトは成功できない可能性があります。

13.3　実装モデル

　組織に ML を導入する際に伴ういくつかのリスクについて説明しましたが、次に重要な点、つまり実際に導入する方法に焦点を当てましょう。

　小規模な実装プロジェクトは、おそらく、組織の成功に不可欠なものに ML を適用することから始まります。これには、データソースの作成とキュレーション、問題領域**および** ML の適切な専門

[†4]　Westrum の元論文は「A Typology of Organizational Cultures」(https://oreil.ly/T9Jje) です。Google Cloud Architecture Center（https://oreil.ly/POd9Y）では、これを DevOps の観点からレビューしていますが、ほとんどの点は ML 運用エンジニアリングにも関連しています。

知識を持つチームの編成、進捗状況の追跡と船の操縦に必要な水平規制メカニズムの作成が含まれます。このプロセス全体を通して、いつか、どんな種類の困難が訪れるかはよくわかりませんが、最終的には困難が訪れるとわかっているときに必要な、至福の楽観主義で進むことがおそらく有利でしょう。

何らかの評価指標を選択することから始めましょう。理想的には、それはシステム内では**有用**ですが、**必要不可欠**ではありません。そうすることで、実装から貴重な経験を得ることができ、将来的な拡張に必要なチーム間の相互接続を組み立てる作業も含まれますが、物事が混乱したとしても重大な災害が発生する可能性は低くなります。

YarnIt の例を考えてみましょう。実装チームはおそらくいくつかのオプションを検討するでしょう。ML を使用して検索ランキングを支援することは、魅力的な開始点の 1 つです。しかし、チームは、検索結果ページから直接得られる売上が大きな収益をもたらすことに気づきました。このため、そこは最終的には ML を適用するには魅力的な場所になるでしょうが、最初に行うには危険な場所です。サイトの他の部分を探し、それらが全て収益に敏感であるか重要であることを確認した後、チームは別のアプローチを採用します。つまり、現時点では何もないところに ML によって生成された結果を**追加**したらどうなるでしょうか。チームメンバーは、yarnit.ai サイトを見回して、いくつかのページでエンドユーザーへの推薦事項が表示されていないことに気づきました。ユーザーがショッピングカートに商品を追加するときに表示されるカート追加確認ページに、推薦製品を追加することを決定します。つまり、ユーザーがある商品に興味を示したその瞬間に、他の商品を推薦するのです。

ここから始めるのが良いでしょう。純粋に追加的で、リスクが低く、少なくとも妥当な利益が得られる可能性があります。購入意向は既に存在しており、この変更は既存の顧客のワークフローにあまり干渉しません。そこでチームは、この「X を購入した人は Y も購入した」モデルを追求し、それらの推薦事項のクリックスルー率を収集し、検索結果のクリックスルー率と比較し測定することにしました。もちろん、チームがこれを行う方法についてよく理解したら、介入リスクを最小限に抑えることに焦点を当てるのではなく、達成可能／実現可能と期待される収量を組み合わせた、より伝統的なアプローチを採用することも考慮します。

13.3.1　ゴールを思い出す

特に実装の実施において柔軟性を維持することは重要ですが、組織内の能力を構築するために ML を実験するという目標も覚えておく必要があります。選択したビジネス指標の改善が達成できれば幸いですが、達成できなかったとしても、プロジェクトが全体的に成功する可能性はあります。それでも多くのことを学び、うまくいかなかった場合は別のアプローチを試すことができます。

しかし、途中で遭遇するものに気を取られないようにすることと、以前に決めたことに固執しすぎないことの間の微妙な境界線を歩くことが重要です。

戦略的目標とその目標に至った背景を書き留めることは、戦術的な問題のトラブルシューティングや障害の処理の最中に参照するのに役立ちます。

13.3.2　グリーンフィールドとブラウンフィールド

　組織内で一連の新しい活動を開始するときによく発生する根本的な疑問は、それを何もない状態から行うのか（**グリーンフィールド**とも呼ばれる）、それとも既存のシステム、チーム、またはビジネスプロセスで処理するのか（**ブラウンフィールド**とも呼ばれる）です。実際には、ほとんどの組織は既存のシステムを改善することで最大限の価値を得られるため、ほとんど全ての実装はブラウンフィールドです。一般的に、かなり単純化されますが、変革プロジェクトは、グリーンフィールドであればあるほど、あるいはグリーンフィールドにすることができればできるほど、容易に進みます。

　一般的な直観では、既に存在していて（ある程度）機能するものを基にして構築する方が簡単だという考えがあります。しかし実際には、新しい取り組みが成功するかどうかの重要な尺度は、それが反対する人をどれだけ引き付けるかです。一般的に、ブラウンフィールドの状況では、多くの反対する人に出会うのです。ブラウンフィールドでは、誰かのキャリアが成功するか否かは、何も変わらないことで決まるのです。

　まさにこれらの理由から、大きく反対されることが予想される実装プロジェクトのほとんどは、通常、これまで明らかにされていなかった責任をカバーする新しいチームまたは機能を立ち上げようとします。私たちの見解では、MLは相互に強く結びついている性質があるため、そのような相対的な孤立状態が長く続くことは現実的ではないと考えています。いずれは、そしておそらく思っているよりも早く、誰かに許可を求める必要が出てくるでしょう。

　ここでの最善のアドバイスは、以前と同様、意味のある指標から始めることです。これは、ストーリーを伝えるのが最も簡単であるためです。変革を成功させるには、ほとんどの場合、優れたストーリーが必要です。次に、それを使用して、ほとんどのものがブラウンフィールドであることを認識しながら、プロジェクトがどの程度グリーンフィールドまたはブラウンフィールドである必要があるかを決定します。

13.3.3　MLの役割と責任

　MLを適切に行うには、目まぐるしいほどのスキル、重点分野、ビジネス上の懸念事項が必要になります。この知識を構造化するための有効な方法の1つは、いつものように組織内のデータの流れを考えることです。以下に例を挙げます。

ビジネスアナリストまたはビジネスマネージャー

　　　特定の事業分野の運営とその事業分野からの財務結果に責任を負います。ビジネスアナリストやビジネスマネージャーはMLを成功させるために必要なデータと意欲を持っていますが、もしうまくいかなかった場合、悪い情報のせいで仕事を遂行する能力が損なわれてしま

います。

プロダクトマネージャー

製品の方向性を定め、ML を既存製品にどのように取り入れるかを決定します。これらは、データをどのように処理するか決定するのに役立ちます。また、実装内容を指導する ML 固有のプロダクトマネージャーが存在する場合もあります。

データエンジニアもしくはデータサイエンティスト

データを抽出、整理、管理、追跡する方法と、そこから価値を引き出す方法を理解しています。

ML エンジニア

モデルとそれを生成するシステムを構築および管理します。

製品エンジニア

ML によって改善すべき製品を開発しています。ML を製品に追加する方法を理解するのを助けてくれます。

ML または MLOps スタッフのための SRE

ML モデルのデプロイメントにおける全体的な信頼性と安全性を主導します。モデルの構築とデプロイメントのための既存のプロセスを改善し、性能を長期的に追跡するための指標を提案および管理し、モデルの信頼性を強化するための新しいソフトウェアインフラを開発します。これらの役割はプロセス全体を包括しており、プロセスをエンドツーエンドで見ている数少ないエンジニアの一部です。

これらの各役割は、小規模な組織内で他の役割と組み合わせることができ、役割の穴を埋めると考えられる機能です。

13.3.4　ML 人材の雇用

才能のある ML スタッフの雇用は現時点では困難であり、予見可能な将来においても困難が続くと思われます。ML スキルに対する需要の増加は、教育を受けた経験豊富なスタッフの供給をはるかに上回っています。これは全ての雇用主に影響しますが、最も権威のある ML 企業（通常は大規模なテクノロジー組織）は新卒者と経験豊富なスタッフのほとんどを雇用し続けています。これにより、他の組織は困難な状況に置かれます。

このような場合、進め方について通常推奨されるのは、潜在的に優秀な候補者にサイクルの早い段階でアプローチする、採用プロセスの運用が全般的にしっかりしていることを確認する、候補者と定期的にコミュニケーションをとる、候補者に当該企業の利点を売り込む、などの選択肢です。これらは全て真実であり、便利で、努力が必要であり、うまくいく可能性もありますが、標準的なアプローチです。市場が特に熱い場合、これら全てをうまく実行しても、**まだ**うまくいかない可能

性があります。

　別のアプローチをお勧めします。問題を、ML の知識と経験をすぐに必要とする人材と、仕事をしながら学習できる人材の間で人員配置を分割するという形で再構成します。ほとんどの状況、そして実際のスタートアッププログラムでは、経験豊富な ML 研究者または実践者が 1 人か 2 人だけ必要となります。これらの経験豊富な従業員は、組織の目標を達成するためのモデルの設計を支援し、それらのモデルの構築とデプロイメントに必要なシステムを指定することもできます。しかし、データの管理、製品への ML の統合、運用環境でのモデルの保守に必要なスタッフは、他の面では才能がありながらも、業務中に ML を深く学習している人たちである可能性があります（本書のような書籍を購入して、従業員の知識をより迅速に習得することもできます）。

　問題を分割したとしても、ほとんどの組織には、このプロセスの種をまくために最初の少数の経験豊富な ML 研究者やエンジニアをどのように雇用できるかという疑問がまだ残ります。標準的な戦略には、経験豊富な企業から請負業者やコンサルタントを雇い、実際の経験と資格を持ち、喜んで教えてくれるスーパースター 1 人に金を払い、道が険しいことを理解しながら若手の新星に賭けるという組み合わせが含まれます。これらは、組織が ML を生成したいという願望はあるものの、大企業と競争できるだけの名声や資金がない場合に実用的なオプションです。

　組織が特に ML に順応する際に直面する具体的な課題のいくつかを検討したところで、一歩下がって従来の組織設計の観点から問題を検討してみましょう。

13.4　組織設計とインセンティブ

　組織がやるべきことを前提として機能するようにすること（**組織デザイン**と呼ばれることが多い）は、戦略、構造、プロセスが混在する難しい技術です。リーダーにとって重要な点は、レポート構造は、成功する組織設計において最も重要でない部分であることが多くあります。他にも、より強力な側面や決定要因が行動に影響を与えます。

　さらに深く掘り下げる前に、組織設計は技術的で、多くの場合専門用語が含まれるトピックであることを認識する価値があります。一部のリーダー、特に小規模な組織のリーダーにとって、次節以降では木を見て森を見るのは難しいかもしれません。戦略、プロセス、構造についての話は、適切な人材を雇用し、アプリケーションに ML を追加するという実際の主要なタスクに当てはめるのが難しい場合があります。ただし、最終的に重要な教訓は、組織の現在の仕組みとそれがどのように変化するかを考えることで、ML を成功させる可能性が大幅に向上するということです。

　特定の目標を達成するための組織の変え方を理解するために、多数のモデルから選択できます。本節は、それら全ての完全なレビューを提供するよう設計されているわけではありません。むしろ、組織について考えるための一般的なアプローチの 1 つである Jay R. Galbraith のスターモデル（https://jaygalbraith.com/services/star-model）を選択し、それを組織に ML を実装するという課題に特に適用します（**図 13-1**）。

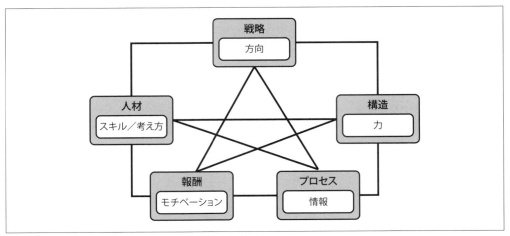

図13-1　スターモデル（© Jay R. Galbraith. 許可を得て転載）

このモデルでは、戦略、構造、プロセス、報酬、人材は全て、経営陣が設定できる設計ポリシーまたは選択であり、組織内の従業員の行動に影響を与えます。

このモデルが有用なのは、多くのリーダーが変革への取り組みを開始終了した結果である報告の仕組みや組織図を踏まえているからです。Galbraithは、「ほとんどの設計作業では、組織図の作成に過剰な時間を費やし、プロセスや報酬に十分な時間を割いていない」と指摘しています。このモデルを使用すると、その観察結果を基にして、相互に関連する全ての側面が影響を受けるかどうか、または要件をより適切にサポートするために変更できるかどうかを考えることができます。その後、ポリシー、プロセス、人材、報酬ポリシーを調整して、構造と戦略をサポートできます。

MLを実装しようとしている組織の文脈で、それぞれを確認してみましょう。

13.4.1　戦略

戦略は、組織が進もうとしている方向で、ビジネスや組織の成功モデルを推進します。戦略は、組織のどの部分に注目や資金提供が行われるか、また組織がどのように評価され、成功しているとみなされるかに影響します。

「繊維流通業界における最高水準のML」といった戦略は、YarnItにとってMLを主要な焦点として位置づけることができますが、「最高水準の」MLにこだわると、MLの導入範囲が制限される可能性もあります。「たいていの場合、ある程度合理的」なMLは、実際には、様々な状況で既存のアルゴリズムの導入を改善できます。「製品のあらゆる側面でMLを行う」という別の戦略は、組織があらゆる場所でMLを使用する新しい革新的な方法に資金を提供し、そもそも低品質の結果に対する許容度を高めることを意味する可能性があります。一方で、「MLの使用を含むアプローチを多様化することで売上を増やす」という戦略を設定した場合、売上を増やす他の従来の方法よりも実験的であるか、重要性が低いと考える可能性があります。

13.4.2　構造

構造は、組織内で誰が権限を有しているかを表します。正式な監督権限を示すものであるため、組織図または報告経路構造と考えることもできます（もちろん、これは大きく異なる場合があります。他の場所では、権限がチーム内にあり、特定の技術リーダーが決定を実装する前にサポートしなければならない場合もあります）。

組織構造の選択肢について考える 1 つの方法、および Galbrait が特定した方法は、機能構造、製品構造、市場構造、地理構造、プロセス構造が含まれます。

機能的

この構造により、特定の機能または専門分野に基づいて会社が編成されます（例えば、ML の実装を単一のチームに集中化するなど）。

製品

この構造では、スタッフが個別の製品ラインに分割されます。この場合、ML チームは個々の製品チームに分散されます。

市場

会社は、販売先の顧客市場セグメントまたは業界ごとに組織されています。YarnIt の場合、これは編み物愛好家のタイプ（編み手、織り手、またはかぎ針編み手）による場合があります。

地理的

Galbraith が考える構造は地域ごとに整理されています。製品は地域、場所、さらには流通経済（食品の産地など）に依存しています。ML に対してこの構造的アプローチを考慮する唯一の明白な理由は、ガバナンスと現地法の遵守です。これはおそらく、ML の実装を構造化する方法ではありません。

プロセス

水平組織とも呼ばれるこの構造は、組織内でプロセスを開発およびデプロイする全ての人々の権限を集約します。これは、様々な製品ラインにまたがって作業するものの、組織の標準とプロセスを作成する必要がある ML チームにとっては良いモデルとなる可能性があります。

リーダーは通常、組織の仕組みと、変化をもたらすために使用すべきアプローチについてのメンタルモデルを持っています。例えば、新しい機能を開始するには、まず上級リーダーを雇用する必要があるというメンタルモデルを考えてみましょう。このメンタルモデルでは、リーダーは特定の上級リーダーを中心に ML の機能を集中化する傾向があります。これには、適切なリーダーが見つからない場合、または集中化が（例えば）既存のエンジニアリング文化にうまく適合しない場合、明らかな欠点があります。同様に、サイロ化された ML 機能は、上級リーダーが制御を維持するた

めには効果的かもしれませんが、他のエンジニアリングチームの ML の進歩は阻害されてしまいます。最終的には、リーダーは、選択した ML の戦略に応じて、物事がどのように機能するかについてのメンタルモデルを変更する必要があるでしょう（全てに適合する万能の構造は存在しませんが、このサイズに適合するアプローチを必要とする人のために、14 章で構造実装の選択肢について詳しく説明します）。

13.4.3　プロセス

　プロセスは、組織内の情報と意思決定の流れを制限するため、ML が機能する方法にとって重要です。必要に応じて、構造内の問題に対処するために使用できます。Galbraith フレームワークは 2 種類のプロセスを定義しています。**垂直プロセス**は希少なリソース（予算など）を割り当て、**水平プロセス**はワークフロー（顧客の注文入力とエンドツーエンドの履行など）を管理します。

　組織への ML の取り込みを開始するのに考えられる方法の 1 つは、導入を垂直プロセスとして扱い、意思決定は中央で行われ、組織全体で実装されることです。リーダーが依存関係とつながりをマスターしていれば、これはうまく機能します。そうでない場合、決定がバラバラになる可能性があります。例えば、アプリケーションに新しい ML 機能を追加するためにそれの訓練およびサービスを提供するチームに資金を提供する場合、全てのデータをキュレーションするためのチームや、長期にわたるモデルの品質測定や公平性を処理するためのチームにも資金を提供するのでしょうか。そうした場合、局所的な範囲内で集中化された機能が重複する可能性があり、非効率的であり、摩擦が増大する可能性があります。

　組織が複数の ML プロジェクトを実装すれば、特定のワークフローを実行するためにそれらのプロジェクトのインフラを一元化することで、堅牢性と信頼性が向上する可能性があります。例えば、モデルチームの多くは、独自のインフラをエンドツーエンドで提供することから始めますが、最終的には、大半のモデリングチームがアプリケーションに統合するモデルを提供する可能性があります。その時点で、これらのモデルの一部のサービスを一元化し、中央機能ストアの構築を検討し、モデルチームに関係なく ML 組織インフラの共通の側面の確立を開始できます。

13.4.4　報酬

　報酬は金銭的なものと非金銭的なものがあります。ほとんどの組織は、財務ベースだけで ML の人材を獲得するために競争するのは難しいと考えていますが、組織にとっては、使命、文化、または成長の観点から競争する方が理にかなっている可能性があります。ほとんどの従業員は、評価、地位、またはキャリアの機会を重視します。また、価値あるものを生み出すために自らのスキルを自律的に適用することも重視します。ML スタッフは独立している必要がありますが、同時に、組織が展開する ML が公正で倫理的であり、効果的で関連する法律に準拠していることを確保するために、必要なガバナンスを受けることも重要です。

　ML のスキルと知識に対する報酬について、もう 1 つの驚くべき点に注目する必要があります。ML は組織のほとんどの部分に影響を与える可能性があることを思い出してください。考慮すべきことの 1 つは、ML についてさらに学習した組織全体のスタッフに報酬を与えることです。営業ス

タッフ、会計スタッフ、バイヤー、プロダクトマネージャーが全員 ML の基礎教育を受けていれば、組織にとって長期的にははるかに効果的である可能性があります。

　私たちは、ML の専門知識が今後も無期限に不足し続けると予想しており、その結果、報酬や雇用の難しさなどに影響が生じます。積極的なアプローチの提案については「13.3.4　ML 人材の雇用」を参照してください。

13.4.5　人材

　最後に、組織内の人間に影響を与える要因の集合を考慮する必要があります。これには、それらの人々に必要な考え方やスキルが含まれます。また、人材の採用、選考、ローテーション、研修、育成といった人事方針も含まれます。例えば、柔軟な組織には柔軟な人材が必要です。クロスファンクショナルチームには、相互に協力でき、組織の様々な側面を理解する「ゼネラリスト」である人材が必要です。

　現時点で ML の教育とスキルがいかに希少であるかを考えると、ほとんどの組織は、既に資格を持った人材だけを採用するのではなく、現場で学習できる人材の採用を検討する必要があります。これは ML の要員配置マップ全体に当てはまりますが、SRE の領域では特に当てはまります。ML 運用エンジニアは、そのスキルよりも、確かな信頼性と分散システムに対するスキルの方がはるかにメリットが得られます。これらの役割において、ML は作業が行われる**文脈**ですが、必ずしもその作業の**コンテンツ**であるとは限りません。

　最後に、組織には「ML モデルがそう提案している」という根本原因に止まらず、それによって引き起こされる問題の曖昧さに対処できる人材が必要になります。そのように考えるのは良い出発点ですが、人々は ML モデルの構築方法、世界とデータの変化がどのように影響するか、そしてそれらのモデルが組織の他の部分にどのような影響を与えるかについて創造的に考えられる必要があります。その視点とアプローチの一部は ML の教育とスキルから生まれますが、一部は誰もが最初から持っているわけではない問題解決に対する好奇心と粘り強いアプローチから生まれます。

13.4.6　次のステップのためのノート

　説明を明確にし、図をわかりやすくするために、前述のトピックを分離しました。関心の分離はコンピュータサイエンスでよく使用される強力な手法ですが、現実の組織活動では全てが複雑に絡み合い、単一の次元を制御するだけでは物事を変えることが実質的に不可能になることがよくあります。良いニュースは、多くの場合それが望んでいることであると判明することです。

　前述のスターモデル要素の 1 つの次元を変更するだけでは、成功する可能性はほとんどありません。プロセスの変更から離れた戦略の変更は、ほぼ確実に事実上同じ成果をもたらします。古い文化を学ぶ新しい労働者と入れ替えることは、古い労働者と同じように行動する新しい労働者を育成する可能性が高くなります。新しい行動に経済的な報酬を与えながら、古い行動を簡単に達成できるようにしても（全てのプロセスがそのために最適化されているため）、それ自体は何も変わりません。さらに厳しい現実として、変化を成功させるには、多くの戦線を並行して推進する必要があることがよくあります。

ただし、これら全ての課題を同時に同じペースで、または同じ強度で前進する必要はありません。これは 2 番目の良いニュースです。これは**順序付け**できます。戦略を変更し、次にプロセスを変更し、次に報酬を変更することを発表します。一度に 1 つずつ対処しますが、少なくとも組織にとって重要なものには全て触れてください。自分が従うタイムスケールと、成功を評価するために使用している基準を全員に伝えます。自分の意図を伝えますが、一度に全てが変わるわけではないことを認識し、全体的な目標を大声で公に約束します。これにより、変更に対する信頼性が高まり、組織内に支持者が集まります。

13.5　まとめ

ローカルな状況に大きく依存するため、どのような変更を推進すべきかについて、状況に応じた推薦事項を提供することはできません。ただし、少なくとも次のことについて考えることをお勧めします。

- 組織は何を重視しているのでしょうか。組織が関心を持たないことを達成しようとすることで変化を推進するのは、重要ですが無視される可能性が高くなり、リソースを取得できる可能性ははるかに低くなります。企業の関心事と連携がとれていれば、全体的に仕事が成功する可能性が高くなります。
- 今日、人々は何をしているのでしょうか。そしてそれをどのように変える必要があるのでしょうか。変化に向けた計画の多くは、組織から切り離された上級スタッフから生まれています。他のスタッフの日々の経験、一歩下がって、上級スタッフが何をしているのか、そしてなぜそれをするのかを見てください。
- 古いことではなく新しいことを行うのはどれほど簡単になるでしょうか。新しいことを行うのが古いことよりも難しい場合、それを行うことが極めて重要であることに誰もが同意するかもしれませんが、変化が起こるとしても、その変化は遅くなり、より困難になるでしょう。正しいことを行いやすくし、間違ったことを行いにくくしましょう。
- 最後に、変化には時間がかかることを認めましょう。これまで述べてきたように、組織の脆弱性を示すことは、現実主義を評価する人々からの支持を得るだけでなく、人々が変化に対する自らの反応をうまく管理することを可能にします。ただ、定期的なコミュニケーションを行う習慣を維持することを忘れないでください。ビッグバンのような発表の後、何年も何もないと、人々は勢いが止まってしまったのではないかと不安になることがよくあります。

上記の実例を確認したい場合は、14 章を参照してください。

14章
実践的なML組織の事例

　組織は複雑であり、その様々な側面が全てつながっています。MLを導入した結果、組織のリーダーは新たな課題や変化に直面するでしょう。実際に検討するために、3つの一般的な組織での構造変化を見て、私たちが検討してきた組織設計の問題にどう適用されるかを述べます。

　それぞれのシナリオで、組織のリーダーがどのようにMLを組織へ導入したか、その選択のインパクトについて述べます。全体にわたり、それぞれの選択の利点と考えうる落とし穴について考察しますが、特に、各選択がプロセス、報酬、人材といった側面にどのように影響するかを13章で紹介したスターモデルを用いて考察します。組織のリーダーは、これらの実装シナリオで十分な詳細を確認して、自身の組織での側面を認識し、自身の組織での状況と戦略にマッピングできるはずです。

14.1　シナリオ1：新規集中型MLチーム

　YarnItが、ショッピング時の推薦を生成するモデルを開発するMLの専門家を1人雇用し、組織スタックにMLを導入しました。試験運用は成功し、結果、売上が増加しました。同社は現在、この成功をどのように拡大するか、MLにどのようにそしてどれくらい投資するかについていくつかの決定を下す必要があります。YarnItのCEOは、組織の新しい一元化された機能としてMLの中核的拠点を構築し運営するため、新副社長の雇用を決定しました。

14.1.1　背景と組織の説明

　この組織の選択には大きな利点があります。チームは専門化され、協力や共同作業の機会が豊富に存在し、リーダーシップは会社全体でMLに関する業務を優先する明確なスコープ（実施範囲）を有しています。信頼性の専門家は、そのスコープがMLシステムに限定されていれば、同じ組織に所属できます。集中化により、影響力の重要なつながりも生まれます。ML組織のリーダーたちは、YarnIt全体にわたって自分たちの優先事項を提唱するための立場をより強固に持つことができます。

　グループが成長し、プロジェクトが多様化するにつれて、YarnItの他の多くの部門もML組織とより多く連携する必要が出てくるでしょう。ここで中央集権化は不利になります。MLチームは

ビジネスの他の部分から離れすぎてはいけません。チャンスを捉え、生データを深く理解し、優れたモデルを構築するのに時間がかかるからです。個々のプロダクトチームから隔離された ML チームは、そのプロダクトチームからのサポートがなければ、成功する見込みは低いでしょう。さらに悪いことに、ML とプロダクト開発という 2 つの機能を組織図で切り離すと、チーム同士は協力的どころか競争的になるかもしれません。

　最終的に、中央集権的な組織は、ML で自分たちの製品を良くするビジネスユニットのニーズに有効に対応できないかもしれません。ML を運用化する際に、ビジネスユニットは、ML チームが持つ信頼性に対するニーズを理解しておらず、（納期が遅れる原因となる）信頼性プロセスを実施する理由を理解できない可能性があります。

　こうした落とし穴は、完全に中央集権的な ML チームにだけ存在しますが、組織は常に進化できます。このシナリオでは、中央集権的なチームだけでスターモデルを考えていますが、シナリオ 3 ではインフラを担当する中央集権的なチームの進化も示します。もう 1 つの進化の可能性は、中央集権的なチームが他者を教育し、組織内の ML のリテラシーを高めることです。

14.1.2　プロセス

　これまで述べたように、組織に ML を導入することは、組織全体に影響を及ぼしがちです。中央集権的な組織の欠点のいくつかを解決するために、決定や知識を分散もしくは分散化するプロセスを導入できます。これらのプロセスには以下のようなものがあります。

主要な利害関係者によるレビュー
　　これらのレビューは、ML チームが定期的に現在のモデル化の結果の承認やシステムがビジネスに適応している方法をビジネスリーダーが理解しているかを確認するものです。これらのレビューにどのような評価指標を含めるかという検討は別途必要ですが、評価指標は完全である必要があり、任意のモデル実装の改善だけでなく、それに要したコストも含める必要があります。主要なビジネス関係者は、ML チームの様々な取り組みの優先順位や、それらの取り組みの投資利益率（ROI）やユースケースもレビューすることがあります。

変更の独立評価
　　中央集権的な ML チームでは、全ての変更が互いに依存し、他の変更によって遅れる問題が発生することがありえます。代わりに、チームが変更を個別に評価し、各モデルが運用環境で変更される際の精度を担保すれば、変更がより迅速に利用できます。多くの場合、モデルは平均的な性能を向上させるかもしれませんが、特定のサブグループでは性能を低下させるかもしれません。これらのトレードオフが価値あるかどうかを判断するには、掘り下げた分析が頻繁に必要であり、予測精度のような単純な評価指標では反映されにくいビジネス目標に基づく判断が必要となる場合もあります。

変更の組み合わせに対するリスクを回避するテスト
　　大規模なモデル開発チームでは、複数の改修が並行して開発され、それらが一気にローンチ

されることがよくあります。問題は更新が互いにうまく連携するかどうかです。このため変更候補を個別にテストするのではなく、組み合わせてテストする必要があります[1]。注意すべき点は、資源その他のコストの理由から全ての組み合わせをテストすることが困難なことかもしれません。候補となる変更を選別し、どの組み合わせでテストするのが有用かを決定するプロセスが重要です。これは、モデルのローンチや他の変更との組み合わせテストについて議論する継続判定会議の形をとるかもしれません。その会議ではさらなるテストやローンチの決定を促すかもしれません。

これは中央集権的な ML モデルチームでは容易ですが、様々なビジネスユニットの人々も変更を評価できるようなプロセスを導入します。中央集権的な ML チームにとっては、変更や機能の要求をしたプロダクトやビジネスチームや、変更に影響を受ける可能性があるサポートチームが該当するかもしれません。

14.1.3　報奨

ML プログラム実装の成功を確実にするためには、**ビジネスとモデル構築者との間の協働作業に報酬を与える**必要があります。スタッフは、単に自分の部門、部署、チームといった狭いミッションでの達成効果ではなく、組織横断的な協力やビジネス成果との連携効果について評価される必要があります。他の組織からの意見や正式なレビューを求めたり、フィードバックを提供したり、計画を伝えたりすることは全て報奨されるべき行動です。どのように報奨されるかは組織や文化で異なりますが、認められるべきです。

報奨はボーナスや休暇など金銭的である場合もありますが、昇進やキャリアアップの異動も含まれます。YarnIt では「有益な影響力を持つ社員」という称号を、成功した従業員の人事考課に加えるかもしれません。

14.1.4　人材

プロダクトリーダーには**実験的思考**が必要です。ML が創出する価値を評価するとともに、リスクを許容するためです。プロダクトリーダーが ML モデルを組織の目標に合わせてチューニングするにはある程度の実験が必要であり、途中で否定的なインパクトがほぼ確実に発生することを理解する必要があります。

大きければ良いというわけではない

YarnIt の ML チームは、より多くの商品やより高価な商品を含む**大きなショッピングカート**を作ることが成功であると定義してプロジェクトに取り組み始めます。このアイデアは、大

---

[1]　たいていの参考資料では、これはアルゴリズム的または技術的な問題として表現されています。もちろんそうなのですが、非常に組織的な問題でもあります。変更を個別に評価し、それらをどのようにデプロイするかの戦略を立てるための決定と管理の枠組みがなければ、その作業を正しく優先順位付けできません。

量購入する顧客は組織にとって収益性が高いため、大量購入の数を増やすということです。このチームは容易に判断できるという理由で、新しいモデルによって 1 人の顧客が作成したショッピングカートの大きさで成功を測っています。

　問題が発生しました。新しい大きなカートは、予想よりもはるかに高い確率で放棄されてしまいます。顧客は大きなカートを作成しているようですが、決済して商品を購入しません。このカート放棄率は、営業部門の上級リーダーが問題視し、すぐに問題のトラブルシューティングを始めます。最初はウェブや決済チーム（ユーザーインターフェイスの問題や決済処理の問題かもしれない）に照会しますが、最終的には ML チームと協力して問題を解決します。

　何が起こっているかの仮説を立てます。ML モデルは顧客にたくさんの商品をカートに詰め込ませるのに成功していますが、何人かの顧客は購入の合計金額を見てひるんでしまい、自分が決済可能な商品の一部だけを購入するのではなく、カートごと放棄してしまうのです。ここまで仮設が立てば、みんなで解決策に取り組むことができます。

　営業部門は、ML チームがモデルの最適化の一環としてカート放棄に対する許容範囲内の目標を立てることができます。ウェブ UI チームは、カート全体ではなくカートの一部だけをチェックアウトする方法を考えることができます。プロダクトチームは、カートを放棄したユーザーに対して再マーケティングにより商品の一部だけでも購入したいかどうかを尋ねることができます。そして全体として、ML チームは、「大きなカート」の取り組みが実際に収益を最適化したかどうかを評価できます。

　最終的な結果は、顧客の満足度と YarnIt の収益性向上につながりますが、単に性能が低い ML モデルをすぐに拒絶するのではなく、こうした一連の課題に取り組むことでしか達成できません。

　YarnIt のように ML を取り入れた組織の全ては、成功するために、**物事の微妙な違い**を理解できる考え方を有した人材を採用する必要があります。リーダーは複雑さに寛容であり、自分の権限範囲外でも組織横断的に楽しんで働くことに柔軟に対応する必要があります。特筆すべきは、リーダーはこれらの影響の複雑さを代表し、過度に単純化したり整理したりすることなく、自分の上司に伝える自信を持っている必要があるということです。YarnIt の CEO は、ML が魔法であり全ての問題を解決するという話を聞く必要はありませんが、ML をツールとしたビジネス目標を達成している方法を聞く必要があります。目標は ML を行うことではなく、ビジネスの針を動かすことです。ML は強力ですが、その負の影響を最小限に抑えることで価値を生み出します。

　この中央集権型チームのメンバーは、品質、公平性、倫理、プライバシーに関する問題について、既に専門知識を持っていない場合には、これらの分野の訓練を受ける必要があります。

14.1.5　標準の実施手順

　中央集権的なモデルの極めて単純な標準の実施手順は以下の通りです。

14.2　シナリオ2：分散型 ML インフラと専門知識｜311

- ML モデリングと運用のスキルを持った新しいリーダーを採用する。
  - モデルを構築する ML エンジニアリングスタッフを採用する。
  - ML インフラを構築するソフトウェアエンジニアリングスタッフを採用する。
  - インフラを運用する ML 運用エンジニアリングスタッフを採用する。
- プロダクトチームと実装計画を策定する（データの源泉と新しいモデルの統合ポイント）。
- プログラム全体の定期的なエグゼクティブレビューを設定する。
- 成功時の報奨を計画し、ML スタッフとプロダクトエリアスタッフの両方に報奨を支払う。
- プライバシー、品質、公平性、倫理のプログラムを開始し、それらの基準と基準への準拠監視を確立する。

14.2　シナリオ2：分散型 ML インフラと専門知識

YarnIt は、1 人の上級リーダーよりも、組織横断的に数名の専門家を雇用するかもしれません。各部門はそれぞれのデータサイエンティストを採用する必要があります。ショッピング推薦や在庫管理チームもそうです。基本的に YarnIt は、十分な需要があり、部門がその費用を負担するのなら、どのチームにもデータサイエンスや簡単な ML の実装を許可します。

14.2.1　背景と組織の説明

このアプローチは非常に迅速です。少なくとも始めるのは速いです。各チームは自分たちの優先順位に応じてプロジェクトスタッフを雇用できます。採用された ML の専門家はビジネスや製品の知識があり、各グループの要件や目標さらには政治的側面まで理解しているでしょう。

リスクもあります。ML の専門知識を集中的に扱う場所がなければ、特に管理職は YarnIt が ML で成功するために何をすべきかを深く理解することは困難です。管理職は必要な特殊なツールやインフラについては理解していないでしょう。既存のツールで ML の問題を解決しようとするとバイアスが生じがちです。ML チームが本当に必要なもの（TensorBoard のようなモデル固有の品質追跡ツール）を要求しているのか、必須でないかもしれないもの（一部のモデルタイプやサイズに必要な GPU や、巨大なスケールを要求するがコストも大きいクラウド訓練サービス）を主張しているのかを判断することは難しいでしょう。さらに、各チームは同じ作業を繰り返すことになります。例えば、複数のモデル間でリソースを共有できる堅牢で使いやすい運用システムや、モデルの訓練進捗を追跡し、訓練が完了することを確認するための監視システムを作成するようなことです。このような重複は、コストがかかるので避けるべきです。

これらのチームの中には、他のプロダクトにまたがって作業しているチームもあるでしょうし、そうである可能性も高いでしょう。その場合、トラブルシューティングやデバッグはずっと難しくなります。プロダクトや運用の問題が発生したとき、YarnIt はどのチームのモデルが原因なのかを突き止める必要があります。さらに悪いことに、複数のチームを集めてモデル間の相互作用をデバッグする必要があるかもしれません。ダッシュボードや監視の増加は、これを指数関数的に困難にします。あるモデルの変更が与える影響についての不確実性は上がります。

最終的に、YarnIt は一貫したアプローチを確保するのに苦労するでしょう。ML の公平性や倫理やプライバシーという観点から言えば、悪いモデルが 1 つあるだけで、ユーザーに損害を与えたり、公共の評判を傷つけたりするかもしれません。YarnIt はまた、この組織構造では、認証や IT への統合やログやその他の DevOps タスクなどを重複して行っている可能性があります。

実際にはトレードオフが存在しますが、この分散型アプローチは、多くの組織にとってまさに適切な方法です。スタートアップコストを低減しながら、組織が ML からすぐにターゲットとした価値を得られるようにします。

14.2.2　プロセス

この構造を効果的にするためには、組織は、あまり多くのオーバーヘッドを生み出さずに一貫性をもたらすことができるプロセスに焦点を当てるべきです。これらのプロセスには以下のようなものがあります。

上級関係者によるレビュー

モデル開発者は、上級関係者によるレビューに引き続き参加するべきです。モデル開発者が提案した各モデル開発目標や発見についてのライトアップを作成することは、非常に有用です。これらの内部レポートやホワイトペーパーは、短くても試したアイデアやそれらから得られた組織の学びを詳細に記録できます。これらは、時間とともに組織の記憶を形成し、ソフトウェアエンジニアのコードレビューにおける厳密さに相当する ML の評価における厳密さを強制します。YarnIt は、これらのレポートのためのテンプレートを作成し、ML を実装している組織だけでなく、他の代表者も含む小さなグループによる定期的なレビューを行うべきです。

優先順位付けや ML 運用ミーティング

ML モデル開発者は、運用エンジニアリングスタッフやプロダクト開発グループのステークホルダーと週に一度会って、ML のデプロイメントによる変更や予期しない効果をレビューするべきです。全てのことと同様に、これの運用は順調に行うことも失敗することもあります。このミーティングで良くないことは、関連する視点が全て揃っていなかったり、偶発的な問題ではなく、よく理解された系統的な問題に基づいていなかったり、問題解決にあまりにも深入りしたり、単純に時間がかかりすぎたりすることです。良い運用ミーティングは短く、優先順位付けに焦点を当て、問題の所有権を割り当て、過去の割り当ての更新や進捗状況をレビューします。

技術インフラの最低基準

YarnIt は、これらの最低基準を設定して、モデルが運用環境に投入される前に特定のテストを全て通過することを確認する必要があります。これらのテストには、「モデルは単一のクエリに対応できるか」などの基本的なテストや、モデル品質に関するより高度なテストなどが含まれます。単純な変更であっても、標準化された URL などは、内部的に一貫性をも

たらすのに役立ちます（そして、複雑で急速に変化する ML の世界では、物事を覚えやすくし、同じように動作させることができるものは何でも役立ちます）。

14.2.3　報奨

このアプローチの分散化の効果をバランスさせるためには、YarnIt の上級管理職は、**一貫性と公開された品質基準に報奨**を与える必要があります。例えば、リーダーは、タイムリーな書き込みや慎重なレビューを行って、広く利用可能なコーパスに公開した従業員に報酬を与えるべきです。各チームは自分たちの優先順位を持っており、それに傾倒しがちなので、速度の向上と一貫性、技術的な厳密さ、コミュニケーションのバランスをとる行動に報酬を与える必要があります。

特に注意すべき要因としては、このシナリオでは、YarnIt には ML の経験が豊富なスタッフが少ないかもしれないことです。有用な報奨の 1 つは、スタッフに自分たちの仕事に関連する会議への参加（そして発表）を奨励することです。

14.2.4　人材

YarnIt は、**ローカルとグローバルの両方の視点を持ち**、ローカルの利益と会社にとっての不利益（あるいはその逆）のバランスをとることができる人を探すべきです。権限のない状況で影響力を発揮したり、組織の垣根を越えて協力したりするようなスキルに対しては、個別に呼び出して報酬を与えることが有効かもしれません。

組織には、**品質や公平性、倫理、プライバシーの問題に関心を持ち**、組織に影響を与えることができる人が必要です。これはどの人材配置のシナリオでも当てはまります。ここでの違いは、この場合これらのスタッフは、品質や公平性、倫理、プライバシーを実現するためにローカルな実装を開発しなければならないということです。また、会社全体で実施されるように促進するために広範な基準を策定しなければなりません。

14.2.5　標準の実施手順

YarnIt は、自分たちのビジネスユニット内で専門家を採用するべきです。

- ML エンジニアリングスタッフを採用して、製品チームと直接モデルを構築する。
  - ML インフラを構築するためにソフトウェアエンジニアリングスタッフを採用したり、配置転換したりする。
  - インフラを運用するために ML スタッフや運用エンジニアリングスタッフを採用したり、配置転換したりする。
  - シニアステークホルダーによるレビューのために、内部での調査結果の報告の慣行を開発する。
- 会社全体の技術インフラ基準を確立する。
- 変更をレビューするために、週次の優先順位付けや ML 運用会議を開催する。
- プライバシー、品質、公平性、倫理のプログラムを開始し、それらの基準とコンプライアン

ス監視を確立する。

14.3 シナリオ3：中央集権型インフラと分散型モデリングのハイブリッド

　YarnIt は、中央集権的なモデルを通じて実装を開始しましたが、組織が成熟し、ML の採用が会社全体に広がるにつれて、会社はそのモデルを見直し、ハイブリッド構造を検討することにしました。この場合、組織は中央組織に一部の中央集権的なインフラチームと一部の ML モデルコンサルティングチームを維持しますが、個々の事業部門は自分たちの ML モデリングの専門家を採用したり育成したりする自由もあります。

　これらの分散した ML スタッフは、最初は中央のモデリングコンサルタントに大きく依存しているかもしれませんが、時間とともにより自立的になっていくでしょう。しかし、全てのチームは、中央の ML 運用実装を利用し、貢献することが期待されます。インフラの投資と利用を中央集権化することで、YarnIt は効率性と一貫性のメリットを引き続き享受できます。しかし、少なくとも一部の ML の専門知識を分散化することで、採用の速度を上げるとともに、ML モデルとビジネスニーズとの整合性を向上させることができます。多くの組織はこのハイブリッドモデルに進化していきます。リーダーとしては、この進化に備えることが賢明かもしれません。

14.3.1 背景と組織の概要

　このハイブリッド型の実装の欠点は、中央集権型と分散型の ML 組織構造のそれぞれから引き出されています。組織全体でスタッフを分散させて ML を実装することには非効率性があるかもしれません。ビジネスユニットは ML を十分に理解しておらず、特に悪い実装をしている可能性があります。これは、プライバシーや倫理に関連する失敗がある場合に特に問題となります。一方、中央集権型のインフラは、分散型のモデリングチームに摩擦を生む可能性があります。また、中央集権型のインフラは複雑でコストがかかると感じられるかもしれません。しかし、会社が長く存続すればするほど、中央集権型のインフラモデルは報われるでしょう。

14.3.2 プロセス

　このハイブリッド実装の影響について考える1つの方法は、本章のコラム「大きければ良いというわけではない」のショッピングカート放棄の例を再考することです。この場合、モデルチームがオンラインショップ製品チームに所属していれば、これらのチームメンバーは問題を迅速に検知し、モデルの指標を販売と一致させる代わりに、ショッピングカートサイズを単純に最大化することではなく、例えば「この毛糸の半分は今すぐ購入して、残りの半分は1ヶ月後に購入してください」などの**新しい機能**の可能性を検討するでしょう。これらの場合、ML はより顧客に優しい方法を検討するきっかけとなります。

　しかし、問題が組織の部門間で発生した場合はどうでしょうか。例えば、オンラインショップモデルが調達に問題を引き起こした場合です。その場合、解決ははるかに遅くなる可能性がありま

す。調達チームがウェブチームにモデルが問題を引き起こしていることを説得しようとするからです。このような場合、組織文化はチーム間のモデルのトラブルシューティングや開発をサポートしなければなりません。

シナリオ1と2で推薦されているプロセスを検討し、この実装の潜在的な不利な点を緩和するのに役立つかどうかを検討してください。

- リスクを低減した変更のテスト
- 変更の独立した評価
- レビュー
  - MLチームの調査結果の文書化とレビュー
  - モデルの成果のビジネスレビュー
  - 優先順位付けまたはML生産会議
- 技術インフラの最低基準
- 品質、公平性、倫理、プライバシーの問題に関する訓練またはチーム

14.3.3　報奨

ハイブリッドシナリオでは、YarnItの上級管理職は、ビジネスユニットが中央インフラを活用することを奨励し、独自の重複インフラを開発しないようにする必要があります。中央インフラチームは、他のビジネスユニットのニーズを満たすことで報酬を受けるべきです。採用を測定し、報酬を与えると同時に、ほとんどの場合で中央インフラの使用を奨励することは理にかなっています。

中央インフラチームは、ビジネスユニットで開発されたキーテクノロジーを特定し、それを会社全体に拡張する計画を持つべきです。そして、キャリア開発の観点から、ビジネスユニットのMLモデル作成者は、中央インフラチームに一定期間ローテーションし、利用可能なサービスとその制約を理解し、それらのチームにエンドユーザーの視点を提供するべきです。

14.3.4　人材

YarnIt全体でうまく機能するためには、これらのチーム全てが自分の仕事に会社全体の視点を持つ必要があります。インフラチームは、機能し、会社全体にとって本当に有用で望ましいインフラを構築する必要があります。ビジネスに組み込まれたMLチームは、協力が最善であるという考え方を持つ必要があるため、部門間でコラボレーションする機会を探すべきです。

14.3.5　標準の実現手順

以下は、中央インフラ／分散型モデリングモデルの簡略化された標準の実現手順です。

- MLインフラと運用スキルを持つ中央チーム（リーダー）を雇う。
  - MLインフラを構築するためにソフトウェアエンジニアリングスタッフを雇う。

- インフラを実行するために ML 運用エンジニアリングスタッフを雇う。
- 各製品チームは独自のビジネスユニットに専門家を雇う。
  - 製品チームと直接モデルを構築するために ML エンジニアリングスタッフを雇う。
- シニアステークホルダーによるレビューのために、内部報告書の作成を習慣化する。
- 会社全体の技術インフラ基準を定める。
- 成功した実装による報酬を計画し、ビジネス目標を達成するだけでなく、中央インフラを効率的に利用するための報酬も計画する。
- クロスチームでの ML の知見レビューなど、組織横断的なコラボレーションを支援するプロセスを選択する。
- プライバシー、品質、公平性、倫理プログラムを開始し、これらの基準の基準とコンプライアンス監視を確立する。

14.4　まとめ

組織に初めて ML の技術を取り込むことは困難であり、組織によって最適な道筋は必ず異なります。成功するには、事前に成功を確実にするために必要な組織変更について考えることが必要です。これには、欠けているスキルや役割、プロセスの変更、さらには欠けているサブ組織全体について正直に認めることが含まれます。時には、適切な新しい上級リーダーを採用したり昇進させたりして、実装を任せることで解決できる場合もあります。しかし、多くの場合、必要な組織変更は会社全体に及ぶでしょう。

表14-1 は、様々な組織構造と、人、プロセス、報酬に関するその影響と要件をまとめています。

運用エンジニアリングチームやソフトウェアエンジニアリングチームなどの一部のチームは、効果を発揮するための ML のスキルをそれほど必要としません。しかし、勉強会や会議への参加などのプロフェッショナルデベロップメント活動から利益を得るでしょう。また、ビジネスリーダーの間でも ML のスキルを構築する必要があります。インフラに ML を追加することの利点と複雑さを理解できる数人のキーリーダーを特定してください。

しかし、成功への最大の障壁は、概して、組織のリーダーシップがリスクや変化や詳細に対する耐性や、収益が現れるまでに時間がかかるかもしれない ML にこだわることです。ML で進歩するためには、リスクをとり、自分たちがやっていることを変える必要があります。そして、チームがビジネスの結果に集中していることの確認が採用に役立ちます。これには、うまく機能しているプロセスを変更したり、成功しているチームやリーダーの行動を変えたりすることが含まれます。それは多くのケースで、成功している事業ラインを危険にさらすことも意味します。リスクをとっていることを理解するためには、リーダーは実装の詳細に関心を持たなければなりません。リーダーはリスクに寛容である必要がありますが、ML 実装の最終的な信頼性について意識的に気にかける必要があります。

表14-1　構造と要件のまとめ

	中央集権型 ML インフラと専門知識	分散型 ML インフラと専門知識	中央集権的なインフラと分散型モデリングのハイブリッド
人材	・明確な焦点を持った専門チームで、ML の優先順位や投資に影響を与える中心的な役割を果たす。 ・実験的なマインドセットが必要である。 ・リーダーやシニアメンバーは、自分たちの組織の外部でも効果的なコラボレーターやインフルエンサーである必要がある。 ・チームは、会社全体で ML の品質、公平性、倫理、プライバシーの擁護者である必要がある。	・ML の専門知識は様々なチームに分散されており、しばしば重複していたり不足していたりする。 ・リーダーやシニアメンバーは、内部コミュニティを奨励し、強制する必要がある。 ・孤立した意思決定は、悪い／一貫性のない顧客体験を引き起こし、それによって大きなビジネスへの影響をもたらす。 ・全ての製品領域のチームは、ML の品質、公平性、倫理、プライバシーに関する専門知識を得る必要がある。	・共通／コアのビジネスユースケースに対しては ML のインフラとモデリングを中央集権化し、特定のニーズに対しては個別のモデル開発を奨励する。 ・重複を避けてチームの効率と一貫性を向上させるとともに、特に拡張時に有利となる。 ・ML の品質、公平性、倫理、プライバシーは全ての部門で DNA となる必要がある。
プロセス	・意思決定や知識共有のために、多くの横断的なコラボレーションが必要である。 ・ビジネスユニットを横断した主要なステークホルダーが、提案や結果、ローンチプランを共同でレビューする必要がある。 ・分散型／独立型のモデル評価が必要である。これは、ビジネス目標やインパクトを確保し、測定するためである。 ・意図しない回帰を避けるために、組み合わせの変更を検証し、進行／中止のレビュー会議を設定する。	・ベストプラクティス、知識、評価、ローンチ基準などに関する多くのドキュメントが必要である。これは、一貫性を保つためである。**または**、意図的にローカルチームの範囲外には何も保持しないという決定をする（これは ML にとって問題がある）。 ・ビジネスユニットを横断した主要なステークホルダーが、提案や結果、ローンチプランを共同でレビューする必要がある。 ・遅延を避けるために、よく構造化された適切な進行／中止会議が必要である。 ・ML パイプラインのための技術インフラの基準を確立する。	・インフラと個別の製品チームとの間で、プロジェクト／プログラム単位で横断的なコラボレーションと適度なドキュメントが必要である。 ・明確な責任を持った横断的なチームを設立する。 ・プロジェクト／プログラムレベルで定期的な横断的な同期が行われるべきである。 ・ビジネスユニットを横断した主要なステークホルダーが、提案や結果、ローンチプランを共同でレビューする必要がある。
報酬	・全体的な品質とビジネス目標の達成に加えて、個人／チームの性能は、横断的なコラボレーションの効果に基づいて測定する必要がある。 ・成功した AI 機能のローンチに対して、ML チームと製品チームの両方を共に報酬する仕組みを確立する。	・全体的な品質とビジネス目標の達成に加えて、個人／チームの性能は、一貫性、公開された品質基準、内部 ML コミュニティの運営に基づいて測定する必要がある。または、ローカルチームの範囲外には何も保持しないという意図的な決定をする（これは ML にとって問題がある）。	・全体的な品質とビジネス目標の達成に加えて、個人／チームの性能は、再利用性、共通インフラの進化、実行速度に基づいて測定する必要がある。

15章
ケーススタディ：MLOpsの実践

　本書では、MLOps の原則とベストプラクティスを、できるだけ例を挙げて説明してきました。しかし、現場で働く人たちの話を聞くことは、これらの原則が現実の世界でどのように機能するかを理解するのに有用です。

　本章では、MLOps から見た特定の問題や課題、あるいは修羅場を経験した様々な実践者グループからのケーススタディを紹介します。それぞれの記述は実践者自身によって書かれているので、何を経験したかを当人の言葉で聞くことができます。実践者たちが直面したこと、どのように対処したか、何を学んだか、次回は何を違うようにするかを理解できます。実際、負荷テストなどの見かけ上単純なことや、全く別のモバイルアプリへのアップデートなどとは関係なさそうなことが、ML モデルやシステムの日々の管理や運用に携わる人たちにとって頭痛の種になることがあります（一部については企業秘密を守るために情報を伏せているか省略されているかもしれません）。

15.1　ML パイプラインでのプライバシーと　　　　データ保持ポリシーの対応

　執筆：Dialpad 社、Riqiang Wang

15.1.1　背景

　Dialpad の自動音声認識（ASR）チームは、世界中の顧客向けに様々な AI 機能（**Dialpad AI と呼称する**）のためのリアルタイムで文字起こしテキストを生成するエンドツーエンドの音声翻訳システムを担当します。私たちの AI システムの様々なサブコンポーネントは ASR 出力に大きく依存しさらなる予測のため、翻訳のエラーはリアルタイムアシストや固有表現認識（NER）などの他の下流の自然言語処理（NLP）タスクに伝播します。これによって私たちは常に ML パイプライン内の ASR モデルを改善を目指します。

15.1.2　問題と解決策

　2020 年、私たちのシステムは北米の典型的な方言に対しては高精度を達成しましたが、ベンチマーキングその他特殊な事例から、他の方言はしばしば誤って翻訳するのがわかりました。私たち

はイギリス、オーストラリア、ニュージーランドなど他の主要な英語圏の国にビジネスを拡張するにあたり、少なくとも北米方言に対して均一なレベルを達成する必要がありました。そのため私たちは特定の方言、あるいは北米内の多様な方言に対する ASR 精度をどのように向上させるか検討を始めました。これには転移学習のテストや特殊な辞書の使用などが含まれましたが、それだけでは十分ではありませんでした。Dialpad では、プライバシーは私たちが行う全ての中心にありますが、これは現代の ML のエコシステムで最大の課題でもあります。このケーススタディでは、私たちが遭遇したいくつかの課題と、ユーザープライバシーを尊重した上で、複数の方言を処理するモデルをデプロイするため実装した解決策について説明します。

関連文献とは異なり、私たちは**アクセント**の代わりに、主に**方言**という用語を使用します。これは、アクセント（すなわち音声の音）以外の変化も認識しているからです。例えば、ニューヨークやニュージーランドの方言は、語彙や句表現、さらには文法も異なります。私たちは理想的には ASR をより包括的にするためにこれら全ての側面に対処したいと考えています。

15.1.2.1　課題 1：どの方言を対象にするか

　Dialpad では、ユーザーのプライバシーを尊重した上で、様々な AI 機能を提供します。それにはモデルの訓練に大量のデータが必要です。そのため、訓練は方言を処理するパイプライン内で対応する必要があります。具体的には、可能な限り少ない通話（照会）に関するメタデータを保持し、プライバシーの理由から必要に応じてコールを削除します。

　しかし、良い方言モデルを訓練するためには、ユーザーがどの方言（イギリス、オーストラリア、その他）を話すのかを知りたいと思いました。したがって、各方言に応じてサンプリングできるように、可能な限り多くのメタデータが必要でした。

　最初は、人間の翻訳者に各コールで話されているアクセントを注釈付けさせるというアイデアを考えましたが、その後重要なことに気づきました。経験がなければアクセントを特定することは非常に難しいということです。特に非母語話者は、方言というよりも個人語（すなわち、各話者が自分の話し方を持っている）を持つ可能性が高いからです。次に、ユーザーに自己報告させるというアイデアも考えましたが、そのような分類は明らかに私たちの動機付けである包括性に反するデータプライバシー上の懸念を引き起こします。

15.1.2.2　解決策：方言という概念をなくす

　最終的に、私たちは、あるユーザーの方言に関係なく、モデルが認識しにくい音声に対してはより良くなってほしいと思っていることに気づきました。ASR モデルは北米の方言に対してはうまくいっていましたが、それは北米の音声をモデルに与えていたからです。したがって、サンプリングされていないデータを追加することで、この既存のモデルを改善し、方言に依存しないモデルを構築できます。私たちは最終的に、モデルがうまくいっていないデータをさらに取得しました。このデータは、モデル自身の信頼度指標によってフィルタリングされました。私たちはこの代表性の低いデータを手動で転写し、このデータセットと元の訓練データセットを合わせて新しいモデルを

訓練しました。

　数回のモデルチューニングと評価によって、ASR モデルは私たちが手動で作成した代表性に欠ける方言のテストセットでより良い性能を発揮するようになりました。これは、訓練技術やモデルアーキテクチャに変更を加えることなく行われました。さらに重要なことに、追加した方言データセットは、元の大規模な訓練データのごく一部に過ぎませんが、性能に大きな違いをもたらしました。これは意図した多様なデータ収集の重要性を示しています。さらに真の多様性を測りにくい場合は、信頼度／不確実性指標をデータ収集の疑似多様性指標として利用できることも示唆しています。

15.1.2.3　課題２：時間との競争

　Dialpad では、無償でカスタマイズ可能なデータ保持ポリシーを全ての顧客に標準で提供しており、顧客はいつでもデータを削除したり、新しいデータを特定の期間だけ利用可能にしたりできます。しかし、これらの大きなプライバシー上のメリットは、モデルのテストや実験という観点から、ASR システム全体にわたって同等程度の工夫を必要とします。特に、音声の収集、転写、データ準備、実験、最終的な運用化という複数のステップからなる方言 ML パイプラインでは、そうである必要があります。これらのステップは合わせて複数の四半期に及ぶことがありますが、それは収集されたデータの寿命よりも長い場合があります。つまり、訓練データやテストセットは一定ではなく、実験結果の再現が困難になり、時にはモデルの訓練や顧客に望まれる改善のローンチが遅れることもあります。

　新しい方言モデルをデプロイする過程の後半で、私たちは複数のテストセットでモデルがうまく機能していることを確認しましたが、（6 ヶ月前にリリースされた運用モデルと比較して）1 つのテストセットだけが複数回の内部試験で大幅に悪化していることがわかりました。これにより、モデルのデプロイメントが停止し、原因を調査する必要がありました。私たちは、新しい方言モデルをゼロから訓練したり、データ分割をチェックしたり（以前に訓練データとテストデータの間で誤って分割してしまった失敗があった後）、様々な方法を使ってみました。

　また、同じプロセスを使ってモデルを訓練することで、運用モデルの結果を再現したいと思いましたが、11 ヶ月後には保持ポリシー対象のデータが期限切れになり始め、正確な訓練データセットはもうありませんでした。これにより、過去のモデルビルドの結果を再現することが困難になり、不確定な結果しか得られませんでした。最終的に、不一致を解決するための重要な洞察は、テストセットでうまく機能していた以前のモデルは実際にはテストセットを作るために運用環境から取得されたデータがあった時期に**使用されていた**ということでした。人間の文字起こし作業者は運用モデルの文字起こしテキストを編集してテストセットを作成するため、このテストセットの参照する文字起こしテキストは古いモデルの出力のバイアスがかかっているということです。しかし、決して確信することはできません。なぜなら、任意のデータ保持制度によって対象となるデータの一時的な性質は、代表性の低いデータの十分なコーパスを構築し維持する問題を複雑化させるからです。

15.1.2.4 解決策（および新たな課題）

この経験は、データプライバシーの目標への尊重と、再現性の高い R&D の厳密さを統合するという取り組みにとって、より良い一歩であると考えています。このプロジェクトが終わるまでに、私たちは ASR や NLP チームのデータタスクを担当する別の専門的データチームを結成し、データ収集や注釈付け準備プロセスを全面的に再定義しました。データチームのタスクは、テストセット作成プロセスを標準化し、データ保持ポリシーによって一部のテストデータを削除する必要がある場合でも、高い再現性を担保する動的なテストセットを作成することです。例えば、時間ベースの保持ポリシーを持つデータは、テストセットを作成する際には考慮されなくなります。データチームは手動でデータを削除してバックフィル（補充処理）しながら、テストセット上の性能評価指標が時間とともにどのように変化するかを監視します。

チームはまた、訓練データ収集も標準化しました。各 ASR エンジニアが自分でデータベースからデータを取得するためのクエリを書く代わりに、私たちはデータチームにリクエストを送ることができるようになりました。そして、データチームは必要に応じて構造化されたデータを提供します。これには、削除されるべきデータを特定したり（あるいは回避したり）することも含まれます。人間による注釈付けパイプラインの正確性と整合性への信頼が高まるにつれて、個人情報要素を大規模に特定し、完全に書き起こしを削除する代わりに削除したりトークン化したりできる可能性も探っています。難しい課題ではありますが、この課題は、プライバシーを強化しデータを最小化する技術が ML 訓練データへのアクセスをより堅牢に確保できる方法を示唆しています。

15.1.3 教訓

プライバシーやデータ保持ポリシーとの統合は、間違いなく ML パイプラインに課題をもたらします。特に、顧客対応型の製品／サービスの主要なユースケースを支えるものに対してです。私たちのユースケースでは、方言に対応したより包括的な ASR モデルを目指す中で、まず、訓練データに少しでも多様性があれば、モデルがより堅牢になることを学びました。従来の ML の実践では、訓練データのサイズを重視する傾向がありますが、私たちの結果は、質（と特に多様性）がかけがえのないものであることを示しています。さらに重要なことは、モデルの信頼度指標を使うことで、ユーザーのプライバシーに立ち入ることなく多様性を得られるということです。

次に、この多様性への取り組みは、顧客のデータ利用に関する選択を尊重するという私たちのコミットメントによって複雑化されました。一方で、慎重なキュレーションによって、専用チームでデータセット作成を標準化することで、効率性の向上と並行して、堅牢性と再現性を ML パイプラインに組み込むことができることを発見しました。私たちは、「トレードオフ」という概念を放棄することで、必要な顧客データへのアクセスが向上すると考えています。なぜなら、私たちは良き管理者であるために努力する意思があることを示すからです。私たちの多様性や方言への取り組みのような努力は、また、ML 訓練セットへの幅広い参加と代表性の価値を顧客に示すものでもあります。

15.2　トラフィックに影響を与える連続的な ML モデル

執筆：Google 社、Todd Phillips

15.2.1　背景

　ここでは数年前に Google 内で発生した障害の 1 つを紹介します。機密性のため一部の詳細は伏せており、どのシステムが影響を受けたかは明かしませんが、大筋は語る価値があります。

　問題のシステムは、検索エンジンの環境で特定の種類の結果に対するクリックの可能性を予測するのを支援する連続的な ML モデルを含んでいました。本モデルは、新しい入力データに基づいて継続的に更新されていました。データは、ウェブブラウザやモバイルデバイス上の専用アプリなど、複数のソースから入ってきていました（連続的な ML モデルについての詳細は 10 章を参照してください）。

　ある日、システムに大量のトラフィックをもたらしていたアプリの 1 つに改善が加えられました。改善の一環として、アプリにコードが追加されました。このコードは、アプリの更新が行われた後に、最新の状態で結果が提供されていることを確認するため、アプリに最新のクエリを再度発行するように指示しました。この改善は、一斉に全てのアプリに適用されました。不吉な伏線として、この一斉更新を**問題 A** と呼ぶことにします。

15.2.2　問題と解決策

　続く 1 日半で起こったことは興味深いものでした。世界中の各デバイスがアップデートを受け取ると同時に、最新のクエリを再発行しました。このためトラフィックが急激に増加しましたが、クエリは自動発行されていたのでユーザーの結果クリックは増えませんでした。このクエリが多くてもクリックがないデータは、連続的な ML モデルの再学習用にステージングされました。

　関係ない問題（これを**問題 B** と呼びます）のために、元のプッシュはロールバックされました。元のアップデートを受け取った各デバイスは、以前のバージョンに戻りました。もちろん、これにより各デバイスは再び最新のクエリを再発行するというプロトコルに従い、3 回目の重複クエリとさらに多くのクリックを伴わないデータが発生しました。

　この時点で、連続的な ML モデルは既に汚染されたデータで能天気に学習していました。汚染されたデータには、クリックしてない多くのトラフィックが含まれていたため、モデルは世界中の全体的クリック率が数時間前の半分ほどになったという信号を受け取っていました。モデル内で生じた学習はすぐに提供されるモデルに変化をもたらし、当然ながら通常よりも低い予測値を出しました。これはすぐに多数の警告を引き起こし、モデル運用担当者は明白な原因がない問題に気づき始めました。アプリ担当とモデル担当はお互いのシステムに対する可視性がなく、実際にはより大きな組織の全く異なる領域にいたため、このような状況になりました。

　その間、ロールバックの原因となった関係ない問題 B は修正され、アプリ担当者は再びアップデートをプッシュしました。これにより、当然のことですが、アプリを持つ各モバイルデバイスで別のラウンドのアップデートが発生し、さらにもう 1 回重複したクエリが発生しました。

この時点で、運用担当者は連続的な ML モデル学習のストップボタンを押し、全てのモデル学習を停止しました。最新版のモデルは、汚染されたデータの影響を受けたものでした。

またこの時点で、組織内で話が広まり、根本原因が最近のアプリプッシュにあることがわかりましたが、アプリアップデートによってモデル予測に変化が生じた具体的な原因はすぐにはわかりませんでした。アプリアップデートが重複クエリを引き起こすという挙動は広く知られておらず、アプリ側でそれを知っている人たちも、それが連続的な ML モデルの学習データにどのように影響を与えるかというつながりには気づきませんでした。したがって、アップデートに別のバグが含まれている可能性があると考えられ、再更新のロールバックを行い、その後数時間観察するという決定がなされました。もちろん、この再ロールバックにより、さらにもう 1 回重複クエリと汚染されたデータが発生しました。

ロールバックが完了し、システムの観察を数時間行った後、問題がプッシュの仕方だけにあることは明白でした。緩和策は簡単でした。アプリの更新をロールバックや再更新という形で行うのをやめて、連続的な ML システムが前進して新しい世界の状態に追いつくのを待つことでした。ML モデルは最終的に適切なクリック率を持つきれいなデータを参照できるようになりました。

15.2.3　教訓

この事例から得られた教訓の 1 つは、多くの緩和策が試みられたにもかかわらず、それらが良いことと同じくらい悪いことをもたらし、ある意味では影響の期間を延ばしてしまったことです。振り返ってみると、もし私たちがモデルをそのまま使い続けていれば、システムは私たちが修正しようと行った全ての試みの後よりも、はるかにスムーズに優雅に回復したでしょう。時にはじっと我慢して進めることが得策なのです。

15.3　鋼材検査

執筆：Landing AI 社、Ivan Zhou

15.3.1　背景

鋼材ロールの製造過程で重大な欠陥を検出するために、多くの業界の製造業者は視覚的な検査に頼っています。私は Landing AI の ML エンジニアであり、本事例では、視覚的な検査タスクのために深層学習モデルを開発する際に使用したデータ中心の技術を紹介します。

最近、私と私のチームは鋼材検査プロジェクト（**図15-1**）に取り組みました。顧客は数年間にわたって視覚的な検査モデルを開発しており、製品化もしていました。しかし、顧客のモデルは 70 ％から 80 ％の精度しか達成できませんでした。私は、プロジェクトで欠陥を検出する精度が 93 ％という新しい深層学習モデルを迅速にプロトタイプ化することができました。

図15-1　本事例では製造過程で発生した可能性のある鋼材ロールの欠陥の検出に焦点を当てている

　このプロジェクトの目標は、顧客の圧延データセットにおける欠陥を正確に分類することでした。**熱間圧延**は、鋼材ロールの生産パイプラインの重要な段階です。欠陥は38種類のクラスに分かれており、多くの欠陥クラスは数百例しかありませんでした。

　顧客はこの問題に約10年間取り組んでおり、そのモデルが達成できた最高の性能は80％の精度に過ぎず、これは顧客のニーズとして十分ではありませんでした。年月をかけて、顧客は他のAIチームを何度も雇ってモデルの精度を向上させようとしました。最先端のモデルを設計して性能を向上させようと試みましたが、結局どれも改善することができませんでした。

15.3.2　問題と解決策

　私はこのプロジェクトのために現場に行きました。これらの画像へのラベル付けを手伝ってくれる現地のインターンを3人雇いました。最初の週は、ほとんど全ての時間を欠陥クラスの学習、ラベリング作業の管理、ラベルのレビューに費やしました。私はインターンに小さなバッチでデータを渡しました。インターンが作業を終えるたびに、私はそのラベルをレビューし、ラベリングエラーがあった場合はフィードバックを共有しました。

　私たちは一度に全てのデータにラベルを付けませんでした。最初の反復では、クラスごとにデータの30％にラベルを付け、曖昧な部分を特定し、それらに対処し、次の30％にラベルを付けました。そうして、2週間で3回の反復ラベリングを行いました。私たちは、金属が鋳造された後でも仕上げ前でもない、「ロール」段階で導入される可能性のある欠陥に焦点を当てました。欠陥は、熱処理中の様々な物理的条件から発生することがあり、カテゴリ別にグループ化されます。最終的に、私たちは18,000枚の画像にラベルを付け、混乱するであろう3,000枚以上の画像を捨てました（**図15-2**と**図15-3**）。

326 | 15章 ケーススタディ：MLOps の実践

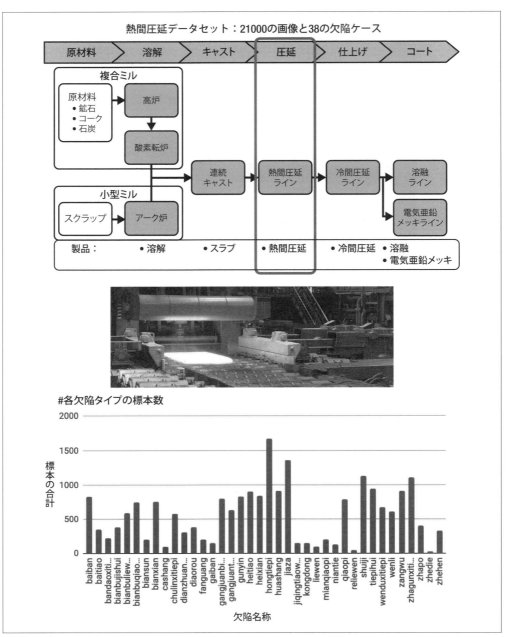

図15-2　熱間圧延設定の評価

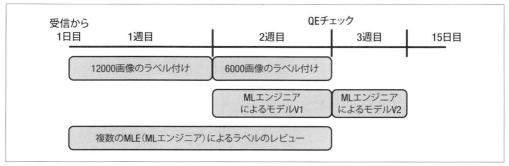

図15-3 データのラベル付け、ラベルのレビュー、モデルの訓練のタイムライン

　多くの時間を費やした課題の1つは、欠陥の合意を管理、更新することでした。38種類の欠陥クラスのうち、多くのペアは一見すると非常に似ていたため、ラベル作成者を混乱させる可能性がありました。私たちは、意見が食い違ったときに曖昧なケースについて常に議論しなければならず、欠陥の定義を更新して、3人のラベル作成者とMLエンジニアの間で欠陥の合意を維持しなければなりませんでした。例えば、**図15-4**の9枚の画像から、3つの異なる欠陥クラスがあることがわかるでしょうか。

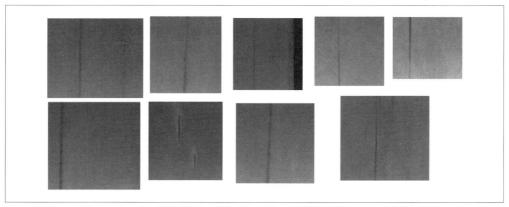

図15-4　9枚の画像から3つのクラス（黒線、黒帯、傷）の違いを視覚的に識別することは決して容易ではない

　答えはこちらです。これら3つのクラスのサンプルをもっと見ると、3つの欠陥タイプの境界を継続的に修正し、欠陥の定義を更新することができました（**図15-5**）。私たちはラベル作成者が欠陥の合意を維持するために多くの努力をしました。本当に識別が難しいサンプルについては、それらを学習データセットから除外しなければなりませんでした。

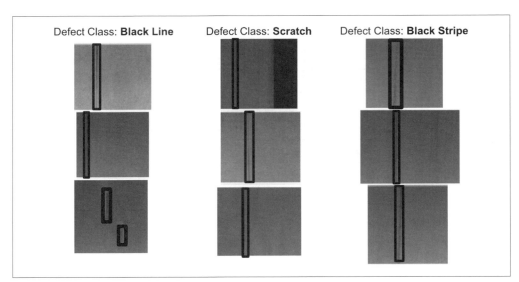

図15-5　更新された定義を持つ3種類の欠陥

　欠陥の定義だけでなく、ラベリングの合意を確立することも重要でした。ラベル作成者は欠陥クラスを正確に判別するだけでなく、オブジェクト検出を行っていたため、バウンディングボックスのラベリングも正しく行い一貫性があることが求められました。

　例えば、**図15-6** に示すサンプルは**ローラーアイアンシート**と呼ばれる欠陥クラスに属しており、非常に密な穴や黒点が特徴です。ラベル作成者が画像にラベルを付けるときは、明確な欠陥パターンがある全ての領域にきちんとしたバウンディングボックスを描くことが期待されます。不連続性が生じた場合は、別々のボックスで注釈付けする必要があります。例えば、3番目の画像（**図15-6**）です。しかし、4番目の画像はラベリングレビューの際に却下されました。なぜなら、ボックスが広すぎて欠陥のある領域をゆるく覆っていたからです。もしこのラベルを学習セットに追加してしまったら、損失を計算するときにモデルを誤解させることになりますし、それは避けるべきです。

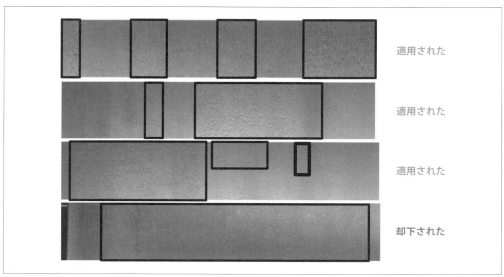

図15-6　3番目の画像は不連続性がきちんと注釈付けされているが、4番目の画像はボックスが欠陥のある領域をゆるく覆っているため、ラベリングレビューで却下された

15.3.3　教訓

　私たちは与えられた時間の10％以下しかモデルの反復に費やしませんでした。モデル学習のたびに、ほとんどの時間を誤予測された事例の解析とエラーの根本原因の特定に費やしました。そして、それらの知見を用いてさらにデータセットをクリーンアップしました。これを2回行うことで、テストセットで93％の精度を達成し、エラー率が65％減少しました。本結果はベースラインや当時の顧客の期待をはるかに上回るものであり、顧客のニーズを満たしました。

15.4　NLPのMLOps：プロファイリングとステージング負荷テスト

　執筆：Dialpad社、Cheng Chen

15.4.1　背景

　DialpadのAIチームは、リアルタイムの文字起こしテキストのフォーマット、感情検出、アクションアイテム抽出など、ユーザーが通話からより多くの情報を得られるようにするNLPアプリケーションを開発しています。大規模なNLPモデルシステムを開発し、デプロイすることは困難です。リアルタイムでコスト効率の高い性能の制約の中でそれを行うことは、その課題を大幅に複雑にします。

330 | 15 章　ケーススタディ：MLOps の実践

　2019 年に、大規模な言語モデルである BERT が最先端の NLP 性能を達成しました[1]。私たちは、句読点の復元や日付、時間、通貨の検出など、より正確な NLP 機能を提供するために、これを活用する予定でした。しかし、クラウドコストを削減するために、私たちのリアルタイムの運用環境には非常に限られたリソースしか割り当てられていません（GPU は選択肢ではなく、多くのモデルに対して最大で 1 つの CPU しかありません）。さらに、発話ごとにモデル推論にかけられる時間は 50ms が上限です。一方、BERT ベースモデルは、1 億 1,000 万個のパラメータを持つ 12 層の transformer ブロックで構成されています。このモデルを私たちのリアルタイム環境に適合させるための最適化が困難であることはわかっていましたが、まだ重要な点を見落としていました。私たちのリアルタイムの要求を満たすためにモデルがどれだけ高速である必要があるかという正確な見積もりを得ることの難しさです。

15.4.2　問題と解決策

　私たちのチームは、様々な NLP モデルのベンチマークを行うために、ローカルプロファイリングを行う必要がありました。これは、ランダムにサンプリングされた大量の発話に対してモデル推論を実行し、発話ごとの平均推論時間を計算するものです。

　平均推論速度が一定の閾値を満たしたら、パッケージ化されたモデルはデータエンジニアリング（DE）チームに引き渡されます。DE チームは、Google Kubernetes Engine（GKE）クラスタでカナリアデプロイメントを行い、様々なリアルタイム評価指標（**図 15-7**）のダッシュボードを監視し、特定の評価指標（**図 15-8**）にドリルダウンする能力を持ちます。

　これが、私たちが新しい BERT ベースのパンクチュエータモデル（目的は句読点を復元すること）を徐々に運用環境にデプロイしていった方法で、ここから混乱が始まりました。BERT に基づく大規模な言語モデルについては、しばしば DE チームはレイテンシやキュー時間が大幅に上昇していることを発見し、デプロイメントをロールバックしなければなりませんでした。明らかに、ローカルプロファイリングの設定は、運用システムで発生している実際のパターンと一致していませんでした。この不一致は、クラスタのコンピューティングリソースの割り当てやトラフィックパターンなど、2 つの要因から生じる可能性があります。しかし、現実には、サイエンティストたちはモデル推論を適切にベンチマークするための適切なツールを持っていませんでした。これは、時間のかかるデプロイメントやロールバック、繰り返される手作業による無駄な努力という結果をもたらしていました。それに加えて、システムの混雑やサービス停止という結果をもたらす可能性のある性能が低下したモデルをシステムにデプロイするという不安もありました。応急処置として、応用サイエンティストとエンジニアはコンピューティングリソースを増やすことに合意しましたが、例えば推論用に CPU をもう 1 つ追加するなどの方法であり、明らかにベンチマーク方法を改善する必要がありました。

---

[1] 「BERT: Pre-training of Deep Bidirectional Transformers for Language Understanding」（https://oreil.ly/WEh8t）を参照してください。

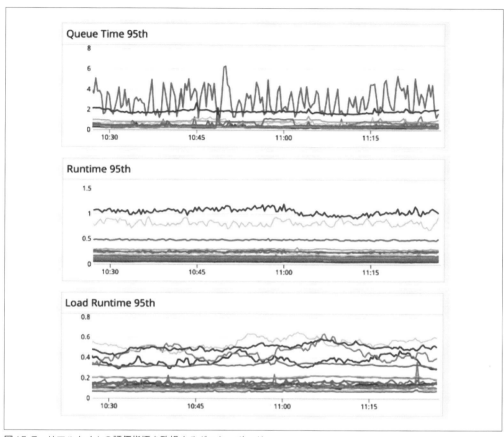

図 15-7　リアルタイムの評価指標を監視するダッシュボード

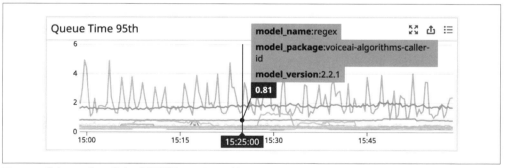

図 15-8　特定のモデルの特定の評価指標へのドリルダウン

15.4.2.1　ベンチマークの改善されたプロセス

　私たちが必要としていたのは、NLP 応用サイエンティストが運用評価指標に近いベンチマーク結果を効率的に得られる方法でした（運用デプロイメントではカナリアデプロイメントが必要であ

332 | 15 章　ケーススタディ：MLOps の実践

ることに注意してください）。

　運用システムとは別に、DE チームは NLP モデルをデプロイし、運用デプロイメントの前に製品インターフェイス（参照）と統合するステージング環境も維持していました。QA チームは、様々なコール機能をテストするためにテストコールを行い、応用サイエンティストはこの環境を利用して、モデルが製品 UI と適切に動作することを確認していました。しかし、大規模なモデルは徹底的にベンチマークするためには使用されていませんでした。

　DE チームは、応用サイエンティストがステージング環境でモデル推論をベンチマークするのに役立つ包括的でセルフサービスな負荷テストツールを提案しました。負荷テストツールを設計する際には、以下のような高レベルのポイントを念頭に置きました。

- 負荷テストデータには、モデルのトリガーフレーズが含まれている必要があります。
- 負荷テストデータには、様々な長さの発話が適切な割合で含まれている必要があります。
- システムがストレス下でどのように動作するかのより良い近似値を得るためには、長い発話があった方が良いかもしれません。
- 負荷テストデータは、モデル推論をトリガーし、最適化／キャッシュなどによってランタイム遅延が不正確に低くなるようなショートを起こさないようにする必要があります。
- CircleCI ワークフローを使って、ステージングへの自動デプロイメントを制御します。（オプション）負荷テストデータは、運用で期待されるデータと同様の特性を持つべきです。

ツールが開発された後、応用サイエンティストはステージングで負荷テストを実行するために 2 つのオプションがありました。

- 音声ベースの（エンドツーエンドの）負荷テスト
  - 完全なエンドツーエンドのテストです。
  - システム上の通話をシミュレートします。
  - データはステージング環境（例えば、QA 通話など）の通話から自動的にサンプリングされ、特定の機能に対して良いカバレッジを提供しようとします。
  - この音声はカスタマイズできるので、必要に応じて NLP 特有の音声データセットを入れることができます。
- テキストベースの（モデル特有の）負荷テスト
  - 単一のマイクロサービス（例えば、句読点や感情モデルなど）だけを対象とします。
  - このことで、私たちのモデルをストレステストするために最も難しい入力を選ぶことができます。

サイエンティストたちが負荷テストの種類を決め、必要なデータを全て揃えた後、ステージングに変更をデプロイし、負荷テストを開始しました。

　負荷テストが始まると、サイエンティストたちは**図 15-9** に示すように、Runtime 95th などの重要な指標をライブダッシュボードで監視することができました。これは推論速度を評価する際に

最も重要な値です。目安としては、1秒以下であれば要件を満たしていると言えます。現在、ほとんどのモデルは 0.5 秒以下に集中しています。

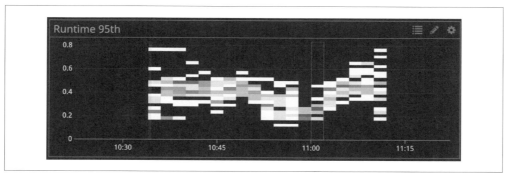

図 15-9　ランタイム 95 パーセンタイル

　このツールを導入することで、サイエンティストたちは DE チームに助けを求めることなく、自分たちでステージングテストを実行できるようになりました。Datadog ダッシュボードは、各モデルのランタイム性能の詳細な内訳を提供してくれるので、応用サイエンティストは指標の数値をより密に監視することができました。したがって、負荷テストツールは、私たちの迅速な開発サイクルの中でのコミュニケーションのオーバーヘッドを大幅に削減しました。

15.4.3　教訓

　最先端の NLP 性能をリソース制約のあるリアルタイムの運用環境に詰め込むには、テスト中のベンチマークが運用環境で実現されるという非常に高い確信が必要です。テスト方法がよりリソースを必要とする BERT モデルで失敗し始めたとき、ステージング環境に手を伸ばし、サイエンティストたちが迅速に反復できるように、テストするためのより代表的な環境を提供し、セルフサービスにしました。自動ステージングベンチマークステップは、モデル開発プロセスの標準的なプロセスとなりました。応用サイエンティストがモデル推論に関する運用環境に近い見積もりを高い信頼性で得られるようになったため、両チームとも安堵しました。

15.5　広告クリック予測：データベース対現実

執筆：Google 社、Daniel Papasian

15.5.1　背景

Google の広告ターゲティングシステムは、表示される広告の長期的な価値を最大化することを目的としています。これには、ユーザーにとって不要な広告を表示する頻度を最小限に抑えることも含まれます。その一環として、システムは、特定の広告がクリックされる確率を予測するモデルを使用しています。広告を表示する機会がある場合、オークションが行われ、その一環としてサーバーはモデルを使用して特定の広告がクリックされる確率を予測します。これらの確率はオークションの複数の入力の 1 つであり、モデルが性能不足であると、ユーザーと広告主の体験が損なわれます。広告を表示することで、私たちはデータベースに行を挿入します。この行は、ユーザーに広告が表示されたことに対応しており、モデル訓練に使用された特徴に関連する列があります。さらに、ブール型の列は、広告がクリックに結びついたかどうかを表します。この列は、行が挿入されたとき false にデフォルト設定されます。

広告がクリックされると、クリックログにレコードが生成されます。クリックログチームは不正なクリックを除去するプロセスを実行し、他の内部ユーザーが利用できる「クリーン」なクリックのフィードを公開します。このフィードは、既に作成された行に更新を発行して、広告インプレッションがクリックに結びついたことをマークするために使用されます。

モデルは、このデータベースの行を例として見て訓練し、クリックビットをラベルとして使用しました。データの行はモデルの生の入力であり、各イベントのラベルは「クリックに結びついた」または「クリックされなかった」のいずれかを記録しました。もし私たちが全くモデルを更新しなければ、それらはしばらくの間うまく機能しますが、最終的には変化するユーザー行動や広告主在庫のために精度が低下します。全体的な動作を改善するために、私たちはクリック予測モデルの再訓練とデプロイメントを自動化しました。

再訓練が運用環境にプッシュされる前に、モデルの精度が向上していることを検証します。データセットの一部を訓練から除外し、テストセットとして使用します。私たちの訓練プロセスは Bernoulli サンプリング（「はい」と「いいえ」の 2 通りでサンプリング）でこれを処理しました。訓練前の 48 時間以内に表示された広告ごとに、99 ％の確率で訓練に使用し、1 ％の確率でテストセットに予約するというものです。これは、行に test_set ビットを設定することで実装されました。このビットは、1 ％の確率で true に設定されます。訓練システムがイベントテーブルを読み込むとき、このビットが true になっている全ての行をフィルタリングします。新しく訓練されたモデルは、この検証システムに送られます。このシステムは、test_set ビットを持つ最近のイベントに対して推論を生成します。これらの推論を観測されたラベルと比較して、モデルの精度に関する統計を生成します。新しいモデルが古いモデルよりも最近のテストセットイベントでより良い性能を示した場合にのみ、運用環境にプッシュされます。

15.5.2　問題と解決策

　ある月曜日、私たちは自動警告に迎えられました。広告の表示率が通常よりもはるかに低いというものでした。すぐに、クリックされる確率の平均予測値が通常の 10 分の 1 になっていることに気づきました。広告を表示するかどうかは、部分的には広告がクリックされると思われる確率に基づいて決まります。そのため、クリック確率の広範囲な過小予測が、広告の表示率の警告を説明していました。しかし、まだ疑問が残っていました。ユーザーの行動が変わったのでしょうか。それとも、私たちの検証策にもかかわらず、モデルの更新が何らかの形で悪影響を及ぼしたのでしょうか。

　私たちは、訓練カットオフの 48 時間前までの全ての行をデータベースから問い合わせました。どのように集計しても、驚くほど典型的なクリック率でした。モデルはクリックがはるかにまれであるかのように振る舞っていましたが、データベース内のデータはそれを反映していませんでした。しかし、なぜ検証システムは、モデルを運用環境に送らないようにしなかったのでしょうか。私たちは、データサイエンスチームと運用エンジニアリングチームに、何が起こったのかを理解するために調査するよう依頼しました。

　データサイエンスチームは、検証システムから調査を始めました。これは、古いバージョンと入れ替えるときに、性能が悪化したモデルを送り出さないようにするはずでした。検証システムは、テストセット上で推論を生成することで損失評価指標を計算しました。損失が低ければモデルが良いことを意味します。日曜日の検証ランのログを見ると、テストイベントを期待通りに処理し、新しいモデルの損失統計値が古いモデルよりも低かったことがわかりました。誰かが直感的に、同じペアのモデルをテストセット全体で再度検証システムを実行してみることにしました。テストセットはデータベースから再読み込みされ、推論は期待通りに生成されました。今回は、損失評価指標が新しいモデルが古いモデルよりも悪いことを示していました。これは日曜日の結果と逆でした。何が変わったのでしょうか。

　運用エンジニアリングチームは、関連するシステムに何らかの説明のない異常がないかを確認するために、多くのシステムから様々なデータをチェックしました。奇妙なことに、水曜日から日曜日までの収益が 0 ドルで、月曜日の早朝に非常に大きな額の収益が急上昇したというグラフがありました。このグラフは、確認されたクリックのフィードを監視するシステムによって生成されたものでした。

　運用エンジニアとデータサイエンティストのチームが互いに連絡をとり合って自分たちの発見を共有したとき、両チームはモデルが過小予測していたのは、生のクリックログを処理してクリーンなクリックフィードを消費者に配信する責任を持つインフラの故障のためだと気づきました。クリーンなクリックは、モデルが最後に訓練した後、月曜日の早朝までに ML 訓練システムに届きませんでした。反対の証拠がない限り、モデルはこの期間に表示された全ての広告がクリックされなかったと信じていました。全てのイベントは真陰性または偽陰性であり、それだけが私たちのテストセットに含まれていました。私たちが訓練したモデルは、広告がひどくて誰もクリックしないと結論づけました。これは、既に訓練されたモデルによるその後の検証の試みが、依然として失敗

している理由を説明しています。この問題は、修正されたデータで再訓練することで解決されました。

15.5.3　教訓

　振り返ってみると、私たちのモデルがクリックの確率を直接予測したことはないということに注意が重要です。むしろ、モデルは、訓練が行われる時点で、表示された広告が「クリックされた」というマークがデータベースに付けられる確率を予測したのです。実際、私たちはデータベースが現実を正確に反映していると期待しますが、バグや障害によって違いが生じる可能性があります。このケースでは、上流システムの運用障害が、このラベルの意味を私たちが反映させたいものとは異なるものにしてしまいました。私たちが教師あり学習の技術を使って構築したモデルは、訓練セットのラベルを予測するものであり、ラベルが現実を反映していることは非常に重要なことです。

　チームは、何が起こったのか、どうやって防ぐかを分析するために事後報告書を書くことに協力しました。これは組織にとって大きな学びの経験となりました。私たちはタイムラインをまとめました。クリック予測モデルに取り組んでいた人々の視点からすると、問題は月曜日まで検出されませんでした。後になってわかったことですが、クリックログに取り組んでいたチームは水曜日にソフトウェアリリースでパイプラインが壊れたことに気づき、同日フィードが処理されていないという警告が示されたときに問題に気づきました。そのチームはクリックが最終的には求められるようにするための緩和策を講じ、残りのデータフィード処理は月曜日の最初に修正するつもりだったと言います。自分たちのシステムが下流の ML プロセスとデータ依存関係であり、そのシステムがデータの完全性についてどのような仮定をしているかを知らなかったのです。私たちは多くの ML パイプラインが入力データの完全性や提供されたラベルの正確性について仮定をしていますが、これらの仮定を検証していないと考えており、そのため同様の問題に対してリスクがあると考えています。

　私たちは改善する努力と改善の期待値に基づいて優先順位を付けるつもりでしたが、停止の可能性のある全ての原因を挙げました。原因には、クリックログが壊れることにつながったインテグレーションテストの欠如、クリックログ処理が合意されたサービス可用性目標よりも信頼性が高いという訓練システムの依存性、最近のイベントが全てのイベントを代表するという仮定などが含まれていました。

　私たちのフォローアップには、クリックログ処理システムの可用性目標を設定すること、テストセットの正の割合が異常に低いまたは高い場合にそれを検証するシステムを拡張すること、クリックログチームに障害を通知し、モデルの健全性に深刻な問題が発生した場合に訓練を一時停止するプロセスを確立することなどが含まれていました。

15.6　MLワークフローにおける依存関係のテストと測定

執筆：Dialpad 社、Harsh Saini

15.6.1　背景

Dialpad では、いくつかの ML 依存関係を持つ音声認識、処理エンジンを持っています。音声は私たちの電話バックエンドから入力され、独自の ASR（自動音声認識）モデルを通してリアルタイムで書き起こされます。ここでは、書式設定や可読性の向上も行われます。出力は、言語固有の NLP モデル（固有表現認識や感情分析など）に送られます。このパイプラインは、フローチャート（**図15-10**）で簡略化して表すことができます。

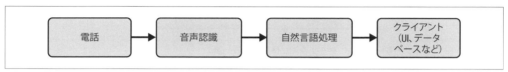

図15-10　Dialpad の音声認識処理パイプラインのフローチャート

しかし、実際には、この簡略化された図に示されているように、パイプラインはそんなに単純ではありません。ユーザーの位置や Dialpad 内で使用している製品ラインに応じて、複数の音声認識モデルが使用される場合があります。例えば、コールセンター製品ラインを使用している英国のユーザーには、英国方言の英語とコールセンターのドメイン固有知識でファインチューニングされた音声認識モデルが提供されます。同様に、セールス製品ラインを使用している米国のユーザーは、米国英語方言とセールスコールのドメイン固有知識で訓練された音声認識モデルを使って通話を書き起こします。

さらに、NLP では、感情分析や質問検出、アクションアイテム識別などのタスクを行うために、複数のタスク固有のモデルが並行して動作します。これを踏まえて、簡略化されたフローチャートを拡張して、Dialpad の運用 ML パイプラインにおけるモデルの多様性を強めることができます。

15.6.2　問題と解決策

図15-11 は、上流の音声認識モデルに関して、NLP タスク固有のモデルに存在する ML 依存関係の一部を示しています。NLP モデルの性能は、ASR モデルの出力の成果物に敏感です。ほとんどの NLP モデルは、ASR モデルの出力に対して細かい変化にはあまり敏感ではありませんが、時間の経過とともにデータは十分に変化し、NLP モデルは回帰やデータドリフトのために性能が低下します。NLP モデルの入力データ分布に変化をもたらす ASR の一般的な更新は以下の通りです。

- ASR システムの語彙の変更（例えば、**coronavirus** という単語の追加）
- ASR システムの出力の変更（例えば、人々は同じことを言っているが、正確に書き起こす

ことができるようになった）
- トピックドリフトと呼ばれる現象で、人々が実際には異なることを話している場合（例えば、突然みんなが米国の選挙について話し始める）

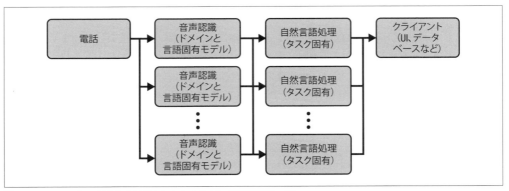

図 15-11　NLP タスク固有のモデルに存在する ML 依存関係の一部

この現象に対処するために、Dialpad の DE チームは、データサイエンスチームと協力して、特定の ASR モデルに対する NLP モデルの性能を測定できるオフラインテストパイプラインを構築しました。

15.6.2.1　回帰テストサンドボックスの構築

私たちの回帰テストと監視システムに求められる主な要件は以下の通りでした。

- 新しい ASR モデルがリリースされるたびに、NLP モデルの性能を自動的に監視すること。
- モデルによって運用環境で観測される動作をシミュレートすること。
- 評価によって提出された評価指標を収集、報告し、ステークホルダーが閲覧できるようにすること。
- モデルの推論成果物やログを収集し、サイエンティストがトラブルシューティングできるように支援すること。
- データサイエンスチームがモデルのプレリリース時に評価したいときに、即座に評価ができるようにすること。
- 評価用のデータセットが別途変更される可能性があるため、比較可能なベースラインを確立できるようにすること。
- 複数の評価が同時に行われ、また、データセットのサイズやテストされるモデルの数を増やしてもボトルネックにならないように、スケーラブルなシステムであること。

これらの要件を踏まえて、以下のような設計上の決定がなされました。

- Kubeflow Pipelines（KFP）をサンドボックスをホストするプラットフォームとして選択

しました。

- ○ KFP は、**パイプライン**と呼ばれるカスタムの有向非巡回グラフ（DAG）を作成できます。
- ○ 各パイプラインはサンドボックス化されており、プラットフォーム全体は、実行中の全てのパイプラインの要求に応じて独立して拡張できます。
- ○ Dialpad のエンジニアリングチームは、KFP を動かす基盤技術である Kubernetes (https://kubernetes.io) と Argo Workflows (https://argoproj.github.io/workflows) に大きく投資しているので、このプラットフォームを使用するのが賢明だと考えました。

- KFP のパイプラインは、評価基準に応じて正しいモデルデプロイメント成果物を選択することで、評価に必要な正しいインフラを構築します。
- ○ これはその場で行われ、コストを削減するために永続化されません。
- ○ テストベッドはモデルバージョンから切り離され、正しいオーケストレーションのために依存関係の順序だけを認識します。

- 全てのモデルからの出力は、デバッグの目的で 30 日間保存されます。

- 各タスク固有の NLP モデルのためのデータセットは、評価データの変化を追跡できるようにバージョン管理されます。

- ASR モデルのバージョン、NLP モデルのバージョン、データセットのバージョンの全ての組み合わせに対して評価指標が収集されます。
- ○ これにより、異なる依存関係を正しく曖昧さなく判別できることが保証されます。
- ○ これらの評価指標は、可観測性を高めるためにダッシュボードで可視化されます。

- テストパイプラインへの入力は、会話の生の音声録音でした。これは、ASR モデルが下流の NLP モデルの性能に影響を与えるほど出力が変化したかどうかを捉えるというアイデアだったからです。
- ○ 音声サンプルを収集した後、それらが特定の NLP モーメントを含むかどうかを示すために注釈付けされました。例えば、感情分析タスクの場合、与えられた音声スニペットは、人間によって肯定的、否定的、または中立的な感情を含んでいるかどうかを検証するために注釈付けされました。
- ○ ご覧の通り、これは骨の折れる作業であり、このプロジェクトで最大のボトルネックの 1 つです。NLP タスクごとに（**図 15-12**）、そのようなサンプルを正しく切り取り、注釈付けし、保存するのに非常に時間がかかります。

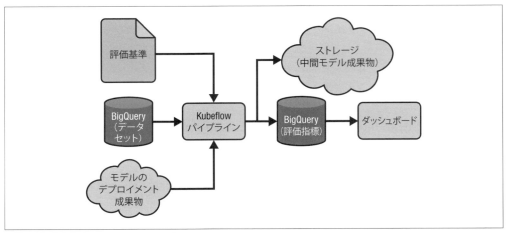

図 15-12　ハイレベルな回帰テスト環境

　そして、KFP の中では、パイプラインは、ASR モデルバージョン、NLP モデルバージョン、データセットバージョンの単一の組み合わせに対する評価をシミュレートします。KFP では複数のパイプラインを並行して実行できるので、これにより行いたい全ての評価の組み合わせに対応できるようになります（**図 15-13**）。

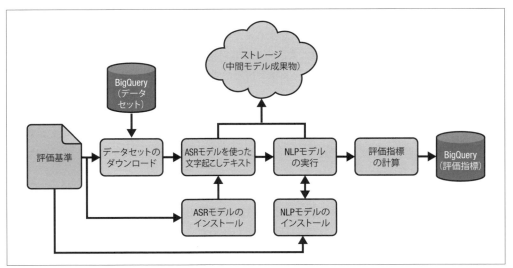

図 15-13　KFP パイプラインのアーキテクチャを DAG として見たもの

15.6.2.2　回帰の監視

　KFP 上にパイプラインが構築されたら、プロジェクトの次のパートは、NLP モデルの依存関係

が変化したときに自動的に回帰テストを行うことでした。幸いなことに、Dialpad ではエンジニアリングによって管理されている成熟した CI/CD ワークフローがあり、それらは ASR モデルが書き起こしサービスで更新されるたびに KFP パイプラインをトリガーするように更新されました。CI/CD ワークフローは、ASR モデル、NLP モデルなどの情報を含むシグナルを KFP に送り、評価が KFP 上で開始されます。評価指標は保存され、評価の要約を含む Slack メッセージが発信されます。

　運用されると、このプロセスは、プラットフォーム上でテストデータが利用可能な全ての NLP タスク固有モデルの性能評価データを捉えます。例えば、**図 15-14** に示すように、NLP 感情分析モデルの F1 スコアは 1 年間で約 25 ％低下しました。このグラフは、ベースラインからの絶対差を強調しています。この観察により、NLP チームは問題を調査し、蓄積されたデータドリフトが低下の原因であることを発見しました。新しい感情モデルは最新の ASR モデル出力を使って再訓練され、数ヶ月で運用環境にリリースされました。

　このプロセスのもう 1 つの側面的である利点は、運用リリース前に異なる ASR モデルに対して NLP モデルの評価を即興的に行うことができるということです。例えば、オーストラリアやニュージーランドの英語など、新しい英語方言で訓練された ASR モデルに対して、リリース前に感情分析モデルの精度を測定できます。

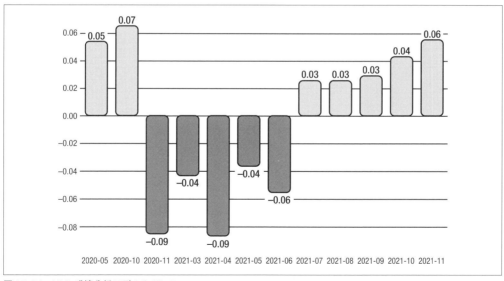

図 15-14　NLP 感情分析モデルの F1 スコア

15.6.3　教訓

　Dialpad で開発されたこの ML 回帰テストプラットフォームは、データサイエンティストやエンジニアに、新しいモデルのリリースが運用スタックの全ての依存コンポーネントに与える影響に

ついて、はるかに改善された可視性を提供しています。全ての運用モデルの知識が不完全であっても、提案されたリリースが運用パイプラインの他のモデルの安定性や性能に影響を与えるかどうかを理解できます。これにより、ロールバックの可能性が減り、既存のコンポーネントとの互換性を向上させるためにさらなる作業が必要かどうかを早期に知らせることが可能です。

テストプラットフォームは積極的に開発されています。他の変化する部分も対処されており、その1つはサンドボックスのオーケストレーションを運用環境と同期させ、運用環境では通話中に一時的に存在し、回帰テストプラットフォームでシミュレートするのが困難な「ライブデータ」を許可することです。もう1つの検討中の機能は、提案されたリリースが下流のモデルに大きな影響を与える場合に自動的に警告を出す方法です。現在は人間がループ内にいるアプローチです。

索引

A

Amazon RedShift ·· 30

Amazon SageMaker ······································ 52

API

  特徴量ストア ··70–72

  モデル API デザイン ························ 173–174

AUC ··· 195

  AUC ROC ··· 99

  適合率／再現率曲線 ······························ 100

AutoML ···43, 66

Azure Machine Learning ····················· 52

C

COMPAS アルゴリズム ························· 110

CPU ·· 159

D

DevOps ··· 174

Dialpad AI ··· 319

DNN ·· 44

  事前に訓練された ································ 114

  パラメータ効率の高い ························ 172

E

E コマースの指標 ································· 278

G

GDPR ·· 19, 121

Google Cloud BigQuery ···················· 30

Google Cloud Vertex AI ··················· 52

GPU ··· 159

I

IaC ··· 194

IID 検証データ ······································ 92

K

k-匿名性 ·· 117

KL ダイバージェンス ························· 201

KPI ·· 175, 187

L

log 損失 ·· 101

M

MaaS ···································· 167–170
Microsoft Azure SQL Data Warehouse ······ 30
MLMD ························ → ML メタデータ
ML エンジニア ······························ 300
ML のエコーチェンバー ······················ 46
ML フレームワーク ·························· 137
ML メタデータ ······························· 83
ML ループ ··································· 1
MVP ······································ 279

P

PR 曲線 ···································· 195
PSI ······················· → 集団安定性指数
PyTorch ··································· 52

Q

QPS·························· → 秒単位クエリ

R

REST ····································· 167
RMSE······································ 197
ROA ··············· → リソース指向アーキテクチャ
ROC 曲線 ·································· 195

S

scikit-learn ································ 52
SLI ·· 7
SLO································· 7, 10, 206
SRE··· 3

T

TensorFlow ································· 52
TFX ······································· 83

Y

YarnIt ······································ 3
　KPI ····································· 175
　SLO ······································· 7
　アップセル ······························ 286
　オートスケーリング ······················ 177
　管轄のルール ····························· 39
　キャッシング ···························· 177
　クリック予測モデル ······················ 56
　クロスセル ······························ 286
　検索を学習させる ························· 21
　再現性問題の例 ························· 150
　時間的な影響 ···························· 223
　実装モデル ······························ 298
　障害対応
　　新しいサプライヤー ··············· 252–260
　　機能停止開始 ························· 258
　　機能停止前 ··························· 244
　　軽減策と解決策 ··········245, 250, 251, 259
　　検索ランキングモデル ················ 240–245
　　検出 ··········· 240, 244, 246, 250, 252, 259
　　障害発生 ···························· 249
　　障害発生前 ············244, 246, 249, 258
　　トラブルシューティング ·········244, 250, 259
　　トリガー ················244, 249, 258
　　パートナーシステム ················ 245–252
　　フォローアップ ···········245, 251, 259
　推薦 ·································· 286
　推薦とプライバシー ······················ 36
　推薦モデル ······························· 64
　総売上高別に紹介 ······················ 286

チャットボット ················· 217
データ問題の例 ··············· 148
データを失う ·················· 20
特徴量 ······················ 64
特徴量パイプライン ············ 161
人間が生成したラベル ·········· 75
フィルタリング ············ 287–288
容量問題の例 ················· 152
予測レイテンシ ··············· 157

Z

Zスコア標準化 ····················· 27

あ行

アクセス制御 ····················· 118
アジャイルソフトウェア開発宣言 ········· 274
アップデート
　運用モデル ···················· 160
　モデル ······················ 218
後処理（公平性） ·················· 113
新たなローンチ ··············· 227–230
アルゴリズムによる特徴量エンジニアリング ···· 66
アルゴリズムの公正性 ··········· 104, 114
アルゴリズムバイアス ··············· 111
暗号化 ·························· 20
一定範囲へのスケーリング ············ 27
一般的なシグナル ·················· 11
インセンティブ ··················· 301
運用エンジニア ·············· 264, 268
エッジデバイス ··················· 170
オートスケーリング ················ 177
オブザーバビリティ ·········· → 可観測性
オンコールエンジニア ··············· 270

か行

回帰問題の評価指標 ··············· 100
外部妥当性 ···················· 125
過学習 ······················· 49
可観測性 ····················· 181
鍵を捨てる ···················· 20
カテゴリデータ ·················· 201
カナリアテスト ·················· 193
カナリア評価指標 ················· 95
仮名化 ······················· 17
　——されたデータ ··············· 18
監視システム ··················· 182
観測可能なデータ ················ 184
偽相関 ······················· 45
機能停止
　MLを中心とした分析 ············· 239
　オペレーションリーダー ··········· 238
　計算リソース容量 ··············· 151
　再訓練 ····················· 189
　避けたい ···················· 161
　システム ···················· 239
　事前作業 ···················· 232
　障害の段階 ··················· 236
　上流データ ··················· 164
　スキュー ···················· 186
　特徴量分布 ··················· 59
　トラフィックをルーティング ········· 178
　パイプライン ················· 217
　復旧 ······················ 147
　リソースの活用 ················ 144
機能的組織構造 ·················· 303
規範的価値観 ··················· 111
キャリブレーション ·········· 96, 109, 110
競合状態 ····················· 143
教師あり機械学習 ················· 42
　データ ····················· 16

ラベル ……………………………… 42	サービスレベル目標 ………………→ SLO
金額連動コスト ……………………… 145	再現率 ………………………………… 195
グリーンフィールド ………………… 299	細分化分析 …………………………… 94
クリッピング ………………………… 27	サイロ化したチーム ………………… 297
グループパリティ …………… 108, 110	差分プライバシー …………………… 117
訓練アルゴリズム …………………… 131	差別 …………………………………… 116
訓練運用間スキュー ………………… 186	サンドボックス ……………………… 193
訓練済みモデル ……………………… 240	サンプリングバイアス ……………… 104
傾向スコアリング …………………… 221	視覚モデル …………………………… 138
警告（アラート）…………………… 182	自己実現的な採用アルゴリズム …… 125
系統的バイアス ……………………… 106	自己実現的予言 ……………………… 46
現実世界の出来事 …………………… 47	市場運用（責任ある AI）………… 128
検証データ …………………………… 92	システムの健全性 …………………… 10
構成されたモデル …………………… 44	自然言語処理
構造化データ ………………………… 23	ML 依存関係 …………………… 337
高密度データタイプ ………………… 210	データチームのタスク ………… 322
ゴールデンシグナル ………………7, 10	翻訳のエラー …………………… 319
ゴールデンセット …………………… 93	ユースケース …………… 329–333
コールドスタート …………………… 46	実績値の遅延 ………………………… 197
個人情報	自動音声認識（ユースケース）… 319–322
エッジでの運用 ………………… 171	自動機械学習 ………………→ AutoML
仮名化 …………………………… 17	集団安定性指数 ……………………… 201
監視 ……………………………… 210	集約 …………………………………… 182
除外する ………………………… 35	障害
データ収集 ……………………… 17	訓練システム …………………… 139
特徴量 …………………………… 83	初期化 …………………………… 149
匿名化 …………………………… 17	処理（監視）…………………… 191
プライバシー …………………… 83	深層学習 …………………………43, 50
ラベリング ……………………… 84	数値データ ………………… 203, 204
個人情報保護法 ……………………… 121	スキュー（歪み）…………………… 186
	ストレージ
さ行	Amazon RedShift ……………… 30
	Google Cloud BigQuery ……… 30
サービス（監視）…………………… 204	Microsoft Azure SQL Data Warehouse … 30
サービス指向アーキテクチャ ……… 173	運用モデル ……………………… 160
サービス全体の監視 ………………… 208	特徴量ストア …………………… 70
サービスレベル指標 ………………→ SLI	ストレステスト分布 ………………… 93

スプリント …………………………… 274	――を書き換える ………………………… 20
正解率 ……………………… 97, 195, 276	データアクセスガイドライン …………… 120
正確性（データ取り込み）……………… 25	データエンジニア ………………………… 300
成果指向の文化 …………………………… 297	データカード ……………………………… 24
正規化 ……………………………………… 135	データクレンジング ……………………… 126
静的データセット ………………………… 23	データサイエンス ………………………… 173
性能指標 …………………………………… 91	データサイエンティスト
製品エンジニア …………………………… 300	ML 導入 ……………………………… 300
製品組織構造 ……………………………… 303	障害管理 …………………… 261–263
セーフティネット ………………………… 277	データ収集 …………………………………… 3
説明可能性 ………………………………… 188	責任ある AI ………………………… 126
説明性 …………………………… 122, 123	法律 ……………………………………… 17
組織構造 …………………………………… 303	データ装飾 ………………………………… 182
疎なデータ ………………………………… 33	データ取り込みシステム ………………… 69
ソフトウェアエンジニア ………………… 263	データドリフト …………………………… 211
ソリューショニズム ……………………… 108	監視 …………………………………… 200
	データ分析 …………………………………… 3
た行	データ分布 ………………………………… 91
	データ保護法 ……………………………… 121
ダークローンチ …………………………… 6	データ漏洩通知法 ………………………… 121
ターゲットシステム ……………………… 182	適合率 ……………………………………… 195
対応戦略 …………………………………… 227	テスト
大規模パーソナライゼーション ………… 276	運用稼働前環境 ……………………… 193
待遇の格差 ………………………………… 105	カナリアテスト ……………………… 193
対数スケーリング ………………………… 27	サンドボックス ……………………… 193
代替評価指標 ……………………………… 198	ストレステスト分布 ………………… 93
多数派の専制政治 ………………………… 106	反実仮想テスト ……………………… 94
段階的検証 ………………………………… 92	モデル API …………………………… 174
地理的組織構造 …………………………… 303	デプロイメント（責任ある AI）………… 128
データ	転移学習 …………………………………… 145
――の系統 …………………………… 16	特徴量ストア ……………………… 70–73
――の最小化 ………………………… 119	特徴量定義候補 …………………………… 67
――の違い …………………………… 149	特徴量ドリフト …………………………… 200
――の標準化 ………………………… 27	匿名化 ……………………………………… 37
――の分離 …………………………… 119	――されたデータ …………………… 18
――の来歴 …………………………… 16	ドメイン固有の信号 ……………………… 11
――の利用可能性 ………………… 141–142	

トラフィック
　秒単位クエリ ………………………… 156
　モデル処理 …………………………… 156
　連続的な ML モデル ……………… 323–324
トラブルシューティング
　障害管理 ……………………………… 271
　データドリフト ……………………… 201

な行

生データ …………………………………… 18
ニューラルネットワーク ………… 43, → DNN
入力データ（監視） …………………… 190
入力特徴量の検索 ……………………… 205
能動学習 …………………………………… 78

は行

バージョン管理 ……………… 16, 34, 169
ハードウェアアクセラレータ ……………… 159
バイアス
　アルゴリズムバイアスと規範的価値観 ……… 111
　カナリア評価指標 ……………………… 95
　系統的バイアス ……………………… 106
　サンプリングバイアス ……………… 104
　是正するために ……………………… 107
　待遇の格差 …………………………… 105
　多数派の専制政治 …………………… 106
　データ感度 …………………………… 147
　バイアスのある実績値 ……………… 198
　モデル ………………………………… 24
バイナリの変更と再現性 ……………… 149
パイプライン
　——とモデル運用 …………………… 161
　責任ある AI …………………………… 126
　データ感度 …………………………… 20
　メタデータ …………………………… 83

ローンチ …………………………………… 8
橋の故障 ………………………………… 197
バックアップ …………………………… 140
バッチ処理 ……………………………… 145
バッチ推論 ………………………… 162–163
パラレルユニバースモデル …………… 229
半構造化データ ………………………… 23
犯罪予測アルゴリズム ………………… 105
反実仮想テスト ………………………… 94
非構造化データ ………………………… 23
ビジネスアナリスト …………………… 299
ビジネス性能目標 ……………………… 278
ビジネスへの影響と監視 ……………… 210
ビジネスマネージャー …………… 267, 299
ビッグデータとプライバシー ………… 116
評価指標 ………………………………… 182
評価戦略 ………………………………… 231
標準化 …………………………………… 27
秒単位クエリ …………………………… 156
フィードバックループ ………………… 221
フェイルセーフ ………………………… 140
フォールバック（緊急対応） ………… 225
不完全な適用範囲 ……………………… 45
複雑なロジック ………………………… 275
不公平かつ欺瞞的な行為に対する法律 ……… 121
プッシュ ………………………………… 182
プライバシー ………………… 36, 103, 116
　——とビッグデータ ………………… 116
　——を守る …………………………… 118
　　アクセス制御 ……………………… 118
　　アクセス履歴の記録 ……………… 118
　　技術的対策 ………………………… 118
　　制度的措置 ………………………… 119
　　データアクセスガイドライン ……… 120
　　データの最小化 …………………… 119
　　データの分離 ……………………… 119
　　プライバシーバイデザイン ……… 120

倫理訓練 …………………………………… 119	——の定義 …………………………………… 44
k-匿名性 …………………………………… 117	運用環境でロード ………………………… 89
監視 …………………………………………… 209	置き場所
差分プライバシー ………………………… 117	クラウド ………………………………… 158
プライバシー保護障害管理 …………………… 270	サーバー ………………………………… 158
ブラウンフィールド ……………………………… 299	デバイス ………………………………… 159
プル ……………………………………………… 182	ローカルマシン ………………………… 158
プロセス組織構造 ………………………………… 303	環境の破壊 …………………………………… 89
プロセスの過程（公平性） ……………………… 113	管理 ……………………………………………… 230
プロダクトマネージャー ………………………… 300	訓練が速すぎる …………………………………… 143
分布シフト …………………………………………… 4	訓練済みモデル …………………………………… 240
分類問題の評価指標 ……………………………… 97	——のスナップショット ………………… 136
AUC ROC ………………………………… 99	検証
正解率 …………………………………………… 97	AUC …………………………………………… 195
適合率／再現率曲線 ……………………… 100	AUC ROC ………………………………… 99
適合率と再現率 …………………………… 98	log 損失 ……………………………………… 101
平均 2 乗誤差 ……………………………………… 100	ROC 曲線 …………………………………… 195
平均絶対誤差 ……………………………………… 100	運用開始前 …………………………………… 192
並列性 ……………………………………………… 149	再現率 …………………………………………… 195
ベースライン …………………………… 227–230	再現率曲線 …………………………………… 195
報告義務 …………………………………………… 39	正解率 …………………………………………… 195
法律	適合率 …………………………………………… 195
個人情報保護法 …………………………… 121	フォールバック …………………………… 193
差別禁止法 …………………………………… 116	更新 ……………………………………… 55, 160
データ保護法 ……………………………… 121	運用環境へのプッシュ …………………… 218
データ漏洩通知法 ………………………… 121	継続的な ML システム ………………… 218
不公平かつ欺瞞的な行為に対する ……… 121	構成 ……………………………………………… 148
ホールドアウト検証データ ………………43, 92	構成されたモデル ………………………………… 44
ポストデプロイメント …………………………… 187	構築と購入 ………………………………………… 282
	再現率 …………………………………………… 98
ま行	視覚モデル ………………………………………… 138
	質問集 …………………………………………… 53
前処理（公平性） ………………………………… 112	深層学習 …………………………………………… 43
モデリングの KPI ………………………………… 187	ストレージ ………………………………………… 160
モデル ……………………………………………… 41	責任ある AI …………………………… 127–128
——の再訓練 ……………………………… 139	データが利用できなくなる …………………… 141
——の性能指標 …………………………… 211	適合率 …………………………………………… 98

特徴量 42	脆弱性
特徴量ストア（訓練データ） 143	悪意のあるフィードバック 48
バージョン 140	誤って付けられた 48
バージョン管理 160	不正 48
ハードウェア 159	ラベルノイズ 48
バイアス 24	人間が生成した 74
パイプライン 161	——と AI 78
破損した 90	——と個人情報 84
バックアップ 140	アノテーション作業 75
パラレルユニバースモデル 229	アノテーションの品質 76
範囲外の結果 90	アノテーションプラットフォーム 77
フィードバックループ 221	公平性 84
フェイルセーフ 140	コンセンサスラベリング 76
プラットフォーム 52, 89	テスト問題 76
ポストデプロイメント 187	能動学習 78
メタデータ 136	複数ラベリング 76
予測 42	文書化と訓練 78
リソースの活用 144	メタデータ 82
ロード 160	信頼度 82
悪い性能 54	セットバージョン 82
モデルアーキテクチャ 44, 240	定義バージョン 82
モデルドリフト 200	出所 82

や行

ユーザーとのインタラクション 279	ラベル付きデータ 183
予測 42, 44	リアルタイム実績値 197
予測ドリフト 200	リソース指向アーキテクチャ 173
予測レイテンシ 157	リソース連動コスト 146
	倫理訓練 119
	ルール指向の組織 297

ら行

ライブローンチ 6	ロールアウト 9, 10
ラベル 42, 74	ロールスルー 226
監視 182	ロールバック 189, 226
訓練 216	ロールフォワード 189
	ロジスティック損失 101

わ行

ワッサースタイン距離 201

● 著者紹介

Cathy Chen（キャシー・チェン）

CPCC、MA、技術系リーダーへのコーチングを専門とし、チームを率いる上での自身のスキルアップを可能にする。技術プログラムマネージャー、プロダクトマネージャー、エンジニアリングマネージャーの役割を担ってきた。大手ハイテク企業や新興企業において、製品機能の立ち上げや社内ツールの開発、大規模システムの運用などでチームを率いてきた。カリフォルニア大学バークレー校で電気工学の学士号を、コロンビア大学ティーチャーズカレッジで組織心理学の修士号を取得している。ペンシルバニア州ピッツバーグにパートナーと在住し、Google の SRE に勤務している。

Niall Richard Murphy（ニール・リチャード・マーフィー）

1990 年代半ばからインターネットインフラに携わり、大規模なオンラインサービスを専門に扱ってきた。アイルランドのダブリンにある主要なクラウドプロバイダで勤務した後、直近ではマイクロソフトで Azure サイトリライアビリティエンジニアリング（SRE）のグローバル責任者を務めた。機械学習に初めて触れたのは、Google のダブリンオフィスで Ads ML チームを管理し、ピッツバーグで Todd Underwood と仕事をしたとき。Google SRE 本 2 冊の発起人、共著者、編集者であり、コンピュータサイエンス、数学、詩学の学位を持つ、おそらく世界でも数少ない人物の一人である。ダブリンに妻と 2 人の子供と住んでおり、SRE の分野で ML に関わるスタートアップに携わっている。

Kranti Parisa（クランティ・パリサ）

Dialpad の副社長兼製品エンジニアリングの責任者。彼のチームは、業界をリードする社内の AI/ML とテレフォニー技術により、大規模なクラウドネイティブのリアルタイムビジネスコミュニケーションとコラボレーションソフトウェアを構築している。Dialpad 以前は、Apple で検索とパーソナライゼーションのプラットフォーム、製品、サービスを担当するチームを率いていた。クラウドコンピューティング、SaaS、エンタープライズサーチに特化した複数の新興企業で共同設立者、CTO、技術顧問を務める。また、Apache Lucene/Solr コミュニティに貢献し、Apache Solr Enterprise Search Server を共同執筆している。検索と発見への多大な貢献により、米国政府から Person of Extraordinary Ability (EB1A) として認定されている。

D. Sculley（D・スカリー）

Google の Kaggle CEO 兼サードパーティ ML エコシステム担当 GM であり、以前は Google Brain Team のディレクターとして、Google の最も重要なプロダクション機械学習パイプラインのいくつかをリードしていた。機械学習における技術的負債、モデルやパイプラインの堅牢性と信頼性の問題に注力し、広告のクリックスルー予測や不正使用防止からタンパク質設計や科学的発見まで、多様な問題に機械学習を適用するチームを率いてきた。また、Google の機械学習クラッシュコースの創設に携わり、世界中の何百万人もの人々に機械学習を教えてきた。

Todd Underwood（トッド・アンダーウッド）

Google のシニアディレクターで、機械学習 SRE をリードしている。また、Google のピッツバーグオフィスのサイトリードも務めている。ML SRE チームは、社内外の ML サービスを構築、拡張し、Google のほぼ全ての重要な製品に不可欠な存在となっている。Google 以前は、現在 Oracle Cloud の一部となっている Renesys（インターネットインテリジェンスサービスの運用、セキュリティ、ピアリングを担当）で様々な役割を担ってきた。それ以前は、ニューメキシコ州の独立系インターネットサービスプロバイダである Oso Grande の CTO を務めていた。

● 訳者紹介

井伊 篤彦（いい あつひこ）
異業種データサイエンス研究会 ® 代表。AI およびデータサイエンスのプログラミングを指導。

張 凡（ちょう ぼん）
奈良先端科学技術大学院大学 博士後期課程。不確実性の解釈の研究に従事。博士（工学）。

樋口 千洋（ひぐち ちひろ）
医薬基盤・健康・栄養研究所／東京科学大学。インフラ管理、生命情報データの機械学習、オントロジー研究に従事。

異業種データサイエンス研究会 ®

2019 年にインターネット上で結成したデータサイエンス、AI 関連のコミュニティ。2024 年現在、約 5000 名のメンバーが加入。データサイエンスや AI の種々のテーマを取り上げた 14 の姉妹グループを運営し幅広い活動を行っている。コミュニティのサイトでの情報共有に加え、テーマ別のオンライン勉強会や、年間数十回のセミナーをオンラインで主催している。『東京 24 時間 AI ハッカソン 2024』で優勝。訳書に『Python ではじめるバイオインフォマティクス』（オライリー・ジャパン）がある。

・コミュニティのサイト
　https://www.facebook.com/groups/428778194457478

・異業種データサイエンス研究会 ® 主催のセミナーのサイト
　https://datascienceteam.connpass.com

カバーの説明

　カバーの昆虫は、ミツツボアリ（Myrmecocystus mimicus）です。ミツツボアリは北米南西部やメキシコの一部に生息しています。他のアリと同様に、ミツツボアリのコロニーには、花、果物、他の昆虫から食べ物を集める様々な働きアリがいます。最も注目すべき点は、ミツツボアリの食料の貯蔵方法です。「リプリート」と呼ばれる働きアリの一種は、集めた蜜を腹に貯蔵し、大きな腹部を持つようになります。食料不足の時期には、リプリートはコロニー全体に食料としてその蜜を提供します。リプリートは腹部が大きいため、動き回るのが難しく、巣の天井からぶら下がっていることがよくあります。

信頼性の高い機械学習
──SRE 原則を活用した MLOps

2024 年 10 月 21 日　初版第 1 刷発行

著　　　者	Cathy Chen（キャシー・チェン）、	
	Niall Richard Murphy（ニール・リチャード・マーフィー）、	
	Kranti Parisa（クランティ・パリサ）、	
	D. Sculley（D・スカリー）、	
	Todd Underwood（トッド・アンダーウッド）	
訳　　　者	井伊 篤彦（いい あつひこ）、	
	張 凡（ちょう ぼん）、	
	樋口 千洋（ひぐち ちひろ）	
発　行　人	ティム・オライリー	
制　　　作	アリエッタ株式会社	
印刷・製本	三美印刷株式会社	
発　行　所	株式会社オライリー・ジャパン	
	〒 160-0002　東京都新宿区四谷坂町 12 番 22 号	
	Tel　（03）3356-5227	
	Fax　（03）3356-5263	
	電子メール　japan@oreilly.co.jp	
発　売　元	株式会社オーム社	
	〒 101-8460　東京都千代田区神田錦町 3-1	
	Tel　（03）3233-0641（代表）	
	Fax　（03）3233-3440	

Printed in Japan（ISBN978-4-8144-0076-8）
乱丁本、落丁本はお取り替え致します。

本書は著作権上の保護を受けています。本書の一部あるいは全部について、株式会社オライリー・ジャパンから文書による許諾を得ずに、いかなる方法においても無断で複写、複製することは禁じられています。